普通高等院校电子信息与电气工程类专业教材

数字电路与逻辑设计

主 编 周 斌
副主编 蔡 苗 蔡红娟 陈 艳

华中科技大学出版社
中国·武汉

内 容 简 介

本书系统介绍了数字电路设计的基本理论、知识和器件,详细介绍了数字电路的分析和设计方法,同时,为了符合数字系统设计的发展趋势,引入了可编程逻辑器件和硬件描述语言。

本书共有9章,主要内容包括数字逻辑基础、组合逻辑电路、触发器、时序逻辑电路、数/模和模/数转换、脉冲波形的产生与变换、综合案例应用设计、可编程逻辑器件、Verilog HDL硬件描述语言设计基础。

本书可作为高等院校电气信息类相关专业和部分非电类专业的基础教材和教学参考书,也可作为相关专业工程技术人员的参考书。

图书在版编目(CIP)数据

数字电路与逻辑设计/周斌主编. —武汉:华中科技大学出版社,2018.1
ISBN 978-7-5680-3147-9

Ⅰ.①数… Ⅱ.①周… Ⅲ.①数字电路-逻辑设计-教材 Ⅳ.①TN79

中国版本图书馆 CIP 数据核字(2017)第 171060 号

数字电路与逻辑设计　　　　　　　　　　　　　　　　　　　　　　周　斌　主编
Shuzi Dianlu yu Luoji Sheji

策划编辑:谢燕群
责任编辑:汪　粲
封面设计:原色设计
责任校对:何　欢
责任监印:周治超

出版发行:华中科技大学出版社(中国·武汉)　　电话:(027)81321913
　　　　　武汉市东湖新技术开发区华工科技园　　邮编:430223
录　　排:武汉市洪山区佳年华文印部
印　　刷:武汉华工鑫宏印务有限公司
开　　本:787mm×1092mm　1/16
印　　张:22.25
字　　数:537千字
版　　次:2018年1月第1版第1次印刷
定　　价:48.80元

本书若有印装质量问题,请向出版社营销中心调换
全国免费服务热线:400-6679-118　竭诚为您服务
版权所有　侵权必究

前 言

"数字电路与逻辑设计"是高等院校电气信息类相关专业学生必修的一门重要的学科专业基础课,其主要任务是使学生获得数字电路方面的基础理论、基本知识和基本技能,熟悉各种不同规模的逻辑器件,掌握各类逻辑电路分析与设计的基本方法,为今后学习相关专业课程以及专业应用奠定数字电路方面的理论基础。本书是按照"数字电路与逻辑设计"课程教学要求,以"夯实理论基础,强化应用能力"为原则,从传授知识和能力培养的目标出发,结合"数字电路与逻辑设计"课程的学习特点,根据教学改革与实践的需要编写的。

本书在编写过程中,力求做到概念清楚、内容完整实用、论述深入浅出、便于自学。本书对传统的内容进行了精选和更新,简明扼要地介绍了学生在学习该课程时,需要掌握的基础知识和技术。在保证基本理论完整性的原则下,精简分立元件电路内容,增强集成电路的应用,对集成电路的讨论强化"外部",淡化"内部",更加注重实用性和创新意识的培养。此外,鉴于可编程逻辑器件在数字系统中的应用越来越广泛,在本书中对大规模可编程逻辑器件以及 Verilog HDL 硬件描述语言进行了介绍。本书还通过例题、习题以及综合案例来说明理论的实际应用,以加深学生对本书内容的掌握和理解。

全书共有 9 章。第 1 章介绍数字电路的基本知识和基本理论,这些内容是分析和设计数字电路的基础。第 2 章、第 3 章和第 4 章以集成逻辑电路的应用为核心,介绍组合逻辑电路以及时序逻辑电路的设计和分析方法。第 5 章主要介绍数字电路和模拟电路之间的接口电路。第 6 章主要介绍各种脉冲信号的产生与变换电路。第 7 章综合运用课程知识,结合实际应用进行实际问题设计举例,旨在进一步理论联系实际,强化应用能力。第 8 章主要介绍大规模可编程逻辑器件及其在逻辑设计中的应用,使读者在学习数字电路的基本内容后,能够了解数字系统的概念,掌握数字系统设计的基本方法,进而能够从系统的高度来分析和解决设计问题。第 9 章主要介绍 Verilog HDL 硬件描述语言及其案例应用,使读者能够将本课程知识与当前流行的数字电路设计方法相融合,顺应数字电子技术的发展趋势。

本书由周斌、蔡苗、蔡红娟、陈艳共同编写。具体分工如下:周斌编写第 4.4 节、第 4 章习题、第 7 章、第 8 章、第 9 章;蔡苗编写第 2 章、第 5 章;蔡红娟编写第 3 章、第 6 章、第 4.3 节;陈艳编写第 1 章、第 4.1 节、第 4.2 节。周斌任主编,并负责全书的统稿、校订,蔡红娟、蔡苗和陈艳任副主编。在本书的编写过程中,翟晟、吕建才、黎贝贝等老师也做了大量的工作,在此对他们表示深深的谢意。此外,在本书的编写过程中,殷小贡、李海、徐安静老师对本书也进行了审阅,并提出了许多宝贵的意见,在此对他们表示衷心的感谢。

由于编者能力和水平有限,书中难免存在疏漏和不足之处,敬请广大读者批评指正。

编 者
2017 年 6 月于武汉

目　录

第 1 章　数字逻辑基础 ……………………………………………………… (1)
　1.1　概述 ……………………………………………………………………… (1)
　1.2　数制和代码 ……………………………………………………………… (1)
　　　1.2.1　十进制数和二进制数 …………………………………………… (1)
　　　1.2.2　十六进制和八进制 ……………………………………………… (2)
　　　1.2.3　不同进制数之间的转换 ………………………………………… (3)
　　　1.2.4　二进制符号数的表示法 ………………………………………… (6)
　　　1.2.5　二进制代码 ……………………………………………………… (7)
　1.3　逻辑运算 ………………………………………………………………… (9)
　　　1.3.1　基本逻辑运算 …………………………………………………… (10)
　　　1.3.2　复合逻辑运算 …………………………………………………… (11)
　　　1.3.3　正负逻辑问题 …………………………………………………… (12)
　1.4　逻辑门电路 ……………………………………………………………… (14)
　　　1.4.1　半导体的开关特性 ……………………………………………… (14)
　　　1.4.2　简单门电路 ……………………………………………………… (17)
　　　1.4.3　TTL 集成门电路 ………………………………………………… (18)
　　　1.4.4　CMOS 集成门电路 ……………………………………………… (26)
　1.5　逻辑函数的化简法 ……………………………………………………… (27)
　　　1.5.1　基本公式和定律 ………………………………………………… (28)
　　　1.5.2　基本运算规则 …………………………………………………… (31)
　　　1.5.3　逻辑函数代数法化简 …………………………………………… (32)
　1.6　逻辑函数的卡诺图化简法 ……………………………………………… (34)
　　　1.6.1　最小项的定义及其性质 ………………………………………… (34)
　　　1.6.2　卡诺图 …………………………………………………………… (35)
　　　1.6.3　逻辑函数的卡诺图表示 ………………………………………… (37)
　　　1.6.4　逻辑函数卡诺图化简 …………………………………………… (37)
　　　1.6.5　具有约束的逻辑函数化简 ……………………………………… (39)
　1.7　逻辑函数的描述方法及转换 …………………………………………… (41)
　　　1.7.1　逻辑函数的描述方法 …………………………………………… (41)
　　　1.7.2　几种描述方法之间的转换 ……………………………………… (43)
　本章小结 ……………………………………………………………………… (45)

习题 1 ··· (45)

第 2 章　组合逻辑电路 ·· (50)

2.1　组合逻辑电路概述 ·· (50)
2.2　组合逻辑电路的分析与设计 ·· (50)
　　2.2.1　组合逻辑电路的分析 ·· (50)
　　2.2.2　组合逻辑电路的设计 ·· (52)
2.3　组合逻辑电路中的竞争冒险 ·· (56)
　　2.3.1　产生竞争冒险的原因 ·· (57)
　　2.3.2　竞争冒险的判断 ·· (57)
　　2.3.3　消除竞争冒险的方法 ·· (58)
2.4　加法器与算术逻辑单元 ·· (60)
　　2.4.1　半加器和全加器 ·· (60)
　　2.4.2　集成加法器 ·· (62)
　　2.4.3　算术逻辑单元 ·· (64)
2.5　数值比较器 ·· (66)
　　2.5.1　数值比较器的设计 ·· (66)
　　2.5.2　集成数值比较器 ·· (68)
2.6　编码器 ·· (69)
　　2.6.1　编码器的工作原理 ·· (70)
　　2.6.2　集成优先编码器 ·· (73)
2.7　译码器与数据分配器 ·· (76)
　　2.7.1　译码器的分析及设计 ·· (76)
　　2.7.2　集成译码器 ·· (78)
　　2.7.3　数据分配器 ·· (86)
2.8　数据选择器 ·· (87)
　　2.8.1　数据选择器的类型及功能 ·· (87)
　　2.8.2　集成数据选择器 ·· (89)

本章小结 ··· (94)

习题 2 ··· (95)

第 3 章　触发器 ·· (99)

3.1　基本 RS 触发器 ·· (99)
　　3.1.1　工作原理和逻辑功能 ·· (99)
　　3.1.2　基本 RS 触发器的特点 ·· (101)
　　3.1.3　集成 RS 触发器 ·· (102)
3.2　同步触发器 ·· (103)
　　3.2.1　同步 RS 触发器 ·· (103)

  3.2.2 同步 D 触发器 …………………………………………………………… (104)

  3.2.3 同步 JK 触发器 ………………………………………………………… (106)

  3.2.4 同步 T 触发器 …………………………………………………………… (108)

  3.2.5 同步触发器的特点 ……………………………………………………… (110)

3.3 边沿触发器 …………………………………………………………………… (110)

  3.3.1 边沿 D 触发器 …………………………………………………………… (110)

  3.3.2 边沿 JK 触发器 ………………………………………………………… (111)

  3.3.3 集成边沿触发器 ………………………………………………………… (112)

3.4 不同类型触发器之间的相互转换 …………………………………………… (114)

  3.4.1 JK 触发器转换成 RS、D 和 T 触发器 ………………………………… (115)

  3.4.2 D 触发器转换成 RS、JK 和 T 触发器 ………………………………… (116)

3.5 触发器的电气特性 …………………………………………………………… (117)

3.6 触发器的应用举例 …………………………………………………………… (118)

本章小结 …………………………………………………………………………… (120)

习题 3 ……………………………………………………………………………… (121)

第 4 章 时序逻辑电路 …………………………………………………………… (127)

4.1 时序逻辑电路概述 …………………………………………………………… (127)

  4.1.1 时序逻辑电路的特点及分类 …………………………………………… (127)

  4.1.2 时序逻辑电路的功能描述方法 ………………………………………… (128)

4.2 时序逻辑电路的分析 ………………………………………………………… (129)

  4.2.1 时序逻辑电路的分析步骤 ……………………………………………… (129)

  4.2.2 同步时序逻辑电路分析举例 …………………………………………… (130)

  4.2.3 异步时序逻辑电路分析举例 …………………………………………… (136)

4.3 时序逻辑电路的设计 ………………………………………………………… (138)

  4.3.1 同步时序逻辑电路的设计 ……………………………………………… (138)

  4.3.2 异步时序逻辑电路的设计 ……………………………………………… (146)

4.4 常用中规模集成时序逻辑电路 ……………………………………………… (148)

  4.4.1 寄存器与移位寄存器 …………………………………………………… (148)

  4.4.2 计数器 …………………………………………………………………… (153)

  4.4.3 脉冲序列信号发生器 …………………………………………………… (167)

  4.4.4 脉冲分配器 ……………………………………………………………… (171)

本章小结 …………………………………………………………………………… (172)

习题 4 ……………………………………………………………………………… (173)

第 5 章 数/模转换与模/数转换 ………………………………………………… (179)

5.1 概述 …………………………………………………………………………… (179)

5.2 DAC …………………………………………………………………………… (180)

　　　　5.2.1　D/A 转换的基本知识 ……………………………………………… (180)
　　　　5.2.2　常用的数模转换技术 ……………………………………………… (181)
　　　　5.2.3　数模转换器的性能指标 …………………………………………… (184)
　　　　5.2.4　集成 DAC ………………………………………………………… (185)
　　5.3　ADC ………………………………………………………………………… (186)
　　　　5.3.1　A/D 转换的基本知识 ……………………………………………… (186)
　　　　5.3.2　常用的 A/D 转换技术 ……………………………………………… (188)
　　　　5.3.3　ADC 的性能指标 …………………………………………………… (194)
　　　　5.3.4　集成 ADC …………………………………………………………… (195)
　本章小结 …………………………………………………………………………… (196)
　习题 5 ……………………………………………………………………………… (197)

第 6 章　脉冲波形的产生与变换 ………………………………………………… (201)
　　6.1　集成定时器 555 ……………………………………………………………… (201)
　　6.2　多谐振荡器 ………………………………………………………………… (202)
　　　　6.2.1　555 定时器构成的多谐振荡器 …………………………………… (203)
　　　　6.2.2　门电路构成的多谐振荡器 ………………………………………… (205)
　　　　6.2.3　石英晶体多谐振荡器 ……………………………………………… (206)
　　　　6.2.4　多谐振荡器的应用 ………………………………………………… (207)
　　6.3　单稳态触发器 ……………………………………………………………… (209)
　　　　6.3.1　555 定时器构成的单稳态触发器 ………………………………… (209)
　　　　6.3.2　门电路构成的单稳态触发器 ……………………………………… (211)
　　　　6.3.3　集成单稳态触发器 ………………………………………………… (214)
　　　　6.3.4　单稳态触发器的应用 ……………………………………………… (216)
　　6.4　施密特触发器 ……………………………………………………………… (217)
　　　　6.4.1　555 定时器构成的施密特触发器 ………………………………… (218)
　　　　6.4.2　门电路构成的施密特触发器 ……………………………………… (219)
　　　　6.4.3　集成施密特触发器 ………………………………………………… (220)
　　　　6.4.4　施密特触发器的应用 ……………………………………………… (220)
　本章小结 …………………………………………………………………………… (222)
　习题 6 ……………………………………………………………………………… (223)

第 7 章　综合案例应用设计 ……………………………………………………… (226)
　　7.1　彩灯控制器设计 …………………………………………………………… (226)
　　　　7.1.1　设计要求 …………………………………………………………… (226)
　　　　7.1.2　基本结构 …………………………………………………………… (227)
　　　　7.1.3　设计实现 …………………………………………………………… (228)
　　7.2　温度监控报警电路设计 …………………………………………………… (231)

7.2.1　设计要求 ……………………………………………………………(231)
　　　7.2.2　基本结构 ……………………………………………………………(231)
　　　7.2.3　设计实现 ……………………………………………………………(232)
　7.3　交通灯信号控制器设计 …………………………………………………………(235)
　　　7.3.1　设计要求 ……………………………………………………………(235)
　　　7.3.2　基本结构 ……………………………………………………………(235)
　　　7.3.3　设计实现 ……………………………………………………………(236)
　本章小结 ………………………………………………………………………………(239)
　习题 7 …………………………………………………………………………………(239)

第 8 章　可编程逻辑器件 …………………………………………………………(240)
　8.1　概述 ………………………………………………………………………………(240)
　8.2　基本结构和表示方法 ……………………………………………………………(241)
　　　8.2.1　基本结构 ……………………………………………………………(241)
　　　8.2.2　PLD 电路的表示方法 ………………………………………………(241)
　　　8.2.3　PLD 的分类 …………………………………………………………(244)
　8.3　低密度可编程逻辑器件 …………………………………………………………(244)
　　　8.3.1　可编程只读存储器 …………………………………………………(244)
　　　8.3.2　可编程逻辑阵列 ……………………………………………………(246)
　　　8.3.3　可编程阵列逻辑 ……………………………………………………(246)
　　　8.3.4　通用阵列逻辑（GAL） ……………………………………………(247)
　8.4　复杂可编程逻辑器件 ……………………………………………………………(249)
　　　8.4.1　CPLD 的基本结构 …………………………………………………(250)
　　　8.4.2　典型 CPLD 器件的结构 ……………………………………………(250)
　8.5　现场可编程门阵列 ………………………………………………………………(254)
　　　8.5.1　FPGA 的基本结构 …………………………………………………(255)
　　　8.5.2　典型 FPGA 器件的结构 ……………………………………………(257)
　8.6　CPLD/FPGA 的设计流程和编程 ………………………………………………(263)
　　　8.6.1　CPLD/FPGA 的设计流程 …………………………………………(264)
　　　8.6.2　CPLD 器件的编程 …………………………………………………(265)
　　　8.6.3　FPGA 器件的配置 …………………………………………………(265)
　本章小结 ………………………………………………………………………………(268)
　习题 8 …………………………………………………………………………………(269)

第 9 章　Verilog HDL 硬件描述语言设计基础 …………………………………(270)
　9.1　Verilog 程序的基本结构 …………………………………………………………(270)
　9.2　Verilog 语言要素 …………………………………………………………………(272)
　9.3　Verilog 常量 ………………………………………………………………………(272)

>   9.3.1 整数 ……………………………………………………………………………… (273)
>   9.3.2 实数 ……………………………………………………………………………… (274)
>   9.3.3 字符串 …………………………………………………………………………… (274)
>   9.3.4 符号常量 ………………………………………………………………………… (275)
> 9.4 数据类型 …………………………………………………………………………………… (276)
>   9.4.1 线网(net)类型 …………………………………………………………………… (276)
>   9.4.2 寄存器类型 ……………………………………………………………………… (277)
>   9.4.3 向量 ……………………………………………………………………………… (279)
> 9.5 Verilog 的运算符 ………………………………………………………………………… (281)
> 9.6 Verilog 的行为级建模 …………………………………………………………………… (285)
>   9.6.1 过程语句 ………………………………………………………………………… (285)
>   9.6.2 语句块 …………………………………………………………………………… (289)
>   9.6.3 赋值语句 ………………………………………………………………………… (291)
>   9.6.4 程序控制语句 …………………………………………………………………… (293)
>   9.6.5 Verilog 的编译指示语句 ………………………………………………………… (299)
>   9.6.6 任务和函数 ……………………………………………………………………… (302)
> 9.7 Verilog 的结构级建模 …………………………………………………………………… (306)
>   9.7.1 门级建模 ………………………………………………………………………… (306)
>   9.7.2 用户自定义元件 ………………………………………………………………… (309)
>   9.7.3 模块级建模 ……………………………………………………………………… (314)
> 9.8 数字电路的 Verilog 描述实例 …………………………………………………………… (321)
>   9.8.1 常用组合逻辑电路的 Verilog 描述 ……………………………………………… (322)
>   9.8.2 常用时序逻辑电路的 Verilog 描述 ……………………………………………… (328)
>   9.8.3 有限状态机的 Verilog 描述 ……………………………………………………… (335)
> 本章小结 …………………………………………………………………………………………… (340)
> 习题9 ……………………………………………………………………………………………… (341)

附录 A Verilog HDL(IEEE Std 1364—2001)支持的关键字 ……………………………… (343)
参考文献 ……………………………………………………………………………………… (344)

第1章 数字逻辑基础

本章是学习数字逻辑电路的基础,首先介绍数制与代码,然后介绍逻辑代数的定义,以及逻辑运算、逻辑代数的基本公式、定律和法则,并在此基础上详细介绍逻辑函数的化简方法,最后简要介绍逻辑函数的表示方法及各表示方法之间的相互转换。

1.1 概　　述

在实际生活中,存在着两类物理量:一类称为数字量,它具有时间上离散变化、值域内只能取某些特定值的特点;另一类称为模拟量,它具有时间上连续变化、在一定动态范围内任意取值的特点。在电子设备中,数字量和模拟量都是以电信号形式出现的。人们常常将表示模拟量的电信号称为模拟信号,将表示数字量的电信号称为数字信号。数字信号是一种脉冲信号,脉冲信号具有边沿陡峭、持续时间短的特点。广义地讲,凡是非正弦信号都称为脉冲信号。

在电子电路中,具有对数字信号进行产生、存储、变换、处理、传送的电子电路称为数字电路。数字电路不仅能够完成算术运算,而且能够完成逻辑运算。它具有逻辑推理和逻辑判断的能力,因此也称数字逻辑电路或逻辑电路。在数字逻辑电路中,输入量和输出量的稳定状态通常都用电位的高和低、脉冲的有和无来表示,因此数字逻辑电路的输入和输出可以抽象为逻辑命题的真和假。在二值逻辑中,变量的取值不是"1"就是"0",没有第三种可能。而且这里的"1"和"0"并不是表示数值的大小,它们代表的只是两种不同的逻辑状态。

数字电路中的电子器件都工作在开关状态,电路的输出只有高、低两个电平,因而很容易实现二值逻辑。在分析实际电路时,逻辑高电平和逻辑低电平都对应一定的电压范围,不同系列的数字集成电路,其输入、输出为高电平或低电平时所对应的电压范围是不同的,一般用逻辑高电平表示逻辑1和二进制数的1,用逻辑低电平表示逻辑0和二进制数的0。

数字电路只能处理用二进制数表示的数字信号,而人们习惯使用的十进制数是不能被数字电路直接识别并处理的,因此,为了便于人与数字电路的信号交换和传输,需要研究各种进制之间的相互转换以及不同的编码方式。

1.2 数制和代码

数制是人们对数量计算的一种统计规律,是计数进位制的简称。在日常生活中,最常用的数制是十进制。而在数字系统中,多采用二进制数,有时也采用八进制数或十六进制数。

1.2.1 十进制数和二进制数

1. 十进制数

十进制是广泛使用的计数进位制。这种计数进位制的每一位数都用0~9十个数码中的一个数码来表示,其计数基数是十。计数规则为"逢十进一、借一当十",故称为十进制。一个数的大小取决于数码的位置,即数位。数码相同,所在的位置不同,则数的大小不同。例如:十进制数 2016.86 的展开式为

$$2016.86 = 2\times 10^3 + 0\times 10^2 + 1\times 10^1 + 6\times 10^0 + 8\times 10^{-1} + 6\times 10^{-2}$$

式中,10 称为基数,10^0、10^1、10^2、10^3 称为各位数的"权"。十进制数的个位的权为 1,十位的权为 10,百位的权为 100……任何一个十进制数 N_D 可表示为

$$N_D = d_{n-1}\times 10^{n-1} + d_{n-2}\times 10^{n-2} + \cdots + d_1\times 10^1 + d_0\times 10^0 + \cdots + d_{-m}\times 10^{-m}$$
$$= \sum_{i=-m}^{n-1} d_i \times 10^i$$

式中:d_i 为各位数的数码;10^i 为各位数的权;所对应的数值为 $d_i \times 10^i$。

2. 二进制数

在数字系统中,应用最广泛的数是二进制数。在二进制数中,每一位仅有 0 和 1 两个可能的数码,所以计数基数是 2。低位和相邻的高位之间的进位关系是"逢二进一、借一当二",故称之为二进制。任意一个二进制数 N_B 的展开式为

$$N_B = b_{n-1}\times 2^{n-1} + b_{n-2}\times 2^{n-2} + \cdots + b_1\times 2^1 + b_0\times 2^0 + \cdots + b_{-m}\times 2^{-m}$$
$$= \sum_{i=-m}^{n-1} b_i \times 2^i$$

式中:2 为基数;2^i 为各位数的权;b_i 为各位数的数码。

例如:一个二进制数 11010.101 可展开为

$$11010.101 = 1\times 2^4 + 1\times 2^3 + 0\times 2^2 + 1\times 2^1 + 0\times 2^0 + 1\times 2^{-1} + 0\times 2^{-2} + 1\times 2^{-3}$$

从二进制数的特点中可以看到它具有的优点。第一,只有两个数码,只需反映两种不同稳定状态的元件就可表示一位数。因此,构成二进制数电路的基本单元结构简单。第二,储存和传递可靠。第三,运算规则简单,操作方便。所以在数字系统中基本都采用二进制数。

1.2.2 十六进制和八进制

1. 十六进制

十六进制的每一位数都有十六种可能出现的数字,分别用 0~9、A~F 表示数,其中 A~F 分别对应十进制数的 10~15。低位数和高一位数之间的计数规律是"逢十六进一、借一当十六"。任意一个十六进制数均可展开为

$$N_H = h_{n-1}\times 16^{n-1} + h_{n-2}\times 16^{n-2} + \cdots + h_1\times 16^1 + h_0\times 16^0 + h_{-1}\times 16^{-1} + \cdots + h_{-m}\times 16^{-m}$$
$$= \sum_{i=-m}^{n-1} h_i \times 16^i$$

式中:16 为基数;16^i 为各位数的权;h_i 为 i 位数的数码。

例如:一个十六进制数 69AB.7F 可展开为

$$69AB.7F = 6\times 16^3 + 9\times 16^2 + A\times 16^1 + B\times 16^0 + 7\times 16^{-1} + F\times 16^{-2}$$
$$= 6\times 16^3 + 9\times 16^2 + 10\times 16^1 + 11\times 16^0 + 7\times 16^{-1} + 15\times 16^{-2}。$$

2. 八进制

在八进制数中,每一位用 0~7 八个数码表示,所以计数基数为 8。低位数和高一位数之

间的关系是"逢八进一"。任何一个八进制数都可以展开为

$$N_O = o_{n-1} \times 8^{n-1} + o_{n-2} \times 8^{n-2} + \cdots + o_1 \times 8^1 + o_0 \times 8^0 + o_{-1} \times 8^{-1} + \cdots + o_{-m} \times 8^{-m}$$

$$= \sum_{i=-m}^{n-1} o_i \times 8^i$$

式中:8 为基数;8^i 为各位数的权;o_i 为 i 位数的数码。

1.2.3 不同进制数之间的转换

目前由于在微型计算机中普遍采用 8 位或 16 位二进制数并行运算,而 8 位和 16 位二进制数可以用 2 位和 4 位十六进制数来表示,因此用十六进制符号书写程序十分简便。同时,十六进制数和十进制数之间的转换又非常简单,这就使得十六进制的应用比八进制的应用还要广泛。为此,要熟练地掌握十进制数、二进制数和十六进制数间的相互转换。它们之间的关系如表 1-1 所示。

表 1-1　十进制数、二进制数及十六进制数对照表

十进制数	二进制数	十六进制数	十进制数	二进制数	十六进制数
0	0000	0	8	1000	8
1	0001	1	9	1001	9
2	0010	2	10	1010	A
3	0011	3	11	1011	B
4	0100	4	12	1100	C
5	0101	5	13	1101	D
6	0110	6	14	1110	E
7	0111	7	15	1111	F

为了区别十进制、二进制及十六进制这三种数制,可用括号把数括起来,在括号的右下角注明相应数制的进位计数,或者在数字后面加上相应的一个大写字母,标示出数制。如 B(binary)表示二进制数制,D(decimal)或不带字母表示十进制数制,H(hexadecimal)表示十六进制数制。

1. 二进制数转换为十六进制数

由于 4 位二进制数恰好有十六个状态,而且当把这 4 位二进制数看成一个数位时,它向高位的进位又正好是逢十六进一,因此可以用 4 位二进制数代表 1 位十六进制数。根据表 1-1 所示的对应关系即可实现二进制数和十六进制数之间的转换。

将二进制整数转换为十六进制数,其方法是从小数点向左将二进制整数部分分组,每 4 位为一组,最后一组若不足 4 位则在其左边添加 0 以凑成 4 位一组,每组用 1 位等值的十六进制数表示。对于小数部分的转换,则应从小数点向右将二进制小数部分分组,每 4 位为一组,最后一组若不足 4 位则在其右边添加 0 以凑成 4 位一组,然后每组用 1 位等值的十六进制数表示。例如:

1111101011.01111010101 B= 0011 1110 1011 .0111 1010 1010 B= 3EB.7AA H

2. 十六进制数转换为二进制数

十六进制数转换为二进制数,只需将十六进制的每位转换为4位二进制数,并按原来的顺序排列起来即可。例如:

$$C5EA.49H = 1100\ 0101\ 1110\ 1010.0100\ 1001\ B$$

3. 十六进制数转换为十进制数

十六进制数转换为十进制数十分简单,只需将十六进制数按位权展开,然后按照十进制数的运算法则相加即可。例如:

$$\begin{aligned}3FA.5\ H &= 3\times16^2+15\times16^1+10\times16^0+16^{-1}\times5\\ &=3\times256+15\times16+10\times1+0.0625\times5\\ &=768+240+10+0.3125=1018.3125\end{aligned}$$

4. 十进制数转换为十六进制数

1) 整数部分的转换

十进制整数转换为非十进制数时,一般采用"除基取余"法。将十进制数不断除以将转换进制的基数,直至商为0。每除一次取余数,先得到的余数为低位,后得到的余数为高位,最后由余数依次从高位向低位排列的数就是转换的结果。十进制整数转换为十六进制整数可用除16取余法,即用16不断地去除待转换的十进制数,直至商等于0为止。将所得的各次余数依倒序排列,即可得到所转换的十六进制数。如将38947转换为十六进制数,其方法及算式如下:

```
                    余数
        16 | 38947  ……3    最低位
           16 | 2434  ……2
              16 | 152  ……8
                    9  ……9   最高位
                    0
```

即 $38947 = 9823\ H$。

2) 小数部分的转换

十进制小数转换为非十进制数时,可用"乘基取整"法。用十进制数的小数部分反复乘以基数,直到小数部分为0或达到转换精度要求的位数(小数部分永不为0,可根据精度要求的位数决定转换后的小数位数),依次取积的整数(为十进制数),第一个整数为最高位,最后一个整数为最低位,从最高小数位依次排到最低小数位即可。如将0.3584转换为十六进制数,结果保留3位小数,其方法及算式如下:

$$\begin{aligned}0.3584\times16&=5.7344\quad\text{取整 }5\quad\text{最高位}\\ 0.7344\times16&=11.7504\quad\text{取整 }11\\ 0.7504\times16&=12.0064\quad\text{取整 }12\quad\text{最低位}\end{aligned}$$

即 $0.3584 = 0.5BC\ H$。

例如:将39.625转换为十六进制数,算式如下:

```
16 | 39        余数           0.625
16 |  2 ……7    ×   16
      0 ……2       3750
                +  625
                10.000 ……A
```

即 39.625＝27.A H。

5. 二进制数与十进制数间的相互转换

1) 利用十六进制数为桥梁实现二进制数与十进制数间的转换

把一个十进制数转换为二进制数,可以先把该数转换为十六进制数,然后再转换为二进制数,这样可以减少计算次数;反之,要把一个二进制数转换为十进制数,也可以采用同样的办法。若使用 2^n(2^n 的二进制数等于1后跟 n 个0)和十六进制数、十进制数的对应关系(见表1-2),以及个别十进制整数和十六进制数的对应关系(如50＝32 H,80＝50 H,100＝64 H等),则转换起来更为方便。例如:

$$38947 = 32768 + 4096 + 2048 + 32 + 3 = 8000H + 1000H + 800H + 20H + 3H$$
$$= 9823H = 1001\ 1000\ 0010\ 0011B$$
$$0001\ 1111\ 0011\ 1101B = 1F3DH = 2000H - (80H + 40H + 3H)$$
$$= 8192 - (128 + 64 + 3) = 7997$$

表1-2 部分二进制数与十进制数的对应关系

2^n	十六进制数	十进制数	常用缩写	2^n	十六进制数	十进制数	常用缩写
2^5	20	32		2^{13}	2000	8192	8K
2^6	40	64		2^{14}	4000	16384	16K
2^7	80	128		2^{15}	8000	32768	32K
2^8	100	256		2^{16}	10000	65536	64K
2^9	200	512		2^{20}			1M
2^{10}	400	1024	1K	2^{30}			1G
2^{11}	800	2048	2K	2^{40}			1T
2^{12}	1000	4096	4K	2^{50}			1P

2) 采用将二进制数按位权展开相加的方法将二进制数转换为十进制数

例如,将二进制数1011.01转换为十进制数,转换过程如下:

$$1011.1011\ B = 1 \times 2^3 + 0 \times 2^2 + 1 \times 2^1 + 1 \times 2^0 + 1 \times 2^{-1} + 0 \times 2^{-2} + 1 \times 2^{-3} + 1 \times 2^{-4}$$
$$= 8 + 0 + 2 + 1 + 0.5 + 0 + 0.125 + 0.0625$$
$$= 11.6875$$

3) 采用"除基取余"法和"乘基取整"法将十进制数转换为二进制数

例如,将十进制数39.625转换成二进制数,转换过程如下:

```
2 | 39 ……1        0.625
2 | 19 ……1      ×     2
2 |  9 ……1        1.250  ……1
2 |  4 ……0        _____
2 |  2 ……0        0.500  ……0
2 |  1 ……1        _____
    0                2
                  1.000  ……1
```

即 39.625＝10 0111.101 B。

1.2.4 二进制符号数的表示法

1. 机器数与真值

在计算机中，常用数的符号和数值部分一起编码的方法表示符号数。二进制数与十进制数一样有正负之分。通常正号用"0"表示，负号用"1"表示。为了区分，一般书写时通常将用"＋""－"表示的正、负二进制数称为数的真值，而把数值连同符号数码"0"或"1"一起编码表示的二进制数称为机器数。把机器数的符号位也当作数值的数，就是无符号数。常用的机器数表示法有原码、反码和补码表示法。这几种表示法都将数的符号数码化。

2. 原码

原码表示法是机器数的一种简单的表示法。数值用其绝对值，正数的符号位用 0 表示，负数的符号位用 1 表示，即"符号＋绝对值"。例如：

$X_1 = +24$， $[X_1]_\text{原} = 011000$

$X_2 = -1101$， $[X_2]_\text{原} = 11101$

$X_3 = 0000$， $[X_3]_\text{原} = 00000$ 或 $[X_3]_\text{原} = 10000$

原码表示法简单易懂，而且原码与真值转换方便。若是两个异号数相加，或两个同号数相减，就要做减法。

3. 反码

用反码表示带符号的二进制数时，符号位与原码相同，即用 0 表示正号，用 1 表示负号。不同的是正数反码的数值部分与原码数值部分相同，而负数反码的数值部分是原码数值部分按位取反。例如：

$X_1 = 5$， $[X_1]_\text{原} = 0101$， $[X_1]_\text{反} = 0101$

$X_2 = -5$， $[X_2]_\text{原} = 1101$， $[X_2]_\text{反} = 1010$

4. 补码

用补码表示带符号的二进制数时，符号位与原码、反码相同，即用 0 表示正号，用 1 表示负号。不同的是正数补码的数值部分与原码、反码数值部分相同，而负数补码的数值部分是原码数值部分按位取反，并在最低位加 1，即先求负数的反码，再将反码加 1。例如：

$X_1 = 1010110$， $[X_1]_\text{原} = 01010110$， $[X_1]_\text{反} = 01010110$， $[X_1]_\text{补} = 01010110$

$X_2 = -1001010$， $[X_1]_\text{原} = 11001010$， $[X_1]_\text{反} = 10110101$， $[X_1]_\text{补} = 10110110$

求补数还可以直接求,方法是从最低位向最高位扫描,保留直至第一个"1"的所有位,以后各位按位取反。负数的补码可以由与其绝对值相等的正数求补得到。根据两数互为补数的原理,对补码表示的负数求补就可以得到该负数的绝对值。例如:

$$[-105]_补=10010111B=97H$$

对其求补,从右向左扫描,第一位就是1,故只保留该位,对其左面的7位均求反得01101001,即补码表示的机器数97H的真值是-69H(=-105)。

一个用补码表示的机器数,若最高位为0,则其余几位即为此数的绝对值。若最高位为1,则其余几位不是此数的绝对值,对该数(连同符号位)求补,才得到它的绝对值。

当数采用补码进行加减运算时,可以将加减运算均通过加法实现。例如:

$$64-10=64+(-10)$$
$$[64]_补=40H=0100\ 0000B$$
$$[10]_补=0AH=0000\ 1010B$$
$$[-10]_补=1111\ 0110B$$

做减法运算过程如下:

```
  0100 0000
- 0000 1010
  ─────────
  0011 0110
```

用补码相加过程如下:

```
  0100 0000
+ 1111 0110
  ─────────
1 0011 0110
```
↑ 进位自然丢失

结果相同,其真值为54(36H=48+6)。

最高位的进位是自然丢失的,故做减法与用补码相加的结果是相同的。

1.2.5 二进制代码

数字系统不仅用到数字,还要用到各种字母、符号和控制信号等。为了表示这些信息,将字母、数字、符号和信息等用一组特定的二进制数来表示的过程称为编码。而这种有特定含义的二进制数码称为二进制代码。常用的二进制代码有二-十进制代码和ASCII码。

1. 二-十进制代码

二-十进制代码是用4位二进制代码来表示1位十进制数的编码,称为二-十进制代码,简称BCD(binary coded decimal)码。因为1位十进制数有0~9十个数码,至少需要4位二进制编码才能表示1位十进制数。4位二进制数可以表示十六种不同的状态,用它来表示1位十进制数时就要丢掉六种状态。根据所用十种状态与1位十进制数码对应关系的不同,产生了各种BCD码,最常用的是8421BCD码、2421BCD码、4221BCD码、5421BCD码、余3码等。2421BCD码、4221BCD码、5421BCD码的变换和8421BCD码相似,只是权不同。余3码可以由8421BCD码得到,即某十进制数的8421BCD码加3所对应的二进制码便是该十进制数的余 3 码。常用的 BCD 码如表 1-3 所示。

表 1-3 常用的 BCD 码表

十进制数	8421BCD 码	余 3 码	2421BCD 码(A)	4221BCD 码(A)	5421BCD 码
0	0000	0011	0000	0000	0000
1	0001	0100	0001	0001	0001
2	0010	0101	0010	0010	0010
3	0011	0110	0011	0011	0011
4	0100	0111	0100	0110	0100
5	0101	1000	0101	0111	1000
6	0110	1001	0110	1100	1001
7	0111	1010	0111	1101	1010
8	1000	1011	1110	1110	1011
9	1001	1100	1111	1111	1100

8421BCD 码是一种直观的编码,它用每 4 位二进制数码直接表示出 1 位十进制数码。例如:BCD 码 0011 1000 0111,根据表 1-3 所示,可立即得出十进制数为 387。

但是 BCD 码转换成二进制数不是直接的,必须先把 BCD 码转换成十进制数,然后再把十进制数转换成二进制数。相反的转换亦是如此。例如:

$$(1000\ 0111\ 0110)_{BCD} = 876 = 11\ 0110\ 1100\ B$$
$$1100\ B = 12 = (0001\ 0010)_{BCD}$$

2. 循环码

循环码又称反射码、格雷码(Gray Code),是一种无权码。表 1-4 所示的是 4 位循环码的编码表。由表可见,循环码中每一位代码从上到下的排列顺序都是以固定的周期进行循环的。其中右起第 1 位的循环周期是 0110,第 2 位的循环周期是 00111100,第 3 位的循环周期是 0000111111110000,等等。其特点是,在这种代码中,任意相邻两个代码间(注意,十进制数 0 和 15 也相邻),只有一位代码不同,其余各位都相同。这种编码是变权代码,也就是说,代码中每一位的 1 并不代表固定的数值。

表 1-4 4 位循环码的编码表

十进制数	循环码	十进制数	循环码
0	0000	8	1100
1	0001	9	1101
2	0011	10	1111
3	0010	11	1110
4	0110	12	1010
5	0111	13	1011
6	0101	14	1001
7	0101	15	1000

3. ASCII 码

目前在微型计算机中最常用的字符编码是美国国家标准信息交换代码 ASCII 码（American Standard Code for Information Interchange）。ASCII 码是一种用 7 位二进制数码表示 128 个字符或符号的代码，用于代表键盘数据和一些命令编码。它已成为计算机通用的标准代码，主要用于打印机、绘图机等外部设备与计算机之间传递信息。

7 位 ASCII 码中由 3 位二进制代码组成 8 列(000～111 列)，由 4 位二进制代码构成 16 行(0000～1111 行)，如表 1-5 所示。行为低 4 位，列为高 3 位。根据字母、数字所在的列位和行位，就可确定一个固定的 ASCII 码。

表 1-5 ASCII 码编码表

$b_3b_2b_1b_0$ \ $b_6b_5b_4$	000	001	010	011	100	101	110	111
0000	NUL	DLE	SP	0	@	P	、	p
0001	SOH	DC1	!	1	A	Q	a	q
0010	STX	DC2	"	2	B	R	b	r
0011	ETX	DC3	#	3	C	S	c	s
0100	EOT	DC4	$	4	D	T	d	t
0101	ENQ	NAK	%	5	E	U	e	u
0110	ACK	SYN	&	6	F	V	f	v
0111	BEL	ETB	'	7	G	W	g	w
1000	BS	CAN	(	8	H	X	h	x
1001	HT	EM	)	9	I	Y	i	y
1010	LF	SUB	*	:	J	Z	j	z
1011	VT	ESC	+	;	K	[	k	{
1100	FF	FS	,	<	L	\	l	|
1101	CR	GS	-	=	M	]	m	}
1110	SO	RS	.	>	N	∧	n	~
1111	SI	US	/	?	O	—	o	DEL

1.3 逻辑运算

在客观世界中，许多事物的发展变化都存在着一定的因果关系。例如，电灯的亮与灭取决于电源是否接通。如果电源接通了，电灯就亮，否则就灭。电源的接通与否是因，电灯的亮与灭是果。这种因果关系一般称为逻辑代数关系，简称逻辑关系。分析和设计数字电路的数学工具就是逻辑代数，又称布尔代数或开关代数。

逻辑代数由逻辑变量和逻辑运算组成。逻辑变量的取值不是 1 就是 0，没有第三种可能。1和0并不表示数值的大小,仅仅是作为一种符号,代表的只是两种完全相反的逻辑状态。例如,用1和0分别表示事件的真与假、电压的高与低、信号的有与无、开关的闭合与断开,等等。这种只有两种对立逻辑状态的逻辑关系称为二值数字逻辑,简称二值逻辑或数字逻辑。在逻辑代数中,基本逻辑运算有与、或、非三种,常用的复合逻辑运算有与非、或非、同或、异或等。

1.3.1 基本逻辑运算

在逻辑代数中,有与、或、非三种基本的逻辑运算。众所周知,运算是一种函数关系,它可以用语言描述,亦可用逻辑代数表达式描述,还可用表格或图形来描述。输入逻辑变量所有取值的组合与其对应的输出逻辑函数值构成的表格,称为真值表。用规定的逻辑符号表示的图形称为逻辑图。下面分别讨论三种基本的逻辑运算。

图1-1所示的是用开关控制灯亮与灯灭的三个电路图。设开关A、B为输入逻辑变量,Y_1、Y_2、Y_3为电灯输出逻辑变量,将输入逻辑变量A和B取值(用0表示开关断开,用1表示开关闭合)的所有组合和对应输出逻辑变量Y_1、Y_2、Y_3的取值(用0表示灯灭,用1表示灯亮)列成表格,如表1-6所示,这种表格即为真值表。它反映开关状态与电灯亮灭之间因果关系的数学表达形式,说明输入变量与输出变量之间的逻辑关系。

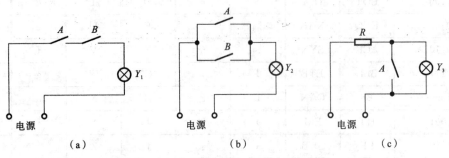

图1-1 开关控制灯的电路[①]

表1-6 反映图1-1所示电路的真值表

A	B	Y_1	Y_2	Y_3
0	0	0	0	1
0	1	0	1	1
1	0	0	1	0
1	1	1	1	0

1. 与运算

当决定某件事情的所有条件全部具备时,这件事情才会发生,这种因果关系称为与逻辑关系。在图1-1(a)中,只有开关A与开关B都合上时,灯Y_1才会亮,所以对灯Y_1亮这件事

[①] 开关A、B分别对应输入逻辑变量A、B,灯Y_1、Y_2、Y_3分别对应输出逻辑变量Y_1、Y_2、Y_3。全书实物与变量之间的对应关系均做此处理。

情来说,开关 A、开关 B 闭合是与逻辑关系。A、B 和 Y_1 之间的这种与逻辑关系即与逻辑运算,简称与运算,又称逻辑乘法运算。在表 1-6 中,对 Y_1 来说,只有当 A 与 B 均为 1 时,其值才会为 1,这显然是一种与逻辑运算。逻辑运算可用逻辑表达式表示,与逻辑运算的表达式为

$$Y_1 = A \cdot B$$

式中:"·"为与逻辑运算符号。

与逻辑运算符号"·"在运算中可以省略。在画逻辑图时,常用如图 1-2 所示的与逻辑运算符号。

2. 或运算

当决定某件事情的各个条件中,只要有一个或者一个以上的条件具备时,这件事情就会发生,这种因果关系称为或逻辑关系。在图 1-1(b)中,只要开关 A 或者开关 B 闭合,灯 Y_2 就会亮,所以对灯 Y_2 亮这件事情来说,开关 A、开关 B 闭合是或逻辑关系。A、B 和 Y_2 之间的这种或逻辑关系即或逻辑运算,简称或运算,又称逻辑加法运算。在表 1-6 所示的真值表中,对 Y_2 来说,只要 A 或 B 为 1 时,其值就会为 1,这显然是一种或逻辑运算。或逻辑运算的表达式为

$$Y_2 = A + B$$

式中:"+"为或逻辑运算符号。

在画逻辑图时,常用图 1-2 所示的或逻辑运算符号。

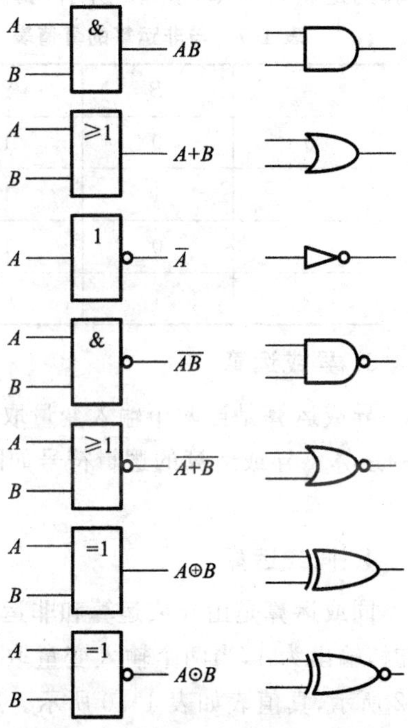

3. 非运算

非就是反,就是否定。如果某事件的发生取决于条件的否定,即条件满足事件不发生,条件不满足事件发生,则这种因果关系称为非逻辑。在图 1-1(c)中,当开关 A 断开时,灯 Y_3 亮,闭合时反而会灭,所以对灯 Y_3 亮来说,开关闭合是一种非逻辑关系。A 和 Y_3 之间的这种非逻辑关系即非逻辑运算,简称非运算,又称逻辑反运算。在表 1-6 中,当 A 取值为 0 时,Y_3 为 1;A 取值为 1 时,Y_3 反而为 0。这显然是一种非逻辑运算。非逻辑运算的表达式为

$$Y_3 = \overline{A}$$

式中:A 变量上方的"—"为非逻辑运算符号。

(a) 国际标准　　(b) 美国标准

图 1-2　常用逻辑运算的逻辑符号

1.3.2　复合逻辑运算

在逻辑代数的运算中,由基本的与、或、非逻辑运算可以实现多种复合逻辑运算,常用的复合逻辑运算有与非运算、或非运算、异或运算和同或运算。基本逻辑运算的逻辑符号以及由基本逻辑运算构成的复合逻辑运算的逻辑符号如图 1-2 所示。

1. 与非运算

与非运算是由与运算和非运算组合的逻辑运算,即先进行与运算,后进行非运算。与非运算的逻辑符号如图 1-2 所示,真值表如表 1-7 所示。逻辑表达式可写成 $Y=\overline{AB}$。

2. 或非运算

或非运算是由或运算和非运算组合的逻辑运算,即先进行或运算,后进行非运算。或非运算的逻辑符号如图 1-2 所示,真值表如表 1-8 所示。逻辑表达式可写成 $Y=\overline{A+B}$。

表 1-7 与非运算的真值表

A	B	Y
0	0	1
0	1	1
1	0	1
1	1	0

表 1-8 或非运算的真值表

A	B	Y
0	0	1
0	1	0
1	0	0
1	1	0

3. 异或运算

异或运算是当两个输入变量取值相同时,输出为 0,当两个输入变量取值不同时,输出为 1 的运算。异或运算的逻辑符号如图 1-2 所示,真值表如表 1-9 所示。逻辑表达式可写成

$$Y=\overline{A}B+A\overline{B}=A\oplus B$$

4. 同或运算

同或运算是由异或运算和非运算组合的逻辑运算。同或运算是当两个输入变量取值相同时,输出为 1,当两个输入变量取值不同时,输出为 0 的运算。同或运算的逻辑符号如图 1-2 所示,真值表如表 1-10 所示。逻辑表达式可写成

$$Y=\overline{A\oplus B}=AB+\overline{A}\overline{B}=A\odot B$$

表 1-9 异或运算的真值表

A	B	Y
0	0	0
0	1	1
1	0	1
1	1	0

表 1-10 同或运算的真值表

A	B	Y
0	0	1
0	1	0
1	0	0
1	1	1

一般来说,如果输入逻辑变量 A、B 等的取值确定之后,输出逻辑变量 Y 的值也被唯一确定了,那么就称 Y 是 A、B 的逻辑函数,并写成

$$Y=F(A,B,\cdots)$$

一般情况下,常用真值表描述变量取值和函数之间的对应关系。

1.3.3 正负逻辑问题

在数字电路中,通常用电路的高电平和低电平来分别代表逻辑 1 和逻辑 0,在这种规定下的逻辑关系称为正逻辑。反之,用低电平表示逻辑 1,用高电平表示逻辑 0,在这种规定下

的逻辑关系称为负逻辑。我们将电平和逻辑取值之间对应关系给以规定，称为逻辑规定。

对于一个数字电路，既可以采用正逻辑，也可采用负逻辑。同一电路，如果采用不同的逻辑规定，那么电路所实现的逻辑运算是不同的。由定义可知，正逻辑与运算和负逻辑或运算互相对应；正逻辑或运算和负逻辑与运算互相对应。几种逻辑运算的正逻辑和负逻辑电平关系分别如表 1-11、表 1-12 所示，其中 H 和 L 分别表示高电平和低电平。

某电路的输入与输出电平表

表 1-11 逻辑运算正逻辑电平关系表

输入 A B	输		出	
L L	L	L	H	H
L H	L	H	H	L
H L	L	H	H	L
H H	H	H	L	L

表 1-12 逻辑运算负逻辑电平关系表

输入 A B	输		出	
L L	L	L	H	H
L H	H	L	L	H
H L	H	L	L	H
H H	H	H	L	L

如果采用正逻辑来描述，则得到如表 1-13 所示的真值表。

表 1-13 正逻辑运算的真值表

A	B	与	或	与非	或非
0	0	0	0	1	1
0	1	0	1	1	0
1	0	0	1	1	0
1	1	1	1	0	0

如果采用负逻辑来描述，则得到如表 1-14 所示的真值表。

表 1-14 负逻辑运算的真值表

A	B	与	或	与非	或非
0	0	0	0	1	1
0	1	1	0	0	1
1	0	1	0	0	1
1	1	1	1	0	0

由表 1-13 和表 1-14 所示的真值表可见，正与等于负或、正或等于负与、正与非等于负或非、正或非等于负与非。

如果需要，可以按下列关系进行两种逻辑的转换。

$$正与 \Leftrightarrow 负或 \quad 负与 \Leftrightarrow 正或$$
$$正与非 \Leftrightarrow 负或非 \quad 负与非 \Leftrightarrow 正或非$$

一般情况下，人们都习惯采用正逻辑。本书在没有特殊说明的情况下，逻辑电路均采用正逻辑。在分析一个数字系统时，应采用同一种逻辑关系。

1.4 逻辑门电路

用以实现基本逻辑运算和复合逻辑运算的单元电路称为逻辑门电路(简称门电路)。门电路是组成数字系统的最小单元。按照内部有源器件的类别,集成门电路分为 TTL(transistor-transistor logic,晶体管-晶体管逻辑)集成门电路和 CMOS(complementary metal oxide semiconductor,互补金属氧化物半导体)集成门电路。

1.4.1 半导体的开关特性

1. 二极管的开关特性

二极管具有单向导电特性,可以看作是一个受外加电压控制的开关。二极管的符号和伏安特性曲线如图 1-3 所示。

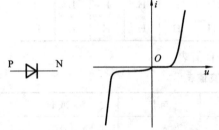

图 1-3 二极管的符号和伏安特性曲线

若把二极管看作是理想二极管,则其特点是:加正向电压时二极管导通,其两极之间视为短路,相当于开关闭合;加反向电压时二极管截止,其两极之间视为开路,相当于开关断开。二极管的理想模型如图 1-4 所示。

若考虑二极管的导通压降,则可把二极管等效为恒压模型:以硅管为例,当二极管导通时,其工作电压恒定,不随工作电流变化而变化,导通电压值 U_D 为 0.7 V(锗管的 U_D 为 0.3 V);当工作电压小于该值时,二极管截止,其两极之间视为开路。硅二极管的恒压模型如图 1-5 所示。

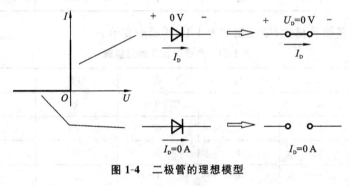

图 1-4 二极管的理想模型

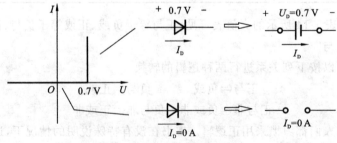

图 1-5 硅二极管的恒压模型

需要注意的是,在动态情况下,二极管两端电压突然反向时,电路的状态不能立即改变,二极管的动态电流波形如图 1-6 所示。

由图 1-6 可知:当二极管两端电压由反向突然变为正向时,要等到 PN 结内部建立起足够的电荷梯度后才开始有扩散电流形成,所以正向导通电流的建立要延迟一段时间 t_{on},称为开通时间;当二极管电压由正向变为反向时,由于 PN 结内还有一定数量的存储电荷,有较大的瞬态反向电流产生。当存储电荷逐渐消散时,反向电流迅速衰减并逐渐趋近于稳态的反向饱和电流,这段时间称为反向恢复时间,又称关断时间,用 t_{off} 表示。

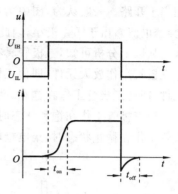

图 1-6 二极管的动态电流波形

2. 三极管的开关特性

三极管按结构可以分为 NPN 型和 PNP 型两种。任何一种三极管都有三个工作区:截止区、放大区、饱和区。NPN 型三极管构成的共射极电路及其输出特性曲线如图 1-7 所示。

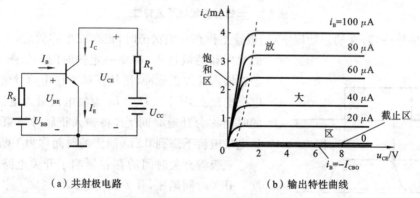

(a)共射极电路　　　　(b)输出特性曲线

图 1-7　NPN 型三极管构成的共射极电路及其输出特性曲线

1)放大区(又称线性区)

发射结正偏且集电结反偏,此时 i_C 几乎仅仅取决于 i_B,而与 u_{CE} 无关,表现出 i_B 对 i_C 的控制作用,其关系是 $I_C=\beta I_B$,$\Delta i_C=\beta\Delta i_B$。由此可知,处在放大状态下的三极管的输出端可以等效为一个电流控制的电流源。

2)饱和区

发射结正偏且集电结正偏,此时 i_C 不仅仅与 i_B 有关,而且明显随 u_{CE} 增大而增大,其关系是 $I_C<\beta I_B$。在实际电路中,若三极管的 u_{BE} 增大时,i_B 随之增大,但 i_C 基本不变,则说明三极管进入饱和区。一般认为,$u_{CE}=u_{BE}$,即 $u_{CB}=0$ 时,三极管处于临界饱和状态。临界饱和时,三极管的管压降 U_{CES} 约为 0.7 V;在深度饱和时,管压降通常在 0.1~0.3 V,此时集电极 c 和发射极 e 之间相当于短路。

3)截止区

发射结反偏且集电结反偏,此时 $i_B=0$,$i_C=0$。集电极 c 和发射极 e 之间没有电流流过,相当于开路。一般认为,图中为曲线 $i_B=0$ 以下的区域称为截止区,实际上,此时 $i_C \leqslant I_{CEO}$(穿透电流),由于 I_{CEO} 极小,因此认为 i_C 近似为零。

从以上分析可知,三极管具有电流放大作用和开关作用。在模拟电路中,绝大多数情况下三极管用作放大元件,即使三极管处在放大状态。而在数字电路中,三极管多数用作开关元件,即使三极管工作在饱和、截止状态。

当三极管工作在饱和状态时,其饱和压降很小,相当于开关闭合,如图 1-8(a)所示;当三极管工作在截止状态时,集电极电流近似为 0,相当于开关断开,如图 1-8(b)所示。

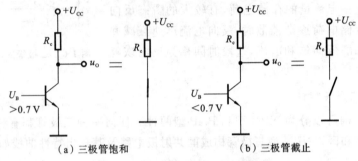

(a) 三极管饱和   (b) 三极管截止

图 1-8 三极管的理想开关特性

和二极管一样,在动态情况下,三极管工作在开关状态时,也存在电容效应,伴随着电荷的建立和消散过程,需要一定的时间。如图 1-9 所示,若在输入端加正脉冲,则从正脉冲作用的时刻开始到集电极电流上升到 $0.9I_{CS}$(I_{CS} 为集电极最大电流值)所需的时间称为开通时间 t_{on},将输入正脉冲结束的时刻到集电极电流下降到 $0.1I_{CS}$ 所需的时间称为关断时间 t_{off}。

三极管开关时间的存在影响了开关电路的工作速度。开关时间越短,开关速度越高。通常 $t_{off} > t_{on}$。

开通时间和关断时间总称为三极管的开关时间,它随管子类型的不同而有很大差别,一般在几十至几百纳秒的范围,可以从手册中查到。

3. MOS 管的开关特性

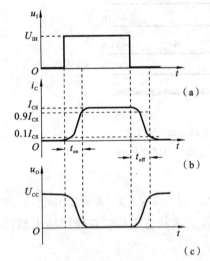

图 1-9 三极管开关电路中的波形

MOS 管按导电沟道可以分为 N 沟道和 P 沟道两种类型。无论是 N 沟道还是 P 沟道的 MOS 管又可以分为增强型和耗尽型。任何一种 MOS 管都有三种工作区:可变电阻区、恒流区和夹断区。在开关电路中,MOS 管不是工作在夹断区就是工作在可变电阻区,恒流区只是一种瞬间即逝的过渡状态。

对于 N 沟道 MOS 场效应管,若栅源间加正向电压,则 MOS 管导通,相当于在漏极和源极之间有一个理想的闭合开关,当栅源间电压为零时,MOS 管截止,在漏极和源极之间有个理想地打开了的开关,如图 1-10 所示。P 沟道 MOS 场效应管在相反的电压极性下工作。

由于 MOS 管三个电极之间存在电容,因此当输入 u_i 由低电平跳变到高电平时,MOS 管要经过一段时间才能从截止状态转换到导通状态,这段时间称为开通时间 t_{on};同样,当 u_i

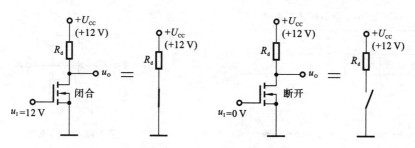

图 1-10　MOS 管的理想开关等效

由高电平跳变到低电平时，MOS 管也要经过一段时间才能从导通状态转换到截止状态，这段时间称为关断时间 t_{off}。

1.4.2　简单门电路

1. 二极管与门电路

图 1-11 所示的是由二极管构成的有两个输入端的与门电路。A 和 B 为输入，F 为输出。假设二极管是硅管，正向导通压降为 0.7 V，输入高电平为 3 V，低电平为 0 V。我们来分析这个电路如何实现与逻辑运算。输入 A 和 B 的高、低电平共有四种不同的组合，下面分别讨论。

(1) $U_A = U_B = 0$ V。在这种情况下，很显然，二极管 VD_A 和 VD_B 都处于正向偏置，VD_A 和 VD_B 均导通，由于二极管的正向结压降为 0.7 V，故 U_F 被钳制在 $U_F = U_A$（或 U_B）+ 0.7 V = 0.7 V。

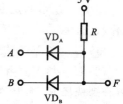

图 1-11　与门电路

(2) $U_A = 0$ V，$U_B = 3$ V。$U_A = 0$ V，故 VD_A 先导通。由于二极管钳位作用，故 $U_F = 0.7$ V。此时 VD_B 反向偏置，处于截止状态。

(3) $U_A = 3$ V，$U_B = 0$ V。显然 VD_B 先导通，$U_F = 0.7$ V。此时 VD_A 反向偏置，处于截止状态。

(4) $U_A = U_B = 3$ V。在这种情况下，VD_A 和 VD_B 均导通，因二极管钳位作用，$U_F = U_A$（或 U_B）+ 0.7 V = 3.7 V。

假定 3 V 以上为高电平，逻辑取值 1；0.7 V 以下为低电平，逻辑取值 0。上述输入与输出电平之间的对应关系如表 1-15 所示，这个表是该电路的真值表。由真值表可见，图 1-11 所示的电路特点是只有输入端都是 1，输出才是 1，否则输出就是 0。它具有与逻辑运算的特点，是一种与门电路，其逻辑表达式为

$$F = AB$$

2. 二极管或门电路

图 1-12 所示的是由二极管构成的有两个输入端的或门电路，电路分析可分为三种情况。

(1) $U_A = U_B = 0$ V。显然，二极管 VD_A 和 VD_B 都导通，$U_F = U_A$（或 U_B）- 0.7 V = -0.7 V。

(2) U_A、U_B 任意一个为 3 V。例如，在 $U_A = 3$ V，VD_A 先导通，因二极管钳位作用，$U_F = U_A - 0.7$ V = 2.3 V。此时 VD_B 截止。

表 1-15　图 1-11 所示电路真值表

输入		输出
A	B	F
0	0	0
0	1	0
1	0	0
1	1	1

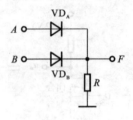

图 1-12　或门电路

(3) U_A、U_B 同时为 3 V，二极管 VD_A 和 VD_B 都导通，$U_F=U_A$（或 U_B）-0.7 V $=2.3$ V。

同样假定 2.3 V 以上为高电平，逻辑取值 1；0.7 V 以下为低电平，逻辑取值 0。那么，根据上述分析结果，可以得到如表 1-16 所示逻辑真值表。通过真值表可看出，只要输入有一个 1，输出就为 1，否则，输出就为 0。由此可知，输入变量 A、B 与逻辑函数 F 之间是或逻辑关系。因此，图 1-12 所示电路是实现或逻辑运算的或门，其逻辑表达式为

$$F=A+B$$

3. 三极管非门电路

图 1-13 所示的是由三极管组成的非门电路。电路只有一个输入，分两种情况讨论它的工作状态。

(1) $U_A=0$ V，三极管处于截止状态，输出电压 U_F 将接近于 U_{CC}，即 $U_F \approx U_{CC}=5$ V。

(2) $U_A=3$ V。由于 $U_A=3$ V，三极管 VT 发射结正向偏置，三极管导通并处于饱和状态（合理选择 R_C 和 R_B 的值使基极电流大于临界饱和基极电流，即保证三极管处于饱和状态），$U_{CE}=0.3$ V，因此，$U_F=0.3$ V。假定 5 V 为高电平，逻辑取值 1；0.3 V 为低电平，逻辑取值 0。根据上述分析结果，可得到如表 1-17 所示的真值表。根据真值表可知，输入变量 A 与逻辑函数 F 之间是非逻辑的关系，其逻辑表达式为

$$F=\overline{A}$$

表 1-16　图 1-12 所示电路真值表

输入		输出
A	B	F
0	0	0
0	1	1
1	0	1
1	1	1

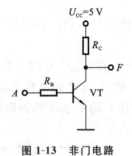

图 1-13　非门电路

表 1-17　图 1-13 所示电路真值表

输入	输出
A	F
0	1
1	0

1.4.3　TTL 集成门电路

1. TTL 反相器

图 1-14 给出了反相器的标准 TTL 电路。VT_1 是输入耦合三极管，VD_1 是输入钳位二极管。三极管 VT_2 称为相位分离器，VT_3 和 VT_4 的组合形成输出电路，通常称为推拉输出电路。

当输入为高电平时，VT₁ 的发射结反向偏置，集电结正向偏置。电流通过 R_1 和 VT₁ 的集电结进入 VT₂ 的基极，从而驱动 VT₂ 进入饱和状态。VT₂ 的导通导致 VT₃ 的导通，输出电压接近于接地电压。这样，输入一个高电平，输出得到一个低电平。同时，VT₂ 的集电极处在足够低的电压以使 VT₄ 保持截止。

当输入为低电平时，VT₁ 的发射结正向偏置，集电结反向偏置。电流通过 R_1 和 VT₁ 的基极和发射极导致低电平输入，低电平为电流接地提供了通路。VT₁ 的基极对地电压是 0.7 V，不足以使 VT₂ 导通，VT₂ 的基极没有电流进入。因此 VT2 截止，进而导致 VT₄ 导通、VT₃ 截止，输出电压接近于电源电压。这样，输入一个低电平，输出得到一个高电平。

TTL 电路中的二极管 VD₁ 防止输入负的尖峰电压，以避免损坏 VT₁。二极管 VD₂ 确保 VT₂ 导通（高电平输入）时，VT₄ 截止。

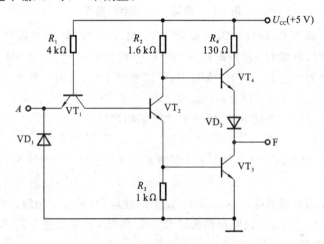

图 1-14　TTL 反相器电路结构

2. TTL 与非门

1) TTL 与非门的电路结构及工作原理

典型 TTL 与非门电路如图 1-15 所示，它在结构上可分为输入级、中间级和输出级三个部分。输入级是由多发射极三极管 VT₁ 和电阻 R_1 组成。多发射极三极管中的基极和集电极是共用的，发射极是独立的。三极管 VT₁ 的电流放大作用，有利于提高三极管 VT₁ 从饱和到截止的转换速度。中间级是由三极管 VT₂ 和电阻 R_2、R_3 共同组成的一个电压反相器。在 VT₂ 的发射极与集电极上分别得到两个相位相反的电压，以驱动输出级三极管 VT₄、VT₅ 轮流导通。输出级由三极管 VT₃、VT₄、VT₅ 和电阻 R_4、R_5 组成。其中 VT₅ 为驱动管，复合管 VT₃、VT₄ 与电阻 R_4、R_5 一起构成了 VT₅ 的有源负载。输出级采用的推挽结构，使 VT₄、VT₅ 轮流导通，输出阻抗较低，有利于改善电路的输出波形，提高电路的负载能力。

假定输入信号高电平为 3.6 V，低电平为 0.3 V，三极管发射结导通时 $U_{BE}=0.7$ V，三极管饱和时 $U_{CE}=0.3$ V。这里主要分析电路的逻辑关系，并估算出电路中有关节点电压。

（1）输入端有一个（或两个）为 0.3 V。

假定输入端 A 为 0.3 V，那么 VT₁ 的 A 发射结导通，VT₁ 的基极电平 $U_{B1}=U_A+U_{BE1}$ $=0.3$ V$+0.7$ V$=1.0$ V。此时，U_{B1} 作用于 VT₁ 的集电结和 VT₂、VT₅ 的发射结上，U_{B1} 过

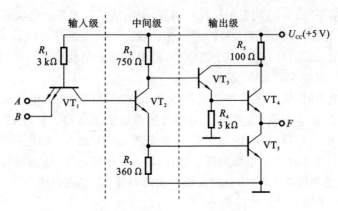

图 1-15 典型 TTL 与非门电路

低,不足以使 VT_2 和 VT_5 导通。因为要使 VT_2 和 VT_5 导通,至少需要 $U_{B1}=2.1\ V$。当 VT_2 和 VT_5 截止时,电源 U_{CC} 通过电阻 R_2 向 VT_3 提供基极电流,使 VT_3 和 VT_4 导通,其电流流入负载。因为电阻 R_2 上的压降很小,可以忽略不计,输出电平为

$$U_O = U_{CC} - U_{BE3} - U_{BE4} = 5\ V - 0.7\ V - 0.7\ V = 3.6\ V$$

实现了输入只要有一个低电平,输出为高电平的逻辑关系。

(2) 输入端全为 3.6 V。

当输入端 A、B 都为高电平 3.6 V 时,电源 U_{CC} 通过电阻 R_1 先使 VT_2 和 VT_5 导通,使 VT_1 基极电平 $U_{B1}=3\times0.7\ V=2.1\ V$,多发射极管 VT_1 的两个发射结处于截止状态,而集电结处于正向偏置的导通状态。这时 VT_1 处于倒置运用,倒置运用时三极管的电流放大倍数近似为 1。因此 $I_{B1}=I_{B2}$。只要合理选择 R_1、R_2 和 R_3,就可以使 VT_2 和 VT_5 处于饱和状态。由此,VT_2 集电极电平 U_{C2} 为

$$U_{C2}=U_{CE2}+U_{BE5}=0.3\ V+0.7\ V=1.0\ V$$

U_{C2} 为 1.0 V,不足以使 VT_3 和 VT_4 导通,故 VT_3 和 VT_4 截止。因 VT_5 处于饱和状态,故 $U_{CES}=0.3\ V$,也即 $U_O=0.3\ V$。这就实现了输入全为高电平,输出为低电平的逻辑关系。

假定用高电平 3.6 V 代表逻辑 1,低电平 0.3 V 代表逻辑 0。根据上述分析结果,可得到如表 1-18 所示的真值表。根据真值表可知,只有当输入变量 A、B 全部都为 1 时,输出才为 0,即电路实现了变量 A、B 的与非运算,其逻辑表达式为

$$F=\overline{AB}$$

表 1-18 图 1-15 所示电路真值表

输入		输出
A	B	F
0	0	1
0	1	1
1	0	1
1	1	0

2) TTL 与非门的电气特性和技术参数

(1) 电压传输特性。

电压传输特性是指输出电压 u_O 随输入电压 u_I 变化而变化的特性。将 TTL 与非逻辑电路的某输入端电压由 0 V 逐渐增加到 5 V，其他输入端接 5 V，测量输出端电压，可以得到一条电压变化的曲线，这条曲线就是电压传输特性曲线。电压传输特性曲线如图 1-16 所示，整条曲线大致可分为 AB、BC、CD 和 DE 四段。

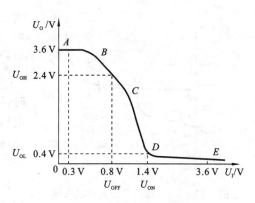

图 1-16 电压传输特性曲线

AB 段截止区：当输入电压 $U_I<0.6$ V 时，VT_1 导通，U_{B1} 小于 1.3 V，VT_2 和 VT_5 处于截止状态，而 VT_3 和 VT_4 导通，$U_O=3.6$ V。

BC 段线性区：这一段对应于输入电压为 0.6～1.3 V 的区间，U_{B2} 为 0.7～1.4 V，VT_2 导通，而 VT_5 仍然截止，VT_2 工作于放大区，所以 U_{C2} 随着 U_I 的增加而减小，使得 U_O 也随之减小。

CD 段转折区：当输入电压为 1.3～1.4 V 时，U_{B2} 大于 1.4 V，VT_5 开始导通，U_{C2} 急剧下降，引起 VT_3 和 VT_4 截止，U_O 也急剧下降到低电平。U_O 由高电平下降到低电平基本上是在这段内完成的，因此这一段称为特性曲线转折区。转折区的中点所对应的输入电压称为阈值电压或门槛电压 U_T。

DE 段饱和区：当输入电压大于 1.4 V 之后，虽然仍继续增加，但由于 VT_5 逐渐由导通进入饱和导通状态，故输出电压基本不再下降，而维持在 0.3 V 左右。

从电压传输特性可以得出以下几个重要参数：

输出高电平 U_{OH}：逻辑电路输出处于截止状态时的输出电平，其典型值是 3.6 V，规定最小值 $U_{OH(min)}=2.4$ V。

输出低电平 U_{OL}：逻辑电路输出处于导通状态时的输出电平，其典型值是 0.3 V，规定最大值 $U_{OL(max)}=0.4$ V。

开门电平 U_{ON}：保证逻辑电路处于导通状态（输出为标准低电平 $U_{OL}=0.4$ V）时，所允许的最小输入高电平值，其典型值为 3.6 V，规定最小值为 2.0 V。

关门电平 U_{OFF}：保证逻辑电路处于截止状态（输出标准高电平 $U_{OH}=2.4$ V）时，所允许的最大输入低电平值，其典型值为 0.3 V，规定最大值为 0.8 V。

(2) 噪声容限。

噪声容限用来表示逻辑门输入的抗干扰能力，噪声容限大，则表示抗干扰能力强。噪声容限分为高电平噪声容限 U_{NH} 和低电平噪声容限 U_{NL}。

TTL 与非门的高电平噪声容限 U_{NH} 和低电平噪声容限 U_{NL} 分别为

$$U_{NH}=U_{OH(min)}-U_{ON}=2.4 \text{ V}-2.0 \text{ V}=0.4 \text{ V}$$
$$U_{NL}=U_{OFF}-U_{OL(max)}=0.8 \text{ V}-0.4 \text{ V}=0.4 \text{ V}$$

(3) 输入特性。

输入特性曲线是指输入电流与输入电压之间的关系曲线，即 $I_I=f(U_I)$ 的函数关系。典型的 TTL 与非门输入特性曲线如图 1-17 所示。

设输入电流 I_I 由信号源流入 VT_1 发射极（如图 1-15 所示）时方向为正，反之为负。从

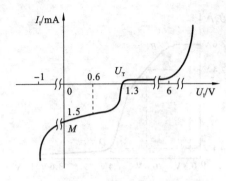

图 1-17 TTL 与非门输入特性曲线

图 1-17 看出，当 $U_I<U_T$ 时 I_I 为负，即 I_I 流入信号源，对信号源形成灌电流负载。当 $U_I>U_T$ 时 I_I 为正，I_I 流入 TTL 门，对信号源形成拉电流负载。图 1-17 所示曲线由 VT_1 的工作状态决定。当 $U_I<U_T$ 时，VT_1 发射结正向导通，输入电流即 PN 结的正向电流；当 $U_I>U_T$ 时，VT_1 发射结很快由导通转向截止，输入电流变为该 PN 结的反向饱和电流；当 $U_I=0$ 时的输入电流称为输入短路电流，典型值约为 -1.5 mA。当 $U_I>U_T$ 时的输入电流称为输入漏电流，即 VT_1 发射结的反向饱和电流，其电流值很小，约为 10 μA。应注意，当 $U_I>7$ V 时，VT_1 的 ce 结将发生击穿，使 I_I 猛增。此外当 $U_I=-1$ V 时，VT_1 的 be 结可能烧毁。这两种情况下都会使与非门损坏，因此在使用时，尤其是混合使用电源电压不同的集成电路时，应采取相应的措施，使输入电位钳制在安全工作区内。

（4）输入负载特性。

TTL 与非门输入端接电阻时，在电阻上产生的压降随电阻变化而变化的关系曲线称为逻辑门电路的输入负载特性曲线，TTL 与非门输入端接电阻时的等效电路及其输入负载特性曲线如图 1-18 所示。

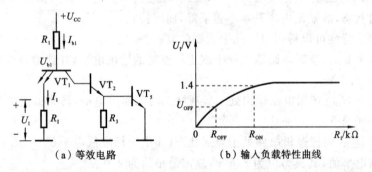

（a）等效电路　　　　　　　（b）输入负载特性曲线

图 1-18　TTL 与非门输入端接电阻时的等效电路及其输入负载特性曲线

由图 1-18 可见，当 R_I 较小时，U_I 随 R_I 增加而升高，此时 VT_5 截止，忽略 VT_2 基极电流的影响，可近似认为

$$U_I=\frac{U_{CC}-U_{be1}}{R_1+R_I}$$

当 R_I 很小时，U_I 很小，相当于输入低电平，输出高电平。为了保持电路稳定地输出高电平，必须使 $U_I \leqslant U_{OFF}$，即

$$U_I=\frac{U_{CC}-U_{be1}}{R_1+R_I}R_I \leqslant U_{OFF}$$

故

$$R_I \leqslant \frac{U_{OFF}R_1}{U_{CC}-U_{be1}-U_{OFF}}$$

若 $U_{OFF}=0.8\text{ V}, R_1=3\text{ k}\Omega$，可求得 $R_1 \leqslant 0.7\text{ k}\Omega$，这个电阻值称为关门电阻 R_{OFF}。可见，要使与非门稳定地工作在截止状态，必须选取 $R_1 < R_{OFF}$。当 R_1 较大时，U_1 进一步增加，但它不能一直随 R_1 增加而升高。因为当 $U_1=1.4\text{ V}$ 时，$U_{b1}=2.1\text{ V}$，此时 VT_5 已经导通，由于受 VT_1 集电结和 VT_2、VT_5 发射结的钳位作用，U_{b1} 将保持在 2.1 V，致使 U_1 也不能超过 1.4 V。为了保证与非门稳定地输出低电平，应该有 $U_I \geqslant U_{ON}$。此时求得的输入电阻称为开门电阻，用 R_{ON} 表示。对于典型的 TTL 与非门，当 $R_{ON}=2\text{ k}\Omega$，即 $R_1 \geqslant R_{ON}$ 时，才能保证与非门可靠导通。

(5) 输出特性。

逻辑门电路的输出电压随输出负载电流的变化而变化的关系曲线，称为输出特性曲线。TTL 逻辑门电路的负载有灌电流负载和拉电流负载。下面分灌电流负载和拉电流负载两种情况来介绍输出特性。

TTL 与非门输出为低电平时的等效电路和输出特性曲线如图 1-19 所示。负载电流来自于下一级负载的输入低电平电流 I_{IL}，方向是流入 VT_5 的集电极，故称之为灌电流负载。在正常情况下，VT_5 的基极电流 I_{B5} 很大，因此 VT_5 处于深度的饱和状态，输出为低电平。如果负载增加，电流 I_{IL} 增加，引起 U_0 升高，若达到某值后，VT_5 将退出饱和状态进入放大状态，U_0 迅速上升，输出特性曲线如图 1-19(b)所示。当 U_0 大于 $U_{OL(max)}$ 时，超出了规定的低电平值，逻辑关系被破坏，这是不允许的。因此，对负载的灌电流要予以限制，不得大于输出低电平电流的最大值 $I_{OL(max)}$。

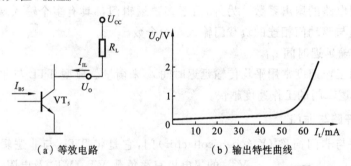

(a) 等效电路　　　　　(b) 输出特性曲线

图 1-19　TTL 与非门输出为低电平时的等效电路和输出特性曲线

TTL 与非门输出为高电平时的等效电路和输出特性曲线如图 1-20 所示。负载电流方向是由输出端流向负载，故称之为拉电流负载。在正常情况下，复合管 VT_3 和 VT_4 工作于放大区。但当负载增加，使电流 I_L 增加较大时，R_5 上压降较大，引起 U_{C3} 下降较多，使复合管 VT_3 和 VT_4 进入饱和状态，射随器失去跟随作用，输出电压随负载电流增加而线性下降，如图 1-20 的输出特性曲线所示。当输出电压下降超过 $U_{OH(min)}$ 时，则造成逻辑错误。因此，对拉电流也要限制，不得大于输出高电平电流的最大值 $I_{OH(max)}$。

(6) 扇入系数与扇出系数。

扇入系数 N_i 由 TTL 与非逻辑电路输入端的个数确定。例如，一个 3 输入端的与非逻辑电路，其扇入系数 $N_i=3$。

逻辑门电路在正常工作条件下，输出端最多能驱动同类门电路的数量 N_O 称为扇出系数，它是衡量逻辑门电路输出端带负载能力的一个重要参数。扇出系数越大，带负载能力越

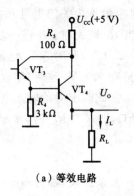 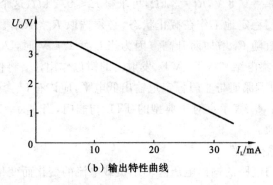

(a) 等效电路　　　　　　　　(b) 输出特性曲线

图 1-20　TTL 与非门输出为高电平时的等效电路和输出特性曲线

强。扇出系数的计算需考虑拉电流负载和灌电流负载。

当 TTL 与非门输出为低电平时,扇出系数为

$$N_{OL} = \frac{I_{OL(max)}}{I_{IL(max)}}$$

当 TTL 与非门输出为高电平时,扇出系数为

$$N_{OH} = \frac{I_{OH(max)}}{I_{IH(max)}}$$

一个逻辑门电路的拉电流负载和灌电流负载的扇出系数不是必须相等的,通常取较小的情况作为该门电路的扇出系数。另外,由于多数逻辑门都具有多个输入端,因此,扇出系数实际上指的是与驱动门相连的负载门输入端的个数。

(7) 平均传输延迟时间 t_{pd}。

逻辑电路的工作速度常用平均传输延迟时间 t_{pd} 来衡量。典型 TTL 与非电路的 t_{pd} 约为 10 ns。t_{pd} 越小,逻辑门的工作速度越快。

3. 集电极开路与非门

集电极开路与非门简称 OC(open collector)门,它是将 TTL 与非逻辑电路输出级的 VT_5 的集电极有源负载 VT_3、VT_4 及电阻 R_4、R_5 去掉,保持 VT_5 管集电极开路而得到的。由于 VT_5 的集电极开路,因此使用时必须通过外部上拉电阻 R_L 接至电源 U_{CC}。OC 门电路的逻辑符号如图 1-21 所示。

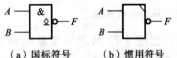

(a) 国标符号　　(b) 惯用符号

图 1-21　OC 门电路的逻辑符号

与普通 TTL 与非门不同的是,OC 与非门输出的高电平约为 U_{CC}。多个 OC 门输出端相连时,可以共用一个上拉电阻 R_L,如图 1-22 所示。这种由多个逻辑门输出端直接连在一起实现逻辑与功能的方法称为线与。由图可知,$F_1 = \overline{AB}$,$F_2 = \overline{CD}$,则 $F = F_1 \cdot F_2 = \overline{AB} \cdot \overline{CD} = \overline{AB + CD}$。可见,两个 OC 与非门线与可以实现与或非逻辑功能。

上拉电阻 R_L 的取值范围为

$$\frac{U_{CC} - U_{OL(max)}}{I_{OL} - mI_{IL}} \leqslant R_L \leqslant \frac{U_{CC} - U_{OH(min)}}{nI_{OH} - mI_{IH}}$$

式中:n 为线与 OC 门的个数;m 为后面连接的负载门个数;$U_{OL(max)}$ 为规定的负载低电平上

限值；$U_{OH(min)}$ 为规定的负载高电平下限值；I_{OL} 为每个 OC 门所允许的最大负载电流；I_{OH} 为 OC 门输出管截止时的漏电流；I_{IL} 为每个负载门的低电平输入电流；I_{IH} 为每个负载门的高电平输入电流。

注意，OC 门输出端相连可以完成线与功能，而前面介绍的一般 TTL 与非门的输出端是不能连接在一起的。若将一般 TTL 与非门的输出端相连，将造成逻辑混乱和器件损坏。

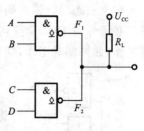

图 1-22 OC 门的线与电路

4. 三态门

三态门(three-state gate, TS 门)是在普通门电路的基础上附加控制电路而构成的。三态门的输出除了具有一般普通逻辑门的高电平(逻辑 1)和低电平(逻辑 0)两种状态之外，还有第三种状态——高阻抗状态，也称开路状态或 Z 状态。三态输出与非门的电路结构如图 1-23 所示。

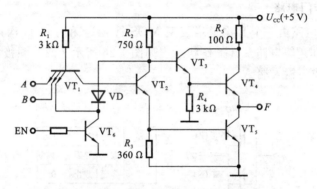

图 1-23 三态输出与非门的电路结构

在图 1-23 中，当控制端 EN＝0 时，VT_6 截止，二极管 VD 也截止，TTL 逻辑门实现正常的与非逻辑功能。当控制端 EN＝1 时，VT_6 饱和导通，二极管 VD 导通，U_{C2}＝0.3 V＋0.7 V＝1 V，致使 VT_4 截止，同时 U_{C6} 使 VT_1 发射极之一为低电平，VT_2 和 VT_5 截止，输出端相当于悬空或开路，此时无论输入什么电平，逻辑门均输出高阻状态，这样的三态门称为高电平有效的三态门。

如果反过来，当 EN＝1 时，TTL 逻辑门仍然实现正常的逻辑功能；当 EN＝0 时，无论输入什么电平，逻辑门均输出高阻状态，这样的三态门称为低电平有效的三态门。低电平有效的三态与非门的逻辑符号和真值表分别如图 1-24 和表 1-19 所示。

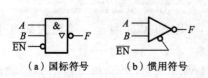

图 1-24 低电平有效的三态与非门的逻辑符号

表 1-19 低电平有效的三态与非门的真值表

$\overline{EN}$	A	B	F
1	×	×	高阻态
0	0	0	1
0	0	1	1
0	1	0	1
0	1	1	0

多个三态门的输出端可以直接相连,但与 OC 门线与连接明显不同的是,连在一起的三态门必须分时工作,即任何时候最多只能有 1 个三态门处于工作状态,不允许多个三态门同时工作,如果同时工作,则会出现与普通 TTL 逻辑门线与连接相同的问题。因此,需要对各个三态门的使能端进行适当控制,保证三态门分时工作。

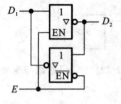

图 1-25 双向数据总线

三态门在计算机的总线结构中有着广泛的应用。例如,双向数据总线可以按照图 1-25 所示来构成。当控制端 $E=0$ 时,下面的三态非门工作,上面的三态门处于高阻状态,D_2 线上的数据反相后传至 D_1 线上;当控制端 $E=1$ 时,上面的三态门工作,下面的三态门处于高阻状态,D_1 线上的数据反相后传至 D_2 线上,从而实现了数据的双向传输。

1.4.4 CMOS 集成门电路

1. CMOS 管非门电路

CMOS 管非门电路由一个 P 沟道增强型 MOS 管 VT_2 和一个 N 沟道增强型 MOS 管 VT_1 构成,CMOS 非逻辑电路及其工作状态表如图 1-26 所示。两管漏极相连,作为输出端 F;两管栅极相连,作为输入端 A。

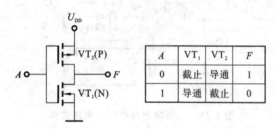

图 1-26 CMOS 非逻辑电路及其工作状态表

当一个高电平加在输入端时,P 沟道 MOS 管 VT_1 截止,N 沟道 MOS 管 VT_2 导通,这时候输出端通过 VT_2 连接到地,输出为低电平。当一个低电平加在输入端时,P 沟道 MOS 管 VT_1 导通,N 沟道 MOS 管 VT_2 截止,这时候输出端通过 VT_1 连接到电源 U_{DD},输出为高电平。由此可知,该电路是一个反相器,实现了非运算。

2. CMOS 与非逻辑电路

在 CMOS 非逻辑运算的基础上,可以构成各种 CMOS 逻辑电路。CMOS 逻辑电路的基本形式是与非电路和或非电路。

CMOS 与非逻辑电路及其工作状态表如图 1-27 所示。电路由 4 个 MOS 管组成,VT_1 和 VT_2 这 2 个 NMOS 驱动管串联,VT_3 和 VT_4 这 2 个 PMOS 负载管并联。

当输入 A、B 均为低电平时,VT_1 和 VT_2 截止,VT_3 和 VT_4 导通。输出为高电平,$F=1$。

当输入 A 为低电平、输入 B 为高电平时,VT_1 和 VT_4 截止,VT_2 和 VT_3 导通。输出为高电平,$F=1$。

当输入 A 为高电平、输入 B 为低电平时,VT_1 和 VT_4 导通,VT_2 和 VT_3 截止。输出为

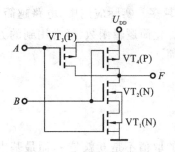

图 1-27 CMOS 与非逻辑电路及其工作状态表

高电平，$F=1$。

当输入 A、B 均为高电平时，VT_1 和 VT_2 导通，VT_3 和 VT_4 截止。输出为低电平，$F=0$。

由上可知，该电路实现了与非逻辑功能。

3. CMOS 或非逻辑电路

CMOS 或非逻辑电路及其工作状态表如图 1-28 所示，其电路形式刚好和与非逻辑电路相反，VT_1 和 VT_2 这 2 个 NMOS 驱动管并联，VT_3 和 VT_4 这 2 个 PMOS 负载管串联。

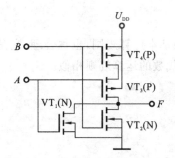

图 1-28 CMOS 或非逻辑电路及其工作状态表

当输入 A、B 均为低电平时，VT_1 和 VT_2 截止，VT_3 和 VT_4 导通。输出为高电平，$F=1$。

当输入 A 为低电平、输入 B 为高电平时，VT_1 和 VT_4 截止，VT_2 和 VT_3 导通。输出为低电平，$F=0$。

当输入 A 为高电平、输入 B 为低电平时，VT_1 和 VT_4 导通，VT_2 和 VT_3 截止。输出为低电平，$F=0$。

当输入 A、B 均为高电平时，VT_1 和 VT_2 导通，VT_3 和 VT_4 截止。输出为低电平，$F=0$。

由上可知，该电路实现了或非逻辑功能。

1.5 逻辑函数的化简法

逻辑变量分为两种：输入逻辑变量和输出逻辑变量。描述输入逻辑变量和输出逻辑变量之间的因果关系称为逻辑函数。逻辑函数的表达式越复杂，实现的电路就越复杂；表达式运算的种类越多,实现的电路所需门电路的种类就越多。实际应用中,电路越简单,可靠性越高,成本也越低。所以需要进行逻辑函数的化简。化简逻辑函数,经常用到的方法是代数化简法,即用逻辑代数中的基本公式和定理进行化简。

1.5.1 基本公式和定律

1. 常量之间的关系

因为二值逻辑中只有 0、1 两个常量,逻辑变量的取值不是 0 就是 1,而最基本的逻辑运算又只有与、或、非三种,所以常量之间的关系也只有下列几种。

公式 1	$0 \cdot 0 = 0$
公式 1′	$1 + 1 = 1$
公式 2	$0 \cdot 1 = 0$
公式 2′	$1 + 0 = 1$
公式 3	$1 \cdot 1 = 1$
公式 3′	$0 + 0 = 0$
公式 4	$\overline{0} = 1$
公式 4′	$\overline{1} = 0$

这些常量之间的关系同时体现了逻辑代数中的基本运算规则,也称公理,它是人为规定的。这种规定既与逻辑思维的推理一致,又与普通代数的运算规则相似。

2. 变量和常量的关系

公式 5	$A \cdot 1 = A$
公式 5′	$A + 0 = A$
公式 6	$A \cdot 0 = 0$
公式 6′	$A + 1 = 1$
公式 7	$A \cdot \overline{A} = 0$
公式 7′	$A + \overline{A} = 1$

3. 与普通代数相似的定理

1) 交换律

公式 8	$A \cdot B = B \cdot A$
公式 8′	$A + B = B + A$

2) 结合律

公式 9	$(A \cdot B) \cdot C = A \cdot (B \cdot C)$
公式 9′	$(A + B) + C = A + (B + C)$

3) 分配律

公式 10	$A \cdot (B + C) = A \cdot B + A \cdot C$
公式 10′	$A + B \cdot C = (A + B) \cdot (A + C)$

4. 逻辑代数的一些特殊定理

1) 同一律

公式 11 $A \cdot A = A$

公式 11′ $A + A = A$

2) 德·摩根定理

公式 12 $\overline{A \cdot B} = \overline{A} + \overline{B}$

公式 12′ $\overline{A + B} = \overline{A} \cdot \overline{B}$

3) 还原律

公式 13 $\overline{\overline{A}} = A$

公式 5 到公式 13 的证明是很容易的,可以用基本公式或真值表进行证明。最直接的方法就是将变量的各种可能取值代入等式中进行计算,列出真值表。如果等号两边的值相等,则等式成立,否则就不成立。

例 1-1 证明:(1) $A + BC = (A+B)(A+C)$;

(2) $\overline{A+B} = \overline{A} \cdot \overline{B}$。

证明 (1) $(A+B)(A+C) = A \cdot A + A \cdot C + A \cdot B + B \cdot C$
$$= A + A \cdot C + A \cdot B + B \cdot C$$
$$= A \cdot (1 + C + B) + B \cdot C$$
$$= A + B \cdot C$$

(2) 将变量的各种取值代入等式,进行计算,结果如表 1-20 所示。

表 1-20 例 1-1(2)的真值表

A	B	$A+B$	$\overline{A+B}$	$\overline{A}$	$\overline{B}$	$\overline{A} \cdot \overline{B}$
0	0	0	1	1	1	1
0	1	1	0	1	0	0
1	0	1	0	0	1	0
1	1	1	0	0	0	0

由表 1-20 可以看出,在变量的各种取值情况下,等式两边的表达式都是相等的,所以例 1-1(2)成立。

5. 若干常用公式

公式 14 $A \cdot B + A \cdot \overline{B} = A$

证明 $A \cdot B + A \cdot \overline{B} = A \cdot (B + \overline{B}) = A$

由此可见,若两个乘积项中有一个因子是互补(如 B、$\overline{B}$)的,而其他因子都相同时,则可利用公式 14 将这两项合并成一项,并消去互补因子。

公式 15 $A + A \cdot B = A$

证明 $A + A \cdot B = A \cdot (1 + B) = A$

公式 15 说明,在一个与或表达式中,如果一个乘积项是另外一个乘积项的因子,则另外一个乘积项是多余的。

公式 16 $\quad A+\overline{A}\cdot B=A+B$

证明 根据公式 10′可知
$$A+\overline{A}\cdot B=(A+\overline{A})(A+B)=1\cdot(A+B)=A+B$$

公式 16 说明，在一个与或表达式中，如果一个乘积项的反是另一个乘积项的因子，则这个因子是多余的。

公式 17 $\quad A\cdot B+\overline{A}\cdot C+B\cdot C=A\cdot B+\overline{A}\cdot C$

证明
$$A\cdot B+\overline{A}\cdot C+B\cdot C=A\cdot B+\overline{A}\cdot C+B\cdot C\cdot(A+\overline{A})$$
$$=A\cdot B+\overline{A}\cdot C+A\cdot B\cdot C+\overline{A}\cdot B\cdot C$$
$$=A\cdot B+\overline{A}\cdot C$$

推论 $\quad A\cdot B+\overline{A}\cdot C+B\cdot C\cdot D\cdot E=A\cdot B+\overline{A}\cdot C$

证明
$$A\cdot B+\overline{A}\cdot C+B\cdot C\cdot D\cdot E=A\cdot B+\overline{A}\cdot C+B\cdot C+B\cdot C\cdot D\cdot E$$
$$=A\cdot B+\overline{A}\cdot C+B\cdot C\cdot(1+D\cdot E)$$
$$=A\cdot B+\overline{A}\cdot C+B\cdot C$$
$$=A\cdot B+\overline{A}\cdot C$$

公式 17 及其推论说明，在一个与或表达式中，如果两个乘积项中，一项包含了原变量 A，另一项包含了反变量 $\overline{A}$，而这两个乘积项中其余的因子都是第三个乘积项的因子，则第三个乘积项是多余的。

公式 18 $\quad \overline{A\oplus B}=A\odot B$ 即 $\overline{A\cdot \overline{B}+\overline{A}\cdot B}=\overline{A}\cdot \overline{B}+A\cdot B$

证明
$$\overline{A\oplus B}=\overline{A\cdot \overline{B}+\overline{A}\cdot B}=(\overline{A}+B)(A+\overline{B})$$
$$=\overline{A}\cdot A+\overline{A}\cdot \overline{B}+A\cdot B+B\cdot \overline{B}$$
$$=\overline{A}\cdot \overline{B}+A\cdot B$$
$$=A\odot B$$

由此可见，异或运算的反即为同或运算。

公式 19 $\quad \overline{A\cdot B+\overline{A}\cdot C}=A\cdot \overline{B}+\overline{A}\cdot \overline{C}$

证明
$$\overline{A\cdot B+\overline{A}\cdot C}=(\overline{A}+\overline{B})\cdot(A+\overline{C})$$
$$=\overline{A}\cdot A+\overline{A}\cdot \overline{C}+A\cdot \overline{B}+\overline{B}\cdot \overline{C}$$
$$=A\cdot \overline{B}+\overline{A}\cdot \overline{C}$$

公式 19 比公式 18 更具有一般性，即由两项组成的表达式中，如果其中一项含有因子 A，另一项含有因子 $\overline{A}$，那么将这两项其余部分各自求反，就得到这个函数的反函数。

6. 关于异或运算的一些公式

1) 交换律
$$A\oplus B=B\oplus A$$

2) 结合律
$$(A\oplus B)\oplus C=A\oplus(B\oplus C)$$

3) 分配律
$$A\cdot(B\oplus C)=A\cdot B\oplus A\cdot C$$

证明
$$A \cdot (B \oplus C) = A \cdot (B \cdot \bar{C} + \bar{B} \cdot C)$$
$$A \cdot B \oplus A \cdot C = A \cdot B \cdot \overline{A \cdot C} + \overline{A \cdot B} \cdot A \cdot C$$
$$= A \cdot B \cdot (\bar{A} + \bar{C}) + (\bar{A} + \bar{B}) \cdot A \cdot C$$
$$= A \cdot \bar{A} \cdot B + A \cdot B \cdot \bar{C} + A \cdot \bar{A} \cdot C + A \cdot \bar{B} \cdot C$$
$$= A \cdot (B \cdot \bar{C} + \bar{B} \cdot C)$$

所以
$$A \cdot (B \oplus C) = A \cdot B \oplus A \cdot C$$

4）常量和变量的异或运算

由异或运算的定义可直接推导出
$$A \oplus 1 = \bar{A}, \quad A \oplus 0 = A$$
$$A \oplus A = 0, \quad A \oplus \bar{A} = 1$$

5）因果互换律

如果
$$A \oplus B = C$$
则有
$$A \oplus C = B, \quad B \oplus C = A$$

证明 把 $A \oplus B = C$ 两边同时异或 A 可得
$$A \oplus A \oplus B = A \oplus C$$
$$0 \oplus B = A \oplus C$$
$$A \oplus C = B$$

本节所列出的运算定理反映了逻辑关系，而不是数量之间的关系，因而在逻辑运算时不能简单套用初等代数的运算规则。例如，在逻辑运算中不能套用初等代数的移项规则，这是由于逻辑代数中没有减法和除法。

1.5.2 基本运算规则

1. 代入规则

在任何逻辑代数等式中，如果等式两边所有出现某一变量的地方都代以同一个逻辑函数，则等式仍然成立。这个规则称为代入规则。

代入规则在推导公式中用处很大。因为将已知等式中某一变量用任意一个函数代替后，就得到了新的等式，从而扩大了等式的应用范围。

例如，已知 $\overline{AB} = \bar{A} + \bar{B}$，若用 BC 代替等式中的 B，根据代入规则，等式仍然成立，即 $\overline{ABC} = \bar{A} + \overline{BC} = \bar{A} + \bar{B} + \bar{C}$。

2. 反演规则

对于任意一个函数表达式，如果作以下三种变换：
（1）将式中的与运算和或运算互换；
（2）将式中的"0"和"1"互换；
（3）将式中的原变量换成反变量，反变量换成原变量。

那么所得到的表达式就是该函数的反函数，这个规则就称为反演规则。

运用反演规则时必须注意以下几点：
（1）保持原来的运算优先顺序，先算括号里的，然后按"先与后或"的原则运算；

(2) 与运算变成或运算后需要加括号;

(3) 对于反变量以外的非号应保留不变。

例如:若 $Y=AB+\bar{C}D+0$,则 $\bar{Y}=(\bar{A}+\bar{B})\cdot(C+\bar{D})\cdot 1$;若 $Y=\bar{A}+\bar{B}(C+\bar{D}E)$,则 $\bar{Y}=A(B+\bar{C}(D+\bar{E}))$。

反演规则的意义在于,利用它可以比较容易地求出一个逻辑函数的反函数。

3. 对偶规则

对于任何一个逻辑函数表达式,如果有如下变换:

(1) 将式中的与运算和或运算互换;

(2) 将式中的"0"和"1"互换。

那么就可以得到一个新的表达式,这个新表达式就是原表达式的对偶式。使用对偶规则求一个表达式的对偶式时,同样要注意保持原来运算符号的优先顺序。

例如,$AB+\bar{C}D$ 的对偶式是 $(A+B)(\bar{C}+D)$,如果两个表达式相等,那么它们的对偶式也一定相等,这就是对偶规则。

例如:因为 $A(B+C)=AB+AC$,所以 $A+BC=(A+B)(A+C)$。

1.5.3 逻辑函数代数法化简

1. 逻辑函数的最简表达式

一个逻辑函数的最简表达式,按照表达式中变量之间的运算关系可分成最简与或式、最简或与式、最简与非-与非式、最简或非-或非式和最简与或非式等五种类型。

最简与或式定义为乘积项的个数最少,每个乘积项中相乘的变量个数也最少的与或表达式。一个与或表达式易于转换为其他类型的表达式。例如:

与或表达式	$AB+\bar{A}C$
或与表达式	$(A+B)(A+C)$
与非-与非表达式	$\overline{\overline{AB}\cdot\overline{\bar{C}D}}$
或非-或非表达式	$\overline{\overline{(A+B)}+\overline{(A+C)}}$
与或非表达式	$\overline{AC+B\bar{C}}$

以上5个逻辑函数表达式是同一个逻辑函数不同形式的最简表达式。由此可见,只要得到了函数的最简与或式,再用逻辑代数中的公式和定理进行适当变换,就可以获得其他几种类型的最简式。因此,代数化简法所研究的是如何在与或式的基础上,获得最简与或表达式的方法。如果给定函数的表达式不是与或式,则只需要用公式和定理,便可将其展开、变换成与或式,而且在展开、变换的过程中,能化简的对其进行化简。

2. 用代数化简法化简逻辑函数

代数化简法也称公式化简法,就是在与或表达式的基础上,利用公式和定理,消去表达式中多余的乘积项和每个乘积项中多余的因子,求出函数的最简与或式。经常使用到的方法可以归纳如下。

1) 并项法

利用公式 $AB+A\bar{B}=A$,把两个乘积项合并起来,消去一个变量。

例 1-2 化简函数：(1) $Y = A\bar{B}\bar{C} + A\bar{B}C$；

(2) $Y = \bar{A}\bar{B}\bar{C} + A\bar{C} + \bar{B}\bar{C}$。

解 (1) $Y = A\bar{B}\bar{C} + A\bar{B}C = A\bar{B}(\bar{C}+C) = A\bar{B}$

(2) $Y = \bar{A}\bar{B}\bar{C} + A\bar{C} + \bar{B}\bar{C} = \bar{A}\bar{B}\bar{C} + (A+\bar{B})\bar{C} = \bar{A}\bar{B}\bar{C} + \overline{\bar{A}\bar{B}} \cdot \bar{C} = \bar{C}$

2) 吸收法

利用公式 $A + AB = A$，吸收掉多余的乘积项。

例 1-3 化简函数：(1) $Y = \overline{AB} + \bar{A}C + \bar{B}C$；

(2) $Y = ABC + \bar{A}D + \bar{C}D + BD$。

解 (1) $Y = \overline{AB} + \bar{A}C + \bar{B}C = \bar{A} + \bar{B} + \bar{A}C + \bar{B}C = \bar{A} + \bar{B}$

(2) $Y = ABC + \bar{A}D + \bar{C}D + BD = ABC + (\bar{A}+\bar{C})D + BD$
$= ABC + \overline{AC}D + BD = ABC + \overline{AC}D$
$= ABC + \bar{A}D + \bar{C}D$

3) 消去法

利用公式 $A + \bar{A}B = A + B$，消去乘积项中多余的因子。

例 1-4 化简函数：(1) $Y = AB + \bar{A}C + \bar{B}C$；

(2) $Y = \bar{A}B + A\bar{B} + \bar{A}\bar{B}C + ABC$。

解 (1) $Y = AB + \bar{A}C + \bar{B}C = AB + (\bar{A}+\bar{B})C$
$= AB + \overline{AB}C = AB + C$

(2) $Y = \bar{A}B + A\bar{B} + \bar{A}\bar{B}C + ABC = (\bar{A}B + \bar{A}\bar{B}C) + A\bar{B} + ABC$
$= \bar{A}(B + \bar{B}C) + A(\bar{B}+BC) = \bar{A}B + \bar{A}C + A\bar{B} + AC$
$= \bar{A}B + A\bar{B} + C$

4) 配项法

利用公式 $AB + \bar{A}C + BC = AB + \bar{A}C$，在函数与或表达式中加上多余项——冗余项，以消去更多的乘积项，从而获得最简与或式。

例 1-5 化简函数：(1) $Y = A\bar{C} + \bar{B}C + \bar{A}C + B\bar{C}$；

(2) $Y = AC + A\bar{B}CD + ABC + \bar{C}D + ABD$。

解 (1) $Y = A\bar{C} + \bar{B}C + \bar{A}C + B\bar{C} = A\bar{C} + \bar{B}C + \bar{A}C + B\bar{C} + \bar{A}B$
$= A\bar{C} + \bar{A}B + \bar{B}C + \bar{A}C + B\bar{C} = A\bar{C} + \bar{A}B + \bar{B}C$

(2) $Y = AC + A\bar{B}CD + ABC + \bar{C}D + ABD = AC(1+\bar{B}D+B) + \bar{C}D + ABD$
$= AC + \bar{C}D + ABD = AC + \bar{C}D$

由于利用公式 $AB + \bar{A}C + BC = AB + \bar{A}C$，有时可以方便地消去多余乘积项，即冗余项，因此常称之为冗余定理。

实际解题时，常常需要综合应用上述各种方法，才能得到函数的最简与或式。能否较快地获得满意结果，与对逻辑代数公式、定理的熟悉程度和运算技巧有关。

例 1-6 化简函数 $Y = \bar{A}B\bar{C} + BC\bar{D} + \bar{A}CD + \bar{B}CD + ABC$。

解 $Y = \bar{A}B\bar{C} + BC\bar{D} + \bar{A}CD + \bar{B}CD + ABC$
$= \bar{A}B\bar{C} + BC\bar{D} + \bar{A}CD + \bar{B}CD + ABC + BCD$ （配项）

$$=\overline{A}B\overline{C}+BC+\overline{A}CD+CD+ABC \qquad (并项)$$
$$=\overline{A}B\overline{C}+BC+CD \qquad (吸收)$$
$$=B(\overline{A}\overline{C}+C)+CD \qquad (消去)$$
$$=\overline{A}B+BC+CD$$

1.6 逻辑函数的卡诺图化简法

用代数化简法化简逻辑函数不但要求熟练掌握逻辑代数的公式和定理,而且需要一些技巧,特别是在较难判别获得的逻辑表达式是否就是最简逻辑表达式的情况下。

在实践中,人们还找到一些其他的方法,其中最常用的是用卡诺图化简逻辑函数,求最简与或表达式的方法,即卡诺图化简法。卡诺图化简法有比较明确的步骤可以遵循,结果是否最简,判断起来也比较容易。

1.6.1 最小项的定义及其性质

1. 最小项的概念

对于有 n 个变量的逻辑函数,$X_1,X_2,\cdots,X_N$ 的最小项是 n 个因子的乘积,每个变量都以原变量或者反变量的形式在乘积项中出现且仅出现一次,这样的乘积项就称为最小项。n 个变量的逻辑函数有 2^n 个最小项。

一个变量 A 有两个最小项:$\overline{A}$、A。

两个变量 A、B 有 4 个最小项:$\overline{A}\overline{B}$、$A\overline{B}$、$\overline{A}B$、AB。

三个变量 A、B、C 有 8 个最小项:$\overline{A}\overline{B}\overline{C}$、$\overline{A}\overline{B}C$、$\overline{A}B\overline{C}$……$ABC$。

2. 最小项的性质

为了具体分析最小项的性质,先列出三个变量 A、B、C 全部最小项的真值表,如表 1-21 所示。

表 1-21 变量 A、B、C 全部最小项的真值表

A	B	C	$\overline{A}\overline{B}\overline{C}$	$\overline{A}\overline{B}C$	$\overline{A}B\overline{C}$	$\overline{A}BC$	$A\overline{B}\overline{C}$	$A\overline{B}C$	$AB\overline{C}$	ABC
0	0	0	1	0	0	0	0	0	0	0
0	0	1	0	1	0	0	0	0	0	0
0	1	0	0	0	1	0	0	0	0	0
0	1	1	0	0	0	1	0	0	0	0
1	0	0	0	0	0	0	1	0	0	0
1	0	1	0	0	0	0	0	1	0	0
1	1	0	0	0	0	0	0	0	1	0
1	1	1	0	0	0	0	0	0	0	1

从表 1-21 中不难看出,最小项有下列性质:

(1) 每一个最小项都有一组且仅有一组变量的取值使其最小项的值为 1,而其他各组最

小项的取值都是 0;
(2) 任意两个不同的最小项之积恒为 0;
(3) 全体最小项之和恒为 1。

3. 标准与或表达式

每一个乘积项都是最小项的与或表达式称为标准与或表达式(或称为最小项表达式)。例如,表达式 $Y=\overline{A}BC+A\overline{B}\overline{C}+\overline{A}\overline{B}C+ABC$ 就是标准与或表达式。任何一个逻辑函数表达式都可以转换成最小项之和的形式,即任何逻辑函数都是由若干最小项构成的。

例 1-7 试分别求出下列逻辑函数的标准与或式。

(1) $Y=AB\overline{C}+A\overline{B}\overline{C}$; (2) $Y=\overline{(A+B+C)(\overline{A}+\overline{B}+\overline{C})}$。

解 (1) $Y=AB\overline{C}+A\overline{B}\,\overline{C}=AB\overline{C}+A(\overline{B}+\overline{C})=AB\overline{C}+A\overline{B}+A\overline{C}$
$=AB\overline{C}+A\overline{B}(C+\overline{C})+AC(B+\overline{B})=AB\overline{C}+A\overline{B}C+A\overline{B}\,\overline{C}+ABC+A\overline{B}C$
$=AB\overline{C}+A\overline{B}C+A\overline{B}\,\overline{C}+ABC$

(2) $Y=\overline{(A+B+C)(\overline{A}+\overline{B}+\overline{C})}=\overline{A+B+C}+\overline{\overline{A}+\overline{B}+\overline{C}}=\overline{A}\,\overline{B}\,\overline{C}+ABC$

逻辑函数最小项之和的形式——标准与或表达式是唯一的,也就是说,一个逻辑函数只有一个最小项之和的表达式。利用逻辑代数中的公式和定理,可以将任何逻辑函数展开或变换成标准与或表达式。

逻辑函数的标准与或表达式也可以从真值表中直接得到。只要在真值表中,挑出那些使函数值为 1 的变量取值,变量为 1 的写成原变量,为 0 的写成反变量,这样对于使函数值为 1 的每一种取值,都可以写出一个乘积项,只要把这些乘积项加起来,就得到函数的标准与或表达式。

4. 最小项的编号

最小项可以用变量表示,也可以用小写字母 m 表示,不同的最小项用下标区分,下标值称为最小项的编号。编号的方法:把最小项为 1 时各变量的取值组合成二进制数,该二进制数对应的十进制数就是该最小项的编号,用 m_i 表示。

一个最小项只要把原变量当成 1、反变量当成 0,便可以直接得到最小项的编号。例如,变量 A、B、C 的最小项 $\overline{A}\,\overline{B}\,\overline{C}$ 的对应取值是 000,相应的十进制数是 0,因此它的编号就是 0,并记作 m_0;$\overline{A}B\overline{C}$ 的对应取值是 010,相应的十进制数是 2,因此它的编号就是 2,并记作 m_2;依次类推,可得 $\overline{A}B\overline{C}=m_1$、$\overline{A}BC=m_3$、$A\overline{B}\,\overline{C}=m_4$、$A\overline{B}C=m_5$、$AB\overline{C}=m_6$、$ABC=m_7$。

例如,函数 $Y=\overline{A}BC+A\overline{B}C+AB\overline{C}+ABC$ 常简化表示成

$$Y=m_3+m_5+m_6+m_7=\sum_i m_i(i=3,5,6,7)$$
$$=\sum m(3,5,6,7)=\sum(3,5,6,7)$$

式中:$\sum$ 表示逻辑加。

1.6.2 卡诺图

卡诺图是根据最小项真值表按一定规则排列的方块图。卡诺图中的每一个小方块代表真值表上的一行,因而也就代表一个最小项。真值表有多少行,卡诺图就有多少个小方块。

卡诺图不仅是逻辑函数的描述工具,而且还是逻辑函数化简的重要工具。

1. 卡诺图的引出

图 1-29 给出的是两个变量 A、B 的卡诺图。两个变量有 4 个最小项,用 4 个小方块表示,如图 1-29(a)所示;在图 1-29(b)中,m 表示最小项,下标是相应最小项的编号;在图 1-29(c)中只标出了最小项的编号;在图 1-29(d)中,连最小项的编号也省去不写了。人们经常使用的是图 1-29(d)中给出的形式。

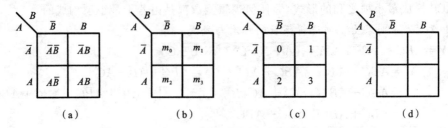

图 1-29　两个变量 A、B 的卡诺图

2. 卡诺图的特点

(1) 卡诺图一般都用正方形或矩形表示。对于 n 个变量,图中的小方块应有 2^n 个,对应表示 2^n 个最小项,而每一个最小项都需要用一个小方块表示。

(2) 卡诺图变量的取值不是按二进制数的顺序排列,而是按循环码顺序排列。这一步是关键,只有这样排列,所得到的最小项方块图才称为卡诺图。循环码可以很容易地由纯二进制码推导出来。如果 $B=B_2B_1B_0$ 是一组 3 位二进制码,那么利用公式 $G_i=B_{i+1}\oplus B_i$ 便可以求出 3 位循环码 $G=G_2G_1G_0$。$G_0=B_1\oplus B_0$,$G_1=B_2\oplus B_1$,$G_2=B_3\oplus B_2$,由于无 B_3,即 $B_3=0$,故 $G_2=B_2$。

三变量、四变量和五变量的卡诺图如图 1-30 所示。

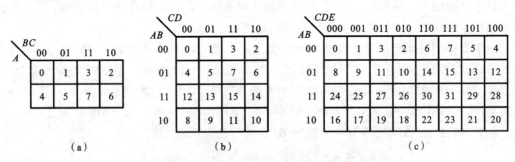

图 1-30　三变量、四变量和五变量的卡诺图

(3) 卡诺图用几何相邻形象地表示各个最小项的逻辑相邻。如果两个最小项除了一个变量的形式不同以外,其余都相同,那么这两个最小项就称为逻辑相邻。几何相邻包括三种情况:一是相接,即紧挨着,如图 1-30(a)中 4 和 5 相邻;二是相对,即任一行或一列的两头,如图 1-30(b)中 4 和 6 相邻,1 和 9 相邻;三是相重,即对折起来后位置重合,如图 1-30(c)中 9 和 13 相邻。在卡诺图中,凡是几何相邻的最小项,在逻辑上都是相邻的,变量取值之所以要按照循环码排列,就是为了保证方块图具有这一重要特点。

1.6.3 逻辑函数的卡诺图表示

由逻辑函数的真值表和表达式可以直接画出逻辑函数的卡诺图,可按下列步骤进行:首先画出函数变量的卡诺图,然后在每一个乘积项所包含的最小项处都填上1,剩下的填上0或不填,所得到的就是逻辑函数的卡诺图。

在逻辑函数的与或表达式中,每一个乘积项都是由若干个最小项构成的,该乘积项就是这些最小项的公因子。所以,有了逻辑函数的与或表达式后,画它的卡诺图时,并不需要将与或式进一步展开成标准与或式(或最小项表达式)。

例 1-8 画出下列函数的卡诺图:

(1) $Y_1 = \overline{A}\overline{B} + AB + \overline{C}\overline{D}$;

(2) $Y_2 = \overline{A}B\overline{C} + A\overline{B}D$。

解 (1) Y_1 的变量是 A、B、C、D,先画出四变量卡诺图。由变量组合不难看出,$\overline{A}\overline{B}$ 是最小项 m_0、m_1、m_2、m_3 的公因子,也即乘积项 $\overline{A}\overline{B}$ 包含的最小项是 m_0、m_1、m_2、m_3,AB 包含的最小项是 m_{12}、m_{13}、m_{14}、m_{15},$\overline{C}\overline{D}$ 包含的最小项是 m_0、m_4、m_8、m_{12}。只要在表示这些最小项的方格中填上1,在其他方格中填上0,便可得到 Y_1 的卡诺图,如图 1-31 所示。

(2) 由 $\overline{A}B\overline{C} = m_4 + m_5$,$A\overline{B}D = m_9 + m_{11}$,可得如图 1-32 所示的卡诺图。

另外,一个逻辑函数 Y 的卡诺图,同时由填0的那些最小项表示该函数的反,即 $\overline{Y}$。

例 1-9 画出函数 $Y_3 = \overline{\overline{A}B\overline{C} + A\overline{B}D}$ 的卡诺图。

解 求出 $\overline{Y_3} = \overline{A}B\overline{C} + A\overline{B}D$ 的与或式。

由 $\overline{A}B\overline{C} = m_4 + m_5$,$A\overline{B}D = m_9 + m_{11}$,只要在表示这些最小项的方格中填上0,在其他方格中填上1,便可得 Y_3 的卡诺图,如图 1-33 所示。

AB\CD	00	01	11	10
00	1	1	1	1
01	1	0	0	0
11	1	1	1	1
10	1	0	0	0

图 1-31 例 1-8 中 Y_1 的卡诺图

AB\CD	00	01	11	10
00	0	0	0	0
01	1	1	0	0
11	0	0	0	0
10	0	1	1	0

图 1-32 例 1-8 中 Y_2 的卡诺图

AB\CD	00	01	11	10
00	1	1	1	1
01	0	0	1	1
11	1	1	1	1
10	1	0	0	1

图 1-33 例 1-9 中 Y_3 的卡诺图

1.6.4 逻辑函数卡诺图化简

1. 化简的依据

根据公式 $AB + A\overline{B} = A$ 可知,两个逻辑相邻最小项可以合并成一项,并消去一个互补的变量。因此在卡诺图中,凡是几何相邻的最小项均可合并,合并时可以消去互补的变量。两个为1的相邻的最小项合并为一个与项时可以消去一个变量;四个为1的相邻最小项合并为一个与项时可以消去两个变量;八个为1的相邻最小项合并成一个与项时可以消去三个变量。一般地说,2^n 个为1的相邻最小项合并时可以消去 n 个变量。反复应用 $A + \overline{A} = 1$ 的关系,可使逻辑表达式得到简化,这就是用卡诺图化简逻辑函数的基本原理。

2. 画包围圈的原则

利用逻辑函数的卡诺图合并最小项,即将相邻为 1 的方块圈成一组(称为包围圈),应遵循如下原则:

(1) 包围圈内的方块数要尽可能多,但应满足 2^n 个,包围圈的数目越少越好。方块数越多也即最小项越多,消去的变量就越多,由包围圈内的这些最小项的公因子构成的乘积也就越简单。

(2) 每一个圈至少应包含一个新的最小项。合并时,任何一个最小项都可重复使用,但是每一个圈至少都应包含一个未被其他圈圈过的最小项,否则这个圈就是多余的。

(3) 相邻方块包括上下底相邻、左右边相邻和四角相邻。

(4) 必须把组成函数的全部最小项圈完,不能漏掉最小项。

每一个包围圈中的最小项的公因子就构成一个乘积项,把这些乘积项加起来,就是该函数的最简与或表达式。在有些情况下,最小项的圈法不止一种,因而得到的与或表达式也会各不相同,虽然它们都同样包含了函数的全部最小项。但是谁是最简的,常常要经过比较、检查才能确定。而且,有时候还会出现几个表达式都同样是最简式的情况。

例 1-10 用卡诺图化简函数 $Y = \bar{A}BC + A\bar{B}\bar{C} + ABC + AB\bar{C}$。

解 (1) 画出函数的卡诺图,如图 1-34 所示。

(2) 圈出相邻为 1 的包围圈,共两个,每个含有两个方格,由图可知。

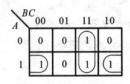

图 1-34 例 1-10 的卡诺图

(3) 合并圈出的相邻项并相加,有两个相邻最小项,可以消去一个变量,合并成一个与项,相加后得到最简表达式,即

$$Y = BC + A\bar{C}$$

例 1-11 用卡诺图化简函数 $Y = \sum m(1,3,4,5,10,11,12,13)$。

解 (1) 画出函数的卡诺图,如图 1-35 所示。

(2) 画卡诺图。按照最小项合并规律,将可以合并的最小项分别圈起来。

(3) 写出化简后的逻辑函数

$$Y = B\bar{C} + \bar{A}BD + A\bar{B}C$$

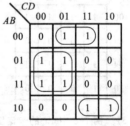

图 1-35 例 1-11 的卡诺图

例 1-12 用卡诺图化简函数 $Y = \sum m(0 \sim 3, 5 \sim 11, 13 \sim 15)$。

解 (1) 由 Y 画出卡诺图,如图 1-36(a)所示。

(2) 用圈 1 的方法化简,如图 1-36(b)所示,得

$$Y = \bar{B} + C + D$$

(3) 用圈 0 的方法化简,如图 1-36(c)所示,得

$$\bar{Y} = B\bar{C}\bar{D}, \quad Y = \bar{B} + C + D$$

两种方法所得结果相同。

例 1-13 已知函数 $Y = AB + BC + CA$,用卡诺图求出 $\bar{Y}$ 的最简与或表达式。

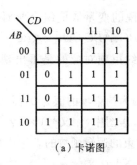 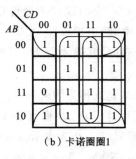 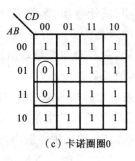

（a）卡诺图　　　　　　（b）卡诺圈圈1　　　　　　（c）卡诺圈圈0

图 1-36　例 1-12 的卡诺图

解　在函数 Y 的卡诺图中，合并那些值为 0 的最小项，则可得到 $\overline{Y}$ 的最简与或式。

合并使函数值为 0 的最小项，卡诺图如图 1-37 所示。

$$m_0+m_1=\overline{A}\overline{B}, \quad m_0+m_2=\overline{A}\overline{C}, \quad m_0+m_4=\overline{B}\overline{C}$$

$\overline{Y}$ 的最简与或式是

$$\overline{Y}=\overline{A}\overline{B}+\overline{B}\overline{C}+\overline{A}\overline{C}$$

图 1-37　例 1-13 的卡诺图

1.6.5　具有约束的逻辑函数化简

1. 约束的概念和约束条件

约束是指逻辑函数中各个变量之间互相制约关系。由有约束的变量所决定的逻辑函数称为有约束的逻辑函数。

例 1-14　在一个电梯控制系统中，逻辑变量 A、B、C 分别表示电梯的升、降、停命令。规定 $A=1$ 表示升命令，$B=1$ 表示降命令，$C=1$ 表示停命令。试分析该逻辑问题。

解　根据题意可列出真值表，如表 1-22 所示。

表 1-22　例 1-14 的真值表

A	B	C	Y	说　明
0	0	0		不允许出现
0	0	1	1	
0	1	0	1	
0	1	1		不会出现
1	0	0	1	
1	0	1		不会出现
1	1	0		不会出现
1	1	1		不会出现

从表 1-22 可知，A、B、C 的取值只可能出现 001、010、100，而不会出现 000、011、101、110、111。这说明 A、B、C 之间有着一定的制约关系，因此称这三个变量是一组有约束的变量。

约束项(或任意项、无关项)是指不会出现或不允许出现的变量取值组合所对应的最小项。约束项永远为0。在表 1-22 中,约束项就是 $\overline{A}B\overline{C}$、$\overline{A}BC$、$A\overline{B}\overline{C}$、$AB\overline{C}$、$ABC$。由最小项的性质可知,只有对应变量取值出现时,其值才会为1。而约束项对应的是不出现的变量取值,所以其值总等于0。

由约束项加起来所构成的函数表达式称为约束条件。因为约束项的值为0,而无论多少个0加起来还是0,所以约束条件等式恒等于0。在真值表或卡诺图中,用叉号(×)表示约束项。在逻辑表达式中,约束项一般用符号 d 或者 Φ 来表示。有约束的逻辑函数的表达式为

$$Y = \sum m(\ ) + \sum d(\ ), \quad 约束条件:\sum d(\ ) = 0$$

括号内均为最小项的序号,约束项与非约束项的最小项表达式是逻辑或的关系。将逻辑表达式中的约束条件写成 $\sum d(\ ) = 0$,相当于约束项的加入不会改变原表达式所描述的逻辑电路的功能。

2. 具有约束的逻辑函数的化简

一般来说,在化简时,约束项的值可以为1,也可以为0,具体取什么值,可以根据使函数尽量得到简化而定。在合并最小项时可以将约束项一起圈入,合并最小项的圈会更大一些,使化简结果更简单。要注意的是,约束项不可以单独画圈。

例 1-15 化简下列函数

$$\begin{cases} Y = \overline{A}\,\overline{B}\,\overline{C} + \overline{A}\,\overline{B}C\overline{D} + \overline{A}BC\overline{D} \\ \overline{A}CD + A\overline{C}D = 0 \quad (约束条件) \end{cases}$$

解 由约束条件得

$$\begin{cases} \overline{A}CD = 0 \\ A\overline{C}D = 0 \end{cases}$$

$$\begin{aligned}
Y &= \overline{A}\,\overline{B}\,\overline{C} + \overline{A}\,\overline{B}C\overline{D} + \overline{A}BC\overline{D} \\
&= \overline{A}\,\overline{B}\,\overline{C} + \overline{A}C\overline{D}(\overline{B}+B) \\
&= \overline{A}\,\overline{B}\,\overline{C} + \overline{A}C\overline{D} \\
&= \overline{A}\,\overline{B}\,\overline{C} + \overline{A}C\overline{D} + \overline{A}CD \quad 加上约束项 \overline{A}CD=0 \\
&= \overline{A}\,\overline{B}\,\overline{C} + \overline{A}C(\overline{D}+D) \\
&= \overline{A}\,\overline{B}\,\overline{C} + \overline{A}C \\
&= \overline{A}(\overline{B}\,\overline{C}+C) \\
&= \overline{A}(\overline{B}+C) \\
&= \overline{A}\,\overline{B} + \overline{A}C
\end{aligned}$$

例 1-16 已知逻辑函数 Y 的真值表如表 1-23 所示,试分别求出其最简与或表达式和最简或与表达式。

表 1-23 例 1-16 的真值表

A	B	C	D	Y
0	0	0	0	0
0	0	0	1	1

续表

A	B	C	D	Y
0	0	1	0	0
0	0	1	1	1
0	1	0	0	0
0	1	0	1	1
0	1	1	0	0
0	1	1	1	1
1	0	0	0	0
1	0	0	1	1
1	0	1	0	×
1	0	1	1	×
1	1	0	0	×
1	1	0	1	×
1	1	1	0	×
1	1	1	1	×

解 画出 Y 的卡诺图,画包围圈,此时应利用约束项,如图 1-38 所示。由此得
$$Y = D$$

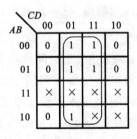

图 1-38 例 1-16 的卡诺图

1.7 逻辑函数的描述方法及转换

1.7.1 逻辑函数的描述方法

逻辑函数的表示方法归纳起来共有五种,即真值表、卡诺图、逻辑表达式、波形图和逻辑图。它们既有各自的特点,又可互相转换,满足不同的需要。前三种在前面都已介绍了,在这里仍做简要说明。

1. 真值表

每一个变量均有 0、1 两种取值,n 个变量共有 2^n 种不同取值,将输入变量的各种取值与

其对应的输出变量值列入同一个表格，便可得到逻辑函数的真值表。

真值表的优点是全面、直观。输入变量取值一旦确定，即可以从表中查出相应的函数值。另外，在把一个实际问题抽象为数学表达式的形式时，使用真值表是最方便的。所以，在数字电路逻辑设计的过程中，第一步就是要列出真值表；在分析数字电路逻辑功能时，最后也要列出真值表。

真值表的缺点是用逻辑代数的公式和定理进行运算和变换比较困难。另外，当变量比较多时，列真值表会十分烦琐。因此，在许多情况下，为了简单起见，在真值表中只列出使函数值为1的输入变量取值。

2. 卡诺图

卡诺图用按一定规则画出来的方格图表示逻辑函数，是真值表的图形转换。它的变量取值必须按照循环码的顺序排列。卡诺图与真值表有严格的一一对应关系，因此也称真值方块图。

卡诺图的优点是用几何相邻形象直观地表示了函数各个最小项的逻辑相邻，便于用来求逻辑函数的最简与或表达式。

卡诺图的缺点是只适用于表示和化简变量个数比较少的逻辑函数，不便于用公式和定理进行运算和变换。

3. 逻辑表达式

用逻辑变量和逻辑运算符所组成的逻辑运算式称为逻辑表达式。逻辑表达式的优点是书写简洁、方便，可以用公式和定理十分灵活地进行运算、变换。其缺点是当逻辑函数比较复杂时，很难直接从变量取值看出函数的值，没有真值表和卡诺图直观。

4. 波形图

能够反映输入和输出变量的对应取值，随时间按照一定规律变化的图形，就称为波形图。波形图可以把逻辑函数输入和输出变量在时间上的对应关系直观地表示出来，因此波形图又称时序图。波形图将逻辑函数输入和输出变量的变化用高、低电平的波形来表示。在给出输入变量取值随时间变化的波形后，根据函数中变量之间的运算关系、真值表或者卡诺图中变量取值和函数值的对应关系，都可以对应画出输出变量（函数）随时间变化的波形。

例 1-17 已知 $Y=\overline{A}\overline{B}+AB$，$A$、$B$ 的波形如图 1-39 所示，对应画出 Y 的波形。

解 由表达式可知，A、B 是同或关系，即 A、B 取值相同时 $Y=1$，相异时 $Y=0$，据此可以很容易地画出 Y 的波形，如图 1-39 所示。

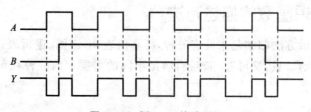

图 1-39　例 1-17 的波形图

画波形图时,横坐标是时间轴,纵坐标是变量取值,由于时间轴相同,变量取值(0和1)又十分简单,因此一般在图中都不标坐标轴。但具体画波形图时,一定要对应起来画。

5. 逻辑图

用基本和常用的逻辑符号表示函数表达式中各个变量之间的运算关系,便能够画出函数的逻辑图。

例 1-18 画出函数 $Y=AB+\overline{A}C$ 的逻辑图。

解 $\overline{A}$ 是非运算,A 和 B、$\overline{A}$ 和 C 之间都是与的运算关系,可分别用与运算的逻辑符号表示。AB、$\overline{A}C$ 两个乘积项之间是或的运算关系,可用或运算的逻辑符号表示。A、B、C 是输入变量,Y 是输出函数,用一个非运算、两个与运算和一个或运算的逻辑符号便可以表示 Y,从而画出逻辑图,如图 1-40 所示。

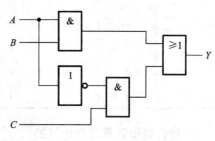

图 1-40　例 1-18 的逻辑图

逻辑图更接近于工程实际,可直接与表达式互换。有什么样的表达式,就可以画出什么样的逻辑图;同样,有什么样的逻辑图,就可以写出什么样的表达式。在应用中,要了解某个数字系统或者数控装置的逻辑功能时,都要用到逻辑图,因为它可以把许多繁杂的实际电路的逻辑功能层次分明地表示出来。另外,在制作数字设备时,首先也要通过逻辑设计画出逻辑图,然后再把逻辑图变成实际电路。

逻辑图的缺点是不能用公式和定理进行运算和变换,它所表示的逻辑关系没有真值表和卡诺图直观。

1.7.2　几种描述方法之间的转换

前面介绍的五种逻辑函数的描述方法在本质上是相通的,可以互相转换。其中最为重要的是真值表与逻辑图之间的转换。

1. 由真值表到逻辑图的转换

一般步骤如下:

(1) 根据真值表写出函数的与或表达式或者画出函数的卡诺图;

(2) 用代数法或者卡诺图法进行化简,求出函数的最简与或表达式;

(3) 根据表达式画逻辑图,有时还要对与或表达式做适当变换,才能画出所需要的逻辑图。

例 1-19 输出变量 Y 是输入变量 A、B、C 的函数,真值表如表 1-24 所示。试画出其逻辑图。

解 由真值表可知,有三个 $Y=1$ 的项,它们对应的最小项为 $A\overline{B}C$、$AB\overline{C}$、ABC,逻辑表达式为

$$Y=A\overline{B}C+AB\overline{C}+ABC$$

其对应的逻辑图如图 1-41 所示。

表 1-24 例 1-19 的真值表

A	B	C	Y
0	0	0	0
0	0	1	0
0	1	0	0
0	1	1	0
1	0	0	0
1	0	1	1
1	1	0	1
1	1	1	1

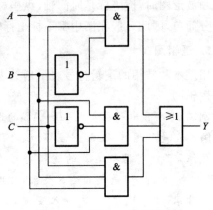

图 1-41 例 1-19 的逻辑图

2. 由逻辑图到真值表的转换

由逻辑图到真值表转换的一般步骤如下：

(1) 从输入到输出或从输出到输入，用逐级推导的方法写出输出变量(函数)的表达式；

(2) 进行化简，求出函数的最简与或表达式；

(3) 将变量各种可能取值代入与或式中进行运算，列出函数的真值表。

例 1-20 逻辑图如图 1-42 所示，列出输出信号 Y 的真值表。

解 设中间变量为 P，由图 1-42 可得

$$P = \overline{\overline{A \cdot \overline{AB}} \cdot \overline{\overline{AB} \cdot B}} = \overline{A \cdot \overline{AB}} + \overline{\overline{AB} \cdot B} = \overline{A}B + A\overline{B} = A \oplus B$$

而

$$Y = P \oplus C = A \oplus B \oplus C$$

根据异或运算可以得到如表 1-25 所示的真值表，也可以将其展开为其标准与或式，从标准与或式得到真值表。

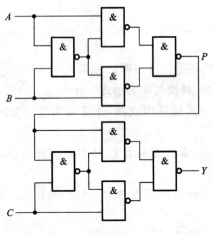

图 1-42 例 1-20 的逻辑图

表 1-25 例 1-20 的真值表

A	B	C	Y
0	0	0	0
0	0	1	1
0	1	0	1
0	1	1	0
1	0	0	1
1	0	1	0
1	1	0	0
1	1	1	1

$$Y = A \oplus B \oplus C = (\overline{A}B + A\overline{B}) \oplus C$$
$$= \overline{(\overline{A}B + A\overline{B})}C + (\overline{A}B + A\overline{B})\overline{C}$$
$$= (AB + \overline{A}\,\overline{B})C + (\overline{A}B + A\overline{B})\overline{C}$$
$$= ABC + \overline{A}\,\overline{B}C + \overline{A}B\overline{C} + A\overline{B}\,\overline{C}$$

本 章 小 结

本章主要介绍了常用数制及其相互转换、逻辑代数的基本公式和定理、逻辑函数的化简方法和逻辑函数的常用表示方法等四方面的内容。

（1）数字电路中使用二进制数、八进制数和十六进制数，数字电路与外界交换信息时，产生了十进制数与二进制数之间的转换。因此要熟悉几种数制转换的方法和法则。同时数字电路中用二进制代码表示各种信息，其中广泛使用的有 8421BCD 码、ASCII 码等。

（2）与、或、非是三种基本的逻辑运算，与非、或非、与或非、异或以及同或则是由三种基本逻辑运算组合而成的五种常用的复合逻辑运算。书中还给出了表示这些运算的逻辑符号，要注意理解和掌握。

（3）逻辑门电路主要包括 TTL 和 CMOS 门电路。本章在介绍门电路的操作特性、参数指标以及开关特性的基础上，分别对分立元件门电路、TTL 集成门电路和 CMOS 集成门电路进行了分析。针对 TTL 门电路，介绍了 TTL 集成门电路的结构、工作原理和电压传输特性，同时分析了 TTL 非门、集电极开路门、三态门的电路结构及其简单应用。针对 CMOS 逻辑门电路，主要介绍了 CMOS 集成非门、与非门、或非门的结构和工作原理。

（4）逻辑代数的公式、定理、定律和规则是推演、变换和化简逻辑函数的依据，有些与普通代数相同，有些则完全不一样，例如摩根定理、同一律、还原律等，要熟悉公式的结构特点、理解公式的含义、掌握公式的应用。

（5）逻辑函数的公式化简法和卡诺图化简法是本章的重点，是必须熟练掌握的内容。公式化简法没有什么局限性，也没有一定的步骤可以遵循，要想迅速得到函数的最简与或表达式，不仅和对公式、定理的熟悉程度有关，而且还和运算技巧有联系。卡诺图化简法则不同，它简单、直观，有可以遵循的明确步骤，不易出错，初学者也易于掌握。

（6）逻辑函数常用的表示方法有五种：真值表、卡诺图、逻辑表达式、波形图和逻辑图。它们各有特点，但本质相通，可以互相转换。尤其是由真值表到逻辑图和由逻辑图到真值表的转换，直接涉及数字电路的分析与综合问题，更加重要，一定要学会。

逻辑代数是分析和设计数字电路的基本数学工具，其基本运算和常用运算也是数字电路的重要内容。可以说，学好了逻辑代数，对于数字电路，入门不难，掌握也是容易做得到的。

习 题 1

1-1 将下列十进制数转换成二进制数和十六进制数（要求转换误差不大于 10^{-4}）。

(1) 17；(2) 127；(3) 0.39；(4) 25.7。

1-2 将下列二进制数或十六进制数转换成十进制数。

(1) 1011 B；(2) 100 B；(3) 10000 B；(4) 11.001 B；

(5) 3BD H；(6) 8F.FF H；(7) AF3C H；(8) 80.8 H。

1-3 写出下列十六进制补码数的十进制数或求十进制数的补码(用 2 位或 4 位十六进制数表示)。

(1) 64 H；(2) FF H；(3) 8000 H；(4) AF3C H；

(5) 8190；(6) -100；(7) 32760；(8) -80。

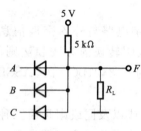

图 1-43 题 1-5 图

1-4 写出下列各数的 8421BCD 码。

(1) 127；(2) 10111 B；(3) 521；(4) 3F4 H。

1-5 根据图 1-43 所示二极管门电路，写出电路输出表达式，若输出高电平 $U_{OH} \geqslant 3$ V，计算负载电阻 R_L 的最小值。

1-6 已知电路如图 1-44 所示。试写出 F_1、F_2、F_3 和 F 与输入变量之间的逻辑表达式。

1-7 二极管门电路如图 1-45 所示。分析输出信号 Y_1、Y_2 与输入信号 A、B、C 之间的逻辑关系。

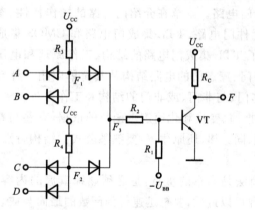

图 1-44 题 1-6 图

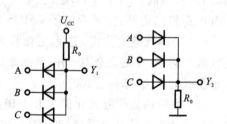

图 1-45 题 1-7 图

1-8 某数字电路设计者欲根据以下表格中的数据，选择一种可以在高噪声环境下工作的门电路，应选择哪一种？

逻辑门	U_{OHmin}/V	U_{OLmax}/V	U_{IHmin}/V	U_{ILmin}/V
甲	4.44	0.5	3.5	1.5
乙	2.4	0.4	2.0	0.8
丙	2.7	0.5	2.0	0.8

1-9 已知某逻辑门的 I_{OLmax} 为 8 mA，I_{OHmax} 为 -0.4 mA，I_{ILmax} 为 -0.4 mA，I_{IHmax} 为 0.02 mA，试求该逻辑门的扇出系数。

1-10 写出如图 1-46 所示电路输出端的逻辑表达式，并画出其相应的逻辑门电路图。

1-11 在下列各个逻辑函数表达式中,变量 A、B、C 为哪些取值时,函数值为 1?

(1) $Y_1 = AB + BC + AC$;

(2) $Y_2 = \overline{A}\overline{B} + \overline{B}\overline{C} + A\overline{C}$;

(3) $Y_3 = AB(A\overline{B} + B\overline{C} + AC)$。

1-12 利用真值表,证明下列各等式。

(1) $A + \overline{A}C + CD = A + C$;

(2) $A + \overline{\overline{A}(B+C)} = A + \overline{B} + \overline{C}$;

(3) $A \oplus B = \overline{A}B + A\overline{B}$;

(4) $A(B \oplus C) = (AB) \oplus (AC)$。

1-13 列出下列各函数的真值表,说明 Y_1 和 Y_2 有何关系。

(1) $Y_1 = A\overline{B} + B\overline{C} + C\overline{A}$; $Y_2 = \overline{A}B + \overline{B}C + \overline{C}A$。

(2) $Y_1 = \overline{A \oplus B \oplus C}$; $Y_2 = ABC + A\overline{B}\overline{C} + \overline{A}B\overline{C} + \overline{A}\overline{B}C$。

(3) $Y_1 = A\overline{C}D + AB\overline{C} + \overline{A}B\overline{C} + \overline{A}\overline{B}C$; $Y_2 = A\overline{B}C + \overline{A}BC + AC\overline{D}$。

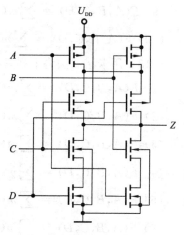

图 1-46 题 1-10 图

1-14 写出下列函数的反函数。

(1) $A + B + \overline{C} + \overline{\overline{D}} + \overline{\overline{E}}$;

(2) $B[(C\overline{D} + A) + \overline{E}]$;

(3) $(A + \overline{B})\overline{\overline{C} + D}$;

(4) $(\overline{AB} + \overline{B}D)(AC + BD)$;

(5) $AB + B\overline{D} + \overline{B}C + \overline{C}D$;

(6) $\overline{A + B + CD} + \overline{\overline{C} + D + AB}$。

1-15 用公式法将下列函数化简成为最简与或式。

(1) $A(\overline{A} + B) + B(B + C) + B$;

(2) $\overline{AB + \overline{A}B + \overline{A}B + A\overline{B}}$;

(3) $(A + AB + ABC)(A + B + C)$;

(4) $(A\overline{B} + \overline{A}B)(AB + \overline{A}\overline{B})$;

(5) $ABC\overline{D} + ABD + BC\overline{D} + ABCD + B\overline{C}$;

(6) $(AB + A\overline{B} + \overline{A}B)(A + B + D + \overline{A}B\overline{D})$;

(7) $(A\overline{B} + D)(A + \overline{B})D$;

(8) $\overline{AC} + \overline{A}B + BC + \overline{A}CD$;

(9) $(\overline{A}B + \overline{A}\overline{B}\overline{C} + ABC)(AD + BC)$。

1-16 将下列函数展开成最小项表达式。

(1) $AB + BC + CA$;

(2) $J\overline{Q} + \overline{K}Q$;

(3) $\overline{A}(B + \overline{C})$;

(4) $\overline{\overline{A}\overline{B}\overline{C}\overline{D} + \overline{A}\overline{B}C}$。

1-17 用卡诺图法将下列函数化简为最简与或式。

(1) $F(A,B,C) = \sum m(0,1,2,5)$;

(2) $F(A,B,C) = \sum m(0,2,4,5,7,8)$;

(3) $F(A,B,C) = \sum m(0,1,2,3,4,5,6)$;

(4) $F(A,B,C) = \sum m(0,1,2,3,6,7)$;

(5) $F(A,B,C,D) = \sum m(0,1,8,9,10)$;

(6) $F(A,B,C,D) = \sum m(2,4,5,6,7,11,12,14,15)$;

(7) $F(A,B,C,D) = \sum m(0,4,6,8,10,12,14)$;

(8) $F(A,B,C,D) = \sum m(1,3,5,7,11,13,15)$;

(9) $F(A,B,C,D) = \sum m(3,4,5,7,9,10,13,14,15)$;

(10) $F(A,B,C,D) = \sum m(0,1,2,3,9,10,11,12,13,14,15)$。

1-18 用卡诺图法将下列具有约束条件的函数化简为最简与或式。

(1) $F(A,B,C,D) = \sum m(0,1,8,9,10) + \sum d(11,12,13,14,15)$;

(2) $F(A,B,C,D) = \sum m(3,6,8,9,11,12) + \sum d(0,1,2,13,14,15)$;

(3) $F(A,B,C,D) = \sum m(0,1,4,9,12,13) + \sum d(2,3,6,10,11,14)$;

(4) $F(A,B,C,D) = \sum m(0,1,2,3,6,8) + \sum d(10,11,12,13,14,15)$;

(5) $F(A,B,C,D) = \sum m(0,2,4,5,7,13) + \sum d(8,9,10,11,14,15)$;

(6) $F(A,B,C,D) = \sum m(2,4,6,7,12,15) + \sum d(0,1,3,8,9,11)$;

(7) $F(A,B,C,D) = \sum m(0,2,7,13,15) + \sum d(1,3,4,5,6,8,10)$;

(8) $F(A,B,C,D) = \sum m(0,2,3,4,5,6,11,12) + \sum d(8,9,10,13,14,15)$。

1-19 写出图1-47所示逻辑图的表达式,列出输出函数的真值表。

1-20 写出图1-48所示逻辑图的表达式,列出输出函数的真值表。

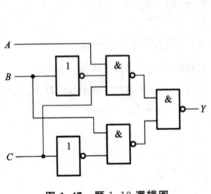

图1-47 题1-19逻辑图

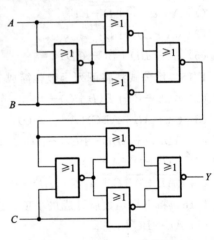

图1-48 题1-20逻辑图

1-21 写出图1-49所示逻辑图的表达式,列出输出函数的真值表。

1-22 已知三输入与非门中输入 A、B、C 和输出 F 的波形如图1-50所示,请在波形(1)~(5)中选定输入 C 的波形。

1-23 已知逻辑电路及 A 和 B 的输入波形如图1-51所示,请在波形(1)~(4)中选定输出 F 的波形。如果 $B=0$,输出 F 波形如何?

1-24 将下列各函数化简为最简与非-与非表达式,并画出相应的逻辑图(仅用与非门实现)。

(1) $Y_1 = AB + \overline{A}C$;

(2) $Y_2 = \overline{A}CD + \overline{A}BC + ACD + AB\overline{C}$;

(3) $Y_3 = \overline{A\overline{B}\overline{C}} + \overline{A}BC$。

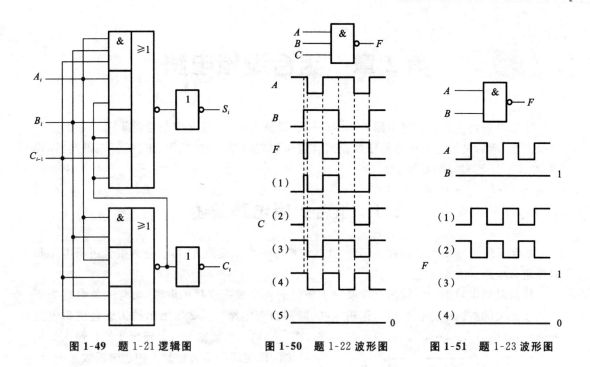

图 1-49 题 1-21 逻辑图　　图 1-50 题 1-22 波形图　　图 1-51 题 1-23 波形图

第 2 章 组合逻辑电路

本章首先讨论组合逻辑电路的基本分析和设计方法,然后介绍组合逻辑电路中的竞争冒险问题,最后讲解若干典型的中规模组合逻辑集成电路,如加法器、比较器、编码器、译码器、数据选择器和分配器等。

2.1 组合逻辑电路概述

数字系统中常用的各种数字部件,就其结构和工作原理而言,可以分为组合逻辑电路和时序逻辑电路两大类。

任何时刻电路的稳定输出仅仅取决于该时刻各个输入变量的取值,而与先前电路的历史状态无关的逻辑电路称为组合逻辑电路,简称组合电路。图 2-1 所示的为组合逻辑电路的框图,其中,$I_0, I_1, \cdots, I_{n-1}$ 是输入变量,$Y_0, Y_1, \cdots, Y_{m-1}$ 是输出变量。输出变量与输入变量之间的逻辑关系可用如下的逻辑函数来表示。

$$Y_0 = F_0(I_0, I_1, \cdots, I_{n-1})$$
$$Y_1 = F_1(I_0, I_1, \cdots, I_{n-1})$$
$$\vdots$$
$$Y_{m-1} = F_{m-1}(I_0, I_1, \cdots, I_{n-1})$$

图 2-1 组合逻辑电路的框图

从电路结构上看,组合逻辑电路是由常用逻辑门电路组合而成的,其中既无输出到输入的反馈连接,也不包含可以存储信号的记忆元件。其实,逻辑门电路也是组合逻辑电路,只不过它们的功能和电路结构都特别简单。从功能特点来看,逻辑函数都是组合逻辑函数。既然组合逻辑电路是组合逻辑函数的电路实现,那么用来表示逻辑函数的几种方法——真值表、卡诺图、逻辑表达式、逻辑图及波形图等,显然都可以用来表示组合逻辑电路的逻辑功能。

组合逻辑电路按照使用的基本开关元件可以分为 CMOS、TTL 等类型,按照集成度可以分为 SSI、MSI、LSI、VLSI 等类型。

2.2 组合逻辑电路的分析与设计

2.2.1 组合逻辑电路的分析

由给定组合逻辑电路的逻辑图出发,分析其逻辑功能所要遵循的基本步骤,称为组合逻辑电路的分析方法。一般情况下,在得到组合逻辑电路的真值表(真值表是组合电路逻辑功能基本的描述方法)后,还需要做简单的文字说明,指出其功能特点。

1. 分析方法

(1) 根据给定的逻辑图写出各输出端的逻辑表达式。
(2) 化简和变换各逻辑表达式。
(3) 列出输出函数的真值表。
(4) 说明给定电路的基本功能。

在多数情况下,分析的目的是确定输入变量不同取值时功能是否满足要求,或者是变换电路的结构形式,例如将与或结构变换成与非-与非结构等,或者是得到输出的标准与或表达式,以便用中、大规模集成电路实验,或者是在分析包括该电路的系统时,利用其功能的逻辑描述。

2. 分析举例

例 2-1 分析图 2-2 所示电路的逻辑功能。图中输入信号 A、B、C、D 是一组二进制代码。

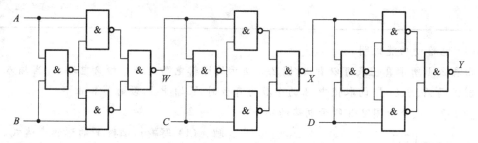

图 2-2 例 2-1 的逻辑电路图

解 (1) 写输出函数 Y 的逻辑表达式。

$$W = \overline{\overline{A\overline{AB}} \cdot \overline{\overline{AB}B}}, \quad X = \overline{\overline{W\overline{WC}} \cdot \overline{\overline{WC}C}}$$

$$Y = \overline{\overline{X\overline{XD}} \cdot \overline{\overline{XD}D}}$$

(2) 对 Y 进行化简,求输出函数 Y 的最简与或表达式。

$$W = A\overline{B} + \overline{A}B = A\overline{B} + \overline{A}B$$

$$X = W\overline{C} + \overline{W}C = A\overline{B}\overline{C} + \overline{A}B\overline{C} + \overline{A}\overline{B}C + ABC$$

$$Y = X\overline{D} + \overline{X}D = A\overline{B}\overline{C}\overline{D} + \overline{A}B\overline{C}\overline{D} + \overline{A}\overline{B}C\overline{D} + ABC\overline{D} + \overline{A}\overline{B}\overline{C}D + A\overline{B}CD + \overline{A}BCD + AB\overline{C}D$$

(3) 列输出函数 Y 的真值表。

函数 Y 的真值表如表 2-1 所示。

表 2-1 函数 Y 的真值表

A	B	C	D	Y
0	0	0	0	0
0	0	0	1	1
0	0	1	0	1
0	0	1	1	0
0	1	0	0	1

续表

A	B	C	D	Y
0	1	0	1	0
0	1	1	0	0
0	1	1	1	1
1	0	0	0	1
1	0	0	1	0
1	0	1	0	0
1	0	1	1	1
1	1	0	0	0
1	1	0	1	1
1	1	1	0	1
1	1	1	1	0

(4) 电路的功能说明。

由表 2-1 所示真值表可以看出，图 2-2 所示的逻辑电路是一个检奇电路，即当输入 4 位二进制代码 A、B、C、D 的取值中，1 的个数为奇数时，Y 输出 1，否则 Y 输出 0。

例 2-2 试分析图 2-3 所示电路的功能。

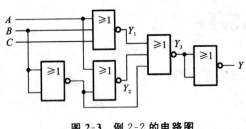

图 2-3 例 2-2 的电路图

解 （1）写输出函数 Y 的逻辑表达式。

$$Y_1=\overline{A+B+C}, \quad Y_2=\overline{A+\overline{B}}, \quad Y_3=\overline{Y_1+Y_2+\overline{B}}$$

$$Y=\overline{Y_3}=Y_1+Y_2+\overline{B}=\overline{A+B+C}+\overline{A+\overline{B}}+\overline{B}$$

（2）对 Y 进行化简，求输出函数 Y 的最简表达式。

$$Y=\overline{A}\,\overline{B}\,\overline{C}+\overline{A}B+\overline{B}=\overline{A}B+\overline{B}=\overline{A}+\overline{B}=\overline{AB}$$

（3）电路的功能说明。

由表达式可知，电路的输出 Y 只与输入 A、B 有关，而与输入 C 无关。Y 和 A、B 的逻辑关系为与非运算关系，该电路完成 A 与 B 的与非运算。

2.2.2 组合逻辑电路的设计

组合逻辑电路设计的任务是根据给定的逻辑问题（命题），设计出能实现其逻辑功能的逻辑电路，最后画出实现逻辑功能的逻辑图。用逻辑门实现组合逻辑电路要求使用的芯片最少且连线最少。组合逻辑电路可以采用小规模集成电路实现，也可以采用中规模集成电路器件或存储器、可编程逻辑器件来实现。

1. 设计方法

根据要求，设计出满足需要的组合逻辑电路应该遵循如下基本步骤。

1）进行逻辑抽象

（1）分析设计要求，确定输入、输出变量及它们之间的因果关系。

(2) 设定变量,即用英文字母表示有关输入、输出信号,表示输入信号者称为输入变量,有时也称变量,表示输出信号者称为输出变量,有时也称输出函数或简称函数。

(3) 状态赋值,即用 0 和 1 表示信号的有关状态。

(4) 列真值表,根据因果关系,把变量的各种取值和相应的函数值以表格的形式列出。变量的取值顺序常按二进制数递增排列,也可按循环码排列。

2) 化简

(1) 输入变量比较少时,可以用卡诺图化简。

(2) 输入变量比较多时,用卡诺图化简不方便,可以用代数法化简。

3) 画出逻辑电路图

(1) 变换最简与或表达式,求出所需的最简式。

(2) 根据最简式画出逻辑电路图。

2. 设计举例

例 2-3 设计一个表决电路,要求输出信号的电平与三个输入信号中的多数电平一致。

解 (1) 逻辑抽象。

① 设定变量:用 A、B、C 和 Y 分别表示输入和输出信号。

② 状态赋值:用 0 和 1 分别表示低电平和高电平。

③ 列真值表:根据题意可以列出如表 2-2 所示的真值表。

(2) 化简。

由真值表画出卡诺图,如图 2-4 所示。化简 Y,可得

$$Y = AB + AC + BC$$

表 2-2 例 2-3 的真值表

A	B	C	Y
0	0	0	0
0	0	1	0
0	1	0	0
0	1	1	1
1	0	0	0
1	0	1	1
1	1	0	1
1	1	1	1

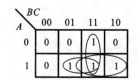

图 2-4 例 2-3 中 Y 的卡诺图

(3) 画逻辑图。

根据逻辑表达式画出的逻辑电路图如图 2-5 所示。

如果用与非门实现该题功能,则要进一步变换 Y 为与非-与非表达式。逻辑电路如图 2-6 所示。

$$Y = \overline{\overline{AB + AC + BC}} = \overline{\overline{AB} \cdot \overline{AC} \cdot \overline{BC}}$$

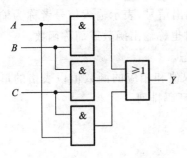
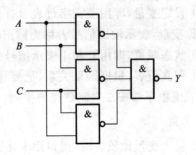

图 2-5　例 2-3 的逻辑电路图　　　　图 2-6　用与非门实现的表决电路图

例 2-4　设计一个路灯控制电路,要求实现的功能是:当总电源开关闭合时,安装在三个不同地方的三个开关都能独立将灯打开或熄灭;当总电源开关断开时,路灯不亮。

解　(1) 逻辑抽象。

① 输入、输出信号:输入信号是四个开关状态,输出信号是路灯的亮灭。

② 设定变量:用 S 表示总电源开关状态,用 A、B、C 表示安装在三个不同地方的分开关状态,用 Y 表示路灯的亮灭。

③ 状态赋值:用 0 表示开关断开和灯灭,用 1 表示开关闭合和灯亮。

④ 列真值表:由题意不难理解,一般地说,四个开关是不会在同一时刻动作的,反映在真值表中,任何时刻都只会有一个变量改变取值,因此按循环码排列变量 S、A、B、C 的取值较好,路灯控制电路的真值表如表 2-3 所示。

表 2-3　例 2-4 按循环码排列变量取值的路灯控制电路的真值表

S	A	B	C	Y
0	0	0	0	0
0	0	0	1	0
0	0	1	1	0
0	0	1	0	0
0	1	1	0	0
0	1	1	1	0
0	1	0	1	0
0	1	0	0	0
1	1	0	0	1
1	1	0	1	0
1	1	1	1	1
1	1	1	0	0
1	0	1	0	1
1	0	1	1	0
1	0	0	1	1
1	0	0	0	0

(2) 化简。

由真值表画出卡诺图,如图 2-7 所示。化简 Y,可得

$$Y = SA\overline{B}\overline{C} + SABC + S\overline{A}B\overline{C} + S\overline{A}\overline{B}C$$

(3) 画逻辑电路图。

如果用异或门和与门实现该题要求,则要变换逻辑表达式。

$$Y = S(A\overline{B}\overline{C} + ABC + \overline{A}B\overline{C} + \overline{A}\overline{B}C)$$
$$= S[A(\overline{B}\overline{C} + BC) + \overline{A}(B\overline{C} + \overline{B}C)]$$
$$= S(A \oplus B \oplus C)$$

依据该表达式,用异或门和与门实现的逻辑电路图如图 2-8 所示。

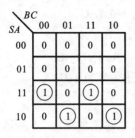

图 2-7 例 2-4 中 Y 的卡诺图

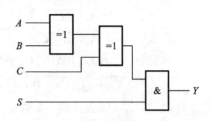

图 2-8 例 2-4 的逻辑图

例 2-5 设计一个 1 位全减器。

(1) 用与或非门实现全减器电路;
(2) 用异或门实现全减器电路。

解 全减器有三个输入变量,即被减数 A_n、减数 B_n、低位向本位的借位 C_n,有两个输出变量,即本位差 D_n、本位向高位的借位 C_{n+1},其框图如图 2-9 所示。

根据题意可以列出如表 2-4 所示的真值表。

表 2-4 1 位全减器真值表

A_n	B_n	C_n	C_{n+1}	D_n
0	0	0	0	0
0	0	1	1	1
0	1	0	1	1
0	1	1	1	0
1	0	0	0	1
1	0	1	0	0
1	1	0	0	0
1	1	1	1	1

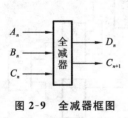

图 2-9 全减器框图

由真值表画出卡诺图,如图 2-10 所示。

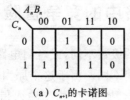

(a) C_{n+1} 的卡诺图   (b) D_n 的卡诺图

图 2-10 C_{n+1} 和 D_n 的卡诺图

由于该电路有两个输出函数,因此化简时应从整体出发,尽量利用公共项使整个电路逻辑门的种类和个数最少,而不是将每个输出函数化为最简。

主要用与或非门实现电路时,利用圈0的方法求出相应的与或非式为

$$D_n = \overline{\overline{A_n}\,\overline{B_n}\,\overline{C_n} + \overline{A_n}B_nC_n + A_nB_n\overline{C_n} + A_n\overline{B_n}C_n}$$

$$C_{n+1} = \overline{\overline{B_n}\,\overline{C_n} + A_n\overline{C_n} + A_n\overline{B_n}}$$

主要用异或门实现电路时,利用圈1的方法求出相应的与或式,并进一步变换 C_{n+1} 和 D_n 后,相应的函数式为

$$\begin{aligned}
D_n &= \overline{A_n}B_n\overline{C_n} + A_n\overline{B_n}\,\overline{C_n} + \overline{A_n}\,\overline{B_n}C_n + A_nB_nC_n \\
&= A_n(\overline{B_n}\,\overline{C_n} + B_nC_n) + \overline{A_n}(B_n\overline{C_n} + \overline{B_n}C_n) \\
&= A_n(\overline{B_n \oplus C_n}) + \overline{A_n}(B_n \oplus C_n) = A_n \oplus B_n \oplus C_n
\end{aligned}$$

$$\begin{aligned}
C_{n+1} &= \overline{A_n}\,\overline{B_n}C_n + \overline{A_n}B_n\overline{C_n} + B_nC_n = \overline{A_n}(B_n \oplus C_n) + B_nC_n \\
&= \overline{\overline{\overline{A_n}(B_n \oplus C_n)} \cdot \overline{B_nC_n}}
\end{aligned}$$

其中 $(B_n \oplus C_n)$ 为 D_n 和 C_{n+1} 的公共项。1位全减器的逻辑电路图如图2-11所示。

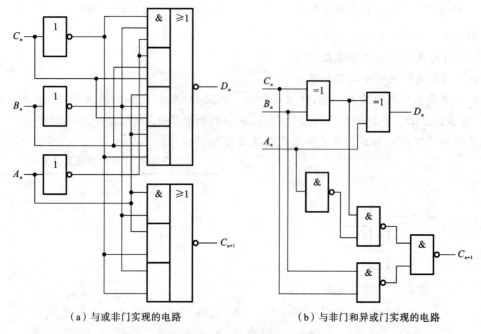

(a)与或非门实现的电路　　　　　　(b)与非门和异或门实现的电路

图 2-11　1位全减器的逻辑电路图

2.3　组合逻辑电路中的竞争冒险

由于从输入到输出的过程中,不同通路上门的级数不同,或者门电路平均延迟时间的差异,故信号从输入经不同通路传输到输出级的时间不同。由于这个原因,可能会使逻辑电路产生错误的输出。通常把这种现象称为竞争冒险。换言之,由于输入信号 A 经过不同的逻辑电路到达输出级的时刻不同(称为竞争,变量 A 称为有竞争力的变量),故输入信号 A 使逻辑电路产生错误的输出(称为冒险或毛刺),以上现象总称竞争冒险。

2.3.1 产生竞争冒险的原因

首先分析图 2-12 所示电路的工作情况,以建立竞争冒险的概念。在图 2-12(a)中,与门 G_2 的输入是 A 和 $\bar{A}$ 两个互补信号。由于 G_1 的延迟,$\bar{A}$ 的下降沿要滞后于 A 的上升沿,因而在很短的时间间隔内,G_2 的两个输入端都会出现高电平,从而使它的输出出现一个高电平窄脉冲,这个窄脉冲是按逻辑设计要求不应该出现的干扰脉冲,如图 2-12(b)所示。与门 G_2 的 2 个输入信号 $\bar{A}$ 和 A 在不同的时刻到达的现象,通常称为竞争,由此而产生输出干扰脉冲的现象称为冒险。

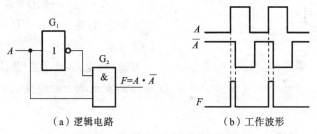

(a) 逻辑电路 (b) 工作波形

图 2-12 产生正跳变脉冲的竞争冒险

下面进一步分析图 2-13 所示组合逻辑电路产生竞争冒险的原因。由逻辑电路写出它的输出逻辑表达式为 $F=AC+B\bar{C}$。由此式可知,当 A 和 B 都为 1 时,$F=1$ 与 C 的状态无关。但是,由图 2-13(b)所示的波形图可以看出,在 C 由 1 变 0 时,$\bar{C}$ 由 0 变 1 有一延迟时间,在这个时间间隔内,G_2 和 G_3 的输出 AC 和 $B\bar{C}$ 同时为 0,而使输出出现一负跳变的窄脉冲,即冒险现象,这是产生竞争冒险的原因之一。

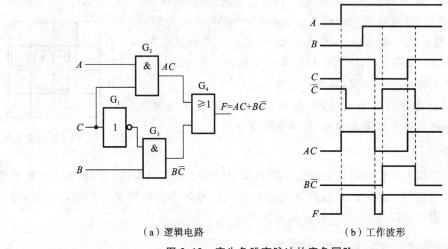

(a) 逻辑电路 (b) 工作波形

图 2-13 产生负跳变脉冲的竞争冒险

由以上分析可知,当电路中存在由非门产生的互补信号,且在互补信号的状态发生变化时可能出现冒险现象。

2.3.2 竞争冒险的判断

竞争冒险的判断方法有代数法、卡诺图法和实验法。

1. 代数法

当函数表达式在一定条件下可以简化成 $F=A+\overline{A}$ 或 $F=A\cdot\overline{A}$ 的形式时，A 的变化可能引起冒险现象。

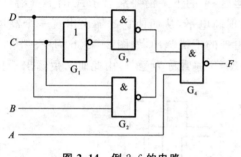

图 2-14 例 2-6 的电路

例 2-6 找出图 2-14 所示电路中有竞争力的变量，并判断是否存在冒险（或险象）。

解 因为 C、D 有两条传输路径，所以 C 和 D 是有竞争力的变量。F 的输出函数表达式为

$$F=\overline{\overline{A\cdot \overline{C}\overline{D}}\cdot \overline{BCD}}=A\cdot\overline{C}\overline{D}+BCD$$

当输入变量 $A=B=D=1$ 时，有 $F=1\cdot\overline{C}+1\cdot C=\overline{C}+C$。

因此，该电路存在变量 C 可能产生的冒险。D 虽然是有竞争力的变量，但不会产生冒险。

2. 卡诺图法

在逻辑函数的卡诺图中，函数表达式的每个积项（或和项）对应于一个卡诺圈。如果两个卡诺圈存在着相切部分，且相切部分又未被另一个卡诺圈圈住，那么实现该逻辑函数的电路可能存在冒险。

判断是否存在相切卡诺圈的方法是，首先画卡诺图，并按原表达式形式画出合并圈，然后观察两个合并圈之间是否有相邻最小项（相切）。

例 2-7 试使用卡诺图来判断函数 $F=AD+BD+\overline{A}C\overline{D}$ 是否存在冒险。

解 F 的卡诺图如图 2-15 所示。从图中可见，代表 BD 和 $\overline{A}C\overline{D}$ 的两个卡诺圈（粗线框）相切，且相切部分的"1"又未被其他卡诺圈圈住，即相邻最小项 $\overline{A}BCD$ 与 $\overline{A}BC\overline{D}$ 分别被不同的圈包含。因此，当 $B=C=1,A=0$ 时，D 从 0 到 1 或从 1 到 0 变化时，F 将从一个卡诺圈进入另一个卡诺圈，从而产生冒险。

除了 D 是有竞争力的变量外，A 也是有竞争力的变量。但代表 AD 和 BD 的两个卡诺圈未相切，故不会产生冒险。

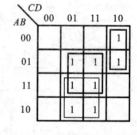

图 2-15 例 2-7 的卡诺图

3. 实验法

两个以上的输入变量同时变化而引起的冒险难以用上述方法判断。因而发现冒险现象最有效的方法是实验。利用示波器仔细观察在输入信号各种变化情况下的输出信号，发现毛刺则分析原因并加以消除，这是经常采用的办法。

2.3.3 消除竞争冒险的方法

当组合逻辑电路存在冒险时，可以采取修改逻辑设计、增加输出滤波、增加选通电路等多种方法来消除冒险。

1. 修改逻辑设计

修改逻辑设计来消除冒险的方法，实际上是通过增加冗余项或者消掉互补相乘项来使

函数在任何情况下都不可能出现 $F=A+\bar{A}$ 或 $F=A \cdot \bar{A}$ 的情况,从而达到消除冒险的目的。例如,$F=AB+\bar{A}C$,在 $B=C=1$ 时,$F=A+\bar{A}$ 会产生竞争冒险。可以在表达式中增加 BC 项,即 $F=AB+\bar{A}C+BC$ 不改变原逻辑关系,但加入 BC 项之后,在 $B=C=1$ 时,$F=A+\bar{A}+1 \cdot 1=1$,通过 BC 项屏蔽了竞争冒险。

另外,从卡诺图上看,相当于在相切的卡诺圈间增加一个冗余圈,将相切处的 0 或 1 圈起来。

例 2-8 采用修改逻辑设计的办法,消除例 2-7 中的函数 $F=AD+BD+\bar{A}C\bar{D}$ 存在的冒险。

解 在例 2-7 中,已经判断函数 $F=AD+BD+\bar{A}C\bar{D}$ 存在冒险。在原卡诺图中相切的两个卡诺圈相切处增加一个冗余的卡诺圈(虚线框),将相切处的两个 1 圈起来,如图 2-16 所示。

此时,$F=AD+BD+\bar{A}C\bar{D}+\bar{A}BC$。当 $A=0$、$B=1$、$C=1$ 时,$F=0+D+\bar{D}+1=1$,从而消除了冒险。冗余项是简化函数时应舍弃的多余项,但为了电路工作可靠又需加上它。可见,最简化的设计不一定都是最佳的。

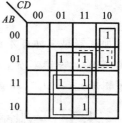

图 2-16 例 2-8 的卡诺图

2. 增加输出滤波

如果逻辑电路在较慢速度下工作,为了消去竞争冒险,可以在输出端并联一容量为 4~20 pF 的电容器,致使输出波形上升沿和下降沿变化比较缓慢,可对很窄的负跳变脉冲起到平波的作用。对波形要求较严格时,应再加整形电路。

如图 2-17(a)所示的是一个滤波电路,图 2-17(b)所示的是消除毛刺影响的工作波形。毛刺很窄,其宽度可以和门的传输时间相比拟,在输出端并联滤波电容 C,或在本级输出端与下级输入端之间串接一个滤波电路来消除其影响。但 R、C 的引入会使输出波形边沿变斜,故参数要选择合适,一般由实验确定。

3. 增加选通电路

加选通信号,避开毛刺。毛刺仅发生在输入信号变化的瞬间,因此在这段时间内先将门封住,待电路进入稳态后,再加选通脉冲选取输出结果。该方法简单易行,但选通信号的作用时间和极性控制一定要合适。例如,如图 2-18 所示,在组合电路中的输出门的一个输入

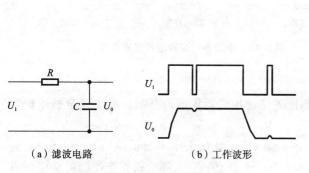

图 2-17 加滤波电路排除冒险

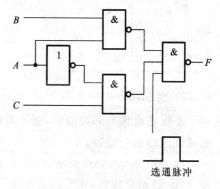

图 2-18 避开冒险的一种电路

端加入一个选通信号,即可有效地消除任何冒险现象的影响。图 2-18 所示电路尽管可能有冒险发生,但是输出端却不会反映出来,因为当冒险发生时,选通信号的低电平将输出门封锁了。

以上三种方法各有特点。增加冗余项适用范围有限;加滤波电容是实验调试阶段常采取的应急措施;加选通脉冲则是行之有效的方法。目前许多 MSI 器件都备有使能(选通控制)端,为加选通信号消除毛刺提供了方便。

2.4 加法器与算术逻辑单元

加法器是一种算术运算电路,其基本功能是实现两个二进制数的加法运算。计算机 CPU 中的运算器本质上就是一种既能完成算术运算又能完成逻辑运算的单元电路,简称算术逻辑单元(ALU),其原理与加法器的基本相同,只不过功能更多、规模更大而已。

2.4.1 半加器和全加器

1. 半加器

仅考虑加数和被加数而不考虑低位进位的加法运算即为半加。能实现半加逻辑功能的电路即为半加器。

如果 A_i、B_i 是两个相加的 1 位二进制数,S_i 是半加和,C_i 是半加进位,那么根据半加器的功能可列出如表 2-5 所示的真值表。

由真值表可直接写出逻辑表达式为

$$S_i = \overline{A_i}B_i + A_i\overline{B_i} = A_i \oplus B_i$$
$$C_i = A_i B_i$$

由此画出半加器的逻辑图如图 2-19(a)所示,半加器的逻辑符号如图 2-19(b)、(c)所示。

表 2-5 半加器真值表

A_i	B_i	S_i	C_i
0	0	0	0
0	1	1	0
1	0	1	0
1	1	0	1

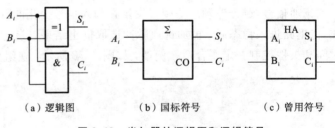

(a) 逻辑图　　　　　　(b) 国标符号　　　　　　(c) 曾用符号

图 2-19 半加器的逻辑图和逻辑符号

2. 全加器

不仅考虑加数和被加数,而且考虑低位进位的加法运算即为全加。能实现全加逻辑功能的电路即为全加器。

如果用 A_i、B_i 分别表示 A、B 两个数中的第 i 位,用 C_i 表示来自低位(第 $i-1$ 位)的进位,用 S_i 表示全加和,用 C_{i+1} 表示送给高位(第 $i+1$ 位)的进位,那么根据全加器的功能可以列出全加器的真值表,如表 2-6 所示。

表 2-6 全加器的真值表

A_i	B_i	C_i	S_i	C_{i+1}
0	0	0	0	0
0	0	1	1	0
0	1	0	1	0
0	1	1	0	1
1	0	0	1	0
1	0	1	0	1
1	1	0	0	1
1	1	1	1	1

根据表 2-6 所示的真值表，可以写出全加器的输出逻辑函数表达式为

$$S_i = \overline{A}_i \overline{B}_i C_i + \overline{A}_i B_i \overline{C}_i + A_i \overline{B}_i \overline{C}_i + A_i B_i C_i = A_i \oplus B_i \oplus C_i$$

$$C_{i+1} = A_i B_i + A_i C_i + B_i C_i = A_i B_i + \overline{A}_i B_i C_i + A_i \overline{B}_i C_i$$

$$= A_i B_i + (\overline{A}_i B_i + A_i \overline{B}_i) C_i = A_i B_i + (A_i \oplus B_i) C_i$$

由此画出全加器的逻辑图如图 2-20(a)所示，进位输出 C_{i+1} 可以采用与或非门，之所以使用与或非门，是因为集成电路没有与或门，仅有与或非门。全加器的符号如图 2-20(b)、(c)所示。

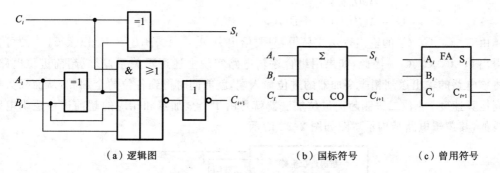

（a）逻辑图　　　　　　　（b）国标符号　　　　（c）曾用符号

图 2-20 全加器的逻辑图及逻辑符号

例 2-9 将两个半加器加上合适的逻辑门电路构成一个全加器。

解 比较半加器和全加器的函数表达式。

半加器的函数表达式为

$$S_i = \overline{A}_i B_i + A_i \overline{B}_i = A_i \oplus B_i$$

$$C_i = A_i B_i$$

全加器的函数表达式为

$$S_i = A_i \oplus B_i \oplus C_i$$

$$C_{i+1} = A_i B_i + (A_i \oplus B_i) C_i$$

由此可以画出全加器的逻辑图如图 2-21 所示。

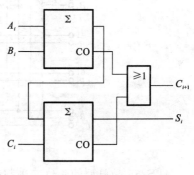

图 2-21 例 2-9 的逻辑图

2.4.2 集成加法器

集成加法器按运算方式可分为串行加法器和并行加法器。串行加法器是指从最低位开始逐位相加,直至最高位,最后得到和数的电路。由于其速度慢,所以很少使用。

并行加法器是指 2 个二进制数的各位并行相加的电路。并行加法器的进位又分为串行和并行两种。对于串行进位加法器,每一位的进位信号送给相邻高一位作为输入信号,因此,任一位的加法运算必须在低一位的运算完成之后才能进行。对于并行进位(超前进位)加法器,每一位的进位只由加数和被加数决定,而与低位的进位无关。这样,多位数相加可同时进行。可见,并行进位加法器比串行进位加法器的速度要快。

1. 4 位超前进位加法器

全加器是指在 2 个二进制数 A 和 B 相加时,要考虑低位进位数 C_i,所以,它是 3 个 1 位二进制数进行相加求和及进位的逻辑电路。若 3 个 1 位二进制数的取值为 1 是奇数个,则其和数必为 1;若其中任意两个取值为 1,则进位 C_{i+1} 为 1。由此可得进位信号的表达式为

$$C_{i+1} = A_i B_i + A_i C_i + B_i C_i$$

根据以上进位信号的表达式,在 4 位二进制加法器中,每个全加器的进位信号的表达式分别为

$$C_0 = A_0 B_0 + A_0 C_{0-1} + B_0 C_{0-1} = A_0 B_0 + (A_0 + B_0) C_{0-1}$$
$$C_1 = A_1 B_1 + (A_1 + B_1) C_0$$
$$C_2 = A_2 B_2 + (A_2 + B_2) C_1$$
$$C_3 = A_3 B_3 + (A_3 + B_3) C_2$$

由 C_0、C_1、C_2、C_3 的输出表达式易得,只要给出 $A_3 A_2 A_1 A_0$、$B_3 B_2 B_1 B_0$ 以及 C_{0-1},便可直接得出 C_0、C_1、C_2、C_3。因此,如果用组合逻辑电路实现上述逻辑关系,形成超前进位电路,并将该电路的输出送到相应全加器的进位输入端,就能同时得到各位的全加和,从而极大地提高运算速度。4 位二进制超前进位加法器就是由 4 个全加器和相应的超前进位逻辑电路组成的,其逻辑电路结构示意图如图 2-22 所示。

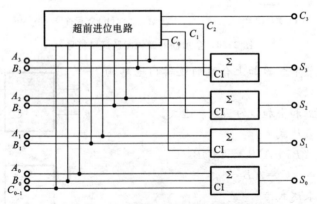

图 2-22 4 位二进制超前进位加法器的逻辑图

74LS283 是典型的 4 位二进制超前进位加法器,采用 TTL 工艺制造。74LS283 的逻辑符号和引脚排列图如图 2-23 所示。其中 $A_3 A_2 A_1 A_0$ 和 $B_3 B_2 B_1 B_0$ 为两组 4 位二进制加数,

CI 为最低位的进位输入,$S_3S_2S_1S_0$ 为相加后的 4 位和输出,CO 为最高位的进位输出。

由于 74LS283 采用了超前进位方式,因此速度快,适用于高速数字计算、数据采集及控制系统,而且扩展方便。

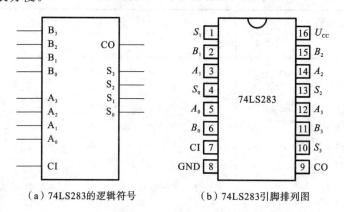

（a）74LS283 的逻辑符号　　　　（b）74LS283 引脚排列图

图 2-23　74LS283 的逻辑符号和引脚排列图

2. 集成加法器 74LS283 的应用

例 2-10　用 74LS283 实现两个 7 位二进制数的加法器。

解　两个 7 位二进制数的加法运算需要用两片 74LS283 才能实现。按照加法的规则,低 4 位的进位输出 CO 应接高 4 位的进位输入 CI,低 4 位的进位输入应接 0,高位模块的多余输入端 A_3、B_3 也要接 0。连接电路如图 2-24 所示。注意,数据在片内是超前进位的,而片与片之间是串行进位的。

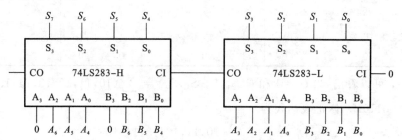

图 2-24　74LS283 实现 7 位二进制数的加法器电路

例 2-11　试用 74LS283 实现 1 位 8421 码的加法运算。

解　两个 1 位 8421 码相加之和,最小数是 0000+0000=0000,最大数是 1001+1001=11000(8421 码的 18)。74LS283 为 4 位二进制加法器,用它进行 8421 码相加时,二进制码与 8421 码的对应表如表 2-7 所示。

由表 2-7 可知,若和数小于等于 9,即二进制数小于等于 01001 B,则二进制码与 8421 码相同,不需修正(加 0000 B),即 74LS283 输出为 8421 码相加之和。可是,当两个 8421 码之和大于 9,即二进制数大于 01001 B 时,8421 码比二进制码大 6,则必须加以修正。两个 8421 码之和为 10 时,74LS283 的 $S_3S_2S_1S_0$ 输出 1010,可是,8421 码应为 10000。要想由 1010 得到 10000,可在 1010 基础上加上修正值 0110。修正后十位为 1,个位为 0。两个 8421 码之和为 18 时,74LS283 的 CO 和 $S_3S_2S_1S_0$ 输出 10010,可是,8421 码应为

11000。要想由 10010 得到 11000，可在 10010 基础上加上修正值 0110。修正后十位为 1，个位为 8。

表 2-7 二进制码与 8421 码的对应表

二进制码					8421 码					说　明
C	S_3	S_2	S_1	S_0	D_C	D_8	D_4	D_2	D_1	
0	0	0	0	0	0	0	0	0	0	加 0000B 即不修正
0	0	0	0	1	0	0	0	0	1	
0	0	0	1	0	0	0	0	1	0	
0	0	0	1	1	0	0	0	1	1	
0	0	1	0	0	0	0	1	0	0	
0	0	1	0	1	0	0	1	0	1	
0	0	1	1	0	0	0	1	1	0	
0	0	1	1	1	0	0	1	1	1	
0	1	0	0	0	0	1	0	0	0	
0	1	0	0	1	0	1	0	0	1	
0	1	0	1	0	1	0	0	0	0	加 0110B 即修正
0	1	0	1	1	1	0	0	0	1	
0	1	1	0	0	1	0	0	1	0	
0	1	1	0	1	1	0	0	1	1	
0	1	1	1	0	1	0	1	0	0	
0	1	1	1	1	1	0	1	0	1	
1	0	0	0	0	1	0	1	1	0	
1	0	0	0	1	1	0	1	1	1	
1	0	0	1	0	1	1	0	0	0	

从表 2-7 可以看出，当 $C=1$ 和 $F(S_3,S_2,S_1,S_0)=\sum(10,11,12,13,14,15)$ 时，需加以修正（即加 0110B），修正表达式为

$$D_C = C + \sum(10,11,12,13,14,15)$$

用卡诺图化简为

$$D_C = C + S_3 S_2 + S_3 S_1$$

当 $D_C=0$ 时，不需调整，加 0000B；当 $D_C=1$ 时，需要调整，要在加法结果上加 0110B。由此可得到用两片 4 位二进制全加器 74LS283 实现两个 1 位 8421 码的加法运算。其逻辑电路如图 2-25 所示，其中，第 1 片完成二进制数相加的操作，第 2 片完成和的修正操作。

2.4.3 算术逻辑单元

算术逻辑单元（ALU）不仅能做算术运算，而且还能做逻辑运算。74LS381 是比较简单的双极型集成 ALU，它的功能如表 2-8 所示，引脚图如图 2-26 所示。它是在全加器的基础上，增加控制门和功能选择控制端构成的。

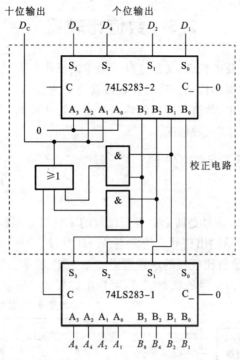

图2-25 74LS283 实现 1 位 8421 码加法运算的电路

表 2-8 74LS381 的功能表

选择			算术逻辑操作
S_2	S_1	S_0	
0	0	0	清零
0	0	1	B 减 A
0	1	0	A 减 B
0	1	1	A 加 B
1	0	0	$A \oplus B$
1	0	1	A、B 相或
1	1	0	A、B 相与
1	1	1	预置

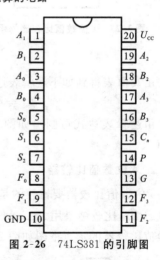

图 2-26 74LS381 的引脚图

算术逻辑单元可以对运算数据输入端 $A_3 \sim A_0$ 和 $B_3 \sim B_0$ 输入的两个 4 位数据 A 和 B 进行六种算术运算或逻辑运算,并有清零和预置功能。所谓清零是使各数据输出端 $F_3 \sim F_0$ 的状态为 0,预置是使数据输出端处于预定的状态。功能选择输入信号 $S_2 \sim S_0$ 选择用于对八种不同的运算功能进行选择。$F_3 \sim F_0$ 是运算输出端,进行算术运算时,$F_3 \sim F_0$ 端输出二进制数。进行逻辑运算时,则输出含一定意义的代码。进行预置操作时,预定的状态从 $A_3 \sim A_0$ 端输入。G 是进位输出端(低电平有效),P 是进位传输输出端(低电平有效),C_n 是进位输入端,它们用于多个芯片的并行进位连接。

2.5 数值比较器

比较既是一个十分重要的概念,又是一种最基本的操作。人只能在比较中识别事物,计算机只能在比较中鉴别数据和代码。数值比较器就是对两数 A、B 进行比较,以判断其大小的逻辑电路。在数字电路中,数值比较器的输入是要进行比较的二进制数,输出是比较的结果,有"大于""等于"和"小于"三种情况。

2.5.1 数值比较器的设计

1. 1 位数值比较器

1 位数值比较器的输入信号是两个要进行比较的 1 位二进制数。现用 A、B 表示输入信号,用 $F_{A>B}$、$F_{A=B}$、$F_{A<B}$ 表示输出信号。约定当 $A>B$ 时,$F_{A>B}=1$;当 $A=B$ 时,$F_{A=B}=1$;当 $A<B$ 时,$F_{A<B}=1$。1 位数值比较器的示意框图如图 2-27 所示。

根据比较的概念和输出信号的状态赋值,可列出如表 2-9 所示的真值表。

图 2-27 1 位数值比较器的示意框图

表 2-9 1 位数值比较器的真值表

输	入	输		出
A	B	$F_{A>B}$	$F_{A<B}$	$F_{A=B}$
0	0	0	0	1
0	1	0	1	0
1	0	1	0	0
1	1	0	0	1

由真值表得到如下逻辑表达式:
$$F_{A>B}=A\bar{B}, \quad F_{A<B}=\bar{A}B, \quad F_{A=B}=\bar{A}\bar{B}+AB$$

由逻辑表达式可画出如图 2-28 所示的逻辑图。实际应用中,可根据具体情况选用逻辑门。

2. 4 位数值比较器

4 位数值比较器要比较的是两个 4 位二进制数,设待比较的两个数 $A=A_3A_2A_1A_0$、$B=B_3B_2B_1B_0$,比较结果用 L、G、M 表示,且 $A>B$ 时,$L=1$;$A=B$ 时,$G=1$;$A<B$ 时,$M=1$。4 位数值比较器的示意框图如图 2-29 所示。

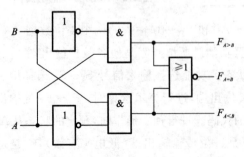

图 2-28 1 位数值比较器的逻辑图

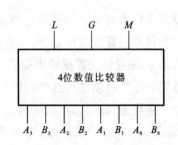

图 2-29 4 位数值比较器的示意框图

从最高位开始比较,依次逐位进行,直到比较出结果为止。

(1) 若 $A_3>B_3$,则 $A>B$,$L=1$,$G=M=0$。

(2) 当 $A_3=B_3$,即 $G_3=1$ 时,若 $A_2>B_2$,则 $A>B$,$L=1$,$G=M=0$。

(3) 当 $A_3=B_3$,$A_2=B_2$,即 $G_3=G_2=1$ 时,若 $A_1>B_1$,则 $A>B$,$L=1$,$G=M=0$。

(4) 当 $A_3=B_3$,$A_2=B_2$,$A_1=B_1$,即 $G_3=G_2=G_1=1$ 时,若 $A_0>B_0$,则 $A>B$,$L=1$,$G=M=0$。

对 $A>B$,即 $L=1$,上述四种情况是或的逻辑关系。

(5) 只有当 $A_3=B_3$,$A_2=B_2$,$A_1=B_1$,$A_0=B_0$,即 $G_3=G_2=G_1=G_0=1$ 时,才有 $A=B$,即 $G=1$,G_3、G_2、G_1、G_0 是与的逻辑关系。

(6) 如果 A 不大于 B 也不等于 B,即 $L=G=0$,则 A 必然小于 B,即 $M=1$。

由比较过程可以看出,当高位不相等时,无须比较低位,两个数的比较结果就是高位的比较结果。当高位相等时,两数的比较结果由低位比较的结果决定。根据上面介绍的比较方法和对输出、输入之间因果关系的分析,可以直接写出 L、G、M 的逻辑表达式:

$$M=M_3+G_3M_2+G_3G_2M_1+G_3G_2G_1M_0$$

$$G=G_3G_2G_1G_0,\quad L=\overline{\overline{M}\,\overline{G}}=\overline{M+G}$$

变换表达式可方便地画出 4 位数值比较器的逻辑图,如图 2-30 所示。

$$M=\overline{\overline{M_3+G_3M_2+G_3G_2M_1+G_3G_2G_1M_0}}=\overline{\overline{M_3}\,\overline{G_3M_2}\,\overline{G_3G_2M_1}\,\overline{G_3G_2G_1M_0}}$$

$$=\overline{\overline{M_3}(\overline{G_3}+\overline{M_2})(\overline{G_3}+\overline{G_2}+\overline{M_1})(\overline{G_3}+\overline{G_2}+\overline{G_1}+\overline{M_0})}$$

$$G=\overline{\overline{G_3G_2G_1G_0}}=\overline{\overline{G_3}+\overline{G_2}+\overline{G_1}+\overline{G_0}}$$

$$L=\overline{M+G}$$

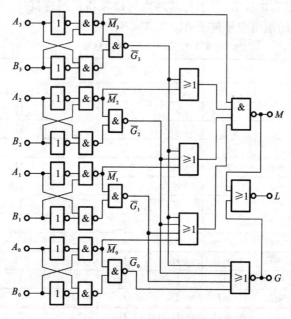

图 2-30 4 位数值比较器的逻辑图

2.5.2 集成数值比较器

把实现数值比较功能的电路集成在一个芯片上,便构成了集成数值比较器。常用的集成数值比较器有 CMOS 和 TTL 的产品。比较典型的集成数值比较器是 74LS85、74LS682、CC14585。这里主要介绍 74LS85。

1. 集成数值比较器 74LS85 的功能

集成数值比较器 74LS85 是采用并行比较结构的 4 位二进制数比较器。它的逻辑符号如图 2-31 所示。

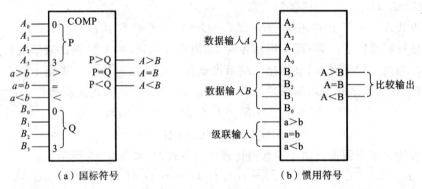

(a) 国标符号　　　　　　　　　(b) 惯用符号

图 2-31　74LS85 的逻辑符号

74LS85 的功能如表 2-10 所示。功能表中的输入变量包括两个 4 位二进制数 $A_3A_2A_1A_0$ 与 $B_3B_2B_1B_0$ 以及级联输入 $a>b$、$a<b$、$a=b$,其中 $a>b$、$a<b$、$a=b$ 是低位数的比较结果,由级联低位芯片送来,用于与其他数值比较器扩展连接,以便组成位数更多的数值比较器。功能表中的输出变量包括 $A>B$、$A<B$、$A=B$。

表 2-10　74LS85 的功能表

比较输入				级联输入			比较输出		
A_3B_3	A_2B_2	A_1B_1	A_0B_0	$a>b$	$a<b$	$a=b$	$A>B$	$A<B$	$A=B$
$A_3>B_3$	×	×	×	×	×	×	H	L	L
$A_3=B_3$	$A_2>B_2$	×	×	×	×	×	H	L	L
$A_3=B_3$	$A_2=B_2$	$A_1>B_1$	×	×	×	×	H	L	L
$A_3=B_3$	$A_2=B_2$	$A_1=B_1$	$A_0>B_0$	×	×	×	H	L	L
$A_3<B_3$	×	×	×	×	×	×	L	H	L
$A_3=B_3$	$A_2<B_2$	×	×	×	×	×	L	H	L
$A_3=B_3$	$A_2=B_2$	$A_1<B_1$	×	×	×	×	L	H	L
$A_3=B_3$	$A_2=B_2$	$A_1=B_1$	$A_0<B_0$	×	×	×	L	H	L
$A_3=B_3$	$A_2=B_2$	$A_1=B_1$	$A_0=B_0$	H	L	L	H	L	L
$A_3=B_3$	$A_2=B_2$	$A_1=B_1$	$A_0=B_0$	L	H	L	L	H	L
$A_3=B_3$	$A_2=B_2$	$A_1=B_1$	$A_0=B_0$	L	L	H	L	L	H
$A_3=B_3$	$A_2=B_2$	$A_1=B_1$	$A_0=B_0$	H	H	L	L	L	L
$A_3=B_3$	$A_2=B_2$	$A_1=B_1$	$A_0=B_0$	L	L	L	H	H	L

从功能表可以看出,74LS85 的两个 4 位数比较是从 A 的最高位 A_3 和 B 的最高位 B_3 开始进行比较的。如果它们不相等,则该位的比较结果可以作为两数的比较结果。若最高位 $A_3 = B_3$,则再比较次高位 A_2 和 B_2,如此类推。显然,如果两数相等,那么,比较步骤必须进行到最低位才能得到结果。若 74LS85 仅对 4 位数进行比较,则应该令级联输入端 a>b 为 0、级联输入端 a<b 为 0、级联输入端 a=b 为 1。

2. 数值比较器 74LS85 的扩展与应用

例 2-12 用两片 74LS85 扩展构成 8 位数值比较器,画出逻辑图。

解 利用 74LS85 的级联输入和比较输出可以方便地实现比较器规模的扩展。根据题意,用两片 74LS85 构成的 8 位数值比较器如图 2-32 所示。对于两个 8 位数,若高 4 位相同,它们的大小则由低 4 位比较器的比较结果确定。因此,低 4 位的比较结果应作为高 4 位的条件,即低 4 位比较器的输出端应分别与高 4 位比较器的级联输入端连接。低 4 位数值比较器 74LS85-L 的比较输出端 A>B、A<B、A=B 分别接高 4 位数值比较器 74LS85-H 的级联输入端 a>b、a<b、a=b,74LS85-L 的级联输入端 a>b、a<b、a=b 分别接 0、0、1,74LS85-H 的比较输出端 A>B、A<B、A=B 为 8 位数值比较器的比较输出端。

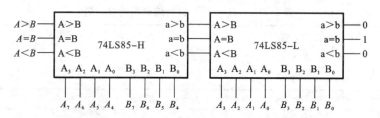

图 2-32 两片 74LS85 构成的 8 位数值比较器的逻辑图

例 2-13 用 74LS85 设计 4 位二进制数的判别电路。当输入二进制数 $A_3A_2A_1A_0 < 1011\,B$ 时,判别电路输出 Y 为 1,否则输出 Y 为 0。

解 将输入二进制数 $A_3A_2A_1A_0$ 与 $1011\,B$ 进行比较,即将 74LS85 的 A 输入端接 $A_3A_2A_1A_0$,B 输入端接 $1011\,B$,当输入二进制数 $A_3A_2A_1A_0 < 1011\,B$ 时,比较器 A<B 端输出为 1。因此,可用 A<B 端作为判别电路的输出 Y,逻辑电路如图 2-33 所示。

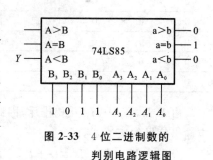

图 2-33 4 位二进制数的判别电路逻辑图

2.6 编 码 器

一般来说,用文字、符号或者数字表示特定对象的过程都可以称为编码。日常生活中就经常遇到编码问题。例如,孩子出生时家长给取名字,开运动会时给运动员编号等,都是编码。不过给孩子取名字用的是汉字,运动员编号用的是十进制数,而汉字、十进制数用电路实现比较困难,所以在数字电路中不用它们编码,而是用二进制数进行编码,相应的二进制数称为二进制代码。编码器就是实现编码操作的电路。

2.6.1 编码器的工作原理

按照被编码信号的特点和要求,编码器分为二进制编码器、二-十进制编码器、优先编码器等。

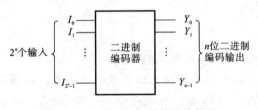

图 2-34 二进制编码器的结构框图

1. 二进制编码器

用 n 位二进制代码对 $N=2^n$ 个信号进行编码的电路称为二进制编码器。图 2-34 所示的为二进制编码器的结构框图。下面以 8 线-3 线普通编码器为例,介绍二进制编码器的工作原理。

8 线-3 线普通编码器的输入是 8 个需要进行编码的信号,用 $I_0 \sim I_7$ 表示,输出是用来进行编码的 3 位二进制代码(用 Y_0、Y_1、Y_2 表示),所以又称 3 位二进制编码器。编码器在任何时刻只能对一个输入信号进行编码,即不允许有两个和两个以上输入信号同时存在的情况出现,也就是说,$I_0,I_1,\cdots,I_7$ 是一组互相排斥的变量,其真值表如表 2-11 所示。

表 2-11 8 线-3 线二进制编码器的真值表

输 入								输 出		
I_0	I_1	I_2	I_3	I_4	I_5	I_6	I_7	Y_2	Y_1	Y_0
1	0	0	0	0	0	0	0	0	0	0
0	1	0	0	0	0	0	0	0	0	1
0	0	1	0	0	0	0	0	0	1	0
0	0	0	1	0	0	0	0	0	1	1
0	0	0	0	1	0	0	0	1	0	0
0	0	0	0	0	1	0	0	1	0	1
0	0	0	0	0	0	1	0	1	1	0
0	0	0	0	0	0	0	1	1	1	1

由于 $I_0,I_1,\cdots,I_7$ 互相排斥,因此只需要将使函数值为 1 的变量加起来,便可以得到相应输出信号的表达式,即

$$Y_2=I_4+I_5+I_6+I_7, \quad Y_1=I_2+I_3+I_6+I_7, \quad Y_0=I_1+I_3+I_5+I_7$$

根据上述表达式可直接画出逻辑图,如图 2-35 所示。由于编码器各个输出信号逻辑表达式的基本形式是有关输入信号的或运算,因此其逻辑图是由或门组成的阵列,这也是编码器基本电路结构的一个显著特点。在图 2-35 中,I_0 的编码是隐含着的,即 $I_1 \sim I_7$ 均为无效状态时,编码器的输出就是 I_0 的编码。

表 2-11 对应的编码器为高电平输入有效,当然,编码器也可以设计为低电平有效。

2. 二-十进制编码器(10 线-4 线编码器)

能实现二-十进制编码的电路称为二-十进制编码器,其工作原理与二进制编码器的并无本质区别,现以最常用的 8421BCD 码编码器为例作简要说明。

表 2-12 所示是 8421BCD 码的编码表,输入是需要进行编码的十进制数的 10 个数字

$I_0 \sim I_9$,输出是相应的二进制代码 $Y_3 Y_2 Y_1 Y_0$。

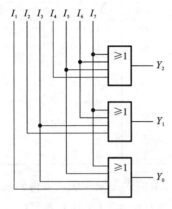

图 2-35 8 线-3 线二进制编码器的逻辑图

表 2-12 8421BCD 码的编码表

输入 \ 输出	Y_3	Y_2	Y_1	Y_0
I_0	0	0	0	0
I_1	0	0	0	1
I_2	0	0	1	0
I_3	0	0	1	1
I_4	0	1	0	0
I_5	0	1	0	1
I_6	0	1	1	0
I_7	0	1	1	1
I_8	1	0	0	0
I_9	1	0	0	1

由于表 2-12 中 $I_0 \sim I_9$ 是一组相互排斥的变量,故可以直接写出每一个输出信号的表达式为

$Y_3 = I_8 + I_9$, $Y_2 = I_4 + I_5 + I_6 + I_7$
$Y_1 = I_2 + I_3 + I_6 + I_7$, $Y_0 = I_1 + I_3 + I_5 + I_7 + I_9$

根据上述逻辑表达式可以画出 8421BCD 码编码器,如图 2-36 所示。由于表达式与"0"输入 I_0 无关,因此 8421BCD 编码器可以省去 I_0 输入线。当所有输入均无效(为 0)时,就表示输入为十进制数 0,编码器输出为 0000。

3. 优先编码器

对于前面讲的编码器,其输入信号都是互相排斥的,在优先编码器中则不同,允许几个信号同时输入,但是电路只对其中优先级别最高的进行编码,不理睬级别低的信号,或者说级别低的信号不起作用,这样的电路称为优先编码器。也就是说,在优先编码器中是优先级别高的信号排斥级别低的信号,即优先编码器具有单方面排斥的特性。至于优先级别的高低,则完全是由设计人员根据各个输入信号轻重缓急情况来决定的。

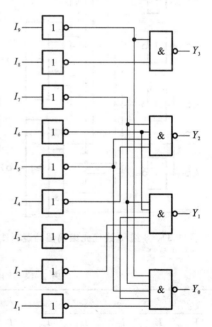

图 2-36 8421BCD 码编码器

1) 8 线-3 线优先编码器

在 8 线-3 线普通编码器中,假定 I_7 优先级别最高,I_6 次之,依此类推,I_0 最低,并分别用 $Y_2 Y_1 Y_0$ 取值为 000,001,…,111 表示 $I_0, I_1, …, I_7$。设高电平输入有效,根据优先级别高的输入信号排斥低的特点,可列出 8 线-3 线优先编码器的优先编码表如表 2-13 所示。优先编码表中"×"号的意思是被排斥,也就是说,有优先级别高的信号存在时,级别低的输入信号无论是 0 还是 1 都对电路输出无影响。

表 2-13 8 线-3 线优先编码器的优先编码表

输			入					输	出	
I_7	I_6	I_5	I_4	I_3	I_2	I_1	I_0	Y_2	Y_1	Y_0
1	×	×	×	×	×	×	×	1	1	1
0	1	×	×	×	×	×	×	1	1	0
0	0	1	×	×	×	×	×	1	0	1
0	0	0	1	×	×	×	×	1	0	0
0	0	0	0	1	×	×	×	0	1	1
0	0	0	0	0	1	×	×	0	1	0
0	0	0	0	0	0	1	×	0	0	1
0	0	0	0	0	0	0	1	0	0	0

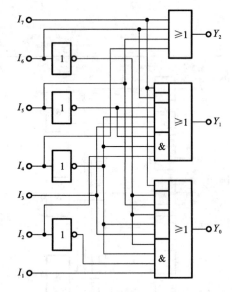

图 2-37 8 线-3 线优先编码器的逻辑图

由表 2-13 所示的优先编码表可以得到表达式

$Y_2 = I_7 + \overline{I_7}I_6 + \overline{I_7}\,\overline{I_6}I_5 + \overline{I_7}\,\overline{I_6}\,\overline{I_5}I_4$

$\quad = I_7 + I_6 + I_5 + I_4$

$Y_1 = I_7 + \overline{I_7}I_6 + \overline{I_7}\,\overline{I_6}\,\overline{I_5}\,\overline{I_4}I_3 + \overline{I_7}\,\overline{I_6}\,\overline{I_5}\,\overline{I_4}\,\overline{I_3}I_2$

$\quad = I_7 + I_6 + \overline{I_5}\,\overline{I_4}I_3 + \overline{I_5}\,\overline{I_4}I_2$

$Y_0 = I_7 + \overline{I_7}\,\overline{I_6}I_5 + \overline{I_7}\,\overline{I_6}\,\overline{I_5}\,\overline{I_4}I_3 + \overline{I_7}\,\overline{I_6}\,\overline{I_5}\,\overline{I_4}\,\overline{I_3}\,\overline{I_2}I_1$

$\quad = I_7 + \overline{I_6}I_5 + \overline{I_6}\,\overline{I_4}I_3 + \overline{I_6}\,\overline{I_4}\,\overline{I_2}I_1$

根据上述表达式即可画出如图 2-37 所示的逻辑图。在图 2-37 中,I_0 的编码也是隐含的。当 $I_0 \sim I_7$ 均为 0 时,电路的输出就是 I_0 的编码。

2) 8421BCD 优先编码器

在 8421BCD 码普通编码器中,假设 I_9 优先级别最高,I_8 次之,I_0 最低。根据优先级别高的输入信号排斥低的输入信号的特点,即可列出 8421BCD 优先编码器的优先编码表如表 2-14 所示。

表 2-14 8421BCD 优先编码器的优先编码表

输					入					输		出	
I_9	I_8	I_7	I_6	I_5	I_4	I_3	I_2	I_1	I_0	Y_3	Y_2	Y_1	Y_0
1	×	×	×	×	×	×	×	×	×	1	0	0	1
0	1	×	×	×	×	×	×	×	×	1	0	0	0
0	0	1	×	×	×	×	×	×	×	0	1	1	1
0	0	0	1	×	×	×	×	×	×	0	1	1	0
0	0	0	0	1	×	×	×	×	×	0	1	0	1
0	0	0	0	0	1	×	×	×	×	0	1	0	0
0	0	0	0	0	0	1	×	×	×	0	0	1	1
0	0	0	0	0	0	0	1	×	×	0	0	1	0
0	0	0	0	0	0	0	0	1	×	0	0	0	1
0	0	0	0	0	0	0	0	0	1	0	0	0	0

由表 2-14 的优先编码表可以得到表达式

$$Y_3 = I_9 + \overline{I_9}I_8 = I_9 + I_8$$

$$Y_2 = \overline{I_9}\,\overline{I_8}\,I_7 + \overline{I_9}\,\overline{I_8}\,\overline{I_7}\,I_6 + \overline{I_9}\,\overline{I_8}\,\overline{I_7}\,\overline{I_6}\,I_5 + \overline{I_9}\,\overline{I_8}\,\overline{I_7}\,\overline{I_6}\,\overline{I_5}\,I_4$$

$$= \overline{I_9}\,\overline{I_8}\,I_7 + \overline{I_9}\,\overline{I_8}\,I_6 + \overline{I_9}\,\overline{I_8}\,I_5 + \overline{I_9}\,\overline{I_8}\,I_4$$

$$Y_1 = \overline{I_9}\,\overline{I_8}\,I_7 + \overline{I_9}\,\overline{I_8}\,\overline{I_7}\,I_6 + \overline{I_9}\,\overline{I_8}\,\overline{I_7}\,\overline{I_6}\,\overline{I_5}\,\overline{I_4}\,I_3 + \overline{I_9}\,\overline{I_8}\,\overline{I_7}\,\overline{I_6}\,\overline{I_5}\,\overline{I_4}\,\overline{I_3}\,I_2$$

$$= \overline{I_9}\,\overline{I_8}\,I_7 + \overline{I_9}\,\overline{I_8}\,I_6 + \overline{I_9}\,\overline{I_8}\,\overline{I_5}\,\overline{I_4}\,I_3 + \overline{I_9}\,\overline{I_8}\,\overline{I_5}\,\overline{I_4}\,I_2$$

$$Y_0 = I_9 + \overline{I_9}\,\overline{I_8}\,I_7 + \overline{I_9}\,\overline{I_8}\,\overline{I_7}\,\overline{I_6}\,I_5 + \overline{I_9}\,\overline{I_8}\,\overline{I_7}\,\overline{I_6}\,\overline{I_5}\,\overline{I_4}\,I_3 + \overline{I_9}\,\overline{I_8}\,\overline{I_7}\,\overline{I_6}\,\overline{I_5}\,\overline{I_4}\,\overline{I_3}\,\overline{I_2}\,I_1$$

$$= I_9 + \overline{I_8}\,I_7 + \overline{I_8}\,\overline{I_6}\,I_5 + \overline{I_8}\,\overline{I_6}\,\overline{I_4}\,I_3 + \overline{I_8}\,\overline{I_6}\,\overline{I_4}\,\overline{I_2}\,I_1$$

根据上述表达式可以看出,I_0 的编码也是隐含的,当 $I_0 \sim I_7$ 均为 0 时,电路的输出就是 I_0 的编码。

2.6.2 集成优先编码器

集成优先编码器有 TTL 和 CMOS 等定型产品,例如,集成的 8 线-3 线优先编码器 74LS148(TTL 型)、CC4532(CMOS 型),集成的 10 线-4 线优先编码器 74LS147、CC40147 等。在这里,仅介绍 74LS148 的功能及其应用。

74LS148 集成优先编码器的逻辑图和引脚图如图 2-38(a)和(b)所示,功能如表 2-15 所示。

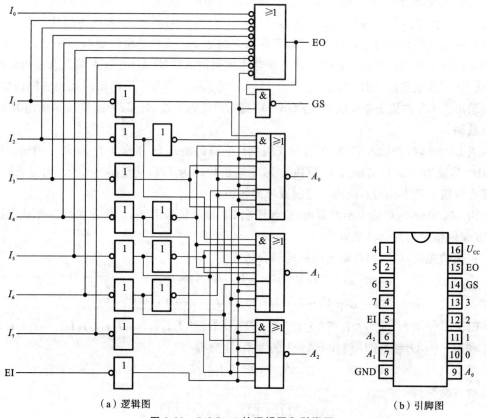

图 2-38 74LS148 的逻辑图和引脚图

表 2-15　74LS148 的功能表

输入									输出				
EI	I_0	I_1	I_2	I_3	I_4	I_5	I_6	I_7	A_2	A_1	A_0	GS	EO
1	×	×	×	×	×	×	×	×	1	1	1	1	1
0	1	1	1	1	1	1	1	1	1	1	1	1	0
0	×	×	×	×	×	×	×	0	0	0	0	0	1
0	×	×	×	×	×	×	0	1	0	0	1	0	1
0	×	×	×	×	×	0	1	1	0	1	0	0	1
0	×	×	×	×	0	1	1	1	0	1	1	0	1
0	×	×	×	0	1	1	1	1	1	0	0	0	1
0	×	×	0	1	1	1	1	1	1	0	1	0	1
0	×	0	1	1	1	1	1	1	1	1	0	0	1
0	0	1	1	1	1	1	1	1	1	1	1	0	1

由功能表和逻辑图得知:74LS148 编码器有 8 个信号输入端,3 个二进制码输出端。此外,电路还设置了输入使能端 EI、输出使能端 EO 和优先编码工作状态标志端 GS,优先级别由高至低分别为 $I_7 \sim I_0$。

当输入使能端 EI＝0,且至少有一个输入端有编码请求信号(逻辑 0)时,优先编码工作状态标志 GS 为 0,编码器处于工作状态;而当 EI＝1 时,不论 8 个输入端为何种状态,3 个二进制码输出端均为高电平,且优先编码工作状态标志端 GS 和输出使能端 EO 均为高电平,编码器则处于非工作状态。在 8 个输入端均无编码请求信号和只有输入端 I_0 有编码请求信号,而 EI 有低电平输入时,$A_2 A_1 A_0$ 均为 111,出现了输入条件不同而输出代码相同的情况,这时输出由 GS 的状态加以区别:若 GS＝1,则输出代码无效;若 GS＝0,则表示输出为 I_0 的有效编码。

当 EI＝0 时,若输入 I_5 为 0,且优先级别比它高的输入 I_6 和输入 I_7 均为 1,则输出代码为 010,其反码为 101;若输入 I_0 单独为 0,则输出代码为 111,其反码为 000。可见,输出代码按有效输入端下标所对应的二进制数反码输出。

由 74LS148 的功能表不难看出,输入使能 EI、输入信号 $I_7 \sim I_0$、优先编码工作状态标志 GS 及编码输出均为低电平有效。

根据功能表,可写出各输出端的逻辑表达式

$$\overline{EO} = \overline{EI} \cdot I_0 I_1 I_2 I_3 I_4 I_5 I_6 I_7$$

$$GS = EI + \overline{EI} \cdot I_0 I_1 I_2 I_3 I_4 I_5 I_6 I_7 = EI + \overline{EO} = \overline{\overline{EI} \cdot EO}$$

$$A_2 = EI + \overline{EI}(\overline{I_0} I_1 I_2 I_3 I_4 I_5 I_6 I_7 + \overline{I_0} I_1 I_2 I_3 I_4 I_5 I_6 I_7 + \overline{I_1} I_2 I_3 I_4 I_5 I_6 I_7 + \overline{I_2} I_3 I_4 I_5 I_6 I_7 + \overline{I_3} I_4 I_5 I_6 I_7)$$

利用 $A + \overline{A}B = A + B$ 和 $A + \overline{A} = 1$ 的关系,化简得

$$A_2 = EI + I_4 I_5 I_6 I_7$$

经过变换得

$$A_2 = \overline{\overline{EI} \overline{I_4} + \overline{EI} \overline{I_5} + \overline{EI} \overline{I_6} + \overline{EI} \overline{I_7}}$$

按上述方法可得出 A_1 和 A_0 的逻辑表达式如下:

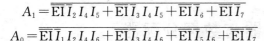

$$A_0 = \overline{\overline{EI}\,\overline{I_1}\,I_2\,I_4\,I_6 + \overline{EI}\,\overline{I_3}\,I_4\,I_6 + \overline{EI}\,\overline{I_5}\,I_6 + \overline{EI}\,\overline{I_7}}$$

根据 A_2、A_1、A_0 的表达式画出的逻辑图与图 2-38 所示的逻辑图是一致的。优先编码器 74LS148 的逻辑符号如图 2-39 所示,图中信号端有圆圈表示该信号低电平有效,无圆圈表示该信号高电平有效。

EO 只有在 EI 为 0,且所有输入都为 1 时,输出为 0,否则,输出为 1。它可与另外一片同样器件的 EI 连接,以便组成多输入端的优先编码器。

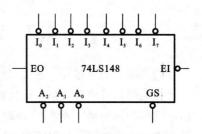

图 2-39 优先编码器 74LS148 的逻辑符号

例 2-14 用两片 74LS148 组成 16 位输入、4 位二进制码输出的优先编码器,逻辑图如图 2-40 所示,试分析其工作原理。

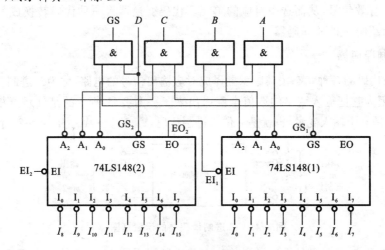

图 2-40 例 2-14 的逻辑图

解 当 $EI_2=1$ 时,$EO_2=1$,从而使 $EI_1=1$,这时 74LS148(1) 和 74LS148(2) 均禁止编码,它们的输出 $A_2A_1A_0$ 都是 111,$GS=GS_1 \cdot GS_2=1$,表示此时整个电路的输出代码无效。

当 $EI_2=0$ 时,高位芯片 74LS148(2) 允许编码,但若 $I_{15} \sim I_8$ 都是高电平,即均无编码请求,则 $EO_2=0$、$GS_2=1$,从而使 $EI_1=0$,允许低位芯片 74LS148(1) 编码。这时高位芯片 74LS148(2) 的 $A_2A_1A_0=111$,使与门 C、B、A 都打开,C、B、A 的状态取决于低位芯片 74LS148(1) 的 $A_2A_1A_0$,而 $D=GS_2=1$,所以输出代码在 1111~1000 变化。如果 I_0 单独有效,输出为 1111;如果 I_7 及任意其他输入同时有效,因 I_7 优先级别最高,则输出为 1000。

当 $EI_2=0$ 且存在有效输入信号(至少一个输入为低电平)时,$EO_2=1$,从而 $EI_1=1$,$GS_1=1$、$GS_2=0$,高位芯片 74LS148(2) 允许编码,低位芯片 74LS148(1) 禁止编码,此时 $D=GS_2=0$,C、B、A 的状态取决于高位芯片 74LS148(2) 的 $A_2A_1A_0$,输出代码在 0111~0000 变化,高位芯片 74LS148(2) 中 I_{15} 的优先级别最高。

整个电路实现了 16 位输入的优先编码,其中 I_{15} 具有最高的优先级别,优先级别从 I_{15} 至 I_0 依次递减。

2.7 译码器与数据分配器

译码是编码的逆过程。在编码时,每一种二进制代码状态都被赋予了特定的含义,即都表示一个确定的信号或者对象。把代码状态的特定含义翻译出来的过程称为译码,实现译码操作的电路称为译码器。或者说,译码器是可以将输入二进制代码的状态翻译成输出信号,以表示其原来含义的电路。根据需要,输出信号可以是脉冲,也可以是高电平或者低电平。

2.7.1 译码器的分析及设计

译码器可分为唯一地址译码器和代码变换器这两种类型。唯一地址译码器将一系列代码转换成与之对应的有效信号,常用于计算机中对存储单元地址的译码,即将每一个地址代码转换成一个有效信号,从而选中对应的单元。代码变换器将一种代码转换成另一种代码。下面将主要介绍唯一地址译码器。

1. 二进制译码器

把二进制代码的各种状态按其原意翻译成对应输出信号的电路,称为二进制译码器,也称变量译码器,因为它把输入变量的取值全翻译出来了。图 2-41 所示的是其示意框图。其中,$I_0, I_1, \cdots, I_{n-1}$ 是 n 个输入变量,也就是 n 位二进制代码,$Y_0, Y_1, \cdots, Y_{m-1}$ 是 $m=2^n$ 个输出信号。

图 2-41 二进制译码器的示意框图

严格来讲,不知道编码是无法译码的。在二进制译码器中,一般情况下都把输入的二进制代码状态当成二进制数,输出信号的下标就是该二进制数对应十进制数的数值。下面以 3 位二进制译码器为例,分析译码器的工作原理和电路特点。

表 2-16 所示的是 3 位二进制译码器的真值表,输入是 3 位二进制代码 $A_2A_1A_0$,输出是其状态译码 $Y_0 \sim Y_7$,输出信号高电平有效。

表 2-16 3 位二进制译码器的真值表

输		入				输	出			
A_2	A_1	A_0	Y_7	Y_6	Y_5	Y_4	Y_3	Y_2	Y_1	Y_0
0	0	0	0	0	0	0	0	0	0	1
0	0	1	0	0	0	0	0	0	1	0
0	1	0	0	0	0	0	0	1	0	0
0	1	1	0	0	0	0	1	0	0	0
1	0	0	0	0	0	1	0	0	0	0
1	0	1	0	0	1	0	0	0	0	0
1	1	0	0	1	0	0	0	0	0	0
1	1	1	1	0	0	0	0	0	0	0

由表 2-16 所示真值表可得到如下表达式：

$Y_0=\overline{A_2}\,\overline{A_1}\,\overline{A_0}$, $Y_1=\overline{A_2}\,\overline{A_1}A_0$, $Y_2=\overline{A_2}A_1\,\overline{A_0}$, $Y_3=\overline{A_2}A_1A_0$

$Y_4=A_2\,\overline{A_1}\,\overline{A_0}$, $Y_5=A_2\,\overline{A_1}A_0$, $Y_6=A_2A_1\,\overline{A_0}$, $Y_7=A_2A_1A_0$

根据上述逻辑表达式可以画出逻辑图，如图 2-42 所示。

由于译码器各个输出信号逻辑表达式的基本形式是有关输入信号的与运算，因此它的逻辑图是由与门组成的阵列，这也是译码器基本电路结构的一个显著特点。3 位二进制译码器有 3 根输入代码线、8 根输出信号线，故又称 3 线-8 线译码器。

由对 3 位二进制译码器的分析可知，二进制译码器是全译码的电路，它把每一种输入二进制代码状态都进行了翻译。如果把输入信号当成逻辑变量，输出信号当成逻辑函数，那么每一个输出信号就是输入变量的一个最小项，所以二进制译码器在其输出端提供了输入变量的全部最小项。二进制译码器的基本电路是由与门组成的阵列，如果要求输出为反变量，即低电平有效，则只需将与门阵列换成与非门阵列，集成二进制译码器采用的电路结构就是与非门阵列形式。

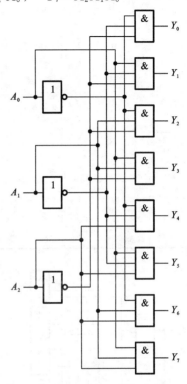

图 2-42 3 位二进制译码器的逻辑图

2. 二-十进制译码器

将十进制数的二进制编码即 BCD 码翻译成对应的 10 个输出信号的电路，称为二-十进制译码器。因为在一般情况下，BCD 码都是由 4 位二进制代码组成的，形成 4 个输入信号，故常把二-十进制译码器称为 4 线-10 线译码器。现以最常用的将 8421BCD 码译成十进制数的二-十进制译码器（8421BCD 译码器）为例来进行简要说明。

在 8421BCD 码中，0000 的含义是 0，也即表示的是 0，0001 表示的是 1，依此类推，1001 表示的是 9，据此便可以列出 8421BCD 译码器的真值表。输出高电平有效的 8421BCD 译码器的真值表如表 2-17 所示。在该真值表中，$A_3A_2A_1A_0$ 表示输入的 4 位二进制代码，$Y_0\sim Y_9$ 表示 10 个输出信号 0~9。代码 1010~1111 等六种取值没有使用，在正常情况下它们不会在译码器输入端出现，并称之为伪码，相应地，在译码器各个输出信号处均记上"×"号，求 $Y_0\sim Y_9$ 的最简与或表达式时，可当成约束项处理。

表 2-17 输出高电平有效的 8421BCD 译码器的真值表

输		入		输				出					
A_3	A_2	A_1	A_0	Y_0	Y_1	Y_2	Y_3	Y_4	Y_5	Y_6	Y_7	Y_8	Y_9
0	0	0	0	1	0	0	0	0	0	0	0	0	0
0	0	0	1	0	1	0	0	0	0	0	0	0	0
0	0	1	0	0	0	1	0	0	0	0	0	0	0

续表

输入				输出									
A_3	A_2	A_1	A_0	Y_0	Y_1	Y_2	Y_3	Y_4	Y_5	Y_6	Y_7	Y_8	Y_9
0	0	1	1	0	0	0	1	0	0	0	0	0	0
0	1	0	0	0	0	0	0	1	0	0	0	0	0
0	1	0	1	0	0	0	0	0	1	0	0	0	0
0	1	1	0	0	0	0	0	0	0	1	0	0	0
0	1	1	1	0	0	0	0	0	0	0	1	0	0
1	0	0	0	0	0	0	0	0	0	0	0	1	0
1	0	0	1	0	0	0	0	0	0	0	0	0	1
1	0	1	0	×	×	×	×	×	×	×	×	×	×
1	0	1	1	×	×	×	×	×	×	×	×	×	×
1	1	0	0	×	×	×	×	×	×	×	×	×	×
1	1	0	1	×	×	×	×	×	×	×	×	×	×
1	1	1	0	×	×	×	×	×	×	×	×	×	×
1	1	1	1	×	×	×	×	×	×	×	×	×	×

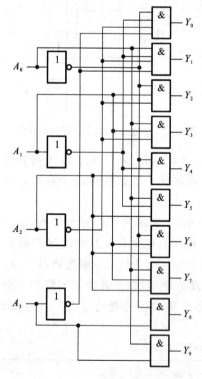

图 2-43 8421BCD 译码器的逻辑图

利用卡诺图化简法，充分利用约束项，便可以得到下列各表达式：

$Y_0 = \overline{A_3}\,\overline{A_2}\,\overline{A_1}\,\overline{A_0}$， $Y_1 = \overline{A_3}\,\overline{A_2}\,\overline{A_1}A_0$， $Y_2 = \overline{A_2}A_1\,\overline{A_0}$

$Y_3 = \overline{A_2}A_1A_0$， $Y_4 = A_2\,\overline{A_1}\,\overline{A_0}$

$Y_5 = A_2\,\overline{A_1}A_0$， $Y_6 = A_2A_1\,\overline{A_0}$

$Y_7 = A_2A_1A_0$， $Y_8 = A_3\,\overline{A_0}$， $Y_9 = A_3A_0$

根据上述表达式便可画出 8421BCD 译码器的逻辑图，如图 2-43 所示。

如果要输出为反变量，即为低电平有效，则只需将图 2-43 所示电路中的与门换成与非门即可。

2.7.2 集成译码器

集成二进制译码器产品有双 2 线-4 线译码器（74LS139、CE10172、CC4555 等）、3 线-8 线集成译码器（74LS138、CE10161、CC74HC138 等）和 4 线-16 线集成译码器（74154、CC4515、CC74HC154 等）。集成二-十进制译码器产品有 74LS145、7442 等。集成显示译码器产品有 74LS48、74HC4511 等。在这里，仅介绍几种常用的集成译码器。

1. 3 线-8 线集成译码器 74LS138

译码器 74LS138 的逻辑图、引脚图和逻辑符号如图 2-44 所示，功能表如表 2-18 所示。该译码器除了有 3 个输入端 A、B、C，8 个输出端 $Y_0 \sim Y_7$ 外，还有 3 个使能输入端 G_1、G_{2A} 和 G_{2B}。

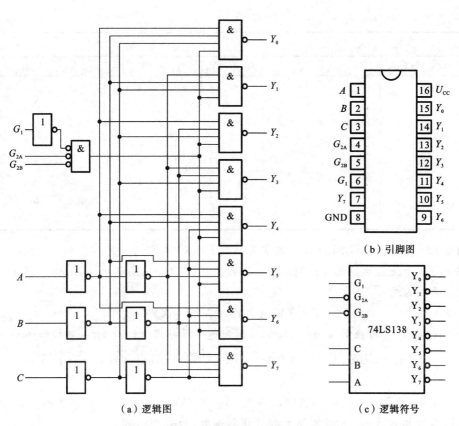

图 2-44 74LS138 的逻辑图、引脚图和逻辑符号

表 2-18 74LS138 的功能表

输入						输出							
G_1	G_{2A}	G_{2B}	C	B	A	Y_0	Y_1	Y_2	Y_3	Y_4	Y_5	Y_6	Y_7
×	1	×	×	×	×	1	1	1	1	1	1	1	1
×	×	1	×	×	×	1	1	1	1	1	1	1	1
0	×	×	×	×	×	1	1	1	1	1	1	1	1

由 74LS138 的逻辑图和功能表均可得到其输出表达式如下：

$Y_0 = \overline{G_1 \overline{G_{2A}} \overline{G_{2B}} \overline{C}\overline{B}\overline{A}}$, $Y_1 = \overline{G_1 \overline{G_{2A}} \overline{G_{2B}} \overline{C}\overline{B}A}$, $Y_2 = \overline{G_1 \overline{G_{2A}} \overline{G_{2B}} \overline{C}B\overline{A}}$, $Y_3 = \overline{G_1 \overline{G_{2A}} \overline{G_{2B}} \overline{C}BA}$

$Y_4 = \overline{G_1 \overline{G_{2A}} \overline{G_{2B}} C\overline{B}\overline{A}}$, $Y_5 = \overline{G_1 \overline{G_{2A}} \overline{G_{2B}} C\overline{B}A}$, $Y_6 = \overline{G_1 \overline{G_{2A}} \overline{G_{2B}} CB\overline{A}}$, $Y_7 = \overline{G_1 \overline{G_{2A}} \overline{G_{2B}} CBA}$

从 74LS138 的功能表可以看出，当 G_1 为 1，且 G_{2A} 和 G_{2B} 均为 0 时，译码器处于工作状态，此时，输入代码对应的输出端为 0，其余输出端为 1，即 3 个使能输入端 G_1 高电平有效，G_{2A} 和 G_{2B} 低电平有效，译码输出端低电平有效。74LS138 的逻辑符号如图 2-44(c)所示，图中信号端有圆圈表示该信号低电平有效，无圆圈表示该信号高电平有效。

当 74LS138 的 3 个使能输入端均有效时，输出表达式可标示为 $Y_i = \overline{m_i}(i=0,\cdots,7)$，故一个 74LS138 译码器能产生三变量函数的全部最小项。利用这一点能够方便地实现三变量逻辑函数。

续表

输入						输出							
G_1	G_{2A}	G_{2B}	C	B	A	Y_0	Y_1	Y_2	Y_3	Y_4	Y_5	Y_6	Y_7
1	0	0	0	0	0	0	1	1	1	1	1	1	1
1	0	0	0	0	1	1	0	1	1	1	1	1	1
1	0	0	0	1	0	1	1	0	1	1	1	1	1
1	0	0	0	1	1	1	1	1	0	1	1	1	1
1	0	0	1	0	0	1	1	1	1	0	1	1	1
1	0	0	1	0	1	1	1	1	1	1	0	1	1
1	0	0	1	1	0	1	1	1	1	1	1	0	1
1	0	0	1	1	1	1	1	1	1	1	1	1	0

例 2-15 用一片 74LS138 译码器实现函数 $F = XYZ + \overline{X}Y + XY\overline{Z}$。

解 将 3 个使能端按允许译码的条件进行处理,即 G_1 接高电平,G_{2A} 和 G_{2B} 接地。函数 F 的最小项表达式为

$$F = XYZ + \overline{X}Y\overline{Z} + \overline{X}YZ + XY\overline{Z}$$

将输入变量 X、Y、Z 对应变换为 C、B、A,并利用德·摩根定律进行变换,可得到

$$F = CBA + \overline{C}B\overline{A} + \overline{C}BA + CB\overline{A} = \overline{\overline{CBA} \cdot \overline{\overline{C}B\overline{A}} \cdot \overline{\overline{C}BA} \cdot \overline{CB\overline{A}}}$$
$$= \overline{Y_7 \cdot Y_2 \cdot Y_3 \cdot Y_6}$$

由上可知,将 74LS138 译码器输出端 Y_2、Y_3、Y_6、Y_7 接入一个与非门,输入端 C、B、A 分别接入输入信号 X、Y、Z,即可实现 F 组合逻辑函数,如图 2-45 所示。

例 2-16 用 74LS138 译码器实现 1 位减法器。

解 1 位减法器能进行被减数 A_i 与减数 B_i 和低位来的借位信号 C_i 相减,并根据运算得到差 D_i 和该位向高位的借位信号 C_{i+1}。设计过程如下。

(1) 根据 1 位减法器的功能,列出真值表,如表 2-19 所示。

(2) 根据真值表写出最小项表达式并进行转换。

$$D_i = \overline{A_i}\,\overline{B_i}C_i + \overline{A_i}B_i\overline{C_i} + A_i\overline{B_i}\,\overline{C_i} + A_iB_iC_i = \overline{\overline{A_i}\,\overline{B_i}C_i} \cdot \overline{\overline{A_i}B_i\overline{C_i}} \cdot \overline{A_i\overline{B_i}\,\overline{C_i}} \cdot \overline{A_iB_iC_i}$$
$$= \overline{Y_1 \cdot Y_2 \cdot Y_4 \cdot Y_7}$$

$$C_{i+1} = \overline{A_i}\,\overline{B_i}C_i + \overline{A_i}B_i\overline{C_i} + \overline{A_i}B_iC_i + A_iB_iC_i = \overline{Y_1 \cdot Y_2 \cdot Y_3 \cdot Y_7}$$

(3) 画出 1 位减法器的逻辑图,如图 2-46 所示。

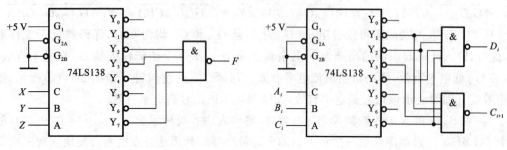

图 2-45 例 2-15 逻辑图　　　　图 2-46 例 2-16 逻辑图

表 2-19 例 2-16 真值表

A_i	B_i	C_i	D_i	C_{i+1}
0	0	0	0	0
0	0	1	1	1
0	1	0	1	1
0	1	1	0	1
1	0	0	1	0
1	0	1	0	0
1	1	0	0	0
1	1	1	1	1

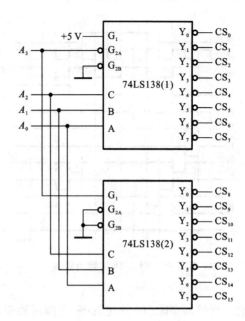

图 2-47 例 2-17 逻辑图

例 2-17 分析图 2-47 中利用两片 74LS138 译码器扩展构成的 4 线-16 线译码器的工作原理。

解 在逻辑图中，输入的 4 位二进制代码是 $A_3A_2A_1A_0$。当高位 $A_3=0$ 时，74LS138(1) 的 $G_1=1,G_{2A}=0,G_{2B}=0$，允许工作；74LS138(2) 的 $G_1=0,G_{2A}=G_{2B}=0$，被禁止。译码范围为 $A_3A_2A_1A_0=0000\sim 0111$，$CS_0\sim CS_7$ 中有一个输出为低电平。

当 $A_3=1$ 时，74LS138(1) 的 $G_1=1,G_{2A}=1,G_{2B}=0$，被禁止；74LS138(2) 的 $G_1=1,G_{2A}=G_{2B}=0$，允许工作。译码范围为 $A_3A_2A_1A_0=1000\sim 1111$，$CS_8\sim CS_{15}$ 中有一个输出为低电平。

从上面的分析知，4 位二进制代码 $A_3A_2A_1A_0$ 在 $0000\sim 1111$ 范围内变化时，$CS_0\sim CS_{15}$ 中有一个输出为低电平，所以该逻辑图所示的为 4 线-16 线译码器。

例 2-18 由 74LS138 译码器组成的电路和输入信号的波形如图 2-48 所示，试画出电路的输出波形。

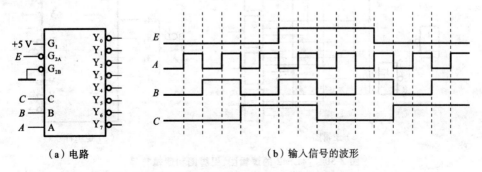

(a) 电路   (b) 输入信号的波形

图 2-48 例 2-18 的电路和输入信号的波形

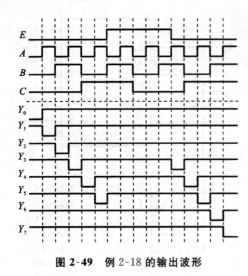

图 2-49 例 2-18 的输出波形

解 在电路中，使能输入 $G_1=1$，使能输入 $G_{2A}=E$，使能输入 $G_{2B}=0$。由 74LS138 的功能表和电路结构可知，其输出表达式如下：

$$Y_0=\overline{\overline{E}\,\overline{C}\,\overline{B}\,\overline{A}}, \quad Y_1=\overline{\overline{E}\,\overline{C}\,\overline{B}A},$$
$$Y_2=\overline{\overline{E}\,\overline{C}B\overline{A}}, \quad Y_3=\overline{\overline{E}\,\overline{C}BA},$$
$$Y_4=\overline{\overline{E}C\overline{B}\,\overline{A}}, \quad Y_5=\overline{\overline{E}C\overline{B}A},$$
$$Y_6=\overline{\overline{E}CB\overline{A}}, \quad Y_7=\overline{\overline{E}CBA}$$

由输出表达式可以得到该电路的输出波形，如图 2-49 所示。

2. 4 线-10 线集成译码器 74LS42

译码器 74LS42 的功能是将 8421BCD 码 0000~1001 转换为对应的十进制代码 0~9 的输出信号。这种译码器有 4 个输入端、10 个输出端。译码器 74LS42 的逻辑图、引脚图和逻辑符号如图 2-50 所示。它的功能表如表 2-20 所示。其输出为低电平有效。

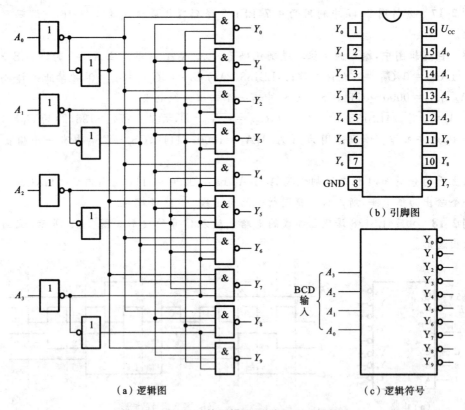

（a）逻辑图　　（b）引脚图　　（c）逻辑符号

图 2-50　74LS42 的逻辑图、引脚图和逻辑符号

表 2-20　74LS42 的功能表

序号	输入				输出									
	A_3	A_2	A_1	A_0	Y_0	Y_1	Y_2	Y_3	Y_4	Y_5	Y_6	Y_7	Y_8	Y_9
0	0	0	0	0	0	1	1	1	1	1	1	1	1	1
1	0	0	0	1	1	0	1	1	1	1	1	1	1	1
2	0	0	1	0	1	1	0	1	1	1	1	1	1	1
3	0	0	1	1	1	1	1	0	1	1	1	1	1	1
4	0	1	0	0	1	1	1	1	0	1	1	1	1	1
5	0	1	0	1	1	1	1	1	1	0	1	1	1	1
6	0	1	1	0	1	1	1	1	1	1	0	1	1	1
7	0	1	1	1	1	1	1	1	1	1	1	0	1	1
8	1	0	0	0	1	1	1	1	1	1	1	1	0	1
9	1	0	0	1	1	1	1	1	1	1	1	1	1	0
伪码	1	0	1	0	1	1	1	1	1	1	1	1	1	1
	1	0	1	1	1	1	1	1	1	1	1	1	1	1
	1	1	0	0	1	1	1	1	1	1	1	1	1	1
	1	1	0	1	1	1	1	1	1	1	1	1	1	1
	1	1	1	0	1	1	1	1	1	1	1	1	1	1
	1	1	1	1	1	1	1	1	1	1	1	1	1	1

由功能表可以看出,译码器是拒绝伪码的,即当输入端出现未使用的代码状态 1010～1111 时,电路不予响应,输出 Y_0～Y_9 为全 1,也就是说均为无效状态。原因在于 Y_0～Y_9 都是最小项表达式,未利用约束项进行化简。

对于输出 Y_0,从逻辑图和功能表都可以得出 $Y_0 = \overline{A_3 A_2 A_1 A_0}$,当 $A_3 A_2 A_1 A_0 = 0000$ 时,输出 $Y_0 = 0$,它对应于十进制数 0,当 $A_3 A_2 A_1 A_0 = 1001$ 时,输出 $Y_9 = \overline{A_3 \overline{A_2} \overline{A_1} A_0} = 0$,它对应于十进制数 9,其余输出依此类推。

3. 集成显示译码器 74LS48

在数字系统和装置中,经常需要把数字、文字和符号等二进制编码,翻译成人们习惯的形式并直观地显示出来,以便于查看和对话。各种工作方式的显示器件对译码器的要求区别很大,而实际工作中又希望显示器和译码器配合使用,甚至直接利用译码器驱动显示器,人们把这种类型的译码器称为显示译码器。而要弄懂显示译码器,对最常用的显示器必须有所了解。

1) 数码显示器

数码显示器按显示方式可分为分段式、点阵式和重叠式,按发光材料可分为半导体显示器、荧光数码显示器、液晶显示器和气体放电显示器。目前工程上应用较多的是分段式半导体显示器,通常称为七段发光二极管显示器。图 2-51 所示的为七段发光二极管显示器共阴极 BS201A 和共阳极 BS201B 的符号和电路图。对共阴极显示器 BS201A 的公共端应接地,给输入端 a～g 加相应的高电平,对应字段的发光二极管显示十进制数;对共阳极显示器

BS201B 的公共端应接+5 V 电源,给输入端 a~g 加相应的低电平,对应字段的发光二极管也显示十进制数。

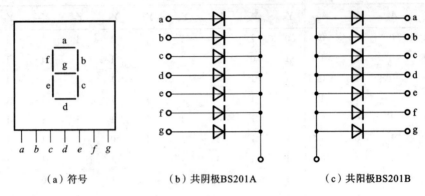

(a) 符号　　　　(b) 共阴极 BS201A　　　　(c) 共阳极 BS201B

图 2-51　七段发光二极管显示器

2) 显示译码器 74LS48/CC4511

驱动共阴极显示器需要输出为高电平有效的显示译码器,而共阳极显示器则需要输出为低电平有效的显示译码器。七段发光二极管显示译码器 74LS48 输出高电平有效,用以驱动共阴极显示器。集成显示译码器 74LS48 的功能表如表 2-21 所示。从 74LS48 的功能表可以看出,对输入代码 0000 的译码条件是:LT 和 RBI 同时等于 1,而对其他输入代码则仅要求 LT=1,这时,译码器各段 a~g 端输出的电平是由输入的 BCD 码决定,并且满足显示字形的要求。该集成显示译码器还设有多个辅助控制端,以增强器件的功能。现对其辅助控制端分别简要说明如下。

表 2-21　集成显示译码器 74LS48 的功能表

十进制或功能	输入						BI/RBO	输入						字形
	LT	RBI	D	C	B	A		a	b	c	d	e	f	g	
0	1	1	0	0	0	0	1	1	1	1	1	1	1	0	0
1	1	×	0	0	0	1	1	0	1	1	0	0	0	0	1
2	1	×	0	0	1	0	1	1	1	0	1	1	0	1	2
3	1	×	0	0	1	1	1	1	1	1	1	0	0	1	3
4	1	×	0	1	0	0	1	0	1	1	0	0	1	1	4
5	1	×	0	1	0	1	1	1	0	1	1	0	1	1	5
6	1	×	0	1	1	0	1	0	0	1	1	1	1	1	6
7	1	×	0	1	1	1	1	1	1	1	0	0	0	0	7
8	1	×	1	0	0	0	1	1	1	1	1	1	1	1	8
9	1	×	1	0	0	1	1	1	1	1	0	0	1	1	9
灭灯	×	×	×	×	×	×	0	0	0	0	0	0	0	0	
动态灭零	1	0	0	0	0	0	0	0	0	0	0	0	0	0	
试灯	0	×	×	×	×	×	1	1	1	1	1	1	1	1	8

(1) 试灯输入 LT。

当 LT 输入为 0 且 BI/RBO 输出为 1 时，无论其他输入端是什么状态，所有各段输出 $a \sim g$ 均为 1，显示字形 8。该输入端常用于检查 74LS48 本身及显示器的好坏。

(2) 动态灭零输入 RBI。

当 LT=1、RBI=0 且输入代码 DCBA=0000 时，各段输出 $a \sim g$ 均为低电平，与输入代码相应的字形 0 熄灭，故称"灭零"。利用 LT=1、RBI=0 可以实现某一位的消隐。

(3) 灭灯输入/动态灭灯输出 BI/RBO。

BI/RBO 是特殊控制端，可作为输入，也可作为输出。当 BI/RBO 作为输入使用，且输入为 0 时，无论其他输入端是什么电平，所有各段输出 $a \sim g$ 均为 0，所以字形熄灭。

当输入满足"灭零"条件，即 LT=1、RBI=0 时，若输入代码 DCBA=0000，则 BI/RBO 输出为 0，否则输出为 1。该端主要用于显示多位数字时，多个译码器之间的连接，消去高位的零。7 个译码器之间的连接如图 2-52 所示。

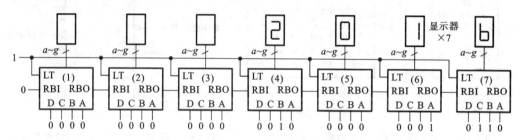

图 2-52 用 74LS48 实现多位数字译码显示

在图 2-52 中，7 位显示器由 7 个译码器 74LS48 驱动。各片 74LS48 的 LT 均接高电平，由于第一片的 RBI=0 且 DCBA=0000，所以第一片满足灭零条件，无字形显示，同时输出端 RBO=0；第一片的 RBO 与第二片的 RBI 相连，使第二片也满足灭零条件，无字形显示，并且输出端 RBO=0；同理，第三片的零也熄灭。由于第四、五、六、七片译码器的输入信号 DCBA≠0000，因此它们都能正常译码，按输入的 BCD 码显示数字。若第一片 74LS48 的输入代码不是 0000，而是任何其他 BCD 码，则该片将正常译码并驱动显示，同时使 RBO=1。这样，第二片、第三片就丧失了灭零条件，所以电路只对最高位灭零，最高位非零的数字仍然正常显示。

CC4511 是与 74LS48 功能相同的七段显示译码器，其逻辑符号如图 2-53 所示。

$\overline{LT}$：试灯端，低电平有效。当其为低电平时，所有笔画全部亮。

$\overline{BL}$：灭灯端，低电平有效。当其为低电平时，不管输入的数据状态如何，其输出全为低电平，即所有笔画熄灭。

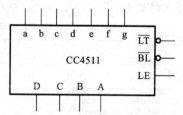

图 2-53 CC4511 的逻辑符号

LE：选通/锁存端，它是一个复用的功能端。当输入为低电平时，其输出与输入的变量有关；当输入为高电平时，其输出仅与该端为高电平前的状态有关，并且输入 DCBA 端不管如何变化，其显示数值保持不变。

DCBA：8421BCD 码输入端，其中 D 位为最高位。

a~g：输出端，为高电平有效，故其输出应与其阴极的数码管相对应。

2.7.3 数据分配器

在数据传送中，有时需要将某一路数据分配到不同的数据通道上。实现这种功能的电路称为数据分配器，也称多路分配器。4 路数据分配器的功能框图和真值表如图 2-54 所示。

输入信号 D 为 1 路数据输入，$D_3 \sim D_0$ 为 4 路数据输出，$A_1 A_0$ 为地址选择码输入。输入数据 D 在地址选择码输入信号 $A_1 A_0$ 控制下，传送到 $D_3 \sim D_0$ 不同数据输出端上。由真值表知，其输出函数表达式分别为 $D_0 = \overline{A_1} \overline{A_0} \cdot D$，$D_1 = \overline{A_1} A_0 \cdot D$，$D_2 = A_1 \overline{A_0} \cdot D$，$D_3 = A_1 A_0 \cdot D$。例如，当 $A_1 A_0 = 01$ 时，输入数据 D 被传送到 D_1 通道上。目前，市场上没有专用的数据分配器器件，实际使用中，用译码器来实现数据分配的功能。

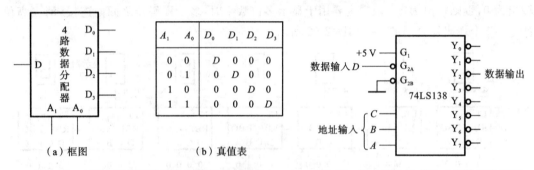

(a) 框图　　　　　　　(b) 真值表

图 2-54　4 路数据分配器的功能框图和真值表　　图 2-55　用 74LS138 作为 8 路数据分配器的逻辑原理图

例 2-19　分析用 74LS138 译码器实现 8 路数据分配器的工作原理。

解　用 74LS138 作为 8 路数据分配器的逻辑原理图如图 2-55 所示。

由图 2-55 可看出，74LS138 的 3 个译码输入 C、B、A 用作数据分配器的地址输入，8 个输出 $Y_0 \sim Y_7$ 用作 8 路数据输出，3 个输入控制端中的 G_{2A} 用作数据输入端，G_{2B} 接地，G_1 接高电平。当地址输入为 $CBA = 010$ 时，输入数据传送至输出端 Y_2，由功能表 2-22 可得

$$Y_2 = \overline{(G_1 \cdot \overline{G_{2A}} \cdot \overline{G_{2B}}) \cdot \overline{C} \cdot B \cdot \overline{A}} = G_{2A}$$

而其余输出端均为高电平。因此，当地址输入 $CBA = 010$ 时，只有输出 Y_2 得到与输入相同的数据波形。

表 2-22　74LS138 译码器作为数据分配器的功能表

输入						输出							
G_1	G_{2B}	G_{2A}	C	B	A	Y_0	Y_1	Y_2	Y_3	Y_4	Y_5	Y_6	Y_7
0	0	×	×	×	×	1	1	1	1	1	1	1	1
1	0	D	0	0	0	D	1	1	1	1	1	1	1
1	0	D	0	0	1	1	D	1	1	1	1	1	1
1	0	D	0	1	0	1	1	D	1	1	1	1	1
1	0	D	0	1	1	1	1	1	D	1	1	1	1
1	0	D	1	0	0	1	1	1	1	D	1	1	1

续表

输入					输出							
G_1	G_{2B}	G_{2A}	C	B	A	Y_0	Y_1	Y_2	Y_3	Y_4	Y_5	Y_6	Y_7
1	0	D	1	0	1	1	1	1	1	1	D	1	1
1	0	D	1	1	0	1	1	1	1	1	1	D	1
1	0	D	1	1	1	1	1	1	1	1	1	1	D

例 2-20 如图 2-56 所示，电路是由 74LS138 组成的数据分配器。画出电路在图中所示的波形作用下 Y_2、Y_1、Y_0 的输出波形。

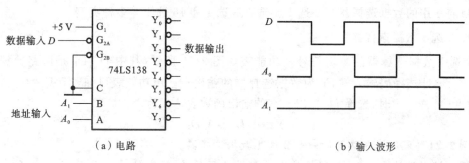

图 2-56 例 2-20 的电路和输入波形

解 根据 74LS138 译码器作为数据分配器的功能表和电路的特点，可以写出其输出表达式为

$$Y_0 = \overline{\overline{D}\,\overline{A_1}\,\overline{A_0}}, \quad Y_1 = \overline{\overline{D}\,\overline{A_1}\,A_0}, \quad Y_2 = \overline{\overline{D}\,A_1\,\overline{A_0}}$$

当地址输入 $A_1A_0 = 00$ 时，数据输入 D 被分配到 Y_0 端输出，而其余输出端均为高电平；当地址输入 $A_1A_0 = 01$ 时，数据输入 D 被分配到 Y_1 端输出，而其余输出端均为高电平；当地址输入 $A_1A_0 = 10$ 时，数据输入 D 被分配到 Y_2 端输出，而其余输出端均为高电平；当地址输入 $A_1A_0 = 11$ 时，数据输入 D 被分配到 Y_3 端输出，而其余输出端均为高电平。由此可以画出 Y_2、Y_1、Y_0 的输出波形，如图 2-57 所示。

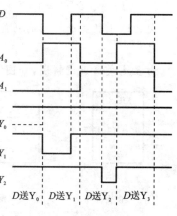

图 2-57 例 2-20 的输出波形

2.8 数据选择器

2.8.1 数据选择器的类型及功能

数据选择器是一种能从多路输入数据中选择 1 路数据输出的组合逻辑电路。它有 2^n 位地址输入、2^n 路数据输入、1 路输出。每次在地址输入的控制下，从多路输入数据中选择 1 路输出，其功能类似于一个单刀多掷开关。国标标准规定用 MUX 作为数据选择器的标识符，其逻辑符号及等效开关如图 2-58 所示。

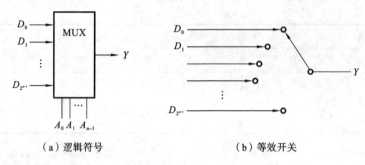

（a）逻辑符号　　　　　　（b）等效开关

图 2-58　数据选择器的逻辑符号及等效开关

目前常用的数据选择器有 2 选 1、4 选 1、8 选 1 和 16 选 1 等多种类型。

1. 2 选 1 数据选择器

2 选 1 数据选择器的逻辑符号及功能表如图 2-59 所示，其中 D_0、D_1 是两路数据输入端，A_0 为地址选择码输入端，Y 为数据选择器的输出端。由功能表可知，当 $A_0=0$ 时，选择 D_0 输出；当 $A_0=1$ 时，选择 D_1 输出。它的输出函数表达式为

$$Y=\overline{A_0}D_0+A_0D_1$$

例 2-21　采用门电路设计一个 2 选 1 数据选择器。

解　根据设计要求，进行逻辑抽象。假设选用信号 A 和 B 为两路数据输入，C 为控制信号，L 为输出。当 $C=1$ 时，$L=A$；当 $C=0$ 时，$L=B$。

由 2 选 1 数据选择器的功能表可以得到 2 选 1 数据选择器的函数表达式为

$$L=AC+B\overline{C}$$

由表达式画出逻辑图，如图 2-60 所示。

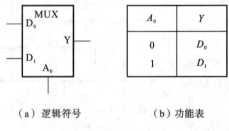

（a）逻辑符号　　　　（b）功能表

图 2-59　2 选 1 数据选择器的逻辑符号及功能表

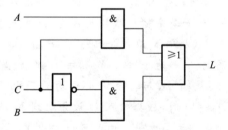

图 2-60　例 2-21 的电路图

2. 4 选 1 数据选择器

4 选 1 数据选择器的逻辑符号及功能表如图 2-61 所示，其中，D_0、D_1、D_2、D_3 是 4 路数据输入端，A_1、A_0 为地址选择码输入端，Y 为数据选择器的输出端。由功能表可知，当 $A_1A_0=00$ 时，选择 D_0 输出；当 $A_1A_0=01$ 时，选择 D_1 输出；当 $A_1A_0=10$ 时，选择 D_2 输出；当 $A_1A_0=11$ 时，选择 D_3 输出。由此写出 4 选 1 数据选择器的输出函数表达式为

$$Y=\overline{A_1}\overline{A_0}D_0+\overline{A_1}A_0D_1+A_1\overline{A_0}D_2+A_1A_0D_3$$

可以类似得出更大规模的数据选择器的逻辑符号、功能表及表达式。其中，8 选 1 数据选择器有 3 位地址输入端、8 路数据输入端和 1 路输出端。16 选 1 数据选择器有 4 位地址输入端、16 路数据输入端和 1 路输出端。

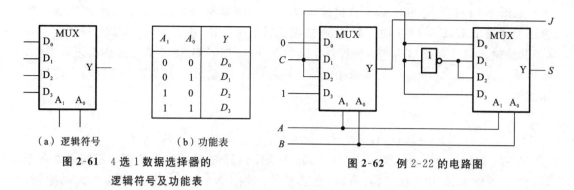

（a）逻辑符号

A_1	A_0	Y
0	0	D_0
0	1	D_1
1	0	D_2
1	1	D_3

（b）功能表

图 2-61 4 选 1 数据选择器的逻辑符号及功能表

图 2-62 例 2-22 的电路图

例 2-22 分析图 2-62 所示电路的逻辑功能。

解 该电路由两片 4 选 1 选择器和一个非门构成，输出函数为 J 和 S。根据逻辑图写出输出函数 J 和 S 的逻辑表达式如下

$$J=\overline{A}\overline{B}\cdot 0+\overline{A}B\cdot C+A\overline{B}\cdot C+AB\cdot 1$$

$$S=\overline{A}\overline{B}\cdot C+\overline{A}B\cdot \overline{C}+A\overline{B}\cdot \overline{C}+AB\cdot C$$

化简函数 J 和 S 的逻辑表达式，得到

$$J=BC+AC+AB,\quad S=A\oplus B\oplus C$$

由函数表达式可知，该电路是全加器。其中，J 是进位输出，S 是本位和输出。

2.8.2 集成数据选择器

集成数据选择器中各类型组件的典型产品型号，有 2 选 1 数据选择器（74LS157、74LS258、CE10158 等）、4 选 1 数据选择器（74LS153、74LS253、74LS353、CC14529 等）、8 选 1 数据选择器（74LS151、74LS251、CC4512 等）和 16 选 1 数据选择器（74150 等）。下面仅介绍常用的两种类型，其他的类型基本相似。

1. 双 4 选 1 数据选择器 74LS153

双 4 选 1 数据选择器 74LS153 的逻辑符号和功能表如图 2-63 所示。一片 74LS153 数据选择器包含两个完全相同的 4 选 1 数据选择器，共用一对地址输入 A_1A_0。

（a）逻辑符号

输入				输出	
EN_1	EN_2	A_1	A_0	Y_1	Y_2
1	1	×	×	0	0
0	0	0	0	D_{10}	D_{20}
0	0	0	1	D_{11}	D_{21}
0	0	1	0	D_{12}	D_{22}
0	0	1	1	D_{13}	D_{23}

（b）功能表

图 2-63 74LS153 的逻辑符号和功能表

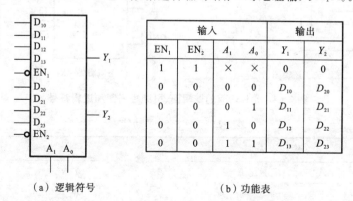

从图 2-63 可见，它和 4 选 1 数据选择器的一般逻辑符号相比，多了一个使能端。当选通使能端 $EN_1(EN_2)=1$ 时，74LS153 数据选择器不工作，组件为禁止状态，输出 Y 为 0（与其他输入信号无关）；当选通使能端 $EN_1(EN_2)=0$ 时，74LS153 数据选择器正常工作，由地址输入 A_1A_0 的一组代码选择相应输入信号从 Y 端输出。由真值表可以写出逻辑表达式为

$$Y_1 = \overline{EN_1}(\overline{A_1}\,\overline{A_0}D_{10} + \overline{A_1}A_0D_{11} + A_1\overline{A_0}D_{12} + A_1A_0D_{13})$$

$$Y_2 = \overline{EN_2}(\overline{A_1}\,\overline{A_0}D_{20} + \overline{A_1}A_0D_{21} + A_1\overline{A_0}D_{22} + A_1A_0D_{23})$$

4 选 1 数据选择器 74LS253 和 74LS353 与 74LS153 的功能基本相似。不同之处在于 74LS253 的输出采用三态结构，所以，在选通使能端 $EN=1$ 时，其输出端 Y 为高阻抗，74LS253 的输出为反码，即逻辑表达式为

$$Y = EN(\overline{A_1}\,\overline{A_0}\overline{D_0} + \overline{A_1}A_0\overline{D_1} + A_1\overline{A_0}\overline{D_2} + A_1A_0\overline{D_3})$$

2. 8 选 1 数据选择器 74LS151

74LS151 是常用的集成 8 选 1 数据选择器，它有 3 个地址输入端 A_2、A_1、A_0，可选择 8 个数据源 $D_0 \sim D_7$，具有 2 个互补输出端——同相输出端 Y 和反相输出端 W。其逻辑图、引脚排列图及逻辑符号如图 2-64 所示，功能表如表 2-23 所示。由图 2-64 可知，该逻辑电路的基本结构为与-或-非形式。输入使能端 EN 为低电平有效。

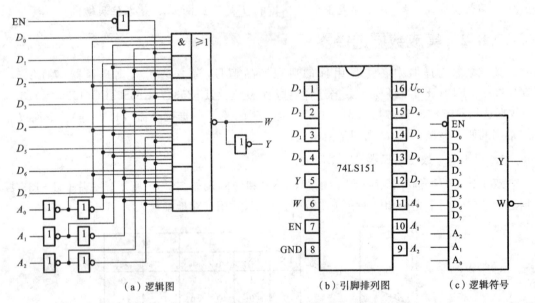

图 2-64　74LS151 的逻辑图、引脚排列图和逻辑符号

表 2-23　74LS151 的功能表

输入				输出	
EN	A_2	A_1	A_0	Y	W
1	×	×	×	0	1
0	0	0	0	D_0	$\overline{D_0}$

续表

输入				输出	
EN	A_2	A_1	A_0	Y	W
0	0	0	1	D_1	$\overline{D_1}$
0	0	1	0	D_2	$\overline{D_2}$
0	0	1	1	D_3	$\overline{D_3}$
0	1	0	0	D_4	$\overline{D_4}$
0	1	0	1	D_5	$\overline{D_5}$
0	1	1	0	D_6	$\overline{D_6}$
0	1	1	1	D_7	$\overline{D_7}$

当使能端有效时，输出 Y 的表达式为

$$Y = \sum_{i=0}^{7} m_i D_i$$

式中：m_i 为 $A_2 A_1 A_0$ 的最小项。例如，当 $A_2 A_1 A_0 = 011$ 时，根据最小项的性质，只有 $m_3 = 1$，其余都为 0，所以 $Y = D_3$，即 D_3 传送到输出端。

可以把数据选择器的使能端作为地址输入，将两片 74LS151 连接成一个 16 选 1 数据选择器，其连接方式如图 2-65 所示。16 选 1 数据选择器的地址选择输入有 4 位，其最高位 D 与一个 8 选 1 数据选择器的使能端连接，经过反相器反相后与另一个数据选择器的使能端连接。低 3 位地址选择输入端 C、B、A 由两片 74LS151 的地址选择输入端相对应连接而成。

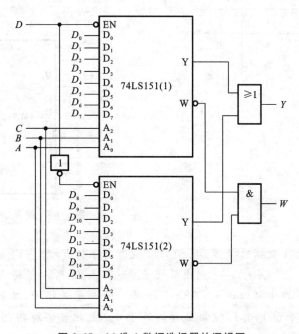

图 2-65　16 选 1 数据选择器的逻辑图

3. 数据选择器的应用

从 8 选 1 数据选择器的标准输出表达式 $Y = \sum_{i=0}^{7} m_i D_i$ 可以看出,当使能端有效时,Y 是地址变量与输入数据的与或函数,并且提供了地址变量的全部最小项。一般情况下,D_i 可看作一个控制变量来处理。通过设置 D_i,可以实现任何所需的组合逻辑函数。

例 2-23 真值表如表 2-24 所示,用 8 选 1 数据选择器 74LS151 实现表 2-24 所示的逻辑函数。

解 根据 74LS151 选择器的功能,有 $Y = \sum_{i=0}^{7} m_i D_i$,如果将待实现函数中包含的最小项所对应的数据输入端接逻辑 1,其他数据输入端接逻辑 0,就可用数据选择器实现表 2-24 所示的逻辑函数。

根据真值表 2-24,其逻辑函数的最小项表达式为

$$Y = \overline{A}BC + A\overline{B}\,\overline{C} + AB\overline{C} + ABC$$

如果 8 选 1 数据选择器的地址变量 $A_2 A_1 A_0 = ABC$,按 A、B、C 三个变量的最小项形式变换函数 Y,则逻辑函数的表达式变换为

$$Y = \overline{A}BC \cdot 1 + A\overline{B}\,\overline{C} \cdot 1 + AB\overline{C} \cdot 1 + ABC \cdot 1$$
$$= m_3 \cdot 1 + m_4 \cdot 1 + m_6 \cdot 1 + m_7 \cdot 1$$

将该函数表达式与 74LS151 的标准输出表达式逐项比对,确定数据输入 $D_0 \sim D_7$ 的值。显然,D_3、D_4、D_6、D_7 应等于 1,式中没有出现的最小项为 m_0、m_1、m_2、m_5,其控制变量 D_0、D_1、D_2、D_5 应等于 0,由此可以画出逻辑图,如图 2-66 所示。

表 2-24 例 2-23 的真值表

A	B	C	Y
0	0	0	0
0	0	1	0
0	1	0	0
0	1	1	1
1	0	0	1
1	0	1	0
1	1	0	1
1	1	1	1

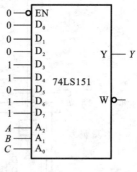

图 2-66 例 2-23 的逻辑图

例 2-24 用 8 选 1 数据选择器 74LS151 实现逻辑函数 $F = X \oplus Y \oplus Z$。

解 根据表达式 $F = X \oplus Y \oplus Z$ 列出真值表,如表 2-25 所示。将 X、Y、Z 看作数据选择器的地址变量。从表中可以看出,凡使 F 值为 1 的那些最小项,其控制变量应等于 1,即 D_1、D_2、D_4、D_7 应等于 1,其他控制变量均等于 0。由此可实现该逻辑函数,如图 2-67 所示。

表 2-25 例 2-24 的真值表

X	Y	Z	F
0	0	0	0
0	0	1	1
0	1	0	1
0	1	1	0
1	0	0	1
1	0	1	0
1	1	0	0
1	1	1	1

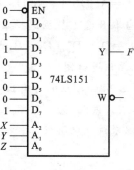

图 2-67 例 2-24 的电路

例 2-25 用 8 选 1 数据选择器 74LS151 实现逻辑函数

$$Y(A,B,C,D)=\sum m(0,4,5,7,9,12,13,14)$$

解 选择地址变量,确定 D_i。原则上,地址变量的选择是任意的,但只有选择合适了才能使电路简化。

方法一:选择 ABC 作为数据选择器的地址变量,按 A、B、C 三个变量的最小项形式变换函数 Y,化简逻辑函数的表达式为

$$Y=\overline{A}\,\overline{B}\,\overline{C}\cdot\overline{D}+\overline{A}\,\overline{B}C\cdot\overline{D}+\overline{A}\,\overline{B}C\cdot D+\overline{A}BC\cdot D+A\overline{B}\,\overline{C}\cdot D+AB\overline{C}\cdot\overline{D}$$
$$+AB\overline{C}\cdot D+ABC\cdot\overline{D}$$
$$=\overline{A}\,\overline{B}\,\overline{C}\cdot\overline{D}+\overline{A}\overline{B}C\cdot 1+\overline{A}BC\cdot D+A\overline{B}\,\overline{C}\cdot D+AB\overline{C}\cdot 1+ABC\cdot\overline{D}$$

显然,当取 8 选 1 数据选择器 74LS151 的地址变量 $A_2A_1A_0=ABC$ 时,数据输入端 $D_0=\overline{D}$、$D_2=1$、$D_3=D_4=D$、$D_6=1$、$D_7=\overline{D}$,式中没有出现的最小项为 m_1、m_5,其控制变量 D_1、D_5 应为 0,由此可以画出逻辑图,如图 2-68(a)所示。

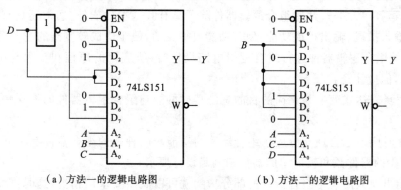

(a)方法一的逻辑电路图   (b)方法二的逻辑电路图

图 2-68 例 2-25 的电路

方法二:选择 ACD 作为数据选择器的地址变量,按 A、C、D 三个变量的最小项形式变换函数 Y,化简逻辑函数的表达式为

$$Y=\overline{A}\,\overline{B}\,\overline{C}\cdot\overline{D}+\overline{A}B\overline{C}\cdot\overline{D}+\overline{A}\overline{B}C\cdot D+\overline{A}BC\cdot D+A\overline{B}\,\overline{C}\cdot D+AB\overline{C}\cdot\overline{D}$$
$$+AB\overline{C}\cdot D+ABC\cdot\overline{D}$$
$$=\overline{A}\,\overline{C}\,\overline{D}\cdot\overline{B}+\overline{A}\,\overline{C}D\cdot B+\overline{A}CD\cdot B+\overline{A}CD\cdot B+A\overline{C}D\cdot\overline{B}+A\overline{C}\overline{D}\cdot B$$
$$+A\overline{C}D\cdot B+AC\overline{D}\cdot B$$

$$=\overline{ACD} \cdot 1 + \overline{AC}D \cdot B + \overline{A}C\overline{D} \cdot B + A\overline{CD} \cdot 1 + A\overline{C}D \cdot B + AC\overline{D} \cdot B$$

显然，当取 8 选 1 数据选择器 74LS151 的地址变量 $A_2A_1A_0 = ACD$ 时，数据输入端 $D_0 = D_5 = 1, D_1 = D_3 = D_4 = D_6 = B$，式中没有出现的最小项为 m_2、m_7，其控制变量 D_2、D_7 应为 0，由此可以画出逻辑图，如图 2-68(b)所示。

比较图 2-68(a)和(b)可看出，显然选择 ACD 为地址变量时电路简单，其数据输入可以不附加任何门。因此，为了不附加门电路或尽量少附加门电路，通常要将各种地址选择方案进行比较，以求最佳电路设计。

本 章 小 结

(1) 组合逻辑电路的特点是：输出状态只决定于同一时刻的输入状态，简单的组合逻辑电路可由逻辑门电路组成。

(2) 分析组合逻辑电路的目的是确定已知电路的逻辑功能，其步骤大致如下：

① 写出已知电路各输出端的逻辑表达式；

② 化简和变换逻辑表达式；

③ 列出真值表，确定功能。

(3) 应用逻辑门电路设计组合逻辑电路的步骤大致如下：

① 根据命题列出真值表；

② 写出输出端的逻辑表达式；

③ 化简和变换逻辑表达式；

④ 画出逻辑图。

(4) 常用的中规模组合逻辑器件包括编码器、译码器、数据选择器、数值比较器、加法器及算术逻辑运算单元等。这些组合逻辑器件除了具有其基本功能外，通常还具有输入使能、输出使能、输入扩展、输出扩展功能，使其功能更加灵活，便于构成较复杂的逻辑系统。

(5) 应用组合逻辑器件进行组合逻辑电路设计时，所应用的原理和步骤与用门电路时的基本一致，但应注意：

① 对逻辑表达式变换与化简的目的是使其尽可能与组合逻辑器件的形式一致，而不是尽量简化；

② 设计时应考虑合理充分应用组合器件的功能。同种类的组合器件有不同的型号，应尽量选用较少的器件数和较简单的器件来满足设计要求；

③ 可能出现只需一个组合器件的部分功能就可以满足要求的情况，这时需要对有关输入、输出信号作适当的处理。也可能会出现一个组合器件不能满足设计要求的情况，这就需要对组合器件进行扩展，直接将若干个器件组合起来或者由适当的逻辑门将若干个器件组合起来。

在这里，化简逻辑表达式具有十分重要的意义，因为表达式化简的恰当与否，将决定能否得到最经济的逻辑电路。在最后得到的电路中，使用的器件数目应当最少且每个门电路的输入端又不能过多。如果是用 MSI 进行设计，则实现的均是标准与或式或标准与非-与非式，此时化简的重要性就不那么突出了。

习 题 2

2-1 分析图 2-69 所示组合逻辑电路的功能。要求列出真值表,画出输入变量和输出函数的对应波形。

2-2 分析图 2-70 所示逻辑电路的逻辑功能。要求写出输出表达式,并列出真值表。

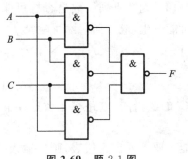

图 2-69 题 2-1 图

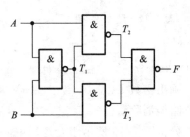

图 2-70 题 2-2 图

2-3 分析图 2-71 所示逻辑电路的功能。要求写出输出表达式,画出输入变量和输出函数的对应波形。

2-4 设计一个组合逻辑电路,其输入 $ABCD$ 为 8421BCD 码。当输入的数能被 4 或 5 整除时,电路输出 $F=1$,否则 $F=0$。

(1) 用或非门来实现;

(2) 用与或非门来实现。

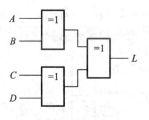

图 2-71 题 2-3 图

2-5 某厂有 A、B、C 三个车间和 Y、Z 两台发电机。如果一个车间开工,启动 Z 发电机即可满足使用要求;如果两个车间同时开工,启动 Y 发电机即可满足使用要求;如果三个车间同时开工,则需要同时启动 Y、Z 两台发电机才能满足使用要求。试仅用与非门和异或门两种逻辑门设计一个供电控制电路,使电力负荷达到最佳匹配。

2-6 设计一个 8421BCD 码的检码电路,要求当输入量 $DCBA \leqslant 2$,或 $DCBA > 7$ 时,电路输出 F 为高电平,试用最少的 2 输入与非门设计该电路。

2-7 试用与非门和反相器设计一个火车优先排队电路。火车有特快、直快和慢车三种。它们进出站的优先次序是特快、直快、慢车,同一时刻只能有一列火车进出。

2-8 某董事会有一位董事长和三位董事,就某项议题进行表决,当满足以下条件时决议通过:有三人或三人以上同意,或者有两人同意,但其中一人必须是董事长。试用 2 输入与非门设计满足上述要求的表决电路。

2-9 某工厂有 A、B、C 三台设备,其中 A 和 B 的功率相等,C 的功率是 A 的两倍。这些设备由 X 和 Y 两台发电机供电,发电机 X 的最大输出功率等于 A 的功率,发电机 Y 的最大输出功率是 X 的 3 倍。要求设计一个逻辑电路,能够根据各台设备的运转和停止状态,以最节约能源的方式启、停发电机。

2-10 设计一个 4 输入、4 输出逻辑电路。当控制信号 $C=0$ 时,输出状态与输入状态相反;当 $C=1$ 时,输出状态与输入状态相同。

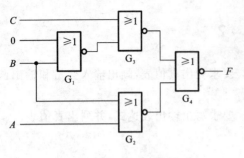

2-11 试用三个3输入与门和一个或门实现语句"$A>B$",A和B均为2位二进制数。

2-12 找出图2-72所示电路中有竞争力的变量,判断电路是否存在冒险,画出输出波形。

2-13 试使用卡诺图来判断函数$F=\overline{A}D+\overline{A}C+AB\overline{C}$是否存在冒险。

2-14 判断下列函数是否有可能产生冒险,如果可能产生,应如何消除冒险?

(1) $L_1(A,B,C,D)=\sum m(5,7,13,15)$;

图 2-72 题 2-12 图

(2) $L_2(A,B,C,D)=\sum m(5,7,8,9,10,11,13,15)$。

2-15 画出函数$L(A,B,C)=(A+\overline{B})(B+C)$的逻辑图,电路在什么条件下产生冒险,怎样修改电路能消除冒险?

2-16 分析图2-73所示组合逻辑电路的功能。要求列出真值表,画出输入变量和输出函数的对应波形。

2-17 分析图2-74所示逻辑电路的功能。要求写出输出表达式,列出真值表,画出输入变量和输出函数的对应波形。

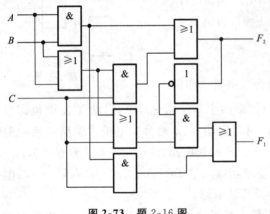

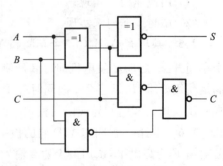

图 2-73 题 2-16 图　　　　　　　　图 2-74 题 2-17 图

2-18 分析图2-75所示组合逻辑电路的功能。已知输入$A_3A_2A_1A_0$和$B_3B_2B_1B_0$均为余3码。

2-19 用两片74LS283构成8位二进制数加法器。

2-20 用74LS283实现8421码/余3码转换。

2-21 用74LS283实现5421BCD码/8421BCD码转换。

2-22 分析图2-76所示逻辑电路的功能。要求列出真值表,画出输入变量和输出函数的对应波形。

2-23 设计一个8位相同数值比较器。当两数相等时,输出$L=1$,否则$L=0$。

2-24 分析图2-77所示由74LS283和74LS85组成的逻辑电路的功能。已知输入$B_3B_2B_1B_0$为5421BCD码。

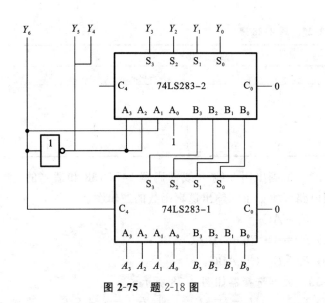

图 2-75 题 2-18 图

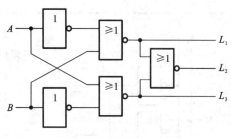

图 2-76 题 2-22 图

2-25 用 74LS85 构成 7 位二进制数并行比较器。

2-26 用数值比较器 74LS85 实现表 2-26 所示真值表对应的逻辑函数。

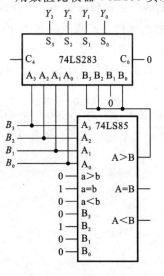

图 2-77 题 2-24 图

表 2-26 题 2-26 表

A_3	A_2	A_1	A_0	F_1	F_2	F_3
0	0	0	0	0	1	0
0	0	0	1	0	1	0
0	0	1	0	0	1	0
0	0	1	1	1	0	0
0	1	0	0	0	1	0
0	1	0	1	0	1	0
0	1	1	0	1	0	0
0	1	1	1	1	0	1
1	0	0	0	0	0	1
1	0	0	1	1	0	1
1	0	1	0	0	0	1
1	0	1	1	0	0	1
1	1	0	0	0	0	1

2-27 用 74LS85 构成 4 位二进制数的判别电路。当输入二进制数 $B_3B_2B_1B_0 \geqslant$ $(1010)_2$ 时,判别电路输出 F 为 1,否则输出 F 为 0。

2-28 一编码器的真值表如表 2-27 所示,试写出用或非门和反相器设计出的该编码器的逻辑表达式。

2-29 试用基本逻辑门电路设计一个 4 线-2 线编码器。

2-30 试用 74LS148 设计一个 32 线-5 线优先编码器。

2-31 用译码器 74LS138 和适当的逻辑门实现下列函数。

(1) $F = \overline{A}\overline{B}C + A\overline{B}\overline{C} + AB\overline{C} + ABC$;

(2) $F = AB + BC$。

表 2-27 题 2-28 表

输入				输出							
I_3	I_2	I_1	I_0	D_7	D_6	D_5	D_4	D_3	D_2	D_1	D_0
1	0	0	0	1	0	1	1	0	0	1	1
0	1	0	0	1	1	0	1	0	1	0	1
0	0	1	0	0	1	1	1	1	0	1	0
0	0	0	1	1	1	0	0	1	1	0	1

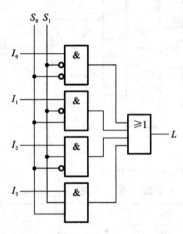

图 2-78 题 2-33 图

2-32 试画出用 3 线-8 线译码器 74LS138 和适当的逻辑门电路产生如下多输出逻辑函数的逻辑图。

(1) $F_1 = AC$；

(2) $F_2 = \bar{A} \cdot \bar{B}C + A\bar{B} \cdot \bar{C} + BC$；

(3) $F_3 = \bar{B} \cdot \bar{C} + AB\bar{C}$。

2-33 数据选择器如图 2-78 所示。

(1) 当 $I_3 = 0, I_2 = I_1 = I_0 = 1$ 时，有 $L = \bar{S}_1 + S_1\bar{S}_0$ 的关系，证明该逻辑表达式的正确性。

(2) 证明该电路能够产生逻辑函数 $L = S_1 + S_0$。

2-34 用 4 选 1 数据选择器实现逻辑函数 $F(A, B, C, D) = A\bar{B}C + \bar{A}C + A\bar{C}D$。

2-35 应用 8 选 1 数据选择器 74LS151 实现如下逻辑功能。

(1) $Y = A\bar{B} \cdot \bar{C} + A\bar{B}C + \bar{A} \cdot \bar{B}C$；

(2) $Y = (A \odot B) \odot C$。

第3章 触 发 器

在数字电路中,不仅要对数字信号进行相应运算(算术运算、逻辑运算),而且经常需要对数字信号或者运算结果进行存储。为此,数字电路中需要有具备记忆功能、能够存储二值信号的逻辑单元电路。这种逻辑单元电路称为触发器(flip-flop)。触发器是时序逻辑电路不可或缺的组成部分。

触发器具备以下几个基本特点。

(1) 有两个互补输出端 Q 和 $\bar{Q}$,一般以 Q 的状态作为触发器的状态。

(2) 有两个能自行保持的稳定状态。

(3) 在外加输入信号的作用下,触发器可以从一个状态转换到另一个状态。当输入信号消失后,触发器的状态将保持下来。触发器接收输入信号之前的状态称为现态,用 Q^n 表示;触发器接收输入信号之后的状态称为次态,用 Q^{n+1} 表示。

本章首先介绍触发器的基本结构、工作原理及逻辑功能,然后介绍同步触发器和边沿触发器的结构、工作原理及逻辑功能,最后介绍不同类型触发器的相互转换以及触发器的简单应用。

3.1 基本 RS 触发器

基本RS(reset-set)触发器是各种触发器中电路结构最简单的一种,同时也是其他复杂触发器电路结构中的一个组成部分,是组成其他触发器的基础,可以用与非逻辑组成,也可以用或非逻辑组成。在这里介绍由与非门构成的基本 RS 触发器。

3.1.1 工作原理和逻辑功能

1. 电路结构

用与非门组成的 RS 触发器电路及逻辑符号如图 3-1 所示,RS 触发器有两个信号输入端 R 和 S,R 称为置 0 端或复位端,S 称为置 1 端或置位端。逻辑符号中的小圆圈表示置 1 和置 0 信号都是低电平起作用,即低电平有效。它表示只有输入到该端的信号为低电平时才有信号,否则就是无信号。

2. 工作原理

(1) 当 $R=1, S=1$ 时,RS 触发器无输入信号,故输出保持原状态不变。此时,逻辑门 G_1 和逻辑门 G_2 的输出由 Q 端与 $\bar{Q}$ 端原来的状态确定,若 $Q=1, \bar{Q}=0$,则逻辑门 G_2 输出 0,逻辑门 G_1 输出 1;反之,若 $Q=0, \bar{Q}=1$,则逻辑门 G_1 输出 0,逻辑门 G_2 输出 1。

(2) 当 $R=1, S=0$ 时,逻辑门 G_1 的输出 $Q=1$,逻辑门 G_2 的输出 $\bar{Q}=0$。

(3) 当 $R=0, S=1$ 时,逻辑门 G_2 的输出 $\bar{Q}=1$,逻辑门 G_1 的输出 $Q=0$。

(4) 当 $R=0,S=0$ 时, 逻辑门 G_1 和逻辑门 G_2 的输出端都输出 1, 即 $Q=\bar{Q}=1$。这违背了 Q 和 $\bar{Q}$ 互补的条件,而在两个输入信号都同时撤销(回到 1)后,触发器的状态将不能确定是 1 还是 0,因此称这种情况为不定状态。不允许 $R=0,S=0$ 的情况出现,为使这种情况不出现,特给 RS 触发器加一个约束条件:$R+S=1$。

综上所述,与非门组成的 RS 触发器的功能如表 3-1 所示。RS 触发器的触发信号是电平信号,这种触发方式称为电平触发方式。

表 3-1　与非门构成的 RS 触发器的功能表

R	S	Q^{n+1}	备注
0	0	不确定	不允许
0	1	0	置 0
1	0	1	置 1
1	1	Q^n	保持

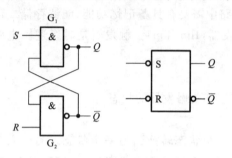

图 3-1　与非门组成的 RS 触发器

3. 逻辑功能描述

1) 特性表

特性表是反映触发器的次态 Q^{n+1} 与触发信号 R、S 以及现态 Q^n 之间对应关系的表格。表 3-2 所示的为与非门构成的基本 RS 触发器的特性表。

表 3-2　与非门构成的基本 RS 触发器的特性表

R	S	Q^n	Q^{n+1}
0	0	0	不确定
0	0	1	不确定
0	1	0	0
0	1	1	0
1	0	0	1
1	0	1	1
1	1	0	0
1	1	1	1

2) 状态方程(特征方程)

描述触发器逻辑功能的函数表达式称为触发器的状态方程或特征方程。由表 3-2 可画出卡诺图,如图 3-2 所示。

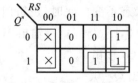

图 3-2　RS 触发器卡诺图

合并最小项可得由与非门组成的基本 RS 触发器的特征方程。

$$\begin{cases} Q^{n+1}=\bar{S}+R \cdot Q^n \\ S+R=1 \text{(约束条件)} \end{cases}$$

3) 状态转换图和激励表

触发器的逻辑功能还可以形象地用状态转换图表示,即以图形的方式表示输出状态转换的条件和规律。用圆圈表示各状态,圈内注明状态名或取值,用箭头表示状态之间的转移,箭头指向次态,箭弧上注明状态转换的条件/输出。条件和输出可以是单个,也可以是多个。基本RS触发器的状态转换图如图3-3所示。

激励表是以表格的形式列出已知状态转换和所需要的输入条件。激励表是以现态和次态为变量,以对应的输入为函数的关系表,即表示在什么样的激励(驱动)下,才能使现态转换到次态。基本RS触发器的激励表如表3-3所示。

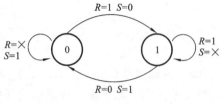

图3-3 基本RS触发器的状态转换图

表3-3 基本RS触发器的激励表

状态转换		激励输入	
Q^n	Q^{n+1}	R	S
0	0	×	1
0	1	1	0
1	0	0	1
1	1	1	×

4) 波形图(时序图)

RS触发器的输入和输出关系也可以用波形图表示,如图3-4所示。波形图中的波形忽略了逻辑门的传输延迟时间,只反映输入和输出之间的逻辑关系。当触发器的置0端和置1端同时加上触发脉冲时,在两个触发脉冲作用期间,逻辑门1和逻辑门2的输出都是1;而当两个触发脉冲同时撤销时,若逻辑门1的传输延迟时间t_{pd1}较逻辑门2的传输延迟时间t_{pd2}小,则RS触发器将建立稳定的0状态;若$t_{pd2} < t_{pd1}$,则RS触发器将建立稳定的1状态;若$t_{pd2} = t_{pd1}$,则RS触发器的输出将在1和0之间来回振荡。通常,两个逻辑门之间的传输延迟时间t_{pd1}和t_{pd2}的大小关系是不知道的,因而,两个触发脉冲从置0端和置1端同时撤销后,RS触发器的状态是不确定的,波形图中用虚线表示不确定状态。当触发器的置0端和置1端同时加上触发脉冲,但两个触发脉冲分别撤销时,触发器的状态取决于后撤销的触发脉冲。在图3-4中,触发器的置0端和置1端第2次同时加上触发脉冲,但加在S端上的触发脉冲后撤销,因而RS触发器稳定在1状态。

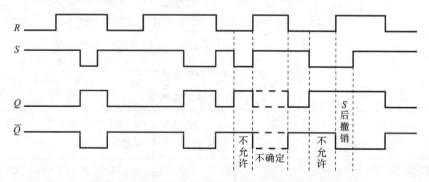

图3-4 RS触发器的波形图

3.1.2 基本RS触发器的特点

基本RS触发器具备记忆功能,且结构简单,但它的输出状态仅仅直接受R和S变化的影响，不受外加信号控制。

(1) 基本 RS 触发器的输入信号直接加在输入门上，所以输入信号的变化将直接改变输出端 Q 和 $\overline{Q}$ 的状态。因此，也把 R 称为直接复位端(置 0 端)，把 S 称为直接置位端(置 1 端)。

(2) 基本 RS 触发器的状态转换由 R、S 确定，属电平控制，没有统一的控制信号，不仅使电路的抗干扰能力下降，也不便于多个触发器同步工作。

(3) 不允许在 R 和 S 端同时添加输入信号，即输入条件存在约束，所以基本 RS 触发器直接应用较少，但它是组成其他各类触发器的基础。

3.1.3 集成 RS 触发器

74LS279 是 TTL 集成 RS 触发器。内部逻辑和引脚排列如图 3-5 所示。74LS279 有 4 个 RS 触发器，其中 2 个 RS 触发器具有 2 个与逻辑的置 1 输入端。如果在一片集成器件中有多个触发器，通常在符号前面(或后面)加上数字，以示不同触发器的输入、输出信号，比如 $2R$、$2S$ 与 $2Q$ 同属一个触发器。表 3-4 所示的为 74LS279 的功能表。

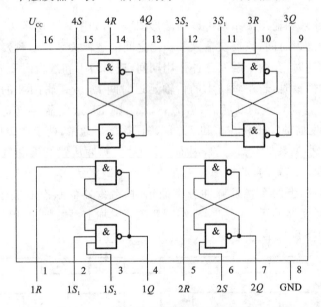

图 3-5　74LS279 的内部结构和引脚排列

表 3-4　74LS279 的功能表

R	S	Q	R	S	Q
0	0	×	1	0	1
0	1	0	1	1	Q^n

3.2 同步触发器

在数字系统中,经常要对各部分电路进行协调,以统一动作。为此需要用一个统一的脉冲信号(时钟脉冲)进行控制,使电路在控制信号的作用下同时响应输入信号,发生状态变化。于是在基本 RS 触发器的基础上,产生了工作受时钟脉冲电平控制的时钟触发器,称为同步触发器,也称钟控触发器、时钟触发器。

3.2.1 同步 RS 触发器

1. 电路结构

图 3-6(a)所示的为同步 RS 触发器的逻辑电路图。与非门 G_1、G_2 构成基本 RS 触发器,与非门 G_3、G_4 为控制门,控制输入信号 R、S 进行传递。图 3-6(b)所示的为其逻辑符号。

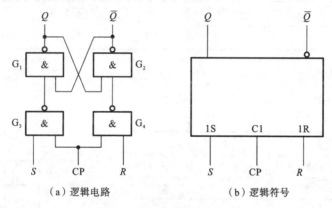

(a) 逻辑电路　　　　　　　　　　(b) 逻辑符号

图 3-6　同步 RS 触发器

2. 工作原理

从图 3-6(a)所示的电路可以看出,当时钟脉冲 CP=0 时,无论输入信号 R 和 S 取何值,控制门 G_3 和 G_4 都关闭,门 G_3 和 G_4 的输出始终为 1,触发器状态保持不变。当时钟脉冲 CP=1 时,控制门 G_3 和 G_4 打开,R 和 S 通过门 G_3 和 G_4 反相后,作用到基本 RS 触发器的输入端,改变触发器的状态。

(1) 当 $R=S=0$ 时,CP=1,则触发器状态保持不变。

(2) 当 $R=0$、$S=1$ 时,CP=1,则触发器次态 $Q^{n+1}=1$。

(3) 当 $R=1$、$S=0$ 时,CP=1,则触发器次态 $Q^{n+1}=0$。

(4) 当 $R=S=1$ 时,CP=1,则触发器的两个输出端同时为 1,当 R、S 同时由 1 变为 0 时,两种状态都有可能出现,出现哪种状态取决于门的延时差异。这种情况在实际应用中不允许出现。

3. 逻辑功能描述

1) 特性表和激励表

由同步 RS 触发器的工作原理可知,在时钟信号 CP=0 期间,触发器状态保持不变;在

CP=1期间,触发器的次态 Q^{n+1} 由触发器的现态 Q^n 和输入信号 R、S 决定。因此,可列出同步 RS 触发器的特性表和激励表,分别如表 3-5、表 3-6 所示。

表 3-5 同步 RS 触发器的特性表

CP	R	S	Q^n	Q^{n+1}	备 注
0	×	×	×	Q^n	保持不变
1	0	0	0	0	保持
1	0	0	1	1	
1	0	1	0	1	置 1
1	0	1	1	1	
1	1	0	0	0	置 0
1	1	0	1	0	
1	1	1	0	不允许	不允许
1	1	1	1	不允许	

2) 状态方程

由表 3-5 可画出状态卡诺图,如图 3-7 所示。

表 3-6 同步 RS 触发器的激励表

状 态 转 换		激 励 输 入	
Q^n	Q^{n+1}	R	S
0	0	×	0
0	1	0	1
1	0	1	0
1	1	0	×

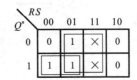

图 3-7 同步 RS 触发器的次态卡诺图

合并最小项,得同步 RS 触发器的特征方程:
$$\begin{cases} Q^{n+1}=S+\bar{R}\cdot Q^n \\ RS=0\,(约束条件) \end{cases}$$

例 3-1 已知同步 RS 触发器的 CP 和 R、S 波形,画出输出 Q 和 $\bar{Q}$ 的波形。设触发器的初始状态为 1。

解 当 CP=0 时,Q 和 $\bar{Q}$ 的波形不变。当 CP=1 时,根据同步 RS 触发器的特性表,可分别画出 Q 和 $\bar{Q}$ 的波形,如图 3-8 所示。

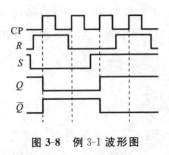

图 3-8 例 3-1 波形图

3.2.2 同步 D 触发器

R、S 之间存在约束限制了同步 RS 触发器的使用,为了解决这个问题出现了同步 D 触发器。

1. 电路结构

图 3-9(a)所示的为同步 D 触发器的逻辑电路图。门 G_1 和 G_2 构成基本 RS 触发器,门 G_3 和 G_4 构成触发控制电路。从图中可看出,它是在同步 RS 触发器的基础上,增加了反相器 G_5,通过它把加在 S 端的 D 信号反相后送到 R 端。除此之外,它与同步 RS 触发器没有差异。图 3-9(b)所示的为其逻辑符号。

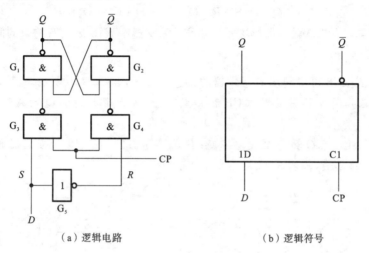

(a) 逻辑电路　　　　　　　　　　(b) 逻辑符号

图 3-9　同步 D 触发器

2. 工作原理

从图 3-9(a)所示的电路可以看出,在 CP=0 期间,G_3 和 G_4 控制门关闭,门 G_3 和 G_4 输出高电平,由基本 RS 触发器的功能可知,触发器的状态保持不变。在 CP=1 期间,基本 RS 触发器输入 $\bar{S}=\bar{D},\bar{R}=D$,触发器状态发生转移。

(1) 当 $D=1$ 时,CP=1,则触发器次态 $Q^{n+1}=1$。

(2) 当 $D=0$ 时,CP=1,则触发器次态 $Q^{n+1}=0$。

3. 逻辑功能描述

1) 特性表和激励表

由同步 D 触发器的工作原理,可得到同步 D 触发器的特性表和激励表,分别如表 3-7、表 3-8 所示。

表 3-7　同步 D 触发器的特性表

D	Q^{n+1}	备注
0	0	置 0
1	1	置 1

表 3-8　同步 D 触发器的激励表

状态转换		激励输入
Q^n	Q^{n+1}	D
0	0	0
0	1	1
1	0	0
1	1	1

2) 特征方程

由图 3-9 所示的电路可得

$$\begin{cases} S=D \\ R=\overline{D} \end{cases}$$

代入同步 RS 触发器的特征方程即可得到

$$Q^{n+1}=S+\overline{R}\cdot Q^n=D+\overline{\overline{D}}\cdot Q^n=D$$

由方程可知,同步 D 触发器解决了同步 RS 触发器中 R、S 之间有约束的问题。

3) 状态转换图

由表 3-7、表 3-8 可得同步 D 触发器的状态转换图,如图 3-10 所示。

例 3-2 已知同步 D 触发器的 CP 和 D 的波形,画出输出 Q 和 $\overline{Q}$ 的波形。设触发器的初始状态为 1。

解 当 CP=0 时,Q 和 $\overline{Q}$ 的波形不变;当 CP=1 时,根据同步 D 触发器的特性表,可分别画出 Q 和 $\overline{Q}$ 的波形,如图 3-11 所示。

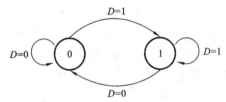

图 3-10 同步 D 触发器的状态转换图

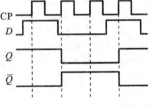

图 3-11 例 3-2 波形图

3.2.3 同步 JK 触发器

同步 JK 触发器是一类应用十分广泛的触发器,是在同步 RS 触发器的基础上改进得到的。

1. 电路结构

图 3-12(a)所示的为同步 JK 触发器的逻辑电路图。它在同步 RS 触发器的基础上增加了两条反馈线,即将触发器的输出 Q 和 $\overline{Q}$ 交叉反馈到两个控制门的输入端,并把原来的输入端 S 改为 J,R 改为 K,这样便构成了 JK 触发器。图 3-12(b)所示的为其逻辑符号。

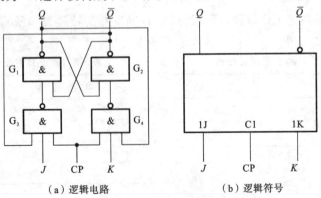

(a) 逻辑电路　　　　　　　(b) 逻辑符号

图 3-12 同步 JK 触发器

同步 JK 触发器利用两个输出端信号始终互补的结构特点,有效地解决了同步 RS 触发器在时钟脉冲 CP=1 期间,两个输入端同时为 1 导致触发器状态不确定的问题。

2. 工作原理

从图 3-12(a)所示的电路可以看出,在 CP=0 期间,控制门 G_3 和 G_4 关闭,输出高电平,由基本 RS 触发器的功能可知,触发器的状态保持不变。在 CP=1 期间,基本 RS 触发器输入 $\overline{S}=\overline{J \cdot \overline{Q^n}}, \overline{R}=\overline{K \cdot Q^n}$,触发器状态发生转移。

(1) CP=0,触发器保持原来状态。

(2) CP=1 时,分为四种情况。

① $J=K=0$ 时,不管触发器以前处于什么状态,控制门 G_3 和 G_4 均输出高电平,此时,触发器状态保持不变。

② $J=0, K=1$ 时,若 $Q^n=0$,则控制门 G_3 和 G_4 均输出高电平,触发器保持 0 状态不变,即 $Q^{n+1}=0$;若 $Q^n=1$,控制门 G_3 输出高电平,控制门 G_4 输出低电平,触发器状态置成 0,即 $Q^{n+1}=0$。

③ $J=1, K=0$ 时,若 $Q^n=0$,则控制门 G_3 输出低电平,控制门 G_4 输出高电平,触发器状态置成 1,即 $Q^{n+1}=1$;若 $Q^n=1$,则控制门 G_3 和 G_4 均输出高电平,触发器保持 1 状态不变,即 $Q^{n+1}=1$。

④ $J=K=1$ 时,若 $Q^n=0$,则控制门 G_3 输出低电平,控制门 G_4 输出高电平,触发器状态置成 1,即 $Q^{n+1}=1$;若 $Q^n=1$,控制门 G_3 输出高电平,控制门 G_4 输出低电平,触发器状态置成 0,即 $Q^{n+1}=0$。

3. 逻辑功能描述

由同步 JK 触发器的工作原理可列出其特性表和激励表,分别如表 3-9、表 3-10 所示。

表 3-9 同步 JK 触发器的特性表

CP	J	K	Q^n	Q^{n+1}	备 注
0	×	×	×	Q^n	保持不变
1	0	0	0	0	保持
1	0	0	1	1	
1	0	1	0	0	置 0
1	0	1	1	0	
1	1	0	0	1	置 1
1	1	0	1	1	
1	1	1	0	1	翻转
1	1	1	1	0	

由表 3-9 可画出同步 JK 触发器的状态卡诺图以及状态转换图,且由状态卡诺图可求出同步 JK 触发器的状态方程。状态卡诺图如图 3-13 所示。状态转换图如图 3-14 所示。

根据图 3-13 所示的状态卡诺图可求出同步 JK 触发器的特征方程为

$$Q^{n+1} = J \cdot \overline{Q^n} + \overline{K} \cdot Q^n$$

表 3-10　同步 JK 触发器的激励表

状态转换		激励输入	
Q^n	Q^{n+1}	J	K
0	0	0	×
0	1	1	×
1	0	×	1
1	1	×	0

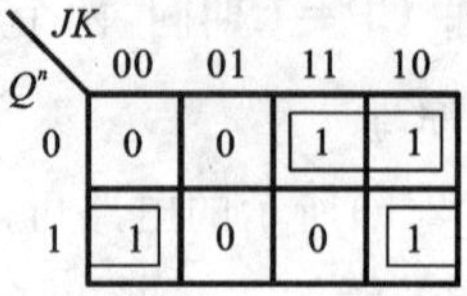

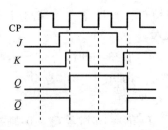

图 3-13　同步 JK 触发器的状态卡诺图

例 3-3　已知同步 JK 触发器的 CP 和 J、K 的波形,画出输出 Q 和 $\overline{Q}$ 的波形。设触发器的初始状态为 0。

解　当 CP=0 时,Q 和 $\overline{Q}$ 的波形不变;当 CP=1 时,根据同步 JK 触发器的特性表,可分别画出 Q 和 $\overline{Q}$ 的波形,如图 3-15 所示。

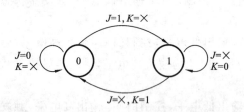

图 3-14　同步 JK 触发器的状态转换图

图 3-15　例 3-3 波形图

3.2.4　同步 T 触发器

把 JK 触发器的两个输入端连接在一起,即构成只有一个输入端的同步 T 触发器。

1. 电路结构

图 3-16(a)所示的为同步 T 触发器的逻辑电路图,图 3-16(b)所示的为其逻辑符号。

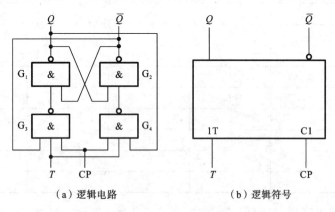

　　　(a) 逻辑电路　　　　　　　　(b) 逻辑符号

图 3-16　同步 T 触发器

2. 工作原理

分析图 3-16(a)所示电路可知:

(1) 在 CP=0 期间,控制门 G_3 和 G_4 均关闭,输出高电平,触发器状态保持不变。

(2) 在 CP=1 期间,分为以下两种情况:

① 当 T=0,控制门 G_3 和 G_4 均输出高电平,触发器状态保持不变。

② 当 T=1,若 $Q^n=0$,控制门 G_3 输出低电平,控制门 G_4 输出高电平,触发器状态被置成 1,即 $Q^{n+1}=1$;若 $Q^n=1$,控制门 G_3 输出高电平,控制门 G_4 输出低电平,触发器状态被置成 0,即 $Q^{n+1}=0$。

3. 逻辑功能描述

由同步 T 触发器的工作原理可列出其特性表和激励表,分别如表 3-11、表 3-12 所示。由表 3-11 可得出同步 T 触发器的状态转换图,如图 3-17 所示。

表 3-11 同步 T 触发器的特性表

CP	T	Q^n	Q^{n+1}	备 注
0	×	×	Q^n	保持
1	0	0	0	保持
1	0	1	1	
1	1	0	1	翻转
1	1	1	0	

表 3-12 同步 T 触发器的激励表

状态转换		激励输入
Q^n	Q^{n+1}	T
0	0	0
0	1	1
1	0	1
1	1	0

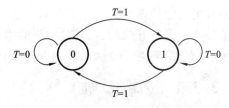

图 3-17 同步 T 触发器的状态转换图

采用与 JK 触发器类似的分析方法,利用同步 JK 触发器的状态方程可得
$$J=K=T$$
代入 JK 触发器的特征方程即可得到 T 触发器的特征方程
$$Q^{n+1}=J \cdot \overline{Q^n}+\overline{K} \cdot Q^n=T \cdot \overline{Q^n}+\overline{T} \cdot Q^n=T \oplus Q^n$$

T 触发器是 JK 触发器的特殊情况。在实际应用中,T 触发器一般由 D、JK 触发器构成。

例 3-4 已知同步 T 触发器的 CP 和 T 的波形,画出输出 Q 和 $\overline{Q}$ 的波形。设触发器的初始状态为 0。

解 当 CP=0 时,Q 和 $\overline{Q}$ 的波形不变;当 CP=1 时,根据同步 T 触发器的特性表,可分别画出 Q 和 $\overline{Q}$ 的波形,如图 3-18 所示。

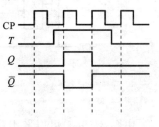

图 3-18 例 3-4 波形图

3.2.5 同步触发器的特点

综上所述,同步触发器具有如下特点。

(1) 同步触发器由统一的时钟信号控制工作,采用时钟脉冲信号的高电平完成触发控制电路的控制,因此,又称电平触发器。当时钟脉冲 CP=1 时,触发器的输出状态取决于输入信号;当时钟脉冲 CP=0 时,不论输入信号为何值,输出状态均保持不变。因此,同步触发器的抗干扰能力比基本 RS 触发器的强。

(2) 同步 RS 触发器正常工作时仍存在约束。

(3) 存在"空翻"现象。所谓"空翻"是指在一个 CP=1 期间,触发器的输入信号多次变化,输出端变化两次或两次以上的现象,即输出状态不是严格按照时钟节拍变化。"空翻"有时会引起电路的误动作,在实际应用时是不允许的。为了使触发器可靠地工作,在 CP=1 期间,输入信号应保持不变,从而限制了它的应用范围。同时,它的抗干扰能力较差。

引起"空翻"现象的主要原因是时钟脉冲 CP 的有效时间过长,因此产生了采用时钟脉冲 CP 边沿触发的各类触发器。

3.3 边沿触发器

边沿触发器是在时钟脉冲信号的某一边沿(正边沿或负边沿,亦称上升沿或下降沿)才能对输入信号做出响应并引起状态变化。也就是说,只有在时钟的有效边沿附近的输入信号才是真正有效的,而其他时间的输入信号并不真正影响触发器的输出,从而有效地克服了"空翻"问题,因此,边沿触发器具有很强的抗干扰能力,在数字电路中应用广泛。

3.3.1 边沿 D 触发器

1. 电路结构

图 3-19(a)所示的为边沿 D 触发器逻辑电路图,图 3-19(b)所示的为其逻辑符号。

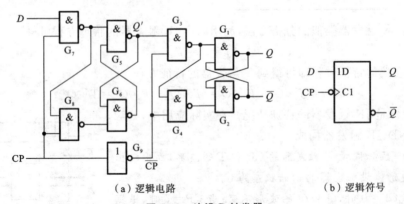

(a) 逻辑电路   (b) 逻辑符号

图 3-19 边沿 D 触发器

由图 3-19(a)可以看出,G_1、G_2、G_3 和 G_4 四个逻辑门组成的电路与 G_5、G_6、G_7 和 G_8 四个逻辑门组成的电路完全相同。G_1 和 G_2 组成 RS 触发器,G_3 和 G_4 的输出总是反相,所以

RS 触发器的输入总是满足其约束条件：RS=0。图 3-19(b)所示的逻辑符号中在时钟端带小三角符号表示为边沿触发，有反相圈表示负边沿(下降沿)触发。

2. 工作原理

由图 3-19(a)分析可知，G_5、G_6、G_7 和 G_8 四个逻辑门组成的电路受时钟信号 CP 的控制；G_1、G_2、G_3 和 G_4 四个逻辑门组成的电路受$\overline{CP}$的控制。

(1) 当 CP=0 时，G_7 和 G_8 两个逻辑门被封锁，它们的输出 $G_7=1$，$G_8=1$，所以无论数据输入 D 怎样变化，G_5 和 G_6 组成的 RS 触发器的输出状态保持不变。但 G_3 和 G_4 两个逻辑门被打开，它们的输出 $G_3=\overline{Q'}$，$G_4=Q'$，即 G_1 和 G_2 组成的 RS 触发器的 $S=\overline{Q'}$，$R=Q'$。将它们代入 RS 触发器的特性方程，可得 $Q^{n+1}=Q'$，计算过程如下：

$$Q^{n+1}=\overline{S}+R \cdot Q^n = Q' + Q' \cdot Q^n = Q'$$

(2) 当 CP=1 时，G_3 和 G_4 两个逻辑门被封锁，它们的输出 $G_3=1$，$G_4=1$，所以无论 G_5 的输出 Q'怎样变化，G_1 和 G_2 组成的 RS 触发器的输出状态保持不变。而 G_7 和 G_8 两个逻辑门被打开，它们的输出 $G_7=\overline{D}$，$G_8=D$，即 $S=\overline{D}$，$R=D$。将它们代入 RS 触发器的特性方程可以得到 $Q'=D$。但是要特别注意，这时 Q'只是随着 D 的变化而变化，并不锁存。

(3) 在 CP 下降沿时刻，即由 CP=1 时的情况变为 CP=0 时，G_7 和 G_8 两个逻辑门被封锁，G_3 和 G_4 两个逻辑门被打开。此时 Q'锁存 CP 下降沿时刻的 D 值而不再变化。随后将该值送入 G_1 和 G_2 组成的 RS 触发器，使得 $Q=D$。

(4) CP 下降沿过后，G_7 和 G_8 两个逻辑门被封锁，Q'锁存的 CP 下降沿时刻的 D 值保持不变，G_3 和 G_4 两个逻辑门被打开，D 触发器的状态 Q 当然也保持不变。

综上分析可知，这种触发器几乎在整个时钟周期内对外都是隔离的。在 CP=1 时，D 信号可以进入输入与非门，但仍被拒于触发器之外。只是在 CP 由 1 变为 0 之后的短暂时间里，D 值才能对触发器起作用并引起触发器翻转，从而实现边沿触发的功能。

边沿 D 触发器的逻辑功能和同步 D 触发器的相同，所不同的是其逻辑功能的实现是在 CP 有效边沿到来时刻。另外，边沿 D 触发器的特性表、状态图等也与同步 D 触发器的大致相同，在这里就不再一一罗列，请读者自行分析。

例 3-5 已知主从边沿 D 触发器的 CP 和 D 的波形，画出输出 Q 和 $\overline{Q}$ 的波形。设触发器的初始状态为 0。

解 当 CP=0，CP=1 时，Q 和 $\overline{Q}$ 的波形不变；当上升沿到来时，触发器的状态发生变化，如图 3-20 所示。

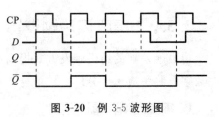

图 3-20 例 3-5 波形图

3.3.2 边沿 JK 触发器

1. 电路结构

图 3-21(a)所示的为边沿 JK 触发器的逻辑电路图，图 3-21(b)所示的为其逻辑符号。

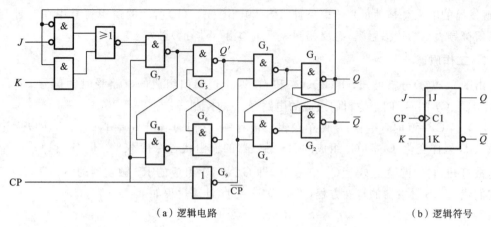

（a）逻辑电路　　　　　　　　　（b）逻辑符号

图 3-21　JK 触发器的逻辑电路和逻辑符号

从逻辑电路图可以看出，边沿 JK 触发器的逻辑电路是在 D 触发器的基础上增加 3 个逻辑门，并将输出 Q 馈送回 2 个与逻辑，与激励输入 J、K 相与后再相或组成的。或逻辑的输出就是边沿 D 触发器的 D 端。

2．工作原理

图 3-21 所示的电路的工作过程与图 3-19 所示的边沿 D 触发器逻辑电路的工作过程相似，在这里将不再叙述。

边沿 JK 触发器的逻辑功能和同步 JK 触发器的相同，所不同的是其逻辑功能的实现是在 CP 有效边沿到来时刻。另外，边沿 JK 触发器的特性表、状态图等也与同步 JK 触发器的大致相同，在这里就不再一一罗列。

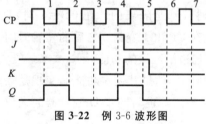

图 3-22　例 3-6 波形图

例 3-6　已知边沿 JK 触发器的 CP 和 J、K 的波形，画出输出 Q 和 $\bar{Q}$ 的波形。设触发器的初始状态为 0。

解　当 CP＝0，CP＝1 时，Q 和 $\bar{Q}$ 的波形不变；当 CP 下降沿到来时，触发器的状态发生变化，如图 3-22 所示。

3.3.3　集成边沿触发器

边沿触发器的边沿触发方式提高了触发器的抗干扰能力，增强了工作的可靠性，因此，在数字电路中应用十分广泛。

1．集成 JK 触发器

集成 JK 触发器的产品较多，以下介绍一种较典型的 TTL 双 JK 触发器 74LS76（高速 CMOS 双 JK 触发器 74HC76）和 CMOS 双 JK 触发器 CC4027。集成器件内含两个相同的 JK 触发器，它们都带有异步置 1（预置）和异步置 0（清零）输入端。74LS76（74HC76）属于下降沿触发的触发器，其逻辑符号和引脚排列如图 3-23 所示。74LS76 的逻辑功能表如表 3-13 所列。

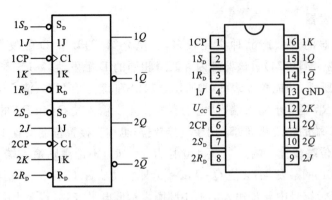

图 3-23　74LS76 的逻辑符号和引脚排列图

表 3-13　74LS76 的功能表

输入					输出	
预置 S_D	清零 R_D	时钟 CP	J	K	Q^{n+1}	$\bar{Q}^{n+1}$
0	1	×	×	×	1	0
1	0	×	×	×	0	1
1	1	↧	0	0	Q^n	$\bar{Q}^n$
1	1	↧	1	0	1	0
1	1	↧	0	1	0	1
1	1	↧	1	1	$\bar{Q}^n$	Q^n

CMOS 的 JK 触发器 CC4027 的逻辑符号和引脚排列如图 3-24 所示。由图 3-24 可见，CC4027 属于上升沿触发的触发器，两个触发器分居左右两边且从上至下各信号的排列顺序相同，电源的正负端分布在右上角和左下角，与常用的大多数集成电路相同。CC4027 的引脚排列很适合学生做创新设计实验时使用。CC4027 的逻辑功能表，除了 CP 是上升沿触发外，其余与 74LS76 的相同，可参见表 3-13。

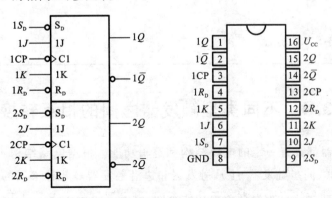

图 3-24　CC4027 的逻辑符号和引脚排列图

2. 集成 D 触发器

集成 D 触发器的定型产品种类比较多，这里介绍 TTL 双 D 触发器 74LS74（高速 CMOS 双 D 触发器 74HC74）。该器件内含两个相同的 D 触发器，74LS74 的逻辑符号和引脚排列如图 3-25 所示，功能表如表 3-14 所示。74LS74 是带有预置、清零输入、上升沿触发的触发器。S_D 和 R_D 是异步输入端，低电平有效。异步输入端 S_D 和 R_D 的作用与 RS 触发器的置 1 端和置 0 端的作用相同：S_D 用于直接置位，也称直接置位端或置 1 端；R_D 用于直接复位，也称直接复位端或置 0 端。当 $S_D=0$ 且 $R_D=1$ 时，不论激励输入端 D 为何种状态都不需要时钟脉冲 CP 的触发，都会使 $Q=1,\bar{Q}=0$，即触发器置 1；当 $S_D=1$ 且 $R_D=0$ 时，触发器的状态为 0。逻辑符号中异步输入端的小圆圈表示低电平有效，若无小圆圈则表示高电平有效。

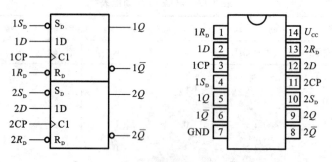

图 3-25　74LS74 的逻辑符号和引脚排列图

表 3-14　74LS74 的功能表

输　　入				输　　出	
预置 S_D	清零 R_D	时钟 CP	D	Q^{n+1}	$\bar{Q}^{n+1}$
0	1	×	×	1	0
1	0	×	×	0	1
1	1	↑	0	0	1
1	1	↑	1	1	0
1	1	0	×	Q^n	$\bar{Q}^n$

3.4　不同类型触发器之间的相互转换

不同的触发器都具有一定的电路结构和逻辑功能。根据电路结构不同，触发器可分为基本 RS 触发器、同步触发器、主从触发器和边沿触发器等几种不同的类型。不同的电路结构有不同的动作特点。根据逻辑功能不同，触发器可分为 RS、D、JK、T 等几种类型。逻辑功能可通过特性表、特性方程、状态卡诺图、状态转换图和时序图等几种不同形式来表示。

触发器的电路结构和逻辑功能之间并没有严格的一一对应关系,即同一种逻辑功能的触发器可以用不同的电路结构形式来实现。同一种电路结构形式也可以构成不同逻辑功能的触发器。另外,数字系统中往往需要不同逻辑功能的触发器,而现今市场上的触发器多为 JK 触发器和 D 触发器,这就需要掌握相应触发器之间的转换方法。

触发器之间相互转换的基本步骤如下:

(1) 写出已有触发器和待求触发器的特性方程;

(2) 变换待求触发器的特性方程,使之与已有触发器的特性方程形式一致;

(3) 根据方程式,如果变量相同、系统相等则方程一定相等的原则,比较已有和待求触发器的特性方程,求出转换逻辑;

(4) 画逻辑电路图。

3.4.1 JK 触发器转换成 RS、D 和 T 触发器

JK 触发器的特性方程:
$$Q^{n+1} = J\overline{Q^n} + \overline{K}Q^n$$

1. JK 触发器转换成 RS 触发器

(1) 待求 RS 触发器的特性方程:
$$\begin{cases} Q^{n+1} = S + \overline{R}Q^n \\ RS = 0 \text{(约束条件)} \end{cases}$$

(2) 变换 RS 触发器的特性方程:
$$Q^{n+1} = S + \overline{R}Q^n = S(\overline{Q^n} + Q^n) + \overline{R}Q^n = S\overline{Q^n} + \overline{R}Q^n + SQ^n$$
$$= S\overline{Q^n} + \overline{R}Q^n + SQ^n(\overline{R} + R) = S\overline{Q^n} + \overline{R}Q^n$$

(3) 将上式和 JK 触发器的特征方程进行比较,可得
$$J = S, \quad K = R$$

(4) 画逻辑图,如图 3-26 所示。

2. JK 触发器转换成 D 触发器

(1) 待求 D 触发器的特性方程:
$$Q^{n+1} = D$$

(2) 变换 D 触发器的特性方程:
$$Q^{n+1} = D = D(\overline{Q^n} + Q^n) = D\overline{Q^n} + DQ^n$$

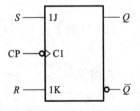

图 3-26 JK 触发器转换成的 RS 触发器

(3) 将上式和 JK 触发器的特征方程进行比较,可得
$$J = D, \quad K = \overline{D}$$

(4) 画逻辑图,如图 3-27 所示。

3. JK 触发器转换成 T 触发器

(1) 待求 T 触发器的特性方程:
$$Q^{n+1} = T\overline{Q^n} + \overline{T}Q^n$$

(2) 将上式和 JK 触发器的特征方程进行比较,可得

$$J=T, \quad K=T$$

(3) 画逻辑图,如图 3-28 所示。

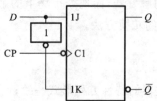

图 3-27 JK 触发器转换成的 D 触发器

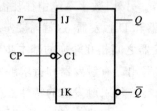

图 3-28 JK 触发器转换成的 T 触发器

3.4.2 D 触发器转换成 RS、JK 和 T 触发器

D 触发器的特性方程:

$$Q^{n+1}=D$$

1. D 触发器转换成 RS 触发器

(1) 待求 RS 触发器的特性方程:

$$\begin{cases} Q^{n+1}=S+\bar{R}Q^n \\ RS=0 \text{(约束条件)} \end{cases}$$

(2) 比较上式与 D 触发器的特征方程,若令

$$D=S+\bar{R}Q^n$$

则两式相等。

(3) 画逻辑图,如图 3-29 所示。

2. D 触发器转换成 JK 触发器

(1) 待求 JK 触发器的特性方程:

$$Q^{n+1}=J\bar{Q^n}+\bar{K}Q^n$$

(2) 比较上式与 D 触发器的特征方程,若令

$$D=J\bar{Q^n}+\bar{K}Q^n$$

则两式相等。

(3) 画逻辑图,如图 3-30 所示。

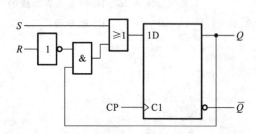

图 3-29 D 触发器转换成的 RS 触发器

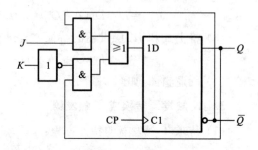

图 3-30 D 触发器转换成的 JK 触发器

3. D 触发器转换成 T 触发器

(1) 待求 T 触发器的特性方程：
$$Q^{n+1} = T\overline{Q^n} + \overline{T}Q^n$$

(2) 比较上式与 D 触发器的特征方程，若令
$$D = T\overline{Q^n} + \overline{T}Q^n = T \oplus Q^n$$
则两式相等。

(3) 画逻辑图，如图 3-31 所示。

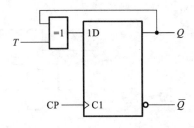

图 3-31　D 触发器转换成的 T 触发器

3.5　触发器的电气特性

触发器作为一种具体的电路器件，其电气特性是逻辑功能的载体。一般来说，电气特性也是触发器性能的重要方面，是应该学习和理解的重要内容。

1. 静态特性

1) CMOS 触发器

在 CMOS 触发器中，由于输入、输出都设置了 CMOS 反相器作为缓冲级，因此它们的输入特性和输出特性是一样的，显然，对 CMOS 反相器静态特性的分析、讲解所用的基本概念，也适用于 CMOS 触发器。

2) TTL 触发器

TTL 触发器的输入级、输出级电路，和 TTL 反相器的没有本质区别，因此，TTL 反相器中的输入特性、输出特性及有关的概念，对 TTL 触发器也是适用的。

不难理解，静态特性对触发器虽然重要，但就基本特性和概念而言，在第 2 章中已经讲解过了，在此无须赘述，至于具体参数则可查阅相关手册。

2. 动态特性

从概念上讲，虽然门电路中动态特性分析对触发器也适用，但是触发器有着和门电路截然不同的一些特性，下面以 D 触发器为例着重介绍触发器的一些独具特色的动态参数。

(1) 输入信号的建立时间和保持时间。

① 建立时间 t_{set}。

在时钟脉冲 CP 控制的触发器中，激励信号必须先于 CP 信号建立起来，电路才能可靠地翻转，激励信号必须提前建立的这段时间就称为建立时间，用 t_{set} 表示。

② 保持时间 t_h。

为了保证触发器可靠地翻转，激励信号在 CP 信号到来后还必须保持足够长的时间不变，这段时间称为保持时间，用 t_h 表示。

D 触发器输入信号的建立时间和保持时间如图 3-32 所示，图 3-32 所示的分别是置 1 和置 0 时的情况。对于置 1 时的情况，激励信号 D 由 0 跳变到 1 应该先于 CP 脉冲前沿，该时间不小于建立时间 t_{set}，而在 CP 脉冲前沿到来后激励信号 D 仍保持 1 的时间不得小于保持时间 t_h。只有这样，边沿 D 触发器才能可靠地翻转。实际的边沿 D 触发器，其 t_{set}、t_h 均很

小，例如，D 触发器 74LS74 置 1 时，$t_{set}=25$ ns，$t_h=5$ ns，置 0 时，$t_{set}=20$ ns，$t_h=5$ ns。

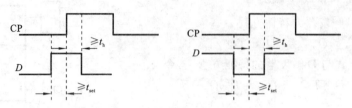

图 3-32　建立时间和保持时间

（2）触发器的传输延迟时间。

从触发脉冲的触发沿到达开始，到输出端完成状态改变为止，其间经历的时间称为传输延迟时间。

① t_{PHL} 和 t_{PLH}。

输出端由高电平变为低电平的传输延迟时间用 t_{PHL} 表示，输出端由低电平变为高电平的传输延迟时间用 t_{PLH} 表示。

② 触发器的最高时钟频率 f_{max}。

由于在时钟脉冲控制的触发器中，每一级门电路都有传输延迟，因此电路状态改变总是需要一定时间才能完成。当时钟信号频率升高到一定程度之后，触发器就来不及翻转了。显然，在保证触发器正常翻转的条件下，时钟信号的频率有一个上限值，该上限值就是触发器的最高时钟频率，用 f_{max} 表示。

3.6　触发器的应用举例

1. 噪声消除电路

在数字系统中，操作人员用机械开关对电路发出命令信号。机械开关包含一个可动的弹簧片和一个或几个固定的触点。当开关改变位置时，弹簧片不能立即与触点稳定接触，存在跳动过程，会使电压或电流波形产生毛刺，如图 3-33 所示。在电子电路中，一般不允许出现这种现象。如果用开关的输出直接驱动逻辑门，则经过逻辑门整形后，输出会有一串脉冲干扰信号，电路工作出错。

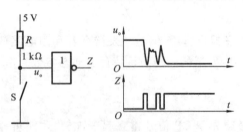

图 3-33　机械开关的接通对电压波形的影响

利用 RS 触发器的记忆作用可以消除上述开关抖动所产生的影响。开关与触发器的连接方法如图 3-34 所示。设单刀双掷开关原来与 B 点接通，这时触发器的状态为 0。当开关由 B 掷向 A 时，其中有一短暂的浮空时间，这时触发器的两个输入端均为 1，触发器的状态仍为 0。中间触点与 A 接触时，A 点的电平由于开关抖动而产生毛刺。但是，B 点已经为高电平，A 点一旦出现低电平，触发器的状态就翻转为 1，即使 A 点再出现高电平，也不会再改变触发器的状态，所以触发器的输出电压不会出现毛刺现象。

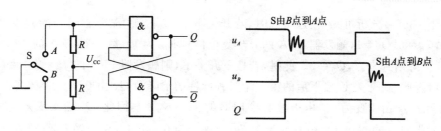

图 3-34 利用 RS 触发器消除开关抖动影响

2. 数据寄存器

寄存器是一种重要的数字电路器件,常用来暂时存放数据、指令等。一个触发器可以存储 1 位二进制代码,n 位触发器可存储 n 位二进制代码。图 3-35 所示的是由 D 触发器构成的 4 位数据寄存器逻辑电路图。

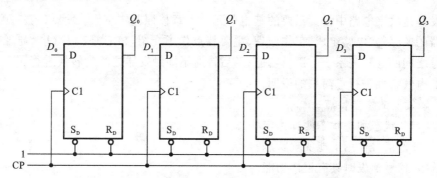

图 3-35 由 D 触发器构成的 4 位数据寄存器逻辑电路图

将 D 端作为数据输入端,Q 端作为数据输出端。由边沿 D 触发器的工作原理可知,当时钟脉冲上升沿到来时,数据 D 将被送入 Q 端。若不改变 D 的数据,不重新输入 CP 的上升沿,则触发器的输出端 Q 将始终保持不变,即可认为将 D 端数据寄存在触发器中。

3. 脉冲发生器

脉冲发生器也是一类应用较为广泛的数字电路器件,常用于数字系统的调试。图 3-36(a)所示的是由 JK 触发器构成脉冲发生器的逻辑电路图。

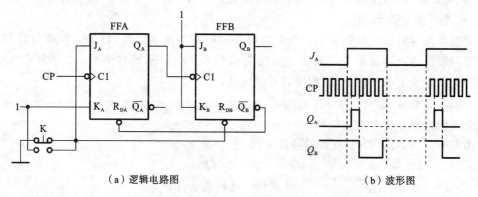

(a)逻辑电路图 (b)波形图

图 3-36 由 JK 触发器构成的脉冲发生器

由图 3-36(a)分析可知,接通电源时,若开关 K 未按下,则触发器 FFB 的异步复位信号 R_{DB} 为 0,$Q_B=0$,$\overline{Q}_B=1$,触发器 FFA 的异步复位信号 R_{DA} 为 1。触发器 FFA 的 $J_A=0$,$K_A=1$,当 CP 下降沿到来时,$Q_A=0$。此时,若按下开关 K,则触发器 FFA 的 $J_A=K_A=1$,而 R_{DA} 仍然为 1,因此,在开关 K 按下后的第一个时钟脉冲的下降沿 Q_A 由 0 变为 1,在第二个时钟脉冲下降沿 Q_A 由 1 变为 0。由于触发器 FFB 的 $J_B=K_B=1$,因此,Q_A 由 1 变为 0 的下降沿引起触发器 FFB 的翻转,Q_B 由 0 变为 1,$\overline{Q}_B$ 由 1 变为 0。由于 $\overline{Q}_B$ 与触发器 FFA 的异步复位端相连,因此,触发器 FFA 被异步置 0。这样,在触发器 FFA 的 Q_A 端就产生了一个正脉冲,脉冲的宽度等于时钟脉冲周期。其输出波形如图 3-36(b)所示。

本 章 小 结

触发器是数字电路中极其重要的基本单元。本章按照基本 RS 触发器、同步触发器、边沿触发器的顺序,就电路组成、工作原理、主要特点作了介绍,核心是次态 Q^{n+1} 与现态 Q^n 及激励信号之间的逻辑关系——逻辑功能;随后针对不同触发器之间的转换进行了介绍,并就触发器的电气特性进行了简单的说明。

(1) 触发器的主要特点。

① 具有 0 状态和 1 状态两种稳定状态。

② 在外部信号作用下能实现状态转换。

③ 输入信号消失时具有记忆功能。

(2) 触发器的输入信号。

① 直接置 0(复位)和直接置 1(置位)信号 R_D 和 S_D,用于将触发器直接置 0 和置 1。

② 外部激励信号,如 JK 触发器的 J、K,用于确定触发器的状态。

③ 时钟脉冲信号 CP,提供触发信号,以使触发器按触发瞬间的激励信号确定其状态。

触发器的工作状态由以上三种信号共同作用来决定。

(3) 触发器的种类繁多:按基本逻辑功能,可分为 RS 触发器、JK 触发器、D 触发器、T 触发器等;按触发方式,可分为电平触发器、边沿触发器等;按电路的基本结构,可分为基本触发器、同步触发器、主从触发器、边沿触发器等。在实际应用中最常使用的是边沿触发器。

(4) 触发器的逻辑功能。

触发器的逻辑功能及其表示方法是始终贯穿本章的基本内容,也是本章要分析和解决的主要问题。触发器逻辑功能的表示方法有特性表、卡诺图、特性方程、状态图和时序图。由于它们在本质上是相通的,因此可以互相转换。

① RS 触发器:把两个与非门或者或非门交叉连接起来,便构成了触发器,它的最显著特点是由输入信号电平直接控制。

由与非门组成的 RS 触发器的特性方程为

$$\begin{cases} Q^{n+1}=\overline{S}+R \cdot Q^n \\ S+R=1 \quad (约束条件) \end{cases}$$

② 边沿 D 触发器:

特性方程为

$$Q^{n+1}=D \quad [\text{CP 上升沿(或下降沿)有效}]$$

③ 边沿 JK 触发器:

特性方程为
$$Q^{n+1}=J \cdot \overline{Q^n}+\overline{K} \cdot Q^n \quad [\text{CP 上升沿(或下降沿)有效}]$$

逻辑功能是:$JK=00$,输出状态保持;JK 相异,$Q^{n+1}=J$;$JK=11$,输出状态改变,即翻转。

④ 边沿 T 触发器:

特性方程为
$$Q^{n+1}=T\overline{Q^n}+\overline{T}Q^n \quad [\text{CP 上升沿(或下降沿)有效}]$$

逻辑功能是:$T=1$,翻转;$T=0$,保持。

RS 触发器的约束条件使其应用受到一定限制,所以时序逻辑电路都由 D 触发器、JK 触发器和 T 触发器组成。D 触发器、JK 触发器和 T 触发器都是由时钟脉冲的边沿控制的触发器,它们最显著的特点是边沿控制,即时钟脉冲 CP 的上升沿(或下降沿)触发,触发器接受的是 CP 上升沿(或下降沿)时刻(约 20 ns 左右)激励信号的值,其他时间激励信号均不起作用。

习 题 3

3-1 基本 RS 触发器的输入波形如图 3-37 所示。试对应画出 Q 和 $\overline{Q}$ 的波形。设触发器起始状态为 0。

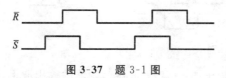

图 3-37 题 3-1 图

3-2 在图 3-38(a)所示的触发器逻辑电路中,若输入 R、S 的波形如图 3-38(b)所示,试对应画出 Q 和 $\overline{Q}$ 的波形。设触发器起始状态为 0。

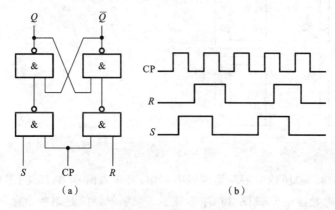

图 3-38 题 3-2 图

3-3 在图 3-39(a)所示触发器逻辑电路中,若输入 D 的波形如图 3-39(b)所示,试对应画出 Q 和 $\bar{Q}$ 的波形。设触发器起始状态为 0。

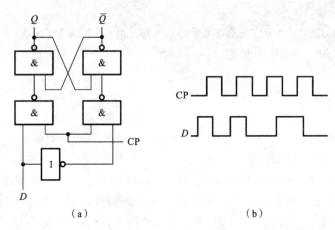

图 3-39 题 3-3 图

3-4 D 触发器的时钟信号 CP 和激励信号 D 的波形如图 3-40 所示,试分别画出上升沿触发和下降沿触发的输出波形。设触发器的起始状态为 0。

3-5 JK 触发器的时钟信号 CP 和激励信号 J、K 的波形如图 3-41 所示,试分别画出上升沿触发和下降沿触发的输出波形。设触发器的起始状态为 0。

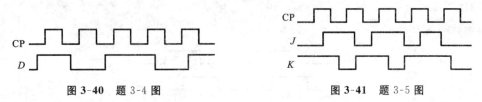

图 3-40 题 3-4 图   图 3-41 题 3-5 图

3-6 根据 CP 波形,画出图 3-42 所示各触发器的输出波形。

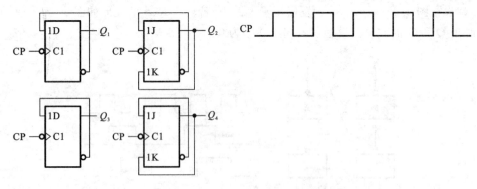

图 3-42 题 3-6 图

3-7 在图 3-43(a)所示的触发器逻辑电路中,若输入信号 A、B 及 CP 的波形如图 3-43(b)所示,试画出触发器输出端 Q_1 和 Q_2 的波形。设触发器的起始状态皆为 0。

3-8 在图 3-44(a)所示的触发器逻辑电路中,若输入信号 A 及 CP 的波形如图 3-44(b)所示,试画出 JK 触发器 Q 的波形。设触发器的起始状态为 0。

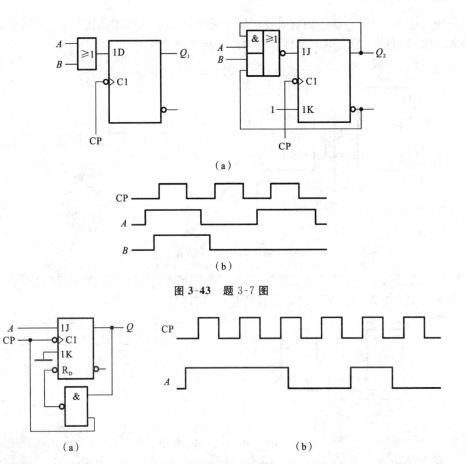

图 3-43 题 3-7 图

图 3-44 题 3-8 图

3-9 在图 3-45(a)所示的触发器逻辑电路中,若输入信号 A 及 CP 的波形如图 3-45(b)所示,试画出触发器输出端 Q_1 和 Q_2 的波形。设触发器的起始状态皆为 0。

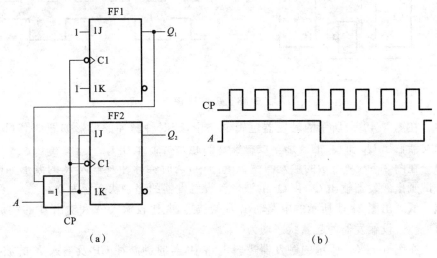

图 3-45 题 3-9 图

3-10 在图 3-46(a)所示的触发器逻辑电路中,若 CP 的波形如图 3-46(b)所示,试画出触发器输出 Q_1 和 Q_2 的波形。设触发器的起始状态皆为 0。

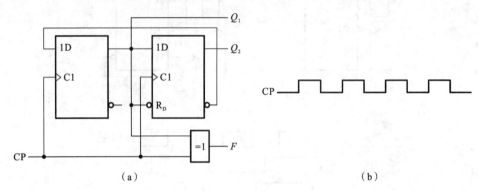

图 3-46 题 3-10 图

3-11 在图 3-47(a)所示的触发器逻辑电路中,若 CP 的波形如图 3-47(b)所示,试画出触发器输出 Q_1 和 Q_2 的波形。设触发器的起始状态皆为 0。

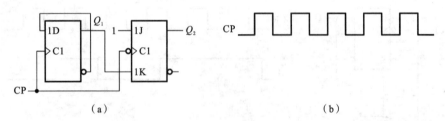

图 3-47 题 3-11 图

3-12 在图 3-48(a)所示的触发器逻辑电路中,若输入信号 D 及 CP 的波形如图 3-48(b)所示,试画出触发器输出 Q_1 和 Q_2 的波形。设触发器的起始状态皆为 0。

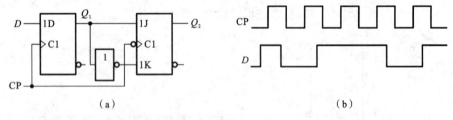

图 3-48 题 3-12 图

3-13 在图 3-49(a)所示的触发器逻辑电路中,若时钟脉冲的波形如图 3-49(b)所示,试画出触发器输出 Q_1 和 Q_2 的波形。设触发器的起始状态皆为 0。

3-14 在图 3-50(a)所示的触发器逻辑电路中,若时钟脉冲及输入 $\overline{R}$ 的波形如图 3-50(b)所示,试画出触发器输出 Q_1 和 Q_2 的波形。设触发器的起始状态皆为 0。

3-15 试画出图 3-51 所示的电路输出 B 的波形,并比较输入 A 和输出 B 的波形,说明此电路的功能。设触发器的起始状态均为 0。

3-16 在图 3-52(a)所示的触发器逻辑电路中,若时钟脉冲 CP 及输入 X 的波形如图 3-52(b)所示,试画出触发器输出 Q_1 和 Q_2 的波形。设触发器的起始状态皆为 0。

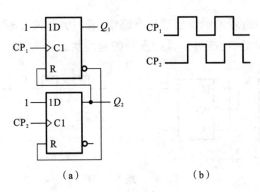

图 3-49　题 3-13 图

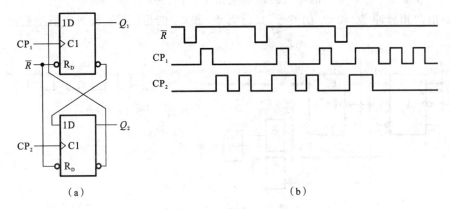

图 3-50　题 3-14 图

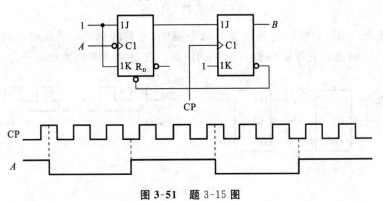

图 3-51　题 3-15 图

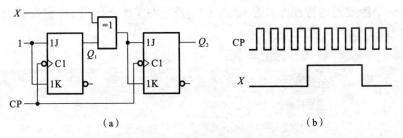

图 3-52　题 3-14 图

3-17 在图 3-53(a)所示的触发器逻辑电路中,若时钟脉冲 CP 波形如图 3-53(b)所示,试画出触发器输出 Q_1 和 Q_2 的波形。设触发器的起始状态皆为 0。

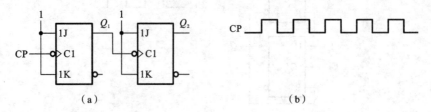

图 3-53 题 3-17 图

3-18 在图 3-54(a)所示的触发器逻辑电路中,若时钟脉冲 CP 波形如图 3-54(b)所示,试对应画出两相脉冲 Φ_1 和 Φ_2 的波形,并说明 Φ_1 和 Φ_2 的相位差。设触发器的起始状态均为 0。

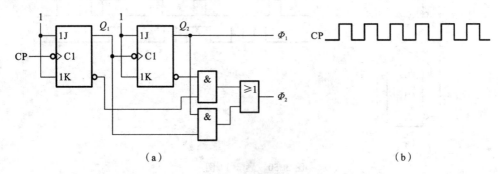

图 3-54 题 3-18 图

3-19 在图 3-55(a)所示的触发器逻辑电路中,若时钟脉冲 CP 及输入 A 的波形如图 3-55(b)所示,试画出触发器输出 Q_1 和 Q_2 的波形。设触发器的起始状态皆为 0。

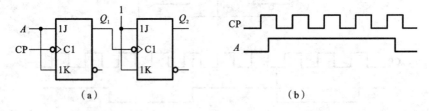

图 3-55 题 3-19 图

3-20 一个触发器的特性方程为 $Q^{n+1}=X\oplus Y\oplus Q^n$,试分别用 JK 触发器、D 触发器来实现该触发器。

第 4 章 时序逻辑电路

本章首先介绍时序逻辑电路的结构特点、功能描述方法,然后详细介绍时序逻辑电路的分析和设计的具体步骤,最后介绍集成移位寄存器、集成计数器等若干典型的中规模集成时序逻辑电路器件及其应用方法。

4.1 时序逻辑电路概述

4.1.1 时序逻辑电路的特点及分类

1. 时序逻辑电路的结构模型

组合逻辑电路的特点是输入的变化直接反映了输出的变化,其输出的状态仅取决于输入的当前状态,与输入、输出原来的状态无关。而时序逻辑电路的输出不仅与当前的输入有关,而且与电路原来的状态有关,因此时序逻辑电路中必须具有存储电路,由它将某一时刻之前的状态保存下来。存储电路可由延迟元件(电平式异步时序逻辑电路)组成,也可由触发器构成。本章只讨论由触发器构成存储电路的时序逻辑电路。时序逻辑电路的结构如图4-1 所示。

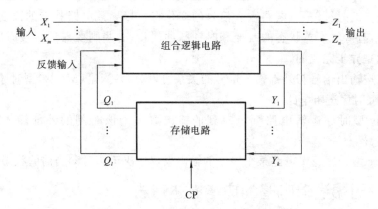

图 4-1 时序逻辑电路的结构框图

(1) CP:时钟脉冲输入信号。为了保证时序逻辑电路能够正常工作,时钟脉冲的宽度必须保证触发器能够可靠地翻转;时钟脉冲的频率必须保证前一个脉冲引起的电路响应完全结束后,后一个脉冲才能到来。

(2) $X_1, X_2, \cdots, X_m$:时序逻辑电路的输入信号,也是组合逻辑电路的外部输入信号。

(3) $Z_1, Z_2, \cdots, Z_n$:时序逻辑电路的输出信号,也是组合逻辑电路的外部输出信号。

(4) $Y_1, Y_2, \cdots, Y_k$:存储电路的状态输入信号,也称激励信号、驱动信号,为组合逻辑电路的内部输出信号,它决定了电路下一个时刻的状态。

(5) $Q_1, Q_2, \cdots, Q_l$：电路的状态输出信号，也称组合逻辑电路的内部输入信号，它反馈到组合逻辑电路的输入端，与外部输入信号共同决定时序逻辑电路的输出状态。这里要注意的是，在电路正常运行过程中 $Q_1, Q_2, \cdots, Q_l$ 是随着外部输入信号的变化而不断变化的，为了便于时序逻辑电路的设计和分析，通常将某一时刻电路的状态称为现态，用 Q^n 表示，而把在某一时刻下，当输入信号发生变化时电路达到的新的状态称为次态，用 Q^{n+1} 表示。现态和次态是两个相邻离散时间里电路的状态。

2. 时序逻辑电路的特点

由图 4-1 可知时序逻辑电路具有如下特点。

(1) 时序逻辑电路由组合逻辑电路和存储电路构成，其中存储电路是必不可少的，组合逻辑电路不一定有。存储电路具有记忆功能，一般由触发器构成，也可由延迟元件组成。

(2) 时序逻辑电路存在反馈，即存储电路的输出反馈到输入端，通过反馈使电路功能与时序相关，因而时序逻辑电路任一时刻的输出是由电路的输入和电路原来的状态共同决定的。

3. 时序逻辑电路的分类

时序电路按时钟控制可以分为两大类：同步时序逻辑电路和异步时序逻辑电路。

(1) 在同步时序逻辑电路中，所有触发器的时钟端都与同一个时钟脉冲源连接，每一个触发器的状态变化都与时钟脉冲同步。仅当时钟脉冲到来时，电路状态才有可能发生变化。而且每一个时钟脉冲只允许状态改变一次。否则，任何输入信号的变化都不会引起电路状态的改变。因此，时钟脉冲对电路状态的变化起同步控制作用。

(2) 在异步时序逻辑电路中，各触发器的时钟不是来自同一个时钟脉冲源，电路中没有统一的进行同步的时钟信号，电路输入信号的变化将直接导致电路状态的改变。在电路状态发生改变时，有些触发器状态的改变和时钟脉冲同步，有些则要滞后一段时间，即各触发器的状态变化是异步完成的。

时序电路按输出信号与外部输入信号的关系可以分为：米里(Mealy)型时序逻辑电路和摩尔(Moore)型时序逻辑电路。

(1) Mealy 型时序逻辑电路某个时刻的输出取决于该时刻的外部输入和当前的状态 Q^n。

(2) Moore 型时序逻辑电路某个时刻的输出仅仅取决于该时刻当前的状态 Q^n。

4.1.2 时序逻辑电路的功能描述方法

可以通过逻辑方程式、状态表、状态图、时序图对时序逻辑电路的功能进行描述。

1. 逻辑方程式

1) 输出方程

输出方程是反映电路输出 Z 与电路输入 X、电路状态 Q 之间关系的表达式。

$$Z(t_n) = F[X(t_n), Q(t_n)]$$

2) 驱动方程或激励方程

驱动方程或激励方程反映的是触发器的输入 Y 与外部输入 X、电路状态 Q 之间关系的表达式。

$$Y(t_{n+1}) = G[X(t_n), Q(t_n)]$$

式中：t_n、t_{n+1} 表示相邻的两个离散时间。

3）次态方程

次态方程反映的是电路的次态 Q^{n+1} 与状态输入 Y、电路现态 Q^n 之间关系的表达式。

$$Q(t_{n+1}) = H[X(t_n), Q(t_n)]$$

2. 状态表

状态表是反映时序逻辑电路的输出 Z、次态 Q^{n+1} 和输入 X、现态 Q^n 之间对应取值关系的表格。表 4-1 所示的为 Mealy 型时序逻辑电路的状态表。

3. 状态图

状态图是反映时序逻辑电路状态转换规律及相应输入、输出取值情况的几何图形。在状态图中，每一个状态用带有字母或数字的圆或椭圆代表，用带箭头的直线或弧线等有向线段表示状态转移关系，把引起状态转移的输入、输出标在有向线段的旁边。图 4-2 所示的为 Mealy 型时序逻辑电路的状态图。

表 4-1 Mealy 型时序逻辑电路状态表

现　态	次态/输出
	输入 X
Q^n	Q^{n+1}/Z

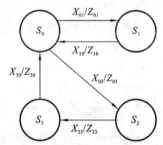

图 4-2 Mealy 型时序逻辑电路状态图

4. 时序图

时序图又称工作波形图。它用波形图的形式表达了电路输入信号、输出信号、电路状态等信号取值在时间上的对应关系。

上述介绍的四种功能描述方法从不同的方面突出了时序逻辑电路的功能特点，它们在本质上是相同的，可以相互转换。

4.2　时序逻辑电路的分析

4.2.1　时序逻辑电路的分析步骤

时序逻辑电路的分析就是根据给定的时序逻辑电路图，通过分析，求出其输出的变化规律，以及电路状态的转换规律，进而说明该时序电路的逻辑功能和工作特性。

时序逻辑电路分析的基本过程如图 4-3 所示。

由图 4-3 可知，时序逻辑电路的分析一般按如下步骤进行。

（1）写方程式。

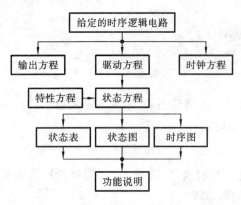

图 4-3 时序逻辑电路一般分析步骤

① 输出方程:指的是电路的外部输出表达式,根据该输出方程可确定电路外部输出在时钟脉冲作用下对输入和状态的响应情况。

② 驱动方程:指的是存储电路的输入表达式。

③ 时钟方程:指的是存储电路时钟信号的逻辑表达式。

在同步时序逻辑电路中,各触发器采用统一的时钟脉冲信号进行控制。为了保证同步时序逻辑电路可靠地工作,要求时钟脉冲信号的间隔不能太短。只有在前一个时钟脉冲信号引起的电路响应完全稳定后,下一个时钟脉冲信号才能到来,否则电路状态将发生混乱。因此,在研究同步时序逻辑电路时,通常不把时钟脉冲信号作为时序电路的输入信号处理,而是将它看作一个时间基准,因此在列方程式时可不写时钟方程。而在异步时序逻辑电路中,由于电路中没有统一的时钟脉冲进行同步,电路状态的改变是外部输入信号变化直接作用的结果。在状态发生变化的过程中,各触发器的状态变化不一定发生在同一时刻,不同状态的维持时间也不一定相同,因此在研究异步时序逻辑电路时,一般把时钟脉冲信号作为时序电路的输入信号处理,在列时钟方程时需列出时钟方程。

(2) 列电路次态方程。

该步骤需借助触发器的特性方程,把驱动方程代入相应触发器的特性方程中即可求出。

(3) 列状态表、画状态图、时序图。

把电路的输入和现态的各种可能取值代入状态方程和输出方程中,并进行计算,即可求出相应的次态和输出,以表格的形式反映出来即为状态表。根据状态表画出状态图,有需要时画时序图。

列状态表时应注意:

① 电路的现态组合即为组成该电路的触发器的现态组合;

② 要列出输入和现态的所有可能取值组合,不要遗漏;

③ 输入和现态的起始值如果给定,则可以从给定值开始,如未给定,则可以从自己设定的起始值开始。

(4) 描述电路的逻辑功能。

一般情况下,状态图或状态表就已经直观地反映了电路的工作特性,因此,根据状态图或状态表即可归纳出电路的逻辑功能。必要时结合时序图进一步说明时钟脉冲与输入、输出及内部变量之间的时间关系。

4.2.2 同步时序逻辑电路分析举例

例 4-1 分析图 4-4 所示的时序逻辑电路,说明该电路的功能。

解 (1) 写逻辑方程式。

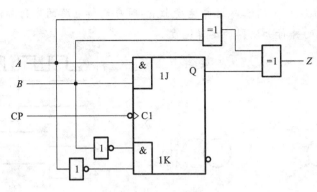

图 4-4 例 4-1 逻辑图

① 输出方程：

$$Z = A \oplus B \oplus Q^n$$

② 驱动方程：

$$J = AB, \quad K = \overline{AB}$$

(2) 求状态方程(次态方程)。

将得到的驱动方程代入 JK 触发器的特性方程 $Q^{n+1} = J\overline{Q^n} + \overline{K}Q^n$ 中即可求出次态方程。

$$Q^{n+1} = AB\overline{Q^n} + \overline{\overline{AB}}Q^n = AB\overline{Q^n} + AQ^n + BQ^n = AB + (A+B)Q^n$$

(3) 列状态表、画状态图和时序图。

① 列状态表。

根据求得的次态方程和输出方程，将输入和现态的所有取值组合代入次态方程、输出方程中，求出对应的值即可列出状态表，如表 4-2 所示。

表 4-2 例 4-1 状态表

现态(Q^n)	次态/输出(Q^{n+1}/Z)			
	$AB=00$	$AB=01$	$AB=10$	$AB=11$
0	0/0	0/1	0/1	1/0
1	0/1	1/0	1/0	1/1

② 画状态图。

由状态表(见表 4-2)，可作状态图，如图 4-5 所示。

为了更好地理解该电路的功能，需画出该电路的时序图。设 $A=1011, B=0011$，起始时状态(现态)为 0，根据状态表可画出时序图，如图 4-6 所示。

(4) 电路功能分析。

由状态表可以看出这是一个全加器的真值表，即该电路是串行加法器电路。电路的输出 Z 即为全加器的和，而进位为触发器的状态 $Q, Q=1$ 表示上一位相加有进位。相比前面介绍的组合逻辑电路加法器，从硬件上讲，该电路更节省。因为 1 位组合加法器只能完成 2 位二进制数相加，而时序逻辑电路的串行加法器则可实现 2 组二进制数的相加，即 $A=$

$A_n A_{n-1} \cdots A_0$，$B = B_n B_{n-1} \cdots B_0$。从运算速度上看，时序逻辑电路的串行加法器的运算速度要低于组合逻辑电路的并行加法器的运算速度。

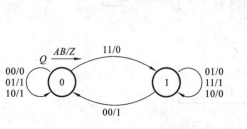

图 4-5　例 4-1 状态图

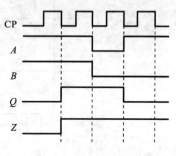

图 4-6　例 4-1 时序图

由时序图（见图 4-6）可得，当输入为 11 时，次态为 1，输出为 0；下一对输入仍为 11，但现态已变为 1，则次态为 1，输出为 1；依次类推。电路最后的状态为 0，表明加完后没有进位，即 $1011 + 0011 = 1110$。

例 4-2　分析图 4-7 所示的同步时序逻辑电路，说明该电路的功能。

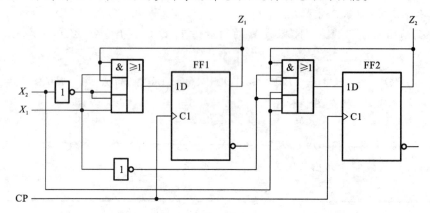

图 4-7　例 4-2 逻辑图

解　(1) 写逻辑方程式。

① 输出方程：

$$Z_1 = Q_1^n, \quad Z_2 = Q_2^n$$

② 驱动方程：

$$\begin{cases} D_1 = X_1 \overline{X_2} + X_1 Q_1^n + \overline{X_2} Q_1^n \\ D_2 = \overline{X_1} X_2 + \overline{X_1} Q_2^n + X_2 Q_2^n \end{cases}$$

(2) 求状态方程。

根据 D 触发器的特性方程 $Q^{n+1} = D$ 可得状态方程。

$$\begin{cases} Q_1^{n+1} = X_1 \overline{X_2} + X_1 Q_1^n + \overline{X_2} Q_1^n \\ Q_2^{n+1} = \overline{X_1} X_2 + \overline{X_1} Q_2^n + X_2 Q_2^n \end{cases}$$

(3) 列状态表，画状态图、时序图。

根据状态方程和输出方程可列出该电路的状态表、画出状态图，分别如表 4-3 和图 4-8 所示。

表 4-3 例 4-2 状态表

现态		次态(Q_2^{n+1}、Q_1^{n+1})				输出	
Q_1^n	Q_2^n	$X_1X_2=00$	$X_1X_2=01$	$X_1X_2=11$	$X_1X_2=10$	Z_1	Z_2
0	0	00	01	00	10	0	0
0	1	01	01	01	10	0	1
1	1	11	01	11	10	1	1
1	0	10	01	10	10	1	0

根据状态表和状态图可得到该电路的时序图。设 $X_1=01100010$，$X_2=11001010$，初始状态为 00。时序图如图 4-9 所示。

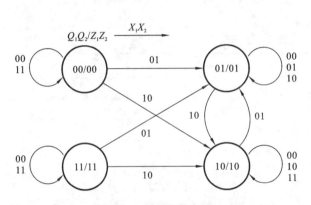

图 4-8 例 4-2 状态图

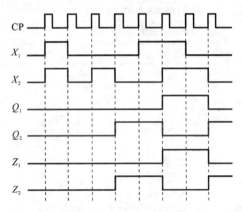

图 4-9 例 4-2 时序图

(4) 电路功能分析。

由状态表和状态图可知，该电路是串行比较器电路，能够完成 2 个多位二进制数的串行比较。输入 X_1 和 X_2 用于输入 2 个多位二进制数，有 2 个输出，$Z_1=1$ 表示 $X_1>X_2$，$Z_2=1$ 表示 $X_1<X_2$。比较过程是 2 个数的低位先入，每输入一位，比较一次。状态 00 表示当前比较 2 个数相等，状态 01 表示当前比较 $X_1<X_2$，状态 10 表示当前比较 $X_1>X_2$，状态 11 在正常工作不应进入。也可以把 Z_1 和 Z_2 经过同或运算后表示 $X_1=X_2$。由时序图可知，最后的结果是 $Z_1=0$，$Z_2=1$，即为 $X_1<X_2$。

例 4-3 分析图 4-10 所示的同步时序逻辑电路，说明该电路的功能。

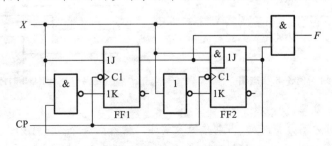

图 4-10 例 4-3 逻辑电路图

解 (1) 写逻辑方程式。

① 输出方程：

$$F = XQ_2^n Q_1^n$$

② 驱动方程：

$$\begin{cases} J_1 = X, & K_1 = \overline{XQ_2^n} \\ J_2 = XQ_1^n, & K_2 = \overline{X} \end{cases}$$

(2) 求状态方程。

$$\begin{cases} Q_1^{n+1} = X\overline{Q_1^n} + XQ_2^n Q_1^n \\ Q_2^{n+1} = X\overline{Q_2^n} Q_1^n + XQ_2^n \end{cases}$$

(3) 列状态表、画状态图和时序图。

根据状态方程和输出方程可得该电路的状态表和状态图，分别如表 4-4 和图 4-11 所示。根据状态表和状态图可作时序图，如图 4-12 所示。

表 4-4 例 4-3 状态表

输入	现态		次态		输出
X	Q_2^n	Q_1^n	Q_2^{n+1}	Q_1^{n+1}	F
0	0	0	0	0	0
0	0	1	0	0	0
0	1	0	0	0	0
0	1	1	0	0	0
1	0	0	0	1	0
1	0	1	1	0	0
1	1	0	1	1	0
1	1	1	1	1	1

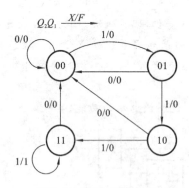

图 4-11 例 4-3 状态图

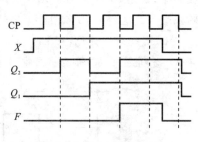

图 4-12 例 4-3 时序图

(4) 电路功能分析。

由状态图和时序图分析可知，当电路输入端连续输入的 4 个或 4 个以上 1 时，电路输出端 F 产生一个 1 输出，其他情况下输出 F 均为 0。该电路的基本功能是对输入信号 X 进行检测，当输入 X 连续出现 4 个或 4 个以上 1 时，电路输出为 1，因此，该电路为 "1111" 序列检测器。

例 4-4 分析图 4-13 所示的同步时序逻辑电路,说明该电路的功能。

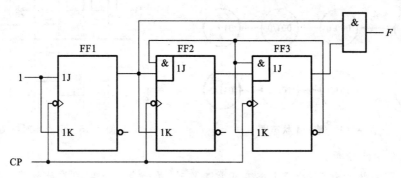

图 4-13 例 4-4 逻辑图

解 (1) 写逻辑方程式。

① 输出方程:

$$F = Q_3^n Q_1^n$$

② 驱动方程:

$$\begin{cases} J_1 = K_1 = 1 \\ J_2 = \overline{Q_3^n} Q_1^n, \quad K_2 = Q_1^n \\ J_3 = Q_2^n Q_1^n, \quad K_3 = Q_1^n \end{cases}$$

(2) 求状态方程。

根据 JK 触发器的特性方程 $Q^{n+1} = J\overline{Q^n} + \overline{K}Q^n$ 可得状态方程。

$$\begin{cases} Q_3^{n+1} = \overline{Q_3^n} Q_2^n Q_1^n + Q_3^n \overline{Q_1^n} \\ Q_2^{n+1} = \overline{Q_3^n}\, \overline{Q_2^n} Q_1^n + Q_2^n \overline{Q_1^n} \\ Q_1^{n+1} = \overline{Q_1^n} \end{cases}$$

(3) 列状态表,画状态图、时序图。

根据状态方程和输出方程可得该电路的状态表,如表 4-5 所示。

表 4-5 例 4-4 状态表

现态			次态			输出
Q_3^n	Q_2^n	Q_1^n	Q_3^{n+1}	Q_2^{n+1}	Q_1^n	F
0	0	0	0	0	1	0
0	0	1	0	1	0	0
0	1	0	0	1	1	0
0	1	1	1	0	0	0
1	0	0	1	0	1	0
1	0	1	0	0	0	1
1	1	0	1	1	1	0
1	1	1	0	0	0	1

根据状态表可得状态图,如图 4-14 所示。

根据状态表和状态图可得该电路的时序图,如图 4-15 所示。

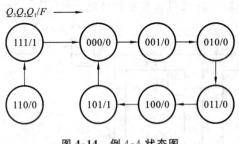

图 4-14　例 4-4 状态图

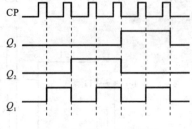

图 4-15　例 4-4 时序图

(4) 电路功能分析。

由状态图和状态表可知,该电路在正常工作时,是一个六进制同步计数器。在时钟脉冲作用下,电路状态 $Q_3^n Q_2^n Q_1^n$ 从 000 到 101 递增,设经过 6 个时钟脉冲作用后,电路状态循环一次。当电路状态达到 101 时,电路输出 $F=1$。由状态图可见,000、001、010、011、100、101 等 6 个状态形成了闭合回路,表示电路在正常工作时的有效工作状态,而 110、111 则为无效工作状态,在正常工作时是不会进入无效工作状态的。若此电路由于某种原因,如有噪声,而进入无效状态时,在时钟脉冲作用下,电路能自动回到有效状态,则说明该电路具备自启动能力。由状态图可知,该电路具备自启动能力。

4.2.3　异步时序逻辑电路分析举例

在异步时序逻辑电路中,由于没有公共的时钟脉冲,分析各触发器的状态转换时,除考虑驱动信号的情况外,还必须考虑其 CP 端的情况,触发器只有在加到其 CP 端上的信号有效时,才有可能改变状态,否则,触发器将保持原有状态不变。因此,分析异步时序逻辑电路时,首先应确定各 CP 端的逻辑表达式及触发方式,在考虑各触发器的次态方程时,对于由正跳沿触发的触发器而言,当其 CP 端的信号由 0 变 1 时,则有触发信号作用。对于由负跳沿触发的触发器而言,当其 CP 端的信号由 1 变 0 时,则有触发信号作用。有触发信号作用的触发器能改变状态,无触发信号作用的触发器则保持原有的状态不变。

例 4-5　分析如图 4-16 所示的异步时序逻辑电路,说明该电路的功能。

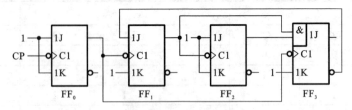

图 4-16　例 4-5 电路图

解　由逻辑图可知,该电路由 4 个 JK 触发器和 1 个与门组成,无输入和输出变量,触发器没有统一的时钟脉冲控制。该电路属于 Moore 型电路。

(1) 写逻辑方程式。

由于电路没有输入、输出变量,只需写出时钟脉冲信号的逻辑方程和驱动方程。

① 时钟方程:

$CP_0 = CP$,负跳沿触发。

$CP_1=CP_3=Q_0$,仅当 Q_0 由 1→0 时,Q_1 和 Q_3 才可能改变状态,否则,Q_1 和 Q_3 的状态保持不变。

$CP_2=Q_1$,仅当 Q_1 由 1→0 时,Q_2 才可能改变状态,否则,Q_2 的状态保持不变。

② 驱动方程:

$$\begin{cases} J_0=K_0=1 \\ J_1=\overline{Q_3^n}, \quad K_1=1 \\ J_2=K_2=1 \\ J_3=Q_2^n Q_1^n, \quad K_3=1 \end{cases}$$

(2)求状态方程。

根据 JK 触发器的特性方程 $Q^{n+1}=J\overline{Q^n}+\overline{K}Q^n$ 可得状态方程。

$$\begin{cases} Q_3^{n+1}=\overline{Q_3^n}Q_2^n Q_1^n \\ Q_2^{n+1}=\overline{Q_2^n} \\ Q_1^{n+1}=\overline{Q_3^n}\cdot\overline{Q_1^n} \\ Q_0^{n+1}=\overline{Q_0^n} \end{cases}$$

(3)列状态表,画状态图、时序图。

异步时序逻辑电路列状态表的方法和同步时序逻辑电路的方法基本类似,只是需注意各个触发器 CP 端的状态(是否有有效边沿出现)。根据时钟方程和状态方程可得该电路的状态表,如表 4-6 所示。在表中,CP=0 表示无有效边沿出现,CP=1 表示有有效边沿出现。由状态表可得到该电路的状态图,如图 4-17 所示。该电路的时序图如图 4-18 所示。

表 4-6 例 4-5 状态表

现态				时钟脉冲信号				次态			
Q_3^n	Q_2^n	Q_1^n	Q_0^n	CP_3	CP_2	CP_1	CP_0	Q_3^{n+1}	Q_2^{n+1}	Q_1^{n+1}	Q_0^{n+1}
0	0	0	0	0	0	0	1	0	0	0	1
0	0	0	1	1	0	1	1	0	0	1	0
0	0	1	0	0	0	0	1	0	0	1	1
0	0	1	1	1	1	1	1	0	1	0	0
0	1	0	0	0	0	0	1	0	1	0	1
0	1	0	1	1	0	1	1	0	1	1	0
0	1	1	0	0	0	0	1	0	1	1	1
0	1	1	1	1	1	1	1	1	0	0	0
1	0	0	0	0	0	0	1	1	0	0	1
1	0	0	1	1	0	1	1	1	0	1	0
1	0	1	0	0	0	0	1	1	0	1	1
1	0	1	1	1	1	1	1	1	1	0	0
1	1	0	0	0	0	0	1	1	1	0	1
1	1	0	1	1	0	1	1	1	1	1	0
1	1	1	0	0	0	0	1	1	1	1	1
1	1	1	1	1	1	1	1	0	0	0	0

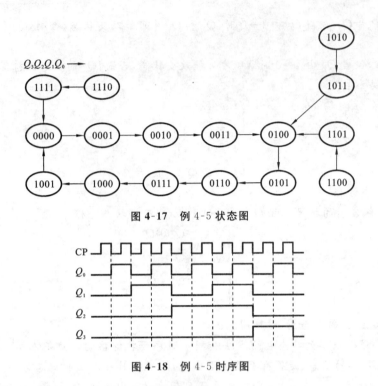

图 4-17 例 4-5 状态图

图 4-18 例 4-5 时序图

(4) 电路功能分析。

由状态图和状态表可看出,主循环共有 10 个不同的状态 0000～1001,其余 6 个状态 1010～1111 为无效状态,所以此电路是一个十进制异步加法计数器。从图 4-17 可以看出, 所有的无效状态最终都指向有效状态,因此该电路具有自启动能力。

4.3 时序逻辑电路的设计

时序逻辑电路的设计又称时序逻辑电路综合,它是分析的逆过程。分析是根据所给的逻辑电路图得出所完成的逻辑功能,而设计则是根据逻辑功能要求,选择合适的逻辑器件,设计出符合要求的时序逻辑电路。本节将以同步时序逻辑电路的设计为主,仅对异步时序逻辑电路的设计作简单介绍。

4.3.1 同步时序逻辑电路的设计

1. 同步时序逻辑电路的设计步骤

同步时序逻辑电路设计的一般步骤如图 4-19 所示。

图 4-19 所示的设计步骤是就一般设计问题来说的。在实际应用中设计者应根据实际问题灵活应用。如对于某些典型的时序逻辑电路,如计数器、序列信号发生器等,它们的共同特点是状态数固定,设计者可以由设计要求直接确定电路的状态数目和每个状态的二进制编码,无须进行状态化简和状态分配,可直接确定所需的状态图和状态表,设计步骤相对简单。此时不必严格按照图 4-19 所示的设计步骤进行设计。另外,在进行自启动能力检查

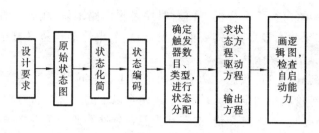

图 4-19 同步时序逻辑电路设计的一般步骤

时,如发现设计的电路不具备自启动能力时,应修改设计,重新确定状态方程、驱动方程、输出方程,以确保电路功能的可靠实现。

(1) 根据设计要求,建立原始状态图和原始状态表。

这一步也称同步时序逻辑电路的建模,它是根据设计要求的文字描述,抽象出电路的输入/输出及状态之间的关系,是整个设计中非常重要的一环。设计者需充分分析设计需求,建立的原始状态图必须正确、完整地反映设计要求,否则最终设计出的电路必然是错误的。

建立原始状态图一般按如下步骤进行。

① 根据电路的输入条件和相应的输出要求,确定输入、输出变量。

② 找出所有可能的状态,用字母表示这些状态,并将电路状态顺序编号。应在分析设计要求的基础上,根据需要记忆和区分的信息量,设定相应的原始状态。一般在某个状态下,输入信号作用后不能用已有状态表示时,就应增加一个新的状态。在确定原始状态数时,应首先设定起始状态,从起始状态出发考虑在各种输入信号作用下的状态转移和输出响应。通常采用 $S_0,S_1,\cdots,S_m$ 表示原始状态。

③ 确定状态之间的转换关系,并标出相应的输入条件和输出条件,确定原始状态图和原始状态表。

例 4-6 设计一个模为 5 的加法计数器。建立该电路的原始状态图和原始状态表。

解 由题意知模为 5,因此需要有 5 个不同的状态,需要有一个进位输出 C,计数器在时钟脉冲作用下进行加 1 计数。

设该计数器的 5 个状态分别用 S_0、S_1、S_2、S_3、S_4 表示,其中 S_0 为初始状态,则该电路的原始状态图如图 4-20 所示。原始状态表如表 4-7 所示。

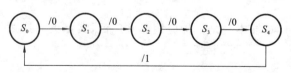

图 4-20 模为 5 的加法计数器的原始状态图

表 4-7 模为 5 的加法计数器的原始状态表

现 态	次 态	输 出
S_0	S_1	0
S_1	S_2	0
S_2	S_3	0
S_3	S_4	0
S_4	S_0	1

(2) 状态化简。

在确定原始状态图或状态表时,主要考虑的是如何正确、完整地反映设计要求,防止遗漏信息,而没有考虑状态数是否达到最少。在此基础上建立的状态图可能较为复杂,存在多余状态,有些状态是重复的、不必要的。而对时序逻辑电路来说,状态数直接决定电路中所需触发器的数目,如果状态数多,则需要的触发器就多,电路结构势必复杂。为了简化电路结构,需要进行化简,消去多余状态。

状态化简就是要找到等价状态。两个或两个以上的等价状态可以合并为一个状态,从而实现状态化简。等价状态的定义:如果两个或两个以上的状态在所有输入条件下,次态满足次态相同、次态就是现态、次态交错、次态互为隐含条件等四个条件之一即次态等价,且输出相同,则这些状态为等价状态。

在这里需要说明的是,电路中存在多余状态,并不影响电路的逻辑功能及设计要求的实现。随着数字集成电路的高速发展,集成度不断提高,特别是 CPLD/FPGA 的广泛应用,简化电路已经不是主要问题。

(3) 确定触发器的数目、类型,选择状态编码,即进行状态分配。

① 确定触发器的数目。

根据 $2^n \geq N$ 确定触发器的数目,其中 N 为经过状态化简后最终确定的状态数,n 为触发器的数目。如 $N=5$,则需要 3 个触发器。

② 状态分配。

状态分配是对最简状态表中的符号表示的状态分别给予一个代码,即把用字符表示的状态转变为用触发器状态取值组合表示的状态,也称状态编码。状态编码不同,所得到的次态方程及输出方程的复杂程度就不同,最后实现的电路复杂程度也就不同。

如果触发器的数目为 n,实际状态数为 m,则一共有 2^n 种不同的代码组合,将 2^n 种不同的代码组合分配到 m 个状态中,其分配方案是非常多的。如用 N' 代表方案数,则

$$N' = \frac{(2^n - 1)!}{(2^n - m)! \, n!}$$

由上式可以看出,当状态数 m 增加后,N' 将急剧增加,然而,在众多编码方案中寻找一个最佳方案或者接近最佳方案是很困难的。目前,在理论上并没有寻找最佳方案的好办法。

(4) 求次态方程、驱动方程、输出方程,检查自启动能力。

在通过状态分配获得了二进制状态表之后,即可根据二进制状态表和选定的触发器的次态方程,求出电路的次态方程和输出方程,并通过次态方程,求出电路的驱动方程。进行自启动检查。

2. 同步时序电路设计举例

在这里着重介绍计数器的设计。因为计数器本身是一种应用非常广泛、典型的时序逻辑电路,其设计方法具有普遍性。

例 4-7 设计一个同步十进制加法计数器。

解 (1) 分析设计要求,建立原始状态图、原始状态表。

计数器应该有 10 种状态,即 $N=10$,现分别用 $S_0, S_1, \cdots, S_9$ 表示,根据十进制加法计数的规律,可画出如图 4-21 所示的原始状态图。其对应的原始状态表如表 4-8 所示。

在图 4-21 中,S_0 代表 0,S_1 代表 1……S_9 代表 9。在输入计数脉冲的作用下,电路的状态应该按照递增的规律依次转换,当状态由 S_9 转换到 S_0,即计数器归零时,$C=1$,在其他状态下 $C=0$。

表 4-8 例 4-7 原始状态表

现 态	次 态	输 出
S_0	S_1	0
S_1	S_2	0
S_2	S_3	0
S_3	S_4	0
S_4	S_5	0
S_5	S_6	0
S_6	S_7	0
S_7	S_8	0
S_8	S_9	0
S_9	S_0	1

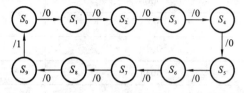

图 4-21 同步十进制加法计数器的原始状态图

(2) 状态化简。

对于计数器电路来说,在模值确定的条件下,其状态数是确定的。该题模为 10,则其状态数应为 10 个,无须进行化简。

(3) 确定触发器数目及类型,选择状态编码。

① 确定触发器数目和类型。

根据 $2^n \geqslant N=10$,取 $n=4$,选用 JK 触发器。

② 状态编码。

4 个触发器一共有 16 种状态组合,用来表示 $S_0 \sim S_9$ 这 10 种状态,从 16 种状态中选取 10 种状态的方案很多,现在选用常用的 8421 码来对这 10 种状态进行状态编码(排列顺序为 $Q_4 Q_3 Q_2 Q_1$)如下:

$S_0=0000$, $S_1=0001$, $S_2=0010$, $S_3=0011$, $S_4=0100$,
$S_5=0101$, $S_6=0110$, $S_7=0111$, $S_8=1000$, $S_9=1001$

编码后的状态图如图 4-22 所示。

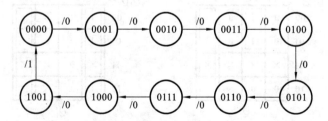

图 4-22 同步十进制加法计数器编码后的状态图

其对应的编码状态表如表 4-9 所示。

(4) 求状态方程、驱动方程、输出方程,检查能否自启动。

① 求状态方程。

根据上述所示的编码状态图或编码状态表即可画出计数器的次态卡诺图,从而求出电路的状态方程。1010~1111 这 6 种状态没有使用,正常工作时不会出现,所以可以当约束项处理。次态卡诺图如图 4-23 所示。

表 4-9 例 4-7 编码状态表

现态($Q_4^n Q_3^n Q_2^n Q_1^n$)	次态($Q_4^{n+1} Q_3^{n+1} Q_2^{n+1} Q_1^{n+1}$)	输出 C
0000	0001	0
0001	0010	0
0010	0011	0
0011	0100	0
0100	0101	0
0101	0110	0
0110	0111	0
0111	1000	0
1000	1001	0
1001	0000	1

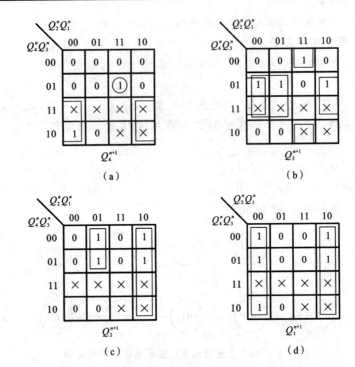

图 4-23 同步十进制加法计数器编码后的次态卡诺图

由图 4-23 所示的次态卡诺图可得

$$Q_4^{n+1} = \overline{Q_4^n} Q_3^n Q_2^n Q_1^n + Q_4^n \overline{Q_1^n}$$

$$Q_3^{n+1} = \overline{Q_3^n} Q_2^n Q_1^n + Q_3^n \overline{Q_2^n} + Q_3^n \overline{Q_1^n} = \overline{Q_3^n} Q_2^n Q_1^n + Q_3^n (\overline{Q_2^n Q_1^n})$$

$$Q_2^{n+1} = \overline{Q_4^n} \overline{Q_2^n} Q_1^n + Q_2^n \overline{Q_1^n}$$

$$Q_1^{n+1} = \overline{Q_1^n}$$

② 求驱动方程。

比较 JK 触发器的特性方程和次态方程，即可求出驱动方程如下：

$$J_4 = Q_3^n Q_2^n Q_1^n \quad K_4 = Q_1^n, \quad J_3 = Q_2^n Q_1^n \quad K_3 = Q_2^n Q_1^n$$

$$J_2 = \overline{Q_4^n} Q_1^n \quad K_2 = Q_1^n, \quad J_1 = K_1 = 1$$

③ 求输出方程。

根据状态图可画出输出函数 C 的卡诺图，如图 4-24 所示。

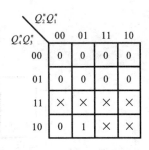

图 4-24 输出函数 C 的卡诺图

由输出卡诺图可求得输出方程

$$C = Q_4^n Q_1^n$$

④ 自启动分析。

由于 1010～1111 这 6 种状态没有使用，是无效的状态，合并最小项时当成了约束项，因此有可能形成无效循环，使得设计出来的计数器不能自启动，所以在求出状态方程和输出方程之后，应该分析以下这些无效状态的转换情况。如果在输入计数脉冲的作用下，不能回到有效状态，即不能自启动，则应该重新选择编码，或者修改无效状态的次态（可采用实现移位寄存器型计数器自启动中所使用的方法），或者采取其他措施（如用异步输入端强行置入有效状态等）解决。

将各个无效状态依次代入状态方程和输出方程中进行计算，结果如表 4-10 所列。

其对应的状态转换图如图 4-25 所示。

表 4-10 例 4-7 无效状态转换表

现态($Q_4^n Q_3^n Q_2^n Q_1^n$)	次态($Q_4^{n+1} Q_3^{n+1} Q_2^{n+1} Q_1^{n+1}$)	输出 C
1010	1011	0
1011	0100	1
1100	1101	0
1101	0100	1
1110	1111	0
1111	0000	1

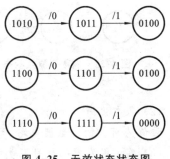

图 4-25 无效状态状态图

由状态图可见，若进入无效状态，最多经过 2 个计数脉冲就进入有效的计数状态，所以该同步十进制加法计数器能够自启动。

(5) 画逻辑图。

该同步十进制加法计数器的逻辑图如图 4-26 所示。

这里需要注意的是，如果在进行状态分配时，不是选择 8421 码，而是选择余 3 码或者余 3 循环码等编码，那么便可得到余 3 码或余 3 循环码等编码的同步十进制加法计数器。

例 4-8 设计一个可控的同步加法计数器，要求当控制信号 $M=0$ 时为六进制，当 $M=1$ 时为三进制，如图 4-27 所示。

解 (1) 分析设计要求，建立原始状态图，如图 4-28 所示。

$M=0$ 时，$N=6$；$M=1$ 时，$N=3$

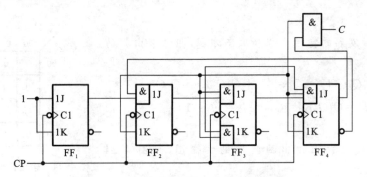

图 4-26　同步十进制加法计数器的逻辑图

图 4-27　可控同步加法计数器示意图

其对应的原始状态表如表 4-11 所列。

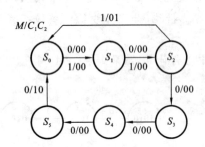

图 4-28　例 4-8 原始状态图

表 4-11　例 4-8 原始状态表

输入 现态	次态/输出	
	$M=0$	$M=1$
S_0	$S_1/00$	$S_1/00$
S_1	$S_2/00$	$S_2/00$
S_2	$S_3/00$	$S_0/01$
S_3	$S_4/00$	×/××
S_4	$S_5/00$	×/××
S_5	$S_0/10$	×/××

（2）状态化简。

该例为可控的计数器电路，无须进行状态化简。

（3）确定触发器的数目及类型，选择状态编码。

① 确定触发器的数目和类型。

根据 $2^n \geqslant N=6$，取 $n=3$，选用 JK 触发器。

② 状态编码。

编码顺序为 $Q_3Q_2Q_1$，状态编码为

$S_0=000$，$S_1=001$，$S_2=010$，$S_3=011$，$S_4=100$，$S_5=101$

编码后状态图如 4-29 所示。

其对应的编码状态表如表 4-12 所示。

（4）求状态方程、驱动方程、输出方程，检查能否自启动。

① 求状态方程。

根据上述所示的编码状态图或编码状态表即可画出计数器次态卡诺图，从而求出电路的状态方程。次态卡诺图如图 4-30 所示。

表 4-12　例 4-8 编码状态表

输入 现态 ($Q_3^n Q_2^n Q_1^n$)	次态/输出 ($Q_3^{n+1} Q_2^{n+1} Q_1^{n+1} / C_1 C_2$)	
	$M=0$	$M=1$
000	001/00	001/00
001	010/00	010/00
010	011/00	000/01
011	100/00	×/××
100	101/00	×/××
101	000/10	×/××

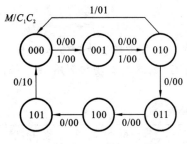

图 4-29　例 4-8 编码状态图

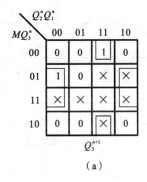

(a)

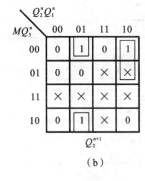

(b)

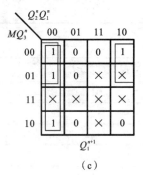

(c)

图 4-30　例 4-8 次态卡诺图

由图 4-30 所示的次态卡诺图可得

$$Q_3^{n+1} = \overline{Q_2^n} Q_2^n Q_1^n + Q_3^n \overline{Q_1^n}$$

$$Q_2^{n+1} = \overline{Q_3^n} \overline{Q_2^n} Q_1^n + \overline{M} Q_2^n \overline{Q_1^n}$$

$$Q_1^{n+1} = \overline{Q_2^n} \overline{Q_1^n} + \overline{M} \overline{Q_1^n} = \overline{M Q_2^n} \overline{Q_1^n}$$

② 求驱动方程。

比较 JK 触发器的特性方程和次态方程,即可求出驱动方程如下：

$$J_3 = Q_2^n Q_1^n \quad K_3 = Q_1^n, \quad J_2 = \overline{Q_3^n} Q_1^n \quad K_2 = \overline{\overline{M} \overline{Q_1^n}}, \quad J_1 = \overline{M Q_2^n} \quad K_1 = 1$$

③ 求输出方程。

根据状态图可画出输出函数 C 的卡诺图,如图 4-31 所示。

图 4-31　例 4-8 输出卡诺图

由输出卡诺图可求得输出方程：

$$C_1 = Q_3^n Q_1^n, \quad C_2 = MQ_2^n$$

④ 自启动分析。

无效状态转换情况如表 4-13、表 4-14 和图 4-32 所示。从无效状态转换的状态图可看出，此电路由于某种原因进入无效状态时，在 CP 脉冲作用后，电路能自动回到有效序列，所以电路具有自启动能力，能够自启动。

表 4-13　$M=0$ 时无效状态转换表

现态($Q_3^n Q_2^n Q_1^n$)	次态($Q_3^{n+1} Q_2^{n+1} Q_1^{n+1}$)	输出 C_1	输出 C_2
110	111	0	0
111	000	1	0

表 4-14　$M=1$ 时无效状态转换表

现态($Q_3^n Q_2^n Q_1^n$)	次态($Q_3^{n+1} Q_2^{n+1} Q_1^{n+1}$)	输出 C_1	输出 C_2
011	100	0	1
100	101	0	0
101	000	1	0
110	100	0	1
111	000	1	1

(5) 画逻辑图。

该可控同步加法计数器的逻辑图如图 4-33 所示。

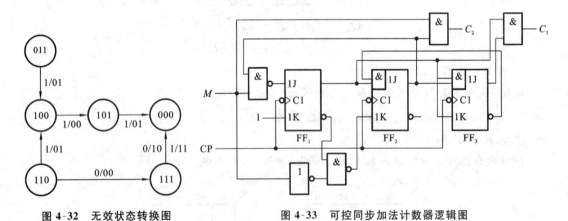

图 4-32　无效状态转换图　　　　图 4-33　可控同步加法计数器逻辑图

4.3.2　异步时序逻辑电路的设计

异步时序逻辑电路的特点是触发器不受统一的 CP 脉冲信号的控制。因此，在异步时序逻辑电路的设计过程中，除参考同步时序逻辑电路的设计步骤外，还需要在选定触发器数目及类型、状态分配后，为每个触发器选择合适的时钟脉冲信号，即确定相应的时钟方程。异步时序逻辑电路可以分为脉冲异步时序逻辑电路和电平异步时序逻辑电路两种类型。在这里仅仅针对脉冲异步时序逻辑电路的设计进行分析。

例 4-9 用下降沿触发的 JK 触发器设计一个满足如图 4-34 所示的状态转换图的异步时序逻辑电路。

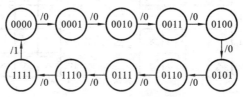

图 4-34　例 4-9 状态转换图

解 由状态转换图可知,这是一个带进位输出的异步十进制计数器。十进制计数器需要 4 个触发器,用 $Q_3Q_2Q_1Q_0$ 表示这 4 个触发器的状态输出。

(1) 时钟方程的确定。

设计该异步时序电路的关键是如何确定各个触发器的时钟信号,即决定各个触发器的时钟信号从哪里取得。选择原则是:触发器需翻转时,必须产生触发脉冲;触发器无须翻转时,最好不产生触发脉冲。一般来说,采用逐级向前寻找的方式,即当前触发器的时钟信号尽可能用 Q_{i-1} 或 $\overline{Q_{i-1}}$,如前级不能用,则向更前级寻找。

图 4-35 所示的为图 4-34 所示状态转换图对应的时序图,图中 CO 表示进位输出。

从时序图中可以看出,触发器 Q_3 发生 2 次翻转,但 Q_2 输出只提供了一个有效的下降沿,因此用 Q_2 的输出作为 Q_3 的时钟信号是不合适的,而 Q_1 输出虽然提供了 2 个下降沿,但只有 1 个是有效的,用 Q_1 的输出作为 Q_3 的时钟信号也是不合适的,Q_0 输出提供了 5 个下降沿,而且在 Q_3 发生翻转的时候,Q_0 输出的下降沿都有效地出现,因此选用 Q_0 输出作为 Q_3 的时钟信号,即 $CP_3 = Q_0$。

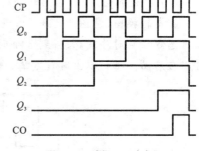

图 4-35　例 4-9 时序图

从上述分析可分别得到其他触发器的时钟方程。

$$CP_2 = Q_1, \quad CP_1 = Q_0, \quad CP_0 = CP$$

(2) 状态卡诺图的修改。

通过上述分析可知,在每次计数器状态变化时,并不是每级触发器都有有效时钟。对于没有有效时钟的触发器,它的状态是不可能改变的,并且和触发器输入端信号值无关。或者说,这时输入端的状态是可以任意指定的。因此,在设计中,凡是没有有效时钟作用的状态,它的触发器的下一个状态按任意态处理(即作为无关项或约束项处理)。修改后的状态卡诺图如图 4-36 所示。

(3) 求次态方程和驱动方程。

根据图 4-36 所示的状态卡诺图可以求得各触发器的次态方程和驱动方程如下:

$$Q_0^{n+1} = \overline{Q_0^n}, \quad J_0 = 1, \quad K_0 = 1$$

$$Q_1^{n+1} = \overline{Q_1^n} + \overline{Q_3^n} Q_2^n Q_1^n, \quad J_1 = 1, \quad K_1 = \overline{Q_3^n Q_2^n}$$

$$Q_2^{n+1} = \overline{Q_2^n}, \quad J_2 = 1, \quad K_2 = 1$$

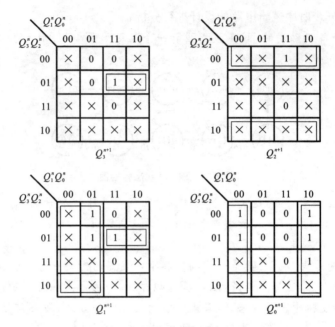

图 4-36 例 4-9 状态卡诺图

$$Q_3^{n+1}=\overline{Q_3^n}Q_2^nQ_1^n, \quad J_3=Q_2^nQ_1^n, \quad K_3=1$$

(4)画逻辑图,进行自启动分析。

状态转换图(见图 4-34)只出现了 10 个状态,再将未使用的 6 个状态作为起始状态,根据次态方程画时序图,又得到 3 个时序图。这 3 个时序图都能回到使用状态。所以该电路可以自启动。根据以上时钟方程、输出方程和触发方程,画出电路图,如图 4-37 所示。

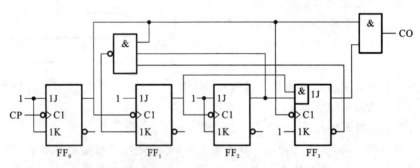

图 4-37 例 4-9 的逻辑电路图

4.4 常用中规模集成时序逻辑电路

4.4.1 寄存器与移位寄存器

1. 寄存器

寄存器是存储二进制数的时序逻辑电路组件,它具有接收和寄存二进制数的功能。前面介绍的各种集成触发器就是一种可以存储1位二进制数的寄存器,用 n 个触发器就可以存储 n 位二进制数。

图 4-38 所示的是由 D 触发器组成的 4 位集成寄存器 74LS175 的逻辑电路图和引脚排列图。74LS175 是并行输入并行输出寄存器。其中,R_D 是异步清 0 控制端。1D、2D、3D、4D 是并行数据输入端,CP 为时钟脉冲输入端,1Q、2Q、3Q、4Q 是并行数据输出端。

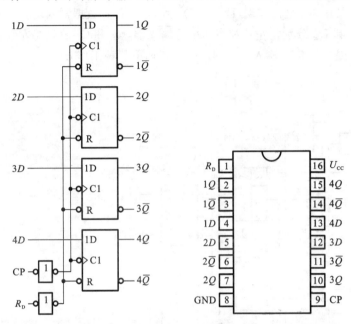

图 4-38　4 位集成寄存器 74LS175 的逻辑电路图和引脚排列图

该电路的数据接收过程为:将需要存储的 4 位二进制数送到数据输入端 1D、2D、3D、4D,在 CP 端送一个时钟脉冲,在脉冲上升沿的作用下,1D、2D、3D、4D 端的 4 位二进制数同时出现在 4 个触发器的 Q 端。74LS175 的功能如表 4-15 所示。

表 4-15　74LS175 的功能表

清零	时钟	输		入		输		出		工作模式
R_D	CP	1D	2D	3D	4D	1Q	2Q	3Q	4Q	
0	×	×	×	×	×	0	0	0	0	异步清零
1	↑	1D	2D	3D	4D	1D	2D	3D	4D	数码寄存
1	1	×	×	×	×		保持			数据保持
1	0	×	×	×	×		保持			数据保持

目前,用于寄存并行二进制数据的集成寄存器主要有电位型数据锁存器和边沿触发器。如 74LS373、74LS573 等属于电位型 8D 数据锁存器,74LS374、74LS574 等属于 8D 边沿触发器。

2. 移位寄存器

移位寄存器不但可以寄存数据,而且在移位脉冲作用下,寄存器中的数据可以向左或向右移动 1 位。移位寄存器也是数字系统和计算机中应用很广泛的基本逻辑部件。

移位寄存器的种类很多,如 4 位单向移位寄存器 74LS195、8 位单向移位寄存器 74LS164、4 位双向移位寄存器 74LS194、8 位双向移位寄存器 74LS198 等。在这里介绍 4 位双向移位寄存器 74LS194。

移位寄存器 74LS194 是由 4 个 D 触发器组成的功能很强的移位寄存器,它的内部逻辑如图 4-39 所示,其中 R_D 是清零端,D_0、D_1、D_2 和 D_3 是预置数据输入端,Q_0、Q_1、Q_2 和 Q_3 为数据输出端,D_{SL} 和 D_{SR} 分别是左移和右移串行输入端,Q_0 和 Q_3 分别是左移和右移时的串行输出端,M_1、M_0 是控制信号输入端。74LS194 有如下四种工作方式。

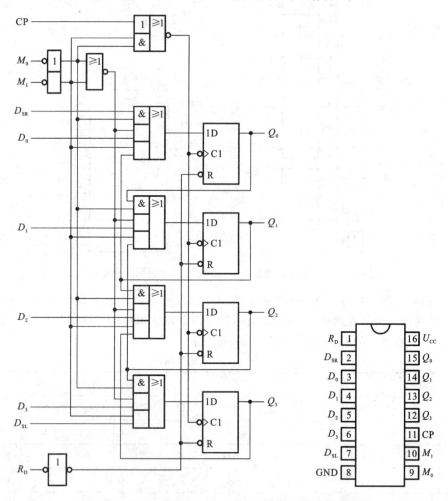

图 4-39 移位寄存器 74LS194 的逻辑电路图和引脚排列图

(1) 当 $M_1M_0=00$ 时,各触发器的时钟端都为低电平,故各触发器的状态不变,为保持工作方式。

(2) 当 $M_1M_0=01$ 时,为右移工作方式,实现右移操作:$D_{SR} \to Q_0 \to Q_1 \to Q_2 \to Q_3$。

(3) 当 $M_1M_0=10$ 时,为左移工作方式,实现左移操作:$D_{SL} \to Q_3 \to Q_2 \to Q_1 \to Q_0$。

(4) 当 $M_1M_0=11$ 时,为置数工作方式,实现置数操作:$D_0 \to Q_0$、$D_1 \to Q_1$、$D_2 \to Q_2$、$D_3 \to Q_3$。

74LS194 的工作方式由 M_1 和 M_0 的取值来确定,如表 4-16 所列。

表 4-16　74LS194 的工作方式表

输入										输出				工作模式
清零	控制		串行输入		时钟	并行输入								
R_D	M_1	M_0	D_{SL}	D_{SR}	CP	D_0	D_1	D_2	D_3	Q_0	Q_1	Q_2	Q_3	
0	×	×	×	×	×	×	×	×	×	0	0	0	0	异步清零
1	0	0	×	×	×	×	×	×	×	Q_0^n	Q_1^n	Q_2^n	Q_3^n	保持
1	0	1	×	1	↑	×	×	×	×	1	Q_0^n	Q_1^n	Q_2^n	右移
1	0	1	×	0	↑	×	×	×	×	0	Q_0^n	Q_1^n	Q_2^n	
1	1	0	1	×	↑	×	×	×	×	Q_1^n	Q_2^n	Q_3^n	1	左移
1	1	0	0	×	↑	×	×	×	×	Q_1^n	Q_2^n	Q_3^n	0	
1	1	1	×	×	↑	D_0	D_1	D_2	D_3	D_0	D_1	D_2	D_3	置数

移位寄存器是数字系统中应用最广泛的时序逻辑器件之一。可实现数据的串行-并行转换和并行-串行转换,也可将移位寄存器 74LS194 的串行输出端以一定的形式反馈到串行输入端,构成特殊编码的移位型计数器,进行计数、分频,还可构成序列信号发生器、序列检测器等。下面举例介绍移位寄存器的简单应用。

例 4-10　用 74LS194 构成 4 位环形计数器。

当反馈逻辑为 $D_0 = Q_{n-1}$ 时,就构成了由 n 位移存器构成的 n 位环形计数器。图 4-40 所示的是用 74LS194 构成的 4 位环形计数器的逻辑图和状态图。当正脉冲启动信号 START 到来时,使 $M_1 M_0 = 11$,从而不论移位寄存器 74LS194 的原状态如何,在 CP 作用下总是执行置数操作,使 $Q_0 Q_1 Q_2 Q_3 = 1000$。当 START 由 1 变 0 之后,$M_1 M_0 = 01$,在 CP 作用下移位寄存器进行右移操作。在第 4 个 CP 到来之前 $Q_0 Q_1 Q_2 Q_3 = 0001$。这样在第 4 个 CP 到来时,由于 $D_{SR} = Q_3 = 1$,故在此 CP 作用下 $Q_0 Q_1 Q_2 Q_3 = 1000$。可见该计数器共四个状态,为模 4

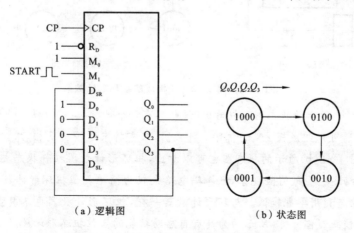

(a) 逻辑图　　　　　　　　(b) 状态图

图 4-40　用 74LS194 构成的环形计数器

计数器。

环形计数器的电路十分简单，N 位移位寄存器可以计 N 个数，实现模 N 计数器，且状态为 1 的输出端的序号即代表收到的计数脉冲的个数，通常不需要任何译码电路。但环形计数器的状态利用率低，n 个触发器或 n 位移位型计数器只能构成模为 n 的计数器，存在 $2^n - n$ 个无效状态，而且不具备自启动特性，设计时需进行自启动校正。图 4-41 所示的电路为具备自启动功能的 4 位环形计数器，其状态图请读者自行分析。

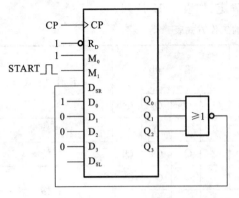

图 4-41 用 74LS194 构成的具有自启动功能的环形计数器

例 4-11 用 74LS194 构成 4 位扭环形计数器。

当反馈逻辑为 $D_0 = \overline{Q_{n-1}}$ 时，就构成了由 n 位移位寄存器构成的 n 位扭环形计数器。图 4-42 所示的是用 74LS194 构成的 4 位扭环形计数器的逻辑图和状态图。当负脉冲清零信号到来时，不论移位寄存器 74LS194 的原状态如何，在 CP 作用下总是执行清零操作，使 $Q_0Q_1Q_2Q_3 = 0000$。当负脉冲清零信号由 0 变为 1 后，由于 $M_1M_0 = 01$，在 CP 作用下移位寄存器进行右移操作。

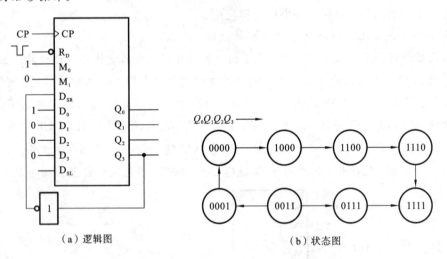

(a) 逻辑图　　　　　　　　　　(b) 状态图

图 4-42 用 74LS194 构成的扭环形计数器

从图 4-42(b) 所示的状态图可以看出，该电路有 8 个计数状态，为模 8 计数器。一般来说，N 位移位寄存器可以组成模 $2N$ 的扭环形计数器，只需将末级输出反相后，接到串行输入端即可。而且，从图 4-42(b) 所示的状态图也可以看出，扭环形计数器相邻状态之间仅有 1 位代码不同，因而不会产生竞争、冒险现象，且译码电路也较为简单。但扭环形计数器也存在 $2^n - 2n$ 个无效状态，状态利用率也较低。与环形计数器一样，扭环形计数器也不具备自启动功能，也需进行自启动校正。图 4-43 所示的为具有自启动功能的 4 位扭环形计数器。

利用移位寄存器除了可实现特殊编码的移存型计数器外，实现序列信号检测电路也较为方便。如果需检测的序列信号有 n 位,则只需选择 $n-1$ 或 n 位移位寄存器存储序列,然后根据需检测的序列来设计检测输出标志的组合逻辑电路即可。下面举例说明。

例 4-12 利用 74LS194 构成一个"1010"的序列信号检测电路。输入序列可重叠。

解 需检测的序列为"1011",为 4 位。不论选择 3 位还是 4 位移位寄存器存储序列,用一片 74LS194 即可实现。

方法一:如选择 3 位,则只需用一片 74LS194 的右移来存储序列的前 3 位,则输出标志为 $Y=XQ_0\overline{Q_1}Q_2$,其对应的逻辑电路如图 4-44 所示。

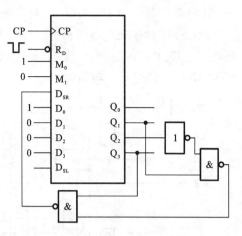

图 4-43 用 74LS194 构成的具有自启动功能的扭环形计数器

方法二:如选择 4 位,则需用一片 74LS194 的右移来存储序列的全部 4 位,则输出标志为 $Y=\overline{Q_0}Q_1\overline{Q_2}Q_3$,其对应的逻辑电路如图 4-45 所示。

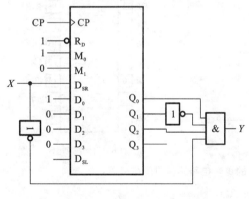

图 4-44 例 4-12 方法一

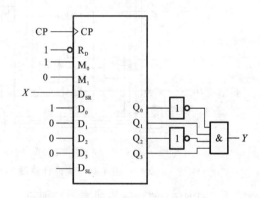

图 4-45 例 4-12 方法二

4.4.2 计数器

在前面章节关于时序电路的分析与设计中介绍了计数器的分析与设计方法,本节将针对集成计数器的功能和应用展开介绍。

集成计数器有许多不同的类型。按计数进制,计数器可分为二进制计数器和非二进制计数器。非二进制计数器中最典型的是十进制计数器。按数字的增减趋势,计数器可分为加法计数器、减法计数器和可逆计数器。按计数器中触发器翻转是否与计数脉冲同步,计数器可分为同步计数器和异步计数器。

1. 集成同步加法计数器 74LS161/74LS163、74LS160/74LS162

74LS161 和 74LS163 是 4 位二进制同步加法计数器,74LS160/74LS162 是 8421BCD 码同步加法计数器,它们的逻辑功能、计数原理及引脚排列完全一样。区别在于 74LS161/

153

74LS160 采用异步清零,74LS163/74LS162 采用同步清零。

74LS161 的逻辑电路图和引脚排列图如图 4-46 所示,其中 R_D 是清零端,LD 是置数控制端,D、C、B、A 是预置数据输入端,EP 和 ET 是计数使能(控制)端,RCO(= $ETQ_DQ_CQ_BQ_A$)是进位输出端。

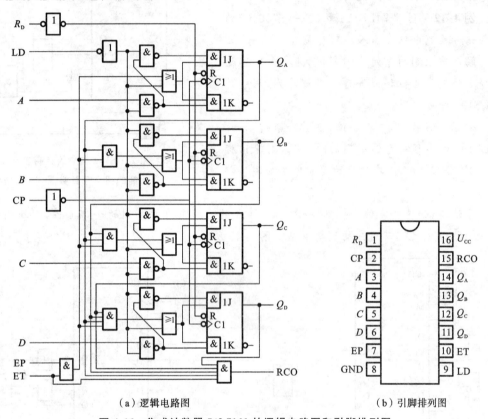

(a) 逻辑电路图　　　　　　　　(b) 引脚排列图

图 4-46　集成计数器 74LS161 的逻辑电路图和引脚排列图

74LS161 的功能表如表 4-17 所示。

表 4-17　74LS161 功能表

清零	置数	使能		时钟	置 数 输 入				输 出			
R_D	LD	EP	ET	CP	D	C	B	A	Q_D	Q_C	Q_B	Q_A
0	×	×	×	×	×	×	×	×	0	0	0	0
1	0	×	×	↑	D	C	B	A	D	C	B	A
1	1	0	×	×	×	×	×	×	保持			
1	1	×	0	×	×	×	×	×	保持 RCO=0			
1	1	1	1	↑	×	×	×	×	计数			

由功能表可知,74LS161 具有以下功能。

(1) 异步清零。

当 $R_D=0$ 时,计数器处于异步清零工作方式,这时,不管其他输入端(包括时钟信号 CP)的状态如何,计数器输出将被直接置 0。由于清零不受时钟信号控制,因而称为异步清零。

(2) 同步并行置数。

当 $R_D=1$，LD=0 时，计数器处于同步并行置数工作状态。这时，在时钟脉冲 CP 正跳沿作用下，D、C、B、A 输入端的数据将分别被 Q_D、Q_C、Q_B、Q_A 端所接收。由于置数操作要与 CP 正跳沿同步，且 A～D 输入端的数据同时置入计数器，因此这种操作称为同步并行置数。

(3) 计数。

当 $R_D=$LD=EP=ET=1 时，计数器处于计数工作状态，在时钟脉冲 CP 正跳沿作用下，实现 4 位二进制计数器的计数功能，计数过程有 16 个状态，计数器的模为 16。当计数状态为 $Q_DQ_CQ_BQ_A=1111$ 时，进位输出 RCO=1。

(4) 保持。

当 $R_D=$LD=1，ET·EP=0 (即两个计数使能端中有 0) 时，计数器处于保持工作状态，即不管有无 CP 脉冲作用，计数器都将保持原有状态不变(停止计数)。此时，如果 EP=0，ET=1，进位输出 RCO 也保持不变；如果 ET=0，不管 EP 状态如何，进位输出 RCO=0。

74LS161 的时序图如图 4-47 所示。由时序图可以观察到 74LS161 的功能和各控制信号间的时序关系。首先加入一个清零信号 $R_D=0$，使各触发器的状态为 0，即计数器清零。R_D 变为 1 后，加入一个置数控制信号 LD=0。该信号需维持到下一个时钟脉冲的正跳变到来后。在这个置数信号和时钟脉冲正跳沿的共同作用下，各触发器的输出状态与预置的输入数据相同(图 4-47 中为 $DCBA=1100$)，置数操作完成。接着是 EP=ET=1，在此期间 74LS161 处于计数状态。这里是从预置的 $DCBA=1100$ 开始计数，直到 EP=0，ET=1，计数状态结束，转为保持状态，计数器输出保持 EP 负跳变前的状态不变，图 4-47 中为 $DCBA=0010$，RCO=0。

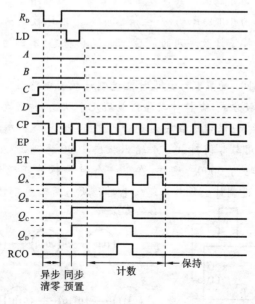

图 4-47　74LS161 的时序图

利用 74LS161 的清零方式和置数方式可以实现模大于芯片模数 $M\leqslant16$ 的任一进制计数器。下面将分别举例介绍。

例 4-13 利用清零方式，用 74LS161 构成九进制计数器。

解 九进制计数器有 $9(N=9)$ 个状态，而 74LS161 在计数过程中有 $16(M=16)$ 个状态，因此必须设法跳过 $M-N=16-9=7$ 个状态，即计数器从 0000 状态开始计数，当计到第 9 个状态后，利用下一个状态 1001，提供清零信号，迫使计数器回到 0000 状态，此后清零信号消失，计数器重新从 0000 状态开始计数。应用 74LS161 清零方式构成的九进制计数器逻辑电路及主循环状态图如图 4-48 所示。在逻辑图中，利用与非门将输出端 $Q_DQ_CQ_BQ_A=$ 1001 信号译码，产生清零信号，使计数器返回 0000 状态。因 74LS161 计数器是异步清零，电路进入 1001 状态的时间极其短暂，在主循环状态图中用虚线表示，这样，电路就跳过了 1001～1111 这 7 个状态，实现九进制计数。

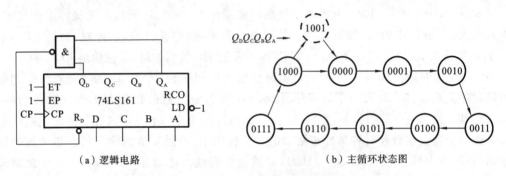

(a) 逻辑电路　　　　　　　　　　(b) 主循环状态图

图 4-48　利用 74LS161 清零方式构成九进制计数器

由本例题可知：利用异步清零方式可以把计数序列的后几个状态舍掉，构成不足芯片模数 M(本例为 16)的 N 进制计数器。具体方法是：用与非门对第 $N+1$ 个计数状态(本例 $N=9$，第 $N+1$ 个计数状态为 1001)译码，产生清零信号。当计数到第 $N+1$ 个状态时，$R_D=0$，计数器回 0。这样就舍掉了计数序列的最后 $M-N$ 个状态(本例为 1001,1010,…,1111)，构成 N 进制计数器。

例 4-14 利用 74LS161 的置数方式设计九进制计数器电路。

解 方法一：利用置数方式，舍掉计数序列最后几个状态，构成九进制计数器。

要构成九进制计数器，应保留计数序列 0000～1000 这 9 个状态，舍掉 1001～1111 这 7 个状态。具体步骤是：利用与非门对第 9 个输出状态 1000 译码，产生置数控制信号 0 并送至 LD 端，置数的输入数据为 0000。这样，在下一个时钟脉冲正跳沿到达时，计数器置入 0000 状态，使计数器按九进制计数。具体逻辑电路和状态图如图 4-49 所示。

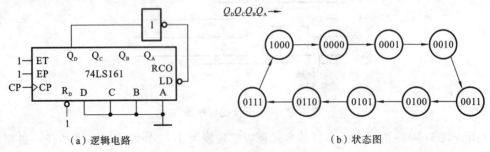

(a) 逻辑电路　　　　　　　　　　(b) 状态图

图 4-49　用方法一构成的九进制计数器

方法二：利用置数方式，舍掉计数序列最前几个状态，构成九进制计数器。

具体步骤是：利用与非门将计数到 1111 状态时产生的进位信号译码并送至 LD 端，置数数据输入端置成 0111 状态。因而，计数器在下一个时钟脉冲正跳沿到达时置入 0111 状态，电路从 0111 开始加 1 计数。当第 8 个时钟脉冲 CP 作用后电路到达 1111 状态，此时 $RCO = ET \cdot Q_D \cdot Q_C \cdot Q_B \cdot Q_A = 1$，LD=0。在第 9 个 CP 脉冲作用后，$Q_D Q_C Q_B Q_A$ 被置成 0111 状态，电路进入新的一轮计数周期。具体逻辑电路和状态图如图 4-50 所示。

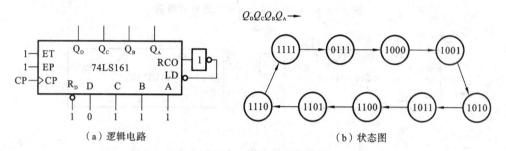

图 4-50 用方法二构成的九进制计数器

由本例题可知，利用同步置数方式也可构成不足芯片模数 M（本例为 16）的 N 进制计数器。若置数控制信号由第 N 个输出状态（本例 $N=9$，状态为 1000）译码产生，置数输入为 0000，则舍掉计数序列最后的 $M-N$ 个状态，构成 N 进制计数器；若置数控制信号由进位信号 RCO 译码产生，置数输入为计数序列第 $M-N+1$ 个状态（本例状态为 0111），则舍掉计数序列最前 $M-N$ 个输出状态（本例为 $M-N=16-9=7$），构成 N 进制计数器。

由以上两例可知，改变集成计数器的模可用清零法，也可用置数法。清零法比较简单，置数法比较灵活。但不管用哪种方法，都应首先搞清所用集成计数器的清零端或置数端是异步还是同步工作方式，根据不同的工作方式选择合适的清零信号或置数信号。

当要构成的计数器的计数模值比单个计数器芯片的模值大时，就要利用多个集成计数器芯片进行级联来扩展计数器的计数模值。

例 4-15 用 74LS161 组成 8 位二进制计数器。

解 8 位二进制计数器的模数为 $N=2^8=256>16$，且 $256=16\times16$，所以要用两片 74LS161 组成，如图 4-51 所示。每片均接成十六进制，两片芯片的 CP、R_D 和 LD 并接后分别与计数脉冲和高电平相接。低位芯片（74LS161(1)）始终处于计数方式，其使能端 ET=EP=1；高位芯片（74LS161(2)）只有在 74LS161(1) 从 0000 状态计至 1111 状态后，其 RCO=1 时，才进入计数方式，否则为保持方式，因而其使能端 ET=EP 接至 74LS161(1) 的 RCO 端。这样，低位芯片每计 16 个脉冲，高位芯片计 1 个脉冲，当高位芯片计满 16 个脉冲时，计数器完成 1 个周期的同步计数，共有 16×16 个状态。所以通过多个芯片的连接可以实现模数 N 大于芯片模数的计数器。两个模 N 计数器级联，可实现 $N\times N$ 的计数器。

图 4-51 所示的级联方式属同步级联方式，将两片 74LS161 的时钟端接同一个时钟脉冲信号，前一个 74LS161 的进位输出端接后一个 74LS161 的计数使能端。该例也可采用异步级联方式，如图 4-52 所示。

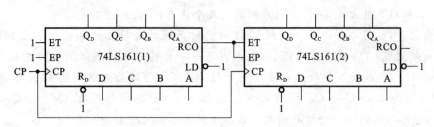

图 4-51　74LS161 组成 8 位二进制计数器

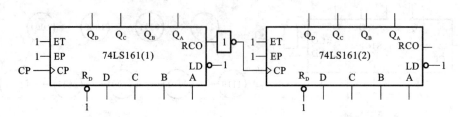

图 4-52　采用异步级联方式组成 8 位二进制计数器

在图 4-52 中,74LS161(1) 的进位输出 RCO 通过反相器连接 74LS161(2) 的时钟脉冲端,即 74LS161(2) 的时钟是在 74LS161(1) 的 RCO 结束时的下降沿产生的。

在实际应用中,也可采用后级计数器的时钟信号取自前一级计数器的状态译码输出,如下例所述。

例 4-16　利用 74LS160 构成四十八进制计数器。

解　因为 $N=48$,而 74LS160 为模 10 的计数器,所以要用两片 74LS160 构成此计数器。先将两片芯片连接成一百进制计数器,然后再借助 74LS160 异步清零功能,在输入第 48 个计数脉冲后,计数器输出状态为 01001000 时,高位 74LS160(2) 的 Q_C 和低位 74LS160(1) 的 Q_D 同时为 1,使与非门输出 0,加到两片芯片异步清零端上,使计数器立即返回 00000000 状态,状态 0100 1000 仅在极短的瞬间出现,为过渡状态。这样,就组成了四十八进制计数器,其逻辑电路如图 4-53 所示。

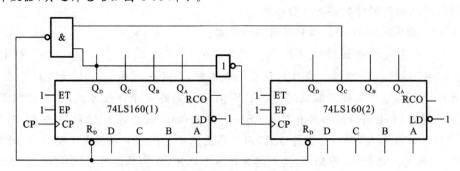

图 4-53　用 74LS160 构成四十八进制计数器

本例也可通过状态译码控制同步置数端来实现,具体步骤留给读者自行分析。

利用集成同步加法计数器除可以构成各种进制加计数器外,还可以构成其他类型的时序电路,如下例所述。

例 4-17　利用 74LS161 和适当的组合电路设计一个"1101"的序列检测器,序列可重叠。

解 (1) 确定原始状态图。

① 设定输入变量和输出变量。设该电路的输入为 M,输出为 Z。

② 确定状态数目。根据题意,共需要 5 个状态。

S_0:初始状态,表示电路还没有收到有效的 1。S_1:表示电路收到了一个 1 的状态;S_2:表示电路收到了 11 的状态;S_3:表示电路收到了 110 的状态;S_4:表示电路收到了 1101 的状态。

③ 画原始状态图。

当电路处于状态 S_0 时,若输入 $M=0$,则输出 $Z=0$,电路保持状态 S_0 不变,表示并未收到 1;若输入 $M=1$,属有效输入,电路应记住,因此电路状态应转向 S_1,输出 $Z=0$。

当电路处于状态 S_1 时,若输入 $M=0$,由于 10 不是有效输入序列,电路应回到状态 S_0,输出 $Z=0$;若输入 $M=1$,属于一个新的有效输入序列,因此电路状态应转向 S_2,输出 $Z=0$。

当电路处于状态 S_2 时,若输入 $M=0$,属于一个新的有效输入序列,因此电路状态应转向 S_3,输出 $Z=0$;若输入 $M=1$,电路保持状态 S_2 不变,表示仍然收到的是 11,前面的 1 被重复使用,输出 $Z=0$。

当电路处于状态 S_3 时,若输入 $M=0$,由于 1100 不是有效输入序列,电路应回到状态 S_0,输出 $Z=0$;若输入 $M=1$,属于一个新的有效输入序列,因此电路状态应转向 S_4,输出 $Z=1$。

当电路处于状态 S_4 时,若输入 $M=0$,电路应回到状态 S_0,输出 $Z=0$;若输入 $M=1$,电路状态应转向 S_2,输出 $Z=0$。

由上述分析,可画出原始状态图,如图 4-54 所示。

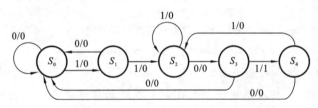

图 4-54 检测 1101 序列原始状态图

(2) 状态分配。

因一片 74LS161 存在 16 个状态,而该电路仅需 5 个状态,故只需从 16 个状态中选 5 个即可。为了便于 74LS161 的实现,令 $S_0=000$,$S_1=001$,$S_2=010$,$S_3=011$,$S_4=100$。编码状态图如图 4-55 所示。

(3) 列操作卡诺图。

分析图 4-55,可得电路 5 个状态之间的转换时需要 74LS161 执行的操作。

① 当状态处于 000 时,若 $M=0$,次态仍为 000,74LS161 要执行保持操作;若 $M=1$,次态为 001,则 74LS161 要执行加 1 计数操作。

② 当状态处于 001 时,若 $M=0$,次态为 000,74LS161 要执行置数操作;若 $M=1$,次态为 010,则 74LS161 要执行加 1 计数操作。

参照上述分析,可列出操作卡诺图,如图 4-56 所示。

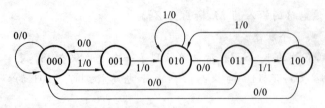

图 4-55 检测 1101 序列编码状态图

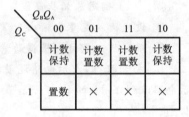

图 4-56 74LS161 操作卡诺图

（4）求控制方程、输出方程、置数端方程。

74LS161 执行何种操作是由异步清零端、同步置数端、计数使能端、置数端共同作用，故在这里要分别求 R_D、LD、EP·ET、C、B、A 的方程以及输出 Z 的方程。由于设计中未使用清零功能，因此，$R_D=1$。图 4-57 分别对应 LD、EP·ET 控制端的卡诺图。

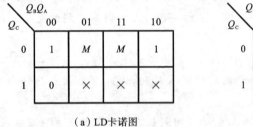

(a) LD 卡诺图　　　　　　　(b) EP·ET 卡诺图

图 4-57 控制端卡诺图

由卡诺图可得：

$$LD = m_0 + Mm_1 + m_2 + Mm_3$$

$$EP \cdot ET = Mm_0 + Mm_1 + \overline{M}m_2 + Mm_3$$

其中，m_i 为 Q_C、Q_B、Q_A 组成的最小项。

由图 4-55 分析可得，当状态处于 001、011、100 时都有可能产生置数操作，所置的数分别为 000、010，即 C、A 始终为 0，而 B 只在状态处于 100 且当 $M=1$ 时才等于 1，因此易得：$C=A=0$，$B=MQ_C$。

同时，由图 4-55 不难得到：$Z = M\overline{Q_C}Q_B Q_A$。

（5）画逻辑电路图。

例 4-17 所示的逻辑电路图如图 4-58 所示。

2. 集成同步可逆计数器 74LS191 和 74LS193、74LS190 和 74LS192

74LS191 和 74LS193 属于二进制同步可逆计数器，74LS190 和 74LS192 属于 8421BCD 码同步可逆计数器。74LS191/74LS190 为单时钟可逆计数器，74LS193/74LS192 为双时钟可逆计数器。74LS191/74LS190 具有异步置数端，没有清零输入端；74LS193/74LS192 既含有异步置数端，又带有异步清零端。在这里仅介绍 74LS191。

74LS191 的逻辑电路和引脚排列如图 4-59 所示，其时序图如图 4-60 所示。

74LS191 的功能表如表 4-18 所列。

第 4 章 时序逻辑电路

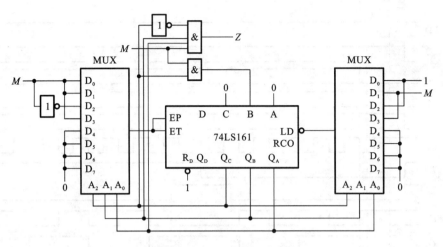

图 4-58 例 4-17 逻辑电路图

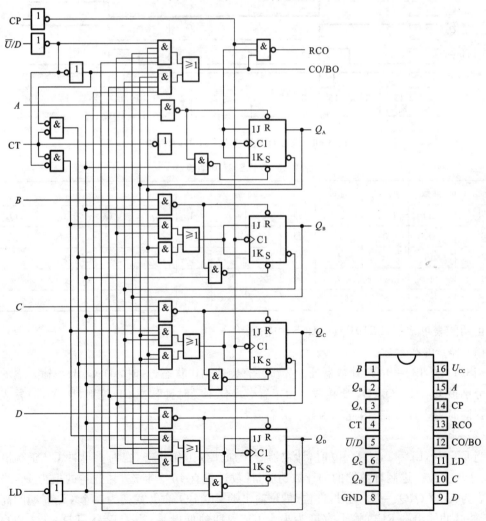

图 4-59 集成计数器 74LS191 的逻辑电路和引脚排列

· 161 ·

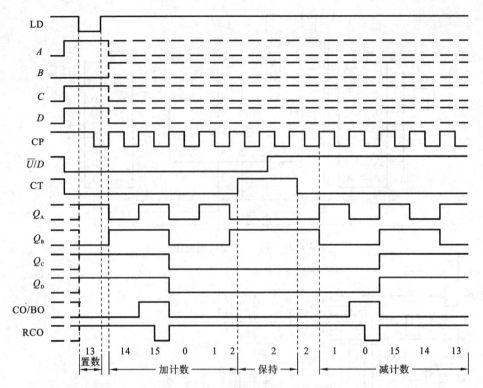

图 4-60 集成计数器 74LS191 的时序图

表 4-18 74LS191 功能表

使能	置数	加/减	时钟	置数输入				输出			
CT	LD	$\overline{U}/D$	CP	D	C	B	A	Q_D	Q_C	Q_B	Q_A
0	0	0	×	D	C	B	A	D	C	B	A
0	1	0	↑	×	×	×	×	加计数			
0	1	1	↑	×	×	×	×	减计数			
1	×	×	×	×	×	×	×	保持			

由功能表可知，74LS191 具有如下功能。

(1) 异步并行置数。

当 CT=0，LD=0 时，计数器处于异步并行置数工作状态，这时，D、C、B、A 输入端的数据将分别被 Q_D、Q_C、Q_B、Q_A 所接收。由于置数操作不受时钟脉冲 CP 控制，且 A~D 输入端的数据同时置入计数器，因此称为异步并行置数。

(2) 计数。

当 CT=0，LD=1，$\overline{U}/D$=0 时，计数器处于加计数工作状态，在时钟脉冲 CP 正跳沿作用下，实现 4 位二进制计数器的加计数功能，计数过程有 16 个状态，计数器的模为 16，当计数状态为 $Q_DQ_CQ_BQ_A$=1111 时，进位/借位输出端 CO/BO 输出宽度为 1 个 CP 周期的高电平，行波脉冲输出端 RCO 输出宽度为半个 CP 周期的低电平；当 CT=0，LD=1，$\overline{U}/D$=1 时，计数器处于减计数工作方式，在时钟脉冲 CP 正跳沿作用下，实现 4 位二进制计数器的减

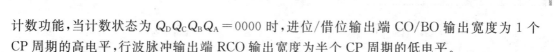

计数功能,当计数状态为 $Q_DQ_CQ_BQ_A=0000$ 时,进位/借位输出端 CO/BO 输出宽度为 1 个 CP 周期的高电平,行波脉冲输出端 RCO 输出宽度为半个 CP 周期的低电平。

(3) 输出保持。

当 CT=1 时,计数器处于保持工作状态,即不管有无 CP 脉冲作用,计数器都将保持原有状态不变(停止计数)。

例 4-18 用 74LS191 组成余 3 码加法计数器。

解 用集成计数器 74LS191 和与非门组成的余 3 码加法计数器的电路图和状态图如图 4-61 所示。该电路的有效状态是 0011~1100,共 10 个状态。

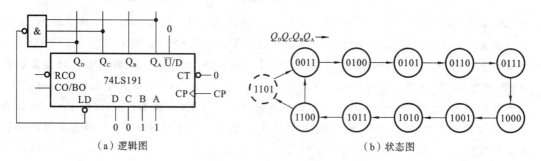

图 4-61 74LS191 组成余 3 码加法计数器

例 4-19 用 74LS191 组成 8421BCD 减法计数器。

解 用集成计数器 74LS191 和与非门组成的 8421BCD 减法计数器的逻辑图和状态图如图 4-62 所示。该电路的有效状态是 1001~0000,共 10 个状态。

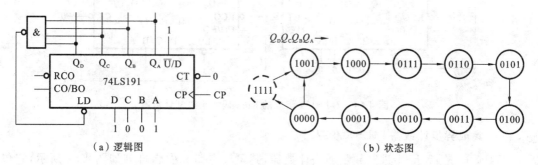

图 4-62 74LS191 组成的 8421BCD 码减法计数器

例 4-20 用 74LS191 组成 8 位二进制可逆计数器。

解 用两片 74LS191 采用异步级联方式构成的 8 位二进制异步可逆计数器如图 4-63 所示。

从图 4-63 可以看出,异步级联方式是将前一级可逆计数器的输出端 RCO 与后一级可逆计数器的时钟脉冲端相连,即 74LS191(2) 的时钟是在 74LS191(1) 的 RCO 结束时的上升沿产生的。两片或多片 74LS191/74LS190 的级联也可采用同步级联方式,即两片或多片 74LS191/74LS190 的时钟信号为同一个,前一级 74LS191/74LS190 的输出端 RCO 与后一级的使能端 CT 相连接,如下例所述。

例 4-21 用 74LS190 构成 8421 码六十进制计数器。

解 用两片 74LS190 和与非门组成的 8421 码六十进制计数器如图 4-64 所示。其中,

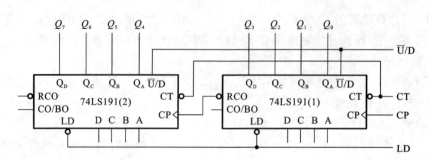

图 4-63　74LS191 异步级联组成 8 位二进制可逆计数器

个位计数器(第 1 片 74LS190)的 LD＝1 处于无效状态,CT＝$\overline{U}/D$＝0 处于计数状态,故个位计数器可以完成十进制加法计数;十位计数器(第 2 片 74LS190)的 $\overline{U}/D$＝0,LD＝$\overline{Q_C Q_B}$,只要计数状态不处于 0110,LD 都等于 1,若 CT＝0,则处于计数状态,所以十位计数器能否计数,要看 CT 的状态。当个位计数器计数到 1001 时,其 RCO＝0,使得十位计数器的 CT＝0,十位计数器处于计数状态,此时在下一个时钟脉冲作用下,个位复 0,十位加 1。计数器的个位在 0000～1000 这 9 个状态期间,由于 RCO＝1,计数器十位的 CT＝1,因此十位计数器处于保持状态。当计数器计数到十进制的 60 的瞬间,十位计数器的 LD＝0,于是十位计数器置 0,整个计数器复 0。计数器的运行状态为 0～59。

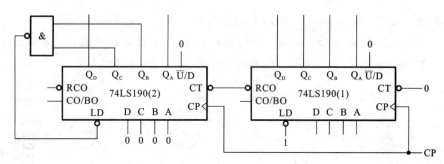

图 4-64　74LS191 组成的 8421 码六十进制计数器

3. 集成异步计数器 74LS90/92/93

74LS90 是二-五-十进制异步加法计数器,其逻辑电路和引脚排列如图 4-65 所示,它包

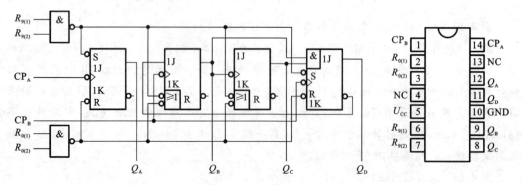

图 4-65　集成计数器 74LS90 的逻辑电路和引脚排列

括两个基本部分：① 1 个负跳沿触发的 JK 触发器 FF_A，形成模 2 计数器；② 由 3 个负跳沿 JK 触发器 FF_B、FF_C、FF_D 组成的异步五进制（模 5）计数器。

74LS90 的功能表如表 4-19 所示。

表 4-19　74LS90 的功能表

时钟		清零输入		置9输入		输出			
CP_A	CP_B	$R_{0(1)}$	$R_{0(2)}$	$R_{9(1)}$	$R_{9(2)}$	Q_D	Q_C	Q_B	Q_A
×	×	1	1	0	×	0	0	0	0
×	×	1	1	×	0	0	0	0	0
×	×	0	×	1	1	1	0	0	1
×	×	×	0	1	1	1	0	0	1
↓	0	有 0		有 0		二进制计数，Q_A 输出			
0	↓	有 0		有 0		五进制计数，$Q_D Q_C Q_B$ 输出			
↓	Q_A	有 0		有 0		8421 码十进制计数，$Q_D Q_C Q_B Q_A$ 输出			
Q_D	↓	有 0		有 0		5421 码十进制计数，$Q_A Q_D Q_C Q_B$ 输出			

由功能表可知，74LS90 具有如下功能。

(1) 异步清零和异步置 9。

只要 $R_{0(1)}=R_{0(2)}=1$，$R_{9(1)}R_{9(2)}=0$，输出 $Q_D Q_C Q_B Q_A=0000$；只要 $R_{9(1)}=R_{9(2)}=1$，$R_{0(1)}R_{0(2)}=0$，输出 $Q_D Q_C Q_B Q_A=1001$。清零和置 9 不受 CP 控制，因而是异步清零和异步置 9。

(2) 计数。

既不清零也不置 9，即在 $R_{9(1)}R_{9(2)}=0$ 和 $R_{0(1)}R_{0(2)}=0$ 同时满足的前提下，可在计数脉冲负跳沿作用下实现加计数。电路有 2 个计数脉冲输入端 CP_A 和 CP_B。若在 CP_A 端输入计数脉冲 CP，则输出端 Q_A 实现二进制计数；若在 CP_B 端输入脉冲 CP，则输出端 $Q_D Q_C Q_B$ 实现异步五进制计数；若在 CP_A 端输入计数脉冲 CP，同时将 CP_B 端与 Q_A 相接，则输出端 $Q_D Q_C Q_B Q_A$ 实现异步 8421 码十进制计数；若在 CP_B 端输入计数脉冲 CP，同时将 CP_A 端与 Q_D 相接，则 $Q_A Q_D Q_C Q_B$ 实现异步 5421 码十进制计数。所以 74LS90 是二-五-十进制计数器，利用清零和置 9 功能可以构成其他进制的计数器。下面举例说明 74LS90 的简单应用。

例 4-22　用 74LS90 组成六进制计数器。

解　由于题目要求是组成六进制计数器，因而先将 74LS90 连接成十进制计数器，再利用异步清零功能去掉 4 个计数状态，即可实现六进制计数。利用异步清零实现六进制计数器的逻辑电路和状态图如图 4-66 所示。

由逻辑电路和状态图可知：利用模 10 计数器的第 7 个状态 110 产生清零信号，去掉模 10 计数器最后 4 个状态，取 $Q_C Q_B Q_A$ 为输出，实现六进制计数器。根据状态图画出的波形如图 4-67 所示。从图 4-67 所示的波形图可以看到：第 6 个计数脉冲作用后，由状态 110 产生清零信号，即刻使计数器回到 000 状态，因而 110 状态只有较短的一瞬间。本例也可利用异步置 9 功能实现六进制计数器，具体步骤留给读者自行分析。

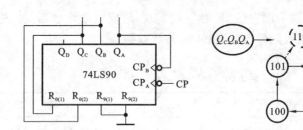

图 4-66 用 74LS90 组成的六进制计数器

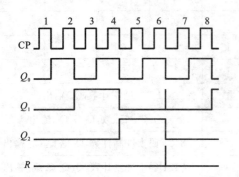

图 4-67 用 74LS90 组成六进制计数器的波形图

例 4-23 用 74LS90 组成一百进制计数器。

解 74LS90 没有进位/借位输出端，这时可根据具体情况，用计数器的输出信号 Q_D、Q_C、Q_B、Q_A 产生一个进位/借位。由于 74LS90 最大的 $M=10$，而实际要求 $N=100>M$，因此要用两片 74LS90。计数脉冲接 74LS90(1) 的 CP_A 端，74LS90(2) 的 CP_A 接 74LS90(1) 的 Q_D 端。两片 74LS90 采用异步级联方式组成的 2 位 8421BCD 码一百进制加法计数器如图 4-68 所示。

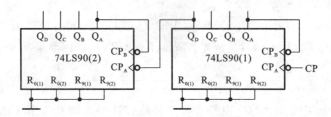

图 4-68 74LS90 异步级联方式组成的一百进制计数器

74LS92/74LS93 分别是二-六-十二进制计数器和二-八-十六进制计数器。CP_A 和 Q_A 组成二进制计数器，CP_B 和 $Q_D Q_C Q_B$ 在 74LS92 中组成六进制计数器，在 74LS93 中组成八进制计数器。将 CP_B 和 Q_A 相连，时钟脉冲从 CP_A 输入，74LS92 就构成十二进制计数器，74LS93 则构成十六进制计数器。74LS92/74LS93 的引脚排列与 74LS90 的相同，但是 74LS92/74LS93 没有置 9 功能，所以 74LS90 的两个置 9 引脚位置对应于 74LS92/74LS93 则为空脚。

例 4-24 用 74LS92 和 74LS90 组成六十进制计数器。

解 74LS90 接成十进制（个位），输出为 $Q_D Q_C Q_B Q_A$，74LS92 接成六进制（十位），输出为 $Q_C Q_B Q_A$，计数脉冲接 74LS90 的 CP_A 端，74LS92 的 CP_A 接 74LS90 的 Q_D 端，逻辑电路如图 4-69 所示。

六十进制计数器是数字电子表里必不可少的组成部分，用来累计秒数。将图 4-69 所示电路与 BCD-七段显示译码器 7448 及共阴极七段显示器连接起来，就组成了数字电子表里秒计数、译码及显示电路，如图 4-70 所示。

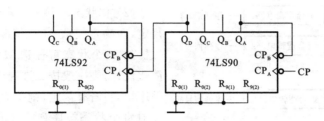

图 4-69 用 74LS92 和 74LS90 组成六十进制计数器

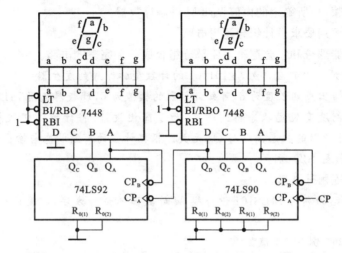

图 4-70 用 74LS92 和 74LS90 组成的秒计数、译码及显示电路

4.4.3 脉冲序列信号发生器

在数字信号的传输和测试过程中,有时需要一组特定顺序的串行数字编码,将这种数字串行信号称为脉冲序列信号。脉冲序列信号发生器就是能够循环产生一组或多组时间上有先后的脉冲序列的时序电路,利用这组脉冲序列可以控制形成所需的各种控制信号。

从组成结构上区分,脉冲序列信号发生器大致可分为移存型序列信号发生器和计数型序列信号发生器。

1. 计数型序列信号发生器

计数型序列信号发生器由计数器产生组合逻辑电路所需的输入信号,然后通过组合逻辑电路产生所需的输出序列。计数器的模值等于序列信号的长度,而对计数器的状态变化一般不作要求。计数型序列信号发生器的结构框图如图 4-71 所示。

由于计数器的循环状态设置和输出序列没有对应关系的要求,因此这种结构对于输出序列的设计较为灵活,而且还能够同时产生多组相同的序列组合。

计数型序列信号发生器的设计步骤如下。

(1) 根据输出序列信号的长度,确定计数器的模值 M。如要求输出序列为 110011110011……则计数器的模值为 6;如要求输出序列为 100111011……则计数器的模值为 9。

图 4-71 计数型序列信号发生器结构框图

(2) 作状态转移表。若对计数器状态没有规定,在确定模值 M 的情况下,n 位二进制计数器的 2^n 个状态可任选 M 个($M \leqslant 2^n$),为了简化设计,则一般按二进制数(从全零开始)的顺序排列;若有规定,则按规定状态顺序排列,并对每个状态按序列信号的要求分配一个输出值。

(3) 根据步骤(1)所确定的模值设计 M 进制计数器。

(4) 按输出序列要求设计组合逻辑电路。

(5) 将计数器部分和组合逻辑电路部分组合成一个完整的电路。

例 4-25 设计一个产生序列码 101101 的计数型脉冲序列发生器。

解 (1) 由输出序列长度为 6,可知计数器的模值为 6,计数器选用 74LS161。

(2) 由于本例没有规定状态排列顺序,为了简化设计,将计数循环状态的范围设定为 0000~0101,即计数器的状态循环与 Q_D 无关。根据计数的有效状态与输出序列的对应关系可列出真值表,如表 4-20 所示。

(3) 设计六进制计数器。

根据前面介绍的利用 74LS161 设计模 M 计数器的设计方法,可设计出六进制计数器,如图 4-72 所示。

表 4-20 例 4-25 真值表

Q_C	Q_B	Q_A	F
0	0	0	1
0	0	1	0
0	1	0	1
0	1	1	1
1	0	0	0
1	0	1	1
1	1	0	×
1	1	1	×

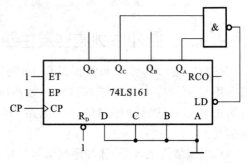

图 4-72 74LS161 构成六进制计数器

(4) 根据输出序列设计组合逻辑电路。

由表 4-20 所示的真值表,可得 F 的卡诺图如图 4-73 所示。

由卡诺图可得

$$F = Q_B + Q_C \cdot Q_A + \overline{Q_C} \cdot \overline{Q_A}$$

(5) 设计完整的脉冲序列信号发生器。

将步骤(3)设计的计数器和步骤(4)设计的组合逻辑电路组合成完整的脉冲序列信号发生器,如图 4-74 所示。

本例也可由计数器加数据选择器来实现。计数器仍选用 74LS161 来实现,组合逻辑电路选择 8 选 1 数据选择器 74LS151 来实现。

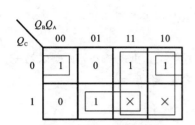

图 4-73 输出 F 的卡诺图

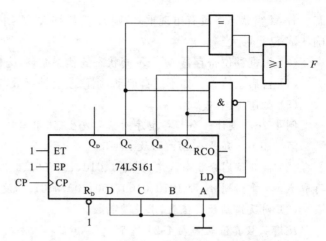

图 4-74 脉冲序列信号发生器

根据 74LS151 数据选择器的输出

$$Y = \sum_{i=0}^{7} m_i D_i$$

选 $Q_C Q_B Q_A$ 作为地址变量,按 $Q_C Q_B Q_A$ 三个变量的最小项形式变换 F,得

$$F = m_0 D_0 + m_2 D_2 + m_3 D_3 + m_5 D_5$$

式中:m_0、m_2、m_3、m_5 分别为 Q_C、Q_B、Q_A 所对应的最小项。显然 $D_0 = D_2 = D_3 = D_5 = 1$,$D_1 = D_4 = D_6 = D_7 = 0$。

计数器加数据选择器来实现的"101101"脉冲序列信号发生器的逻辑图如图 4-75 所示。

从图 4-75 中可以看出,在 CP 时钟脉冲信号的作用下,4 位二进制计数器 74LS161 低 3 位的状态按照 000→001→010→011→100→101→000 的循环进行计数。这 3 位输出作为 8 选 1 数据选择器 74LS151 的地址输入,随着状态的变化,$D_0 \sim D_7$ 的状态就出现在输出端 W。通过定义数据选择器输入端的状态,就可以在输出端得到不同的脉冲序列信号输出。该例也可通过 74LS161 加 74LS138 来实现,具体步骤由读者自行分析。

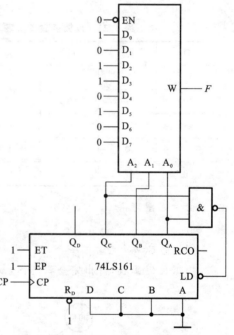

图 4-75 计数器加数据选择器实现的脉冲序列信号发生器

2. 移存型序列信号发生器

移存型序列信号发生器根据需要产生的序列信号来构成移位寄存器的状态循环,它由移位寄存器和组合反馈电路组成。

移存型序列信号发生器的设计步骤如下。

(1) 由给定序列信号确定循环长度 M,即确定有多少个独立的状态,并求出所需的最少移存器位数 K,$2^{K-1} < M \leq 2^K$。

(2) 确定 K 值是否足够大。对给定序列取 M 组 K 位码,每组移 1 位,即划分出 M 个状态。若 M 组状态中没有出现重复，则 K 已足够大，否则令 $K=K+1$。重复这一步骤，直到确认 K 已足够大。

（3）根据移位寄存器 M 个不同状态的状态循环，构建反馈函数真值表，求反馈函数。

（4）自启动检查。如不能自启动，则修改反馈函数，直到可自启动为止。

（5）画逻辑图。

例 4-26 设计一个移存型序列信号发生器，用以产生"10100"序列信号。

解 （1）序列长度 $M=5$，故 $K=3$。

（2）按 3 位划分 5 个状态，即 101、010、100、001、010。其中 010 出现两个，即 K 不够大。再取 $K=4$ 重新划分，即 1010、0100、1001、0010、0101，没有重复，故 $K=4$。

（3）列反馈函数真值表，求反馈函数。

反馈函数真值表如表 4-21 所示。

根据表 4-21 画出对应 Y 的卡诺图，如图 4-76 所示。

表 4-21 反馈函数真值表

Q_0	Q_1	Q_2	Q_3	Y
1	0	1	0	0
0	1	0	0	1
1	0	0	1	0
0	0	1	0	1
0	1	0	1	0

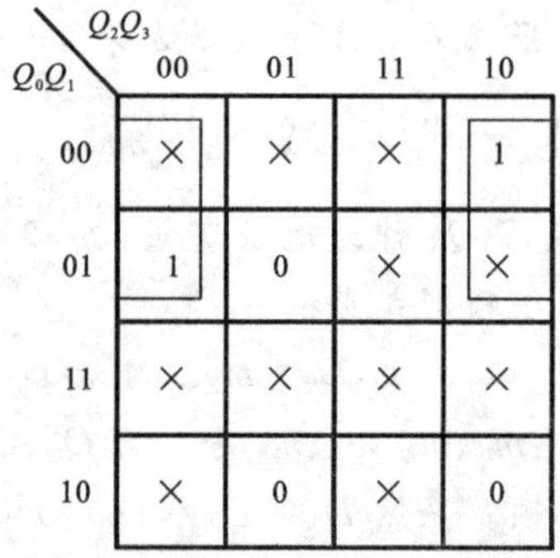

图 4-76 Y 的卡诺图

由卡诺图可得

$$Y=\overline{Q_0 Q_3}$$

（4）自启动检查。

根据反馈函数，得出完全状态图，如图 4-77 所示。

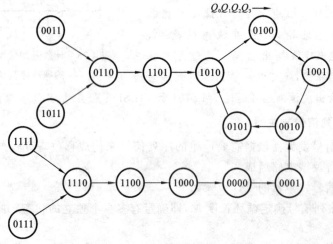

图 4-77 完全状态图

由图 4-77 可知,该电路具备自启动能力。

(5) 画逻辑图。

选用 4 位移位寄存器 74LS194 实现该电路。由表 4-21 可见,利用移位寄存器的左移操作就可实现状态循环,即 $D_{SL}=Y$。该电路逻辑图如图 4-78 所示。电路产生的输出序列从输出 F 获取。

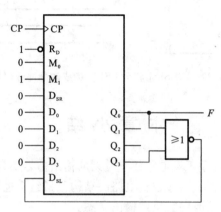

图 4-78 "10100"序列信号发生器逻辑图

4.4.4 脉冲分配器

脉冲分配器也称节拍脉冲发生器,它是将输入时钟脉冲经过一定的分频以后分配到各路输出的一种逻辑电路。具有这种功能的电路在数字系统中应用广泛。如在数字通信系统中常常采用脉冲分配器来产生各种所需的定时信号。

从组成结构上看,脉冲分配器由一个模值为 N 的计数器及相应的译码电路组成。模值 N 等于输出脉冲的路数。计数器可以是同步计数器,也可以由移存型计数器构成。前面介绍的环形或扭环形计数器具有译码电路简单的优点,在构成脉冲分配器时常被采用。

当脉冲路数较多时,采用同步计数器和译码器组合成脉冲分配器。用一个 N 进制计数器和一个与之相匹配的译码器便可以组成 N 节拍脉冲分配器。译码器将 N 进制计数器的 N 个状态译码输出,因此译码器的 N 个输出与计数器的 N 个状态一一对应。对应于计数器的每个有效状态,译码器的 N 个输出中只有一个为有效电平。因此,当 CP 为周期性连续脉冲时,译码器的 N 个输出就会按计数规律依次出现有效电平,也就顺序产生宽度等于 CP 周期的脉冲信号。

图 4-79 所示的为利用 74LS161 和 74LS138 构成的 8 节拍脉冲分配器的逻辑图和时序图。由 74LS161 的功能表可知,为使电路工作在计数状态,LD、R_D、ET 和 EP 端均应接高电平,在连续输入计数脉冲的情况下,74LS161 的 $Q_D Q_C Q_B Q_A$ 的状态按 0000~1111 的顺序循环,低 3 位按 000~111 的顺序循环,所以可以将低 3 位的输出作为 74LS138 的代码输入。为了避免 74LS161 中各触发器的传输延迟时间的不同而引起的竞争冒险现象,在 74LS138 的 G_1 端加一选通脉冲。该选通脉冲的有效时间与触发器的翻转时间错开,故选 $\overline{CP}$ 作此选通脉冲。脉冲分配器的输出波形为一组顺序负脉冲。

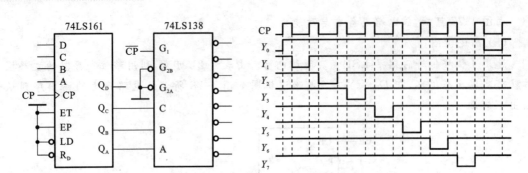

图 4-79 74LS161 和 74LS138 构成的脉冲分配器

本 章 小 结

　　与组合逻辑电路不同,时序逻辑电路任一时刻的输出信号不仅与当时的输入信号有关,还与电路原来所处的状态有关。时序逻辑电路的结构包括组合逻辑电路和存储电路两个部分。存储电路的输出和输入信号一起决定输出状态。

　　(1) 时序逻辑电路按时钟控制分为同步时序逻辑电路和异步时序逻辑电路。时序电路按输出信号与外部输入信号的关系可以分为米里(Mealy)型时序逻辑电路和摩尔(Moore)型时序逻辑电路。

　　(2) 时序逻辑电路的描述方法通常有方程组(包括输出方程、状态方程、驱动方程)、状态表、状态图、时序图等几种形式。它们从不同的角度反映了时序电路的逻辑功能,是分析和设计时序逻辑电路的主要工具。

　　(3) 时序逻辑电路的分析步骤大致如下:
　　① 写方程式;
　　② 列次态方程;
　　③ 列状态表,画状态图、时序图;
　　④ 描述电路的逻辑功能。
　　(4) 时序逻辑电路的设计步骤大致如下:
　　① 根据设计要求,建立原始状态图和原始状态表;
　　② 状态化简;
　　③ 确定触发器的数目、类型,选择状态编码,即进行状态分配;
　　④ 求次态方程、驱动方程、输出方程,检查自启动。
　　上述设计步骤在实际中应灵活运用。对于不定状态的设计,首先要根据设计要求建立原始状态图和原始状态表,然后进行状态化简,确定触发器的数目,状态分配后得到编码状态图和状态表,再根据编码状态图或状态表求出输出方程、次态方程、驱动方程,分析自启动,最后画出逻辑电路图;对于给定状态的设计,在建立原始状态图、确定触发器数目后,直接进行状态分配,无须进行状态化简。

　　(5) 利用集成时序电路器件完成相关设计时,应注意以下几点。
　　① 在充分熟悉器件逻辑功能的基础上,选择合适的器件完成设计。

② 可能出现只需一个器件的部分功能就可以满足要求的情况。这时需要对有关输入、输出及控制信号做适当的处理。也可能会出现一个器件不能满足设计要求的情况,这就需要对器件进行扩展,直接将若干个器件组合起来或者用适当的逻辑门将若干个器件组合起来。

（6）集成移位寄存器、集成计数器等都是通用性很强的逻辑器件,可构成特殊编码计数器、序列信号检测器、任意进制计数器、序列信号发生器、脉冲分配器等时序逻辑电路。

习 题 4

4-1 简要说明时序逻辑电路和组合逻辑电路在逻辑功能和电路结构上有何不同。

4-2 某时序逻辑电路的逻辑图如图 4-80 所示。画出该时序电路的状态表和状态图。设各个触发器的起始状态都为 0。

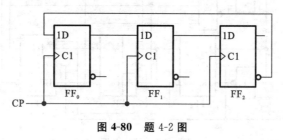

图 4-80 题 4-2 图

4-3 某时序逻辑电路的逻辑图如图 4-81 所示。画出该时序电路的状态表和状态图。设触发器的起始状态 $Q_3Q_2Q_1Q_0=0001$。

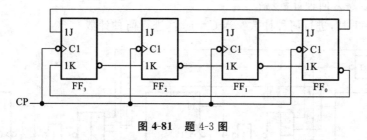

图 4-81 题 4-3 图

4-4 某时序逻辑电路的逻辑图如图 4-82 所示。画出该时序电路的状态表和状态图。设各个触发器的起始状态都为 0。

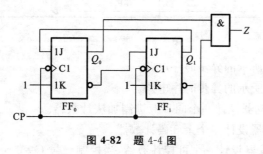

图 4-82 题 4-4 图

4-5 分析图 4-83 所示的同步时序电路(写出各触发器的驱动方程、电路的状态方程,列出状态表,画出状态图和时序图,简要说明电路的功能,并指出该电路是否具有自启动能力)。

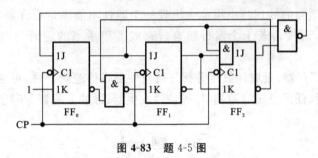

图 4-83 题 4-5 图

4-6 分析图 4-84 所示的同步时序电路。

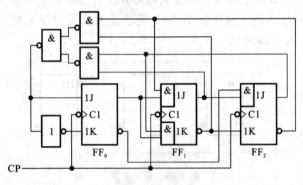

图 4-84 题 4-6 图

4-7 已知某计数器的逻辑电路图如图 4-85 所示。试回答:
(1) 该计数器为何种计数器?
(2) 当 $C=1$ 时,进行何种计数? 当 $C=1$ 时,进行何种计数?

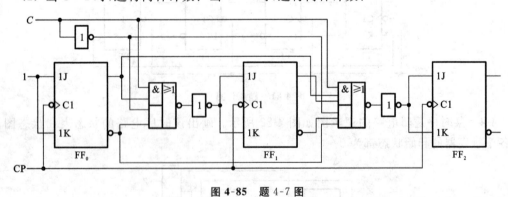

图 4-85 题 4-7 图

4-8 分析图 4-86 所示的异步时序电路。

4-9 分析图 4-87 所示的异步时序电路。

4-10 试用 JK 触发器设计一个同步七进制加法计数器。

4-11 试用 D 触发器设计一个余 3 码计数器。

4-12 试用 JK 触发器设计一个可控计数器,当控制信号 $C=0$ 时工作在七进制状态下,当 $C=1$ 时工作在六进制状态下。

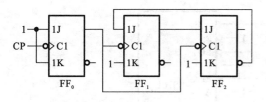

图 4-86 题 4-8 图

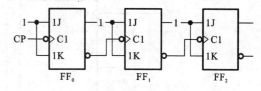

图 4-87 题 4-9 图

4-13 试用 JK 触发器设计一个计数器,该计数器具有以下特点:

(1) 计数器具有两个控制输入 C_1 和 C_2,C_1 用以控制计数器的模值,C_2 用以控制计数的增减。

(2) 若 $C_1=0$,计数器的模值为 3;若 $C_1=1$,则计数器的模值为 4。

(3) 若 $C_2=0$,计数器做加法计数;若 $C_2=1$,计数器做减法计数。

4-14 设计一个序列检测器,该电路有一个串行输入 X、一个输出 Z。当输入序列为"1001"时,输出 $Z=1$。试用 D 触发器实现该电路。

4-15 分析图 4-88 所示的电路,画出状态图,并指出这是几进制计数器。

4-16 分析图 4-89 所示的电路,画出状态图,并指出这是几进制计数器。

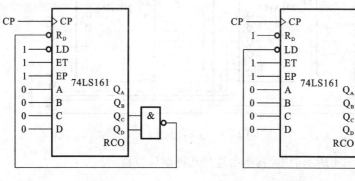

图 4-88 题 4-15 图 图 4-89 题 4-16 图

4-17 分析图 4-90 所示的电路,画出状态图,并指出这是几进制计数器。

4-18 分析图 4-91 所示的电路,画出状态图,并说明基本功能。

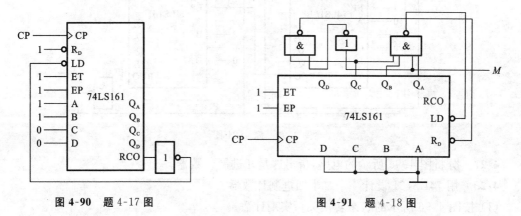

图 4-90 题 4-17 图 图 4-91 题 4-18 图

4-19 分析图 4-92 所示的电路,指出这是几进制计数器。

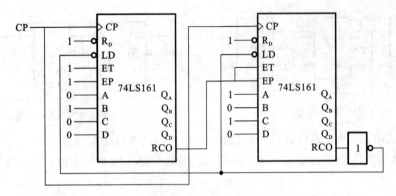

图 4-92　题 4-19 图

4-20　分析图 4-93 所示的电路，并指出这是几进制计数器。

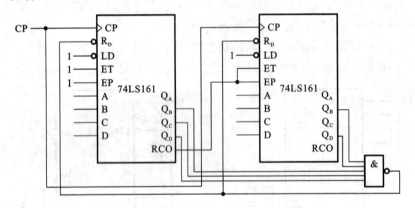

图 4-93　题 4-20 图

4-21　分析图 4-94 所示的电路，指出这是几进制计数器。

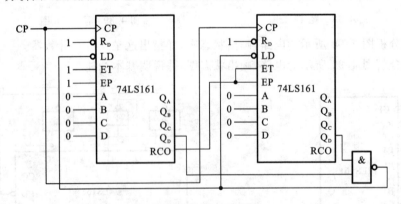

图 4-94　题 4-21 图

4-22　分析图 4-95 所示的电路，指出这是几进制计数器。

4-23　用 74LS161 设计一个二十四进制计数器。

(1) 按图 4-96 所示的状态转换关系实现计数。

(2) 按图 4-97 所示的状态转换关系实现计数。

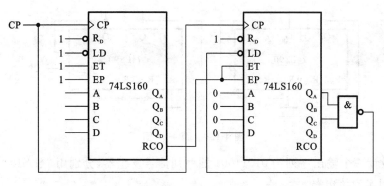

图 4-95 题 4-22 图

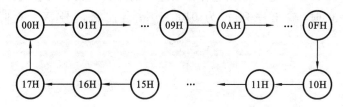

图 4-96 状态转换图

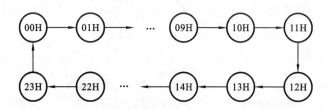

图 4-97 状态转换图

4-24 利用 74LS161 和适当的组合电路设计一个"11101"的序列检测器。序列可重叠。

4-25 由 74LS90 构成的电路如图 4-98 所示,分析该电路,画出状态图,并指出这是几进制计数器。

4-26 由 74LS90 构成的电路如图 4-99 所示,分析该电路,画出状态图,并指出这是几进制计数器。

4-27 由 74LS90 构成的电路如图 4-100 所示,分析该电路,指出这是几进制计数器。

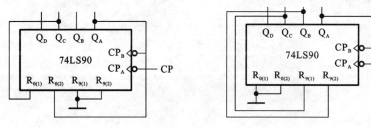

图 4-98 题 4-25 图　　　图 4-99 题 4-26 图

4-28 试用 74LS90 设计一个八十七进制计数器。

4-29 试用 74LS190 设计一个三十进制的减法计数器。

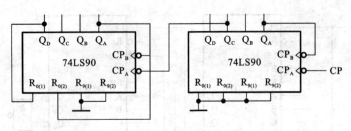

图 4-100　题 4-27 图

4-30　设计一个输出序列为 01011001 的序列信号发生器,分别用 74LS194、74LS161 和适当的逻辑门实现该电路。

4-31　试用 74LS161、8 选 1 数据选择器及适当的逻辑门设计可控的序列信号发生器。当控制信号 $X=0$ 时,输出序列 F 为 01001101;当控制信号 $X=0$ 时,输出序列 F 为 01100110。

第5章 数/模转换与模/数转换

数/模(D/A)转换和模/数(A/D)转换是电子电路中的重要组成部分。本章将系统介绍D/A转换和A/D转换的基本结构、采用不同的D/A转换技术和A/D转换技术电路的结构及工作原理,简要说明D/A转换器(DAC)和A/D转换器(ADC)的主要性能指标,以及集成D/A转换器和A/D转换器的典型应用电路。

5.1 概　　述

随着数字技术的飞速发展,数字系统的应用越来越广泛,特别是在通信系统、自动控制系统、自动检测系统等领域,用数字系统及计算机处理模拟信号的情况非常普遍。为了使数字系统及计算机能够处理模拟信号,必须首先将这些模拟信号转换成对应的数字信号,方能送入数字系统及计算机进行处理。而经数字系统及计算机分析、处理后输出的数字信号往往也需要将其转换成对应的模拟信号才能被执行机构接收。这样,就需要一种在数字信号和模拟信号之间实现相互转换的电路——D/A转换电路和A/D转换电路。完成模拟信号到数字信号的转换称为A/D转换,完成数字信号到模拟信号的转换称为D/A转换。D/A转换和A/D转换已经成为现代数字仪表和自动控制技术中不可或缺的组成部分。

图5-1所示的为一个测控系统框图。被测对象为模拟量(如压力、温度、流量、速度等)经传感器检测后被测对象转换为模拟信号,再将模拟信号调整为ADC能够处理的模拟信号,然后经ADC转换成数字量送入数字系统或微型计算机。而计算机要对生产过程中的某些量(参数)进行控制,计算机输出的数字量也常需要经DAC转换成模拟量再通过信号执行电路去控制被控对象。由图5-1可以看出,ADC和DAC架起了数字电路与模拟电路之间的桥梁。

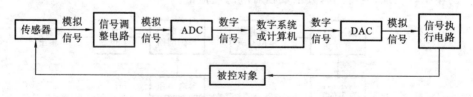

图 5-1　测控系统框图

在转换过程中为了确保所得结果的准确性,ADC和DAC必须具有足够的转换精度;要实现对快速变化信号的实时控制与检测,ADC和DAC还必须具有足够的转换速度。因此转换精度和转换速度是衡量ADC和DAC性能的重要指标。本章将介绍D/A转换和A/D转换的电路结构、工作原理、性能指标及常用的集成DAC和ADC。

5.2 DAC

把实现将数字信号转换为模拟信号的电路称为 DAC。DAC 的作用是将输入的数字量转换成与之成正比的模拟量输出。

5.2.1 D/A 转换的基本知识

1. D/A 转换原理

将输入的每一位二进制代码按其权的大小转换成相应的模拟量,然后将代表各位的模拟量相加,所得的总模拟量就与数字量成正比,这样便实现了从数字量到模拟量的转换。如数字量 D 是 n 位二进制数,S_A 为输出的模拟信号(模拟电压 U_A 或模拟电流 I_A),U_{REF} 为实现 D/A 转换所必需的参考电压(也称基准电压),它们三者之间满足如下关系:

$$S_A = KDU_{REF}$$

式中:K 为比例常数,不同的 DAC 有各自不同的 K 值;D 为输入的 n 位二进制数所对应的十进制数值。

DAC 虽有多种类型,但都是基于这一原理实现转换的。

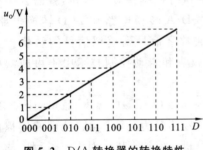

图 5-2 D/A 转换器的转换特性

图 5-2 所示的为输入 3 位二进制数时 DAC 的转换特性。从图 5-2 中可看出,输出电压 u_O 与数字量 D 成正比。

2. DAC 的基本结构

一个 n 位 DAC 的组成框图如图 5-3 所示。它主要由输入数码寄存器、数控模拟开关、电阻解码网络、求和电路、参考电压及逻辑控制电路组成。输入的数字信号可以以串行或并行方式输入。数字信号输入后首先存储在输入数码寄存器内,寄存器并行输出的每一位驱动一个数控模拟开关,使电阻解码网络将每一位数码翻译成相应大小的模拟量,并送给求和电路。求和电路将各位数码所代表的模拟量相加,便得到与数字量相对应的模拟量。

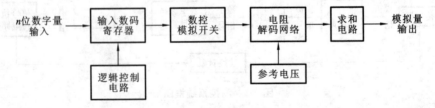

图 5-3 DAC 的组成框图

3. DAC 的分类

DAC 按数码输入的方式可分为并行输入和串行输入两种;按解码电路结构可分为权电阻网络、权电流网络、倒 T 形电阻网络等多种。另外,采用不同的电子模拟开关,也可构成不同的 DAC。

5.2.2 常用的数模转换技术

1. 权电阻网络 DAC

权电阻网络 DAC 的转换原理为：在反相加法运算放大器的各输入支路中接入不同的权电阻，使其在运算放大器输入端叠加而成的电流与相应的数字量成正比，然后利用运算放大器能将电流转换成电压的原理，在其输出端得到一个与相应数字量成正比的电压。

图 5-4 所示的为 4 位权电阻网络 DAC 的原理图。它由基准电压 U_{REF}、权电阻网络、求和运算电路和电子模拟开关 $S_3 \sim S_0$ 组成。输入的 4 位二进制数码 $D_3 \sim D_0$ 分别用于控制模拟开关 $S_3 \sim S_0$。

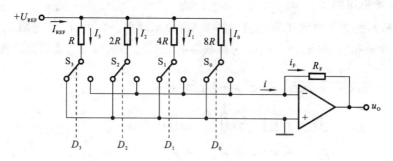

图 5-4　4 位权电阻网络 DAC

由图 5-4 可以看出，不论模拟开关将权电阻接到运算放大器的反相输入端（虚地）还是接到地，也就是不论输入数字信号是 1 还是 0，各支路的电流不变。它们分别为

$$I_0 = \frac{U_{REF}}{8R}, \quad I_1 = \frac{U_{REF}}{4R}, \quad I_2 = \frac{U_{REF}}{2R}, \quad I_3 = \frac{U_{REF}}{R}$$

而流入运放电路的总电流为

$$i = D_0 I_0 + D_1 I_1 + D_2 I_2 + D_3 I_3$$
$$= \frac{U_{REF}}{8R} D_0 + \frac{U_{REF}}{4R} D_1 + \frac{U_{REF}}{2R} D_2 + \frac{U_{REF}}{R} D_3$$
$$= \frac{U_{REF}}{2^3 R}(D_3 2^3 + D_2 2^2 + D_1 2^1 + D_0 2^0)$$

取求和放大器的反馈电阻 $R_F = R/2$，根据运算放大器虚短和虚断的特性，可得输出电压 u_o 为

$$u_o = -i_F R_F = -\frac{U_{REF}}{2^4}(D_3 2^3 + D_2 2^2 + D_1 2^1 + D_0 2^0)$$
$$= -\frac{U_{REF}}{2^4} \sum_{i=0}^{3} D_i 2^i$$

推广到 n 位权电阻网络 DAC 电路，则有

$$u_o = -\frac{R_F}{R} \cdot \frac{U_{REF}}{2^{n-1}} \sum_{i=0}^{n-1} D_i 2^i$$

当反馈电阻 $R_F = R/2$ 时，可得

$$u_o = -\frac{U_{REF}}{2^n}\sum_{i=0}^{n-1}D_i 2^i = -\frac{U_{REF}}{2^n}D$$

式中：D 为输入的二进制数字量。

上式表明，$\frac{U_{REF}}{2^n}$ 为一个常数，在电路中输入的每一个二进制数 D，均能得到与之成正比的模拟电压输出 u_o。

权电阻网络 DAC 电路的优点是结构简单，所用的电阻个数比较少。它的缺点是电阻的取值范围太大，这个问题在输入数字量的位数较多时尤其突出。例如，当输入数字量的位数为 12 位时，最大电阻与最小电阻之比达到 2048：1。要在如此大的范围内保证电阻的精度，对集成 DAC 的制造带来一定的困难。为克服此缺点，通常采用倒 T 形电阻网络 DAC。

2. 倒 T 形电阻网络 DAC

图 5-5 所示的为 4 位倒 T 形电阻网络 DAC 的原理图。它由 R-$2R$ 电阻组成的倒 T 形解码网络、4 个模拟开关（S_0、S_1、S_2 和 S_3）、基准电压 U_{REF} 和求和放大器四部分构成。

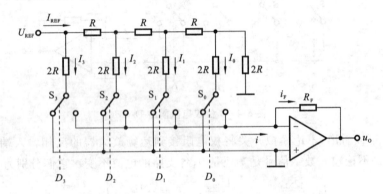

图 5-5 4 位倒 T 形电阻网络 DAC

由图 5-5 可以看出，从参考电压端输入的电流为

$$I_{REF} = \frac{U_{REF}}{R}$$

各支路的电流分别为

$$I_3 = \frac{1}{2}I_{REF} = \frac{U_{REF}}{2R} \quad I_2 = \frac{1}{4}I_{REF} = \frac{U_{REF}}{4R}$$

$$I_1 = \frac{1}{8}I_{REF} = \frac{U_{REF}}{8R} \quad I_0 = \frac{1}{16}I_{REF} = \frac{U_{REF}}{16R}$$

而流入运放电路的总电流为

$$i = D_0 I_0 + D_1 I_1 + D_2 I_2 + D_3 I_3$$
$$= \frac{U_{REF}}{R}\left(\frac{1}{16}D_0 + \frac{1}{8}D_1 + \frac{1}{4}D_2 + \frac{1}{2}D_0\right)$$
$$= \frac{U_{REF}}{2^4 R}(D_3 2^3 + D_2 2^2 + D_1 2^1 + D_0 2^0)$$

则输出电压 u_o 为

$$u_o = -i_F R_F = -\frac{U_{REF} R_F}{2^4 R}(D_3 2^3 + D_2 2^2 + D_1 2^1 + D_0 2^0)$$

推广到 n 位倒 T 形电阻网络 DAC 电路，则有

$$u_o = -\frac{R_F}{R} \frac{U_{REF}}{2^n} \sum_{i=0}^{n-1} D_i 2^i$$

上式表明，$\frac{R_F}{R}\frac{U_{REF}}{2^n}$ 为一个常数，在电路中输入的每一个二进制数 d_n，均能得到与之成正比的模拟电压输出 u_o。

倒 T 形电阻网络 DAC 电路的优点是电阻网络中只有 R、$2R$ 两种阻值，有利于掌握电阻的阻值比值，使得倒 T 形电阻网络 DAC 具有较高的转换精度。此外，倒 T 形电阻网络 DAC 的模拟开关在地和虚地之间进行切换，无论输入信号如何变化，流过基准电压源、模拟开关及各电阻支路的电流均保持恒定，电路中各节点的电压也保持不变，使得 DAC 的转换速度大大加快。

另外，要使 DAC 具有较高的精度，对电路参数的要求如下：① 基准电压稳定性好；② 倒 T 形电阻网络中 R 和 $2R$ 电阻比值的精度要高；③ 每个模拟开关的开关电压降要相等；④ 为实现电流从高位到低位按 2 的整数倍递减，模拟开关的导通电阻也相应地按 2 的整数倍递增。

为进一步提高 DAC 的精度，可采用权电流型 DAC。

3. 权电流网络 DAC

图 5-6 所示的为 4 位权电流网络 DAC 电路的原理图。4 位权电流网络 DAC 电路主要由恒流源、4 路模拟开关、放大器等几个部分构成。它在倒 T 形电阻网络 DAC 基础上，用一组恒流源代替了电阻网络。这组恒流源从高位到低位电流的大小依次为 $I/2$、$I/4$、$I/8$、$I/16$。

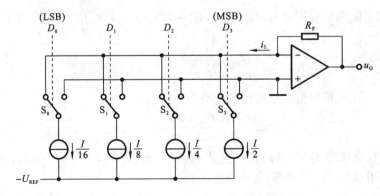

图 5-6 4 位权电流网络 DAC 电路原理图

图 5-6 所示的电路采用恒流源代替电阻网络，各支路权电流的大小均不受开关导通电阻和压降的影响，降低了对开关电路的要求，提高了转换精度。

由图 5-6 可以看出

$$u_o = -i_\Sigma R_F = -R_F \left(\frac{I}{2}D_3 + \frac{I}{4}D_2 + \frac{I}{8}D_1 + \frac{I}{16}D_0\right)$$

$$=-\frac{I}{2^4}R_F(D_3 2^3 + D_2 2^2 + D_1 2^1 + D_0 2^0)$$

$$=-\frac{I}{2^4}R_F\sum_{i=0}^{3}D_i \cdot 2^i$$

由上式可见,输出电压 u_o 正比于输入的数字量。式中的 I 为基准电流 I_{REF},实际电路中通常由基准电压 U_{REF} 产生,再由晶体管和电阻网络得到各支路的恒流源。图 5-7 所示的为实际的权电流 DAC。

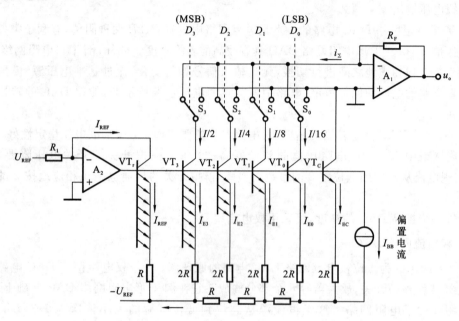

图 5-7 实际的权电流 DAC

由倒 T 形电阻网络分析可知,$I_{E3}=I/2$,$I_{E2}=I/4$,$I_{E1}=I/8$,$I_{E0}=I/16$,于是可得输出电压为

$$u_o = i_\Sigma R_F = \frac{R_F U_{REF}}{2^4 R_1}(D_3 2^3 + D_2 2^2 + D_1 2^1 + D_0 2^0)$$

推广到 n 位倒 T 形电阻网络的权电流型 DAC 电路,则有

$$u_o = \frac{R_F}{R_1} \frac{U_{REF}}{2^n} \sum_{i=0}^{n-1} D_i \times 2^i$$

采用这种权电流型 DAC 电路的单片集成 DAC 有 DAC0806、DAC0807、DAC0808 等。这些器件都采用双极型工艺制作,工作速度较快。

5.2.3 数模转换器的性能指标

DAC 的主要性能指标有分辨率、精度、建立时间等。

1. 分辨率

分辨率是指 DAC 分辨输出最小电压的能力,表征了 DAC 对微量变化的敏感程度。通常用 DAC 的位数来表示分辨率,位数越多则输出电压可分离的等级就越多,分辨率越高。

也可用最小输出电压 U_{LSB}（对应输入数字量只有最低有效位为 1 时的模拟电压）与最大输出电压 U_{MSB}（对应输入数字量所有的有效位全为 1 时的模拟电压）的比值来表示。例如，10 位 DAC 分辨率为

$$\frac{1}{2^{10}-1}=\frac{1}{1023}\approx 0.001$$

2. 精度

精度是指输入端加有最大数值量（全 1）时，DAC 的实际输出值和理论计算值之差。它主要包括以下几点。

（1）非线性误差：当每两个相邻数字量对应的模拟量之差都是 2^n-1 时，即为理想的线性特性。在满刻度范围内，偏离理想转换特性的最大值称为非线性误差。它是由电子开关导通的电压降和电阻网络的电阻值的偏差产生的，常用满刻度的百分数来表示。

（2）比例系数误差：它是指实际转换特性曲线的斜率与理想特性曲线斜率的误差，是由参考电压 U_R 的偏离引起的，也用满刻度的百分数表示。

（3）失调误差：它是由运算放大器的零点漂移引起的误差，与输入的数字量无关。

3. 建立时间

DAC 的输入变化为满刻度时，其输出达到稳定值所需的时间称为建立时间或稳定时间，也称转换时间。

5.2.4 集成 DAC

目前，集成 DAC 技术发展很快，国内外市场上的集成 DAC 产品有几百种之多，性能各不相同，可以满足不同要求的各种应用场合。按其内部电路结构，集成 DAC 一般分为两类：一类集成芯片内部只集成了电阻网络（或恒流源网络）和模拟电子开关；另一类则集成了组成 DAC 的全部电路。下面以 DAC0808 为例介绍它的特点及其应用。

1. DAC0808

集成 DAC0808 是通用性较强的单片集成 8 位权电流型 DAC，片内包含有 8 个 CMOS 型电流开关、R-2R、T 形电阻网络、偏置电路和电流源等。它具有功耗低（350 mW）、速度快（稳定时间为 150 ns）、价格低及使用方便等特点。其基本参数如下：

① 电源电压 $U_{CC}=+4.5\sim+18$ V，典型值为 +5 V；
② 电源电压 $U_{EE}=-4.5\sim-18$ V，典型值为 -15 V；
③ 输出电压范围为 $-10\sim+18$ V；
④ 参考电压 $U_{REF(+)max}=+18$ V；
⑤ 基准电流 $I_0\leqslant 5$ mA。

2. DAC0808 的应用

该芯片运用十分灵活，可以适用于单极性和双极性数字输入。DAC0808 的引脚排列和典型应用电路如图 5-8 所示，它是单极性数字输入的一种典型应用。DAC0808 本身不包括运算放大器，使用时一般需外接运算放大器，但在这里为了简便就没有接运算放大器，而是用负载代替运算放大器。DAC0808 的输出形式是电流，一般可达 2 mA。外接运算放大器

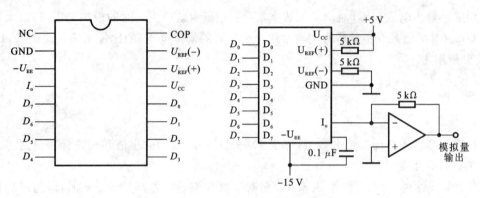

图 5-8 DAC0808 引脚排列和应用电路图

后,可将其转换为电压输出。其输出电压为

$$u_o = -\frac{R_F}{R_{14}} \frac{U_{REF(+)}}{2^8} \sum_{i=0}^{7} D_i \times 2^i$$

5.3 ADC

A/D 转换是将模拟信号成正比地转换成对应的数字信号,实现 A/D 转换的电路称为 A/D 转换器(ADC)。

5.3.1 A/D 转换的基本知识

1. A/D 转换原理

A/D 转换是将时间和幅值连续变化的模拟信号转换成时间和幅值均离散的数字信号,U_I 为模拟电压输入,$D(D_{n-1}D_{n-2}\cdots D_1 D_0)$ 为输出的 n 位数字信号,U_{REF} 为实现 A/D 转换所必需的参考电压,它们三者之间满足如下关系:

$$D = K \frac{U_I}{U_{REF}}$$

式中:K 为比例系数,不同的 ADC 有不同的 K 值。

2. A/D 转换的一般步骤

为了把模拟信号转换成数字信号,它一般要包括采样、保持、量化及编码四个过程。前两个过程在采样与保持电路中完成,后两个过程在 ADC 中完成。

1) 采样和保持

采样就是按一定的时间间隔抽取模拟电压值,将时间连续变化的模拟量转换成时间断续变化的模拟量。采样后的信号是时间上离散的模拟量,即一连串周期一定的脉冲,其幅值取决于采样时输入模拟量的大小。设采样周期为 T_s,抽样持续时间为 τ,则在采样时间内,采样电路输出等于模拟量的瞬时值,其他时间输出为零。

为了能不失真地将信号恢复成原来的输入信号,需要合理的采样频率。根据采样定理,如果采样信号的频率为 f_s,输入模拟信号的最高频率分量的频率为 $f_{i(max)}$,则必须满足 f_s

$\geqslant 2f_{i(\max)}$。

模拟信号经采样后,得到一系列窄脉冲,脉冲宽度是很短暂的,同时,要将采样电路每次采样得到的模拟信号转换为数字信号都需要一定的时间,为了给后续的量化编码过程提供一个稳定的值,在下一个采样脉冲没有到来之前,应暂时保持所得到的脉冲幅值,以便进行转换。所谓保持,就是在连续两次采样之间,将上一次采样结束时所得到的采样值通过保持电路保持一段时间,以便将其数字化(量化和编码)。采样与保持过程通常是通过采样与保持电路实现的。采样与保持电路的原理图如图5-9(a)所示。

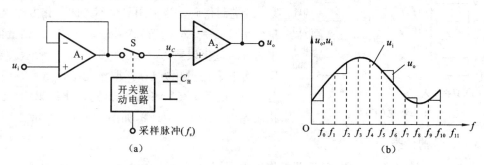

图 5-9 采样与保持电路

采样与保持电路要求 A_1 的 R_i 高,以减小对输入信号的影响。A_2 的 R_i 高是为了保持阶段电容上所存电荷不易泄放,A_2 的 R_o 低是为了提高带负载能力。一般还要求电路中 $A_{u1} \times A_{u2} = 1$。在图5-9(a)中,开关S的接通与断开由采样脉冲控制。设在 $t = t_0$ 时刻开关S闭合,电路处于采样状态,电容器 C_H 被迅速充电,由于两个放大器的增益都为1,因此这一阶段 u_o 跟随 u_i 变化,$u_o = u_i$,在 $t_0 \sim t_1$ 的时间内是采样阶段。在 $t = t_1$ 时刻S断开,电容 C_H 两端电压保持不变(电容 C_H 没有放电回路,因为 A_2 的输入阻抗为无穷大,S为理想开关),从而保证电路输出端的电压 u_o 维持不变,这是保持阶段。在 $t = t_2$ 时开关又闭合,电路再次处于采样阶段,以后周而复始地进行上述过程,其输入波形 u_i 和输出波形 u_o 如图5-9(b)所示。

2) 量化与编码

输入的模拟信号经采样和保持得到的仍然是一个可以连续取值的模拟量,而数字信号不仅在时间上是离散的,而且在取值上也不连续,因此,为了将模拟信号转换成数字信号,还必须将采样与保持电路输出的采样值按照某种近似方式归并到相应的离散电平上,也就是将模拟信号在取值上离散化。这个过程称为量化。量化后的信号电平,虽然是一个离散量,但为了数字系统能够对它进行传输和处理,还必须用二进制代码来表示,这个过程称为编码。对于单极性模拟信号,一般采用自然二进制编码;对于双极性模拟信号,则通常采用二进制补码。经过编码后得到的代码就是 ADC 输出的数字量。

在量化过程中,量化结果(离散电平)都是其中一个最小数量单位的整数倍,将这个最小数量单位称为量化单位,也称量化阶梯,用 Δ 表示。它是数字信号最低有效位为1所对应的模拟量。由于采样与保持电路输出的信号通常不会恰好为量化单位的整数倍,因此量化前后不可避免会存在着误差,这种误差称为量化误差,用 ε 表示。量化误差属原理性误差,只能减小,不能完全消除。减小量化误差的主要措施就是减小量化单位。但是当输入模拟电压的变化范围一定时,量化单位越小就意味着量化电平的个数越多,编码的位数越大,电路也就越复杂。

常用的量化方法有两种,即只舍不入和有舍有入(四舍五入)。前者在量化中将不足量化单位部分舍弃,后者在量化过程中将小于 $\Delta/2$ 的部分舍弃,而将等于或大于 $\Delta/2$ 的部分按 1 个 Δ 处理。

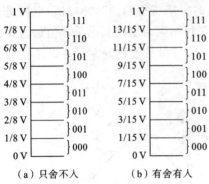

图 5-10 量化的基本方法

如将 $0\sim1$ V 的模拟电压进行量化编码,输出为 3 位二进制代码。当采用只舍不入的量化方法时,取量化单位 $\Delta=1/8$ V,若 $n\Delta\leqslant u_o<(n+1)\Delta$,则量化结果为 $n\Delta$,量化误差为 $0\sim\Delta$,如图 5-10(a)所示。当采用有舍有入的量化方法时,取量化单位 $\Delta=2/15$ V,若 $(n-1)\Delta<u_o\leqslant(n+1/2)\Delta$,则量化结果为 $n\Delta$,量化误差为 $-\Delta/2\sim+\Delta/2$,如图 5-10(b)所示。

3. ADC 的分类

实现 A/D 转换的方法很多,按照工作原理不同可以分成直接 A/D 转换和间接 A/D 转换两类。

直接 A/D 转换将模拟信号直接转换成数字信号,比较典型的有并行比较型 A/D 转换和逐次逼近型 A/D 转换。间接 A/D 转换是先将模拟信号转换成某一中间变量(时间或频率),然后再将中间变量转换成数字量。比较典型的有双积分型 A/D 转换和电压/频率转换型 A/D 转换。

5.3.2 常用的 A/D 转换技术

1. 并行比较型 ADC

图 5-11 所示的为 3 位二进制数并行比较型 A/D 转换器的原理图,它由分压器、比较器、寄存器和编码器组成。

由图 5-11 可以看出,分压器由 7 个阻值均为 R 的电阻和 1 个阻值为 $R/2$ 的电阻串联而成。电阻分压器将基准电压 U_{REF} 划分为 $U_{REF}/15$、$3U_{REF}/15$、$5U_{REF}/15$、$7U_{REF}/15$、$9U_{REF}/15$、$11U_{REF}/15$、$13U_{REF}/15$ 等 7 个比较电平。这个过程实际上就是量化过程,量化单位 Δ 为 $2U_{REF}/15$,量化电平为 $0\Delta\sim7\Delta$。各比较电平分别送至比较器的反相输入端,模拟输入电压 u_i 同时输入各比较器的同相输入端。当 u_i 大于某电压比较器的反相输入端的比较电平时,该电压比较器输出高电平,反之则输出低电平。例如,当 $0\leqslant u_i<1/15U_{REF}$ 时,7 个比较器的输出均为 0,CP 到来后,7 个触发器都置 0;当 $5/15U_{REF}\leqslant u_i<7/15U_{REF}$ 时,$C_7\sim C_4$ 输出为 0,$C_3\sim C_1$ 输出为 1,CP 到来后,触发器 $FF_7\sim FF_4$ 置 0,$FF_3\sim FF_1$ 置 1。依此类推,可以列出 u_i 为不同值时寄存器的输出状态,如表 5-1 所示。

编码器电路是一个组合逻辑电路,根据图 5-11 可以求出编码器电路输出的逻辑表达式:

$$D_2=Q_4,\quad D_1=Q_6+\overline{Q_4}Q_2$$
$$D_0=Q_7+\overline{Q_6}Q_5+\overline{Q_4}Q_3+\overline{Q_2}Q_1$$

第 5 章 数/模转换与模/数转换

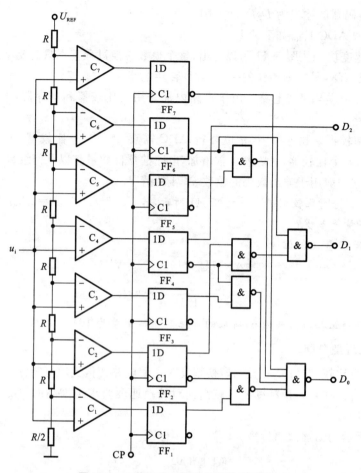

图 5-11 3 位二进制数并行比较型 ADC

表 5-1 3 位并行 ADC 模拟电压和输出二进制数转换关系表

输入模拟电压 u_i	寄存器状态							输出二进制数		
	Q_7	Q_6	Q_5	Q_4	Q_3	Q_2	Q_1	D_2	D_1	D_0
$(0\sim1/15)\ U_{REF}$	0	0	0	0	0	0	0	0	0	0
$(1/15\sim3/15)\ U_{REF}$	0	0	0	0	0	0	1	0	0	1
$(3/15\sim5/15)\ U_{REF}$	0	0	0	0	0	1	1	0	1	0
$(5/15\sim7/15)\ U_{REF}$	0	0	0	0	1	1	1	0	1	1
$(7/15\sim9/15)\ U_{REF}$	0	0	0	1	1	1	1	1	0	0
$(9/15\sim11/15)\ U_{REF}$	0	0	1	1	1	1	1	1	0	1
$(11/15\sim13/15)\ U_{REF}$	0	1	1	1	1	1	1	1	1	0
$(13/15\sim1)\ U_{REF}$	1	1	1	1	1	1	1	1	1	1

将寄存器状态的 8 组值分别代入编码器电路的输出逻辑表达式中,求出不同的输入模拟电压与输出二进制数之间的关系。如 $5/15U_{REF} \leqslant u_i < 7/15U_{REF}$ 时,$Q_7 \sim Q_4$ 输出为 0,$Q_3 \sim$

· 189 ·

Q_1 输出为 1,编码器的输出为 $D_2D_1D_0=011$。

并行比较型 ADC 具有如下特点。

(1) 转换速度快。从图 5-11 可以看出,整个模数转换过程基本只需要 1 个 CP 周期,可见,并行比较型 ADC 是目前最快的一种 A/D 转换电路。

(2) 不需要采样与保持电路。由于电路内部采用了比较器和寄存器,电路可不用附加采样与保持电路。

(3) 分辨率较低。由于 1 个 n 位并行 ADC 需要 2^n-1 个比较器,如 8 位并行比较 ADC,则需要 255 个比较器,且随着位数增加,电路的器件数量将以几何级数增加,会造成制造困难,因此,它一般用于输出数码的位数 $n\leqslant 4$ 的情况。

例 5-1 3 位并行比较型 ADC 如图 5-11 所示,若 $U_{REF}=8.9$ V,$R=2$ kΩ,则当 $u_i=6.3$ V 时,输出的数字量是多少?

解 该电路的量化单位

$$\Delta = 2U_{REF}/15 = 1.19 \text{ V}$$

$$\frac{u_i}{\Delta} = \frac{6.3}{1.19} = 5.29$$

对 5.29 四舍五入的结果为 5,对应的 3 位数字输出量为 101。

2. 逐次逼近型 ADC

前述的并行比较型 ADC 在提高转换精度时会使电路变得比较复杂,故只适用于转换精度不太高的场合。在对转换精度要求较高而对转换速度要求不太高的情况下,更多地使用逐次逼近型 ADC。

图 5-12 所示的为逐次逼近型 ADC 的结构框图。

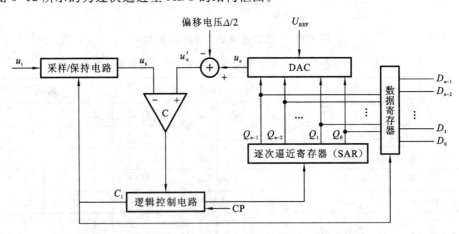

图 5-12 逐次逼近型 ADC 框图

由图 5-12 可以看出,逐次逼近型 ADC 主要由以下几部分构成。

(1) DAC:DAC 的作用是根据逐次逼近寄存器输出的数字量,产生不同的参考电压值 u'_o,并将它送到电压比较器与输入模拟信号 u_s 进行比较。

(2) 逐次逼近寄存器:它的作用是产生不同的数字量送入 DAC 和数据寄存器。

(3) 数据寄存器:它的作用是寄存和输出相应的数字量。

(4) 电压比较器 C:它的反相输入端输入由采样与保持电路输出的电压 u_s,同相输入端输入由 DAC 输出的参考电压 u'_o,当 $u_s > u'_o$ 时,输出 1;当 $u_s < u'_o$ 时,输出 0。

(5) 逻辑控制电路:逻辑控制电路在时钟脉冲 CP 的作用下产生转换控制信号 C_1。当 $C_1 = 1$ 时,采样与保持电路采样,采样值 u_s 跟随输入模拟电压 u_i 变化,A/D 转换电路停止转换,将上一次转换的结果经输出电路输出;当 $C_1 = 0$ 时,采样与保持电路停止采样,输出电路禁止输出,A/D 转换电路开始工作,将由比较器 C 的反相端输入的模拟电压采样值转换成数字信号。

逐次逼近型 ADC 的工作原理如下:在转换开始之前,先将 n 位逐次逼近寄存器 SAR 清零。在第一个 CP 作用下,将 SAR 的最高位置 1,逐次逼近寄存器输出为 100…00。这个数字量被 DAC 转换成相应的模拟电压 u_o,经偏移 $\Delta/2$ 后得到 $u'_o = u_o - \Delta/2$,然后将它送至比较器的正相输入端与 ADC 输入模拟电压的采样值 u_s 相比较。如果 $u'_o > u_s$,则比较器的输出 $C = 1$,说明这个数字量过大了,逻辑控制电路将 SAR 的最高位复 0;如果 $u'_o < u_s$,则比较器的输出 $C = 0$,说明这个数字量小了,SAR 的最高位将保持 1 不变。这样就确定了转换结果的最高位是 0 还是 1。在第二个 CP 作用下,逻辑控制电路在前一次比较结果的基础上先将 SAR 的次高位置 1,最高位的值保持不变,其他低位置 0。然后根据 u'_o 和 u_s 的比较结果确定 SAR 次高位的 1 是保留还是清除。在 CP 的作用下,按照同样的方法一直比较下去,直到确定了最低位是 0 还是 1 为止。这时 SAR 中的内容就是这次 A/D 转换的最终结果。

上述描述中的 Δ 表示逐次逼近寄存器最低位所置 1 在 D/A 输出端所产生的电压。可以这样理解,经过偏移 $\Delta/2$ 的量化电平与 u_s 相比较,只要 u_s 大于 $\Delta/2$ 就可以保留,与四舍五入的近似方法类似。应使量化误差不大于 $\Delta/2$。

例 5-2 设基准电压 $U_{REF} = -8$ V,$n = 3$。当采样与保持电路输出电压 $u_s = 4.9$ V 时,试列表说明逐次逼近型 ADC 电路的 A/D 转换过程。

解 由 $U_{REF} = -8$ V,$n = 3$ 可求得量化单位:

$$\Delta = \frac{|U_{REF}|}{2^n} = 1$$

偏移电压为 $\Delta/2 = 0.5$ V。

当 $u_s = 4.9$ V 时,3 位逐次逼近型 ADC 电路的 A/D 转换过程如表 5-2 所示。

表 5-2 3 位逐次逼近型 ADC 电路的 A/D 转换过程表

CP 节拍	SAR			DAC 输出	比较器输入		比较器输出	逻辑操作
	Q_2	Q_1	Q_0	u_o	u_s	$u'_o = u_o - \Delta/2$		
1	1	0	0	4 V	4.9 V	3.5 V	0	保留
2	1	1	0	6 V	4.9 V	5.5 V	1	清除
3	1	0	1	5 V	4.9 V	4.5 V	0	保留
4	1	0	1	5 V	采样			输出

转化的结果为 $D_2 D_1 D_0 = 101$,其对应的量化电平为 5 V,量化误差 $\varepsilon = 0.1$ V。如果不引入偏移电压,按照上述过程得到的 A/D 转换结果 $D_2 D_1 D_0 = 100$,对应的量化电平为 4 V,量化误差 $\varepsilon = 0.9$ V。可见,偏移电压的引入是将只舍不入的量化方式变成有舍有入的量化

方式。

逐次逼近型 ADC 具有如下特点。

(1) 转换速度较快。n 位逐次逼近型 ADC 完成一次转换的时间为 $n+2$ 个 CP 周期。转换速度与其位数和时间频率有关,位数越少,时钟频率越高,转换时间越短。

(2) 转换精度高。逐次逼近型 ADC 的转换精度与输出数字量的位数有关,位数越多,转换精度越高。

(3) 电路规模小。

3. 双积分型 ADC

双积分型 ADC 是一种间接 ADC。它的转换原理是先把模拟电压转换成与之成正比的时间变量 T,然后在时间 T 内对固定频率的时钟脉冲计数,计数的结果就是正比于模拟电压的数字量。

1) 基本原理

图 5-13 所示的为双积分型 ADC 电路的基本原理图。它主要由积分器、过零比较器、计数器/定时器电路、逻辑控制电路和模拟开关组成。

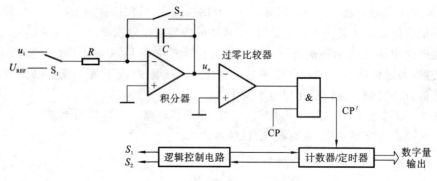

图 5-13 双积分型 ADC 原理图

(1) 积分器是转换器的核心部分,它的输入接电子开关 S_1,而开关 S_1 受逻辑控制电路的控制。在逻辑控制电路的作用下,S_1 在不同的阶段分别将极性相反的模拟电压 u_i 和基准电压 U_{REF} 接入积分器进行积分。积分器进行两次方向相反的积分,这也是此类 ADC 名称的由来。

(2) 过零比较器。积分器的输出 u_o 接入过零比较器的反相输入端。比较器的输出是时钟脉冲控制门的控制信号。当 $u_o > 0$ 时,比较器输出 0,计数器的时钟输入端无时钟信号;当 $u_o \leq 0$ 时,比较器输出 1,时钟脉冲通过时钟脉冲控制门(与门)加到计数器的时钟输入端。

(3) 计数器/定时器电路。计数器/定时器是由 $n+1$ 个触发器($FF_n \sim FF_0$)组成的二进制计数器。输入启动脉冲时,计数器置 0。当时钟控制门开启时,计数器开始对 CP 计数,将与输入电压 u_i 成正比的时间间隔 T 变成数字信号输出。

2) 转换过程

下面以 u_i 为正极性直流电压为例讨论其工作过程。在开始工作之前,S_2 瞬间闭合,迅

速放掉电容 C 上的残余电荷，所有时序部件清零，S_1 接 u_i。当开关 S_2 打开时，开始进行 A/D 转换。整个转换过程包含两次积分，故称为双积分型 ADC。

(1) 定时积分。

这个阶段是对模拟电压 u_i 的固定时间 T_1 积分。设时间 $t=0$ 时，开关 S_1 将模拟电压 u_i 接入积分器开始积分，积分器输出如图 5-14 中 T_1 段所示。由于 $u_o<0$，因此过零比较器输出 1，时钟脉冲 CP 通过与门加到计数器的时钟输入端，计数器从 0 开始计数。在第 2^n 个时钟脉冲到来时，计数器 $Q_{n-1} \sim Q_0$ 回到 0，Q_n 由 0 变 1，这时逻辑控制电路使开关 S_1 切换到基准电压 U_{REF} 上，第一次积分结束。

第一次积分所用的时间为

$$T_1 = 2^n T_{CP}$$

积分器输出的电压为

$$U_{T_1} = -\frac{1}{RC}\int_0^{T_1} u_i \mathrm{d}t = -\frac{1}{RC}u_i T_1 = -\frac{1}{RC}u_i 2^n T_{CP}$$

(2) 定压积分。

这个阶段是对基准电压 U_{REF} 的反向积分。当时间 $t=t_1$ 时，开关 S_1 将极性为负的基准电压 U_{REF} 接入积分器开始反向积分，积分器输出如图 5-14 中 T_2 段所示。计数器 $Q_{n-1} \sim Q_0$ 从 0 开始重新计数。当时间 $t=t_2$ 时，u_o 的电压线性上升到 0，比较器输出 0，与门关闭，计数器停止计数，第二次积分过程结束，计数器的数值 D 就是 A/D 转换输出的数字量。

t_2 时刻的积分器的输出电压可写为

$$u_o(t_2) = U_{T_1} - \frac{1}{RC}\int_{T_1}^{T_2} U_{REF}\mathrm{d}t = 0$$

由上式可得

$$T_2 = t_2 - t_1 = -\frac{u_i}{U_{REF}}2^n T_{CP}, \quad D = \frac{T_2}{T_{CP}} = -2^n \frac{u_i}{U_{REF}}$$

由上式可以看出，数字量 D 与 u_i 的大小成正比。

3) 特点

(1) 转换精度高。双积分型 ADC 的转换结果仅与基准电压的准确度有关，对积分时间常数、时钟脉冲的周期都没有严格要求，只要它们在两次积分过程中保持一样就可以了。另一方面，只要增加计数器的级数，就可以很方便地增加输出数字量的位数，从而减小量化误差。

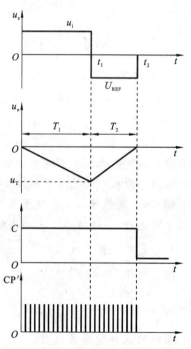

图 5-14 双积分型 ADC 电路各点的波形

(2) 抗干扰能力强。由于在输入端使用了积分器，因此该电路对平均值为零的噪声有很强的抑制能力。

(3) 转换速度较慢。由于积分器需要进行两次积分，最大转换时间为 $(2^n + D)T_{CP}$，其中 n 为计数器的位数，D 为第二次积分计数器所计脉冲个数，因此速度较慢，一般为几毫秒到几百毫秒。所以双积分型 ADC 电路在低速、高精度集成 ADC 中的应用相当广泛。

例 5-3 在图 5-14 中,设基准电压 $U_{REF}=-10\ V$,计数器的位数 $n=10$,时钟脉冲的频率为 10 kHz,则完成一次转换最长需要多长时间?若输入的模拟电压 $u_i=5\ V$,试求转换时间和输出的数字量 D 各为多少?

解 双积分型 ADC 电路的第一次积分时间 T_1 是固定的,第二次积分时间 T_2 与输入模拟电压的值成正比。当 $T_1=T_2$ 时,完成一次转换的时间最长,即

$$T_{max}=2T_1=2\times 2^n\times \frac{1}{f_{CP}}=2^{11}\times \frac{1}{10^4}\ s=0.2048\ s$$

当 $u_i=5\ V$ 时,转换时间为

$$T=T_1+T_2=2^n T_{CP}-2^n\frac{u_i}{U_{REF}}T_{CP}=2^n\times\left(1-\frac{u_i}{U_{REF}}\right)\times\frac{1}{f_{CP}}$$

$$=2^{10}\times\left(1+\frac{5}{10}\right)\times\frac{1}{10^4}\ s=0.1536\ s$$

输出的数字量 D 为

$$D=-2^n\frac{u_i}{U_{REF}}=-2^{10}\times\frac{5}{-10}=512=200\ H$$

5.3.3 ADC 的性能指标

1. 分辨率

ADC 的分辨率是指输出数字量变化一个最低有效位所对应的输入模拟量需要变化的量,反映了 ADC 对输入信号的分辨能力。ADC 的位数越多,量化的阶梯越小,分辨率就越高。分辨率常用输出二进制数的位数表示。例如,输入模拟电压的变化范围为 0~5 V,输出 8 位二进制数可以分辨的最小模拟电压为 $5\ V\times 2^{-8}\approx 20\ mV$;而输出 12 位二进制数可以分辨的最小模拟电压为 $5\ V\times 2^{-12}\approx 1.22\ mV$。

例 5-4 某信号采集系统要求用一片 A/D 转换集成芯片在 1 s 内对 16 个热电偶的输出电压分时进行 A/D 转换。已知热电偶输出电压范围为 0~0.025 V(对应于 0~450 ℃温度范围),需要分辨的温度为 0.1 ℃,试问应选择多少位的 ADC?

解 对于 0~450 ℃温度,需要分辨的温度为 0.1 ℃,即分辨率为 $\frac{0.1}{450}=\frac{1}{4500}$。而 12 位 ADC 的分辨率为 $\frac{1}{2^{12}}=\frac{1}{4096}$。比较可知,必须选用 13 位 ADC。

系统的采样速率为每秒 16 次,采样时间为 62.5 ms。对于这样慢速的采样,任何一个 ADC 都可实现。

2. 转换速度

转换速度是指完成一次转换所需要的时间。转换时间是指从接到转换控制信号开始,到输出端得到稳定的数字输出信号所经过的这段时间。

ADC 的转换时间与转换电路的类型有关。并行比较型 ADC 的转换速度最快;逐次比较型 ADC 的次之;间接型 ADC(如双积分型 ADC)的速度最慢。

3. 转换误差

转换误差表示 ADC 实际输出的数字量和理论上的输出数字量之间的差别,通常以输出

误差的最大值形式给出,常用最低有效位的倍数表示。

ADC 的转换误差是由 A/D 转换电路中各种元器件的非理想特性造成的,它是一个综合性指标,包括比例系数误差、失调误差和非线性误差等多种类型的误差。

5.3.4 集成 ADC

目前,集成 ADC 种类繁多,性能各不相同。下面以 ADC0809 介绍集成 ADC 及其应用。

1. 8 位逐次逼近型 A/D 转换芯片 ADC0808

ADC0808 系列包括 ADC0808 和 ADC0809 两种型号的芯片。该芯片是用 CMOS 工艺制成的双列直插式 28 引脚的 8 位 ADC。片内有 8 路模拟开关及地址锁存与译码电路、8 位 A/D 转换和三态输出锁存缓冲器,如图 5-15 所示。各引脚信号意义如下所述。

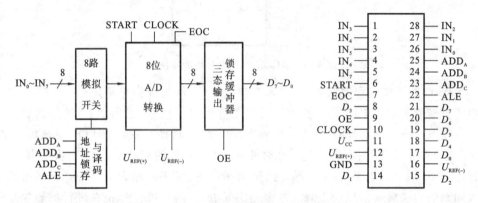

图 5-15 ADC0808 内部结构和引线排列图

① $IN_0 \sim IN_7$:8 路模拟信号输入,通过 ADD_A、ADD_B、ADD_C 来选通。

② ADD_A、ADD_B、ADD_C:模拟通道地址选择信号,其中,ADD_A 为低位,ADD_C 为高位。

③ $D_0 \sim D_7$:A/D 转换后的数据输出端,为三态可控输出。由 OE 输出允许信号控制。

④ OE:输出允许信号,高电平有效。当该信号有效时,ADC0808/ADC0809 的输出三态门被打开,输出转换结果。

⑤ ALE:地址锁存允许信号,该信号上升沿时,ADD_A、ADD_B、ADD_C 3 位地址信号被锁存,译码选通对应模拟通道。在使用时,该信号常和 START 信号连在一起,以便同时锁存通道地址和启动 A/D 转换。

⑥ START:A/D 转换启动信号,正脉冲有效。加于该端脉冲的上升沿使逐次逼近寄存器清零,从下降沿开始 A/D 转换。如果正在进行转换时又接到新的启动脉冲,则原来的转换进程中止,重新从头开始转换。

⑦ EOC:转换结束信号,高电平有效。该信号在 A/D 转换过程中为低电平,其余时间为高电平。在需要对某个模拟量不断采样、转换的情况下,EOC 也可作为启动信号反馈接到 START 端,但在刚加电时需由外电路第一次启动。

⑧ $U_{REF(+)}$、$U_{REF(-)}$:基准电压输入。

⑨ CLOCK:时钟脉冲输入端。要求时钟频率不高于 640 kHz。

2. ADC0809 的典型应用

ADC0809 与 MCS-51 单片机的连接如图 5-16 所示。

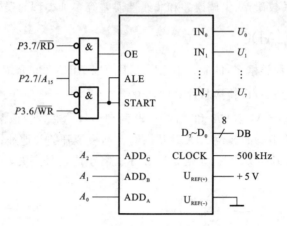

图 5-16　ADC0809 与单片机的连接图

ADC0809 的工作过程大致如下：输入 3 位地址信号，地址信号稳定后，在 ALE 脉冲的上升沿将其锁存，从而选通将进行 A/D 转换的那路模拟信号；发出 A/D 转换的启动信号 START，在 START 的上升沿，将逐次比较寄存器清零，转换结束标志 EOC 变成低电平，在 START 的下降沿开始转换；转换过程在时钟脉冲 CLOCK 的控制下进行；转换结束后，转换结束标志 EOC 跳到高电平，在 OE 端输入低电平，转换结果输出。如果在进行转换的过程中接收到新的转换启动信号（START），则逐次逼近寄存器被清零，正在进行的转换过程终止，然后重新开始新的转换。若将 START 和 EOC 短接，则可实现连续转换，但第一次转换需用外部启动脉冲。

本 章 小 结

DAC 和 ADC 在现代数字系统中具有十分重要的作用。本章在介绍 D/A 转换和 A/D 转换原理的基础上，介绍了常用的 D/A 转换技术和 A/D 转换技术，对 DAC 和 ADC 的性能指标以及典型的集成 DAC 和 ADC 做了介绍。

（1）DAC 的功能是将输入的二进制数字信号转换成相对应的模拟信号输出。DAC 种类繁多，结构各不相同，但主要由数码寄存器、模拟电子开关电路、解码电路、求和电路及基准电压几部分组成。

① 权电阻 DAC 主要由权电阻电路、模拟电子开关和求和运算放大器组成。它的最大特点是转换速度快，但随着转换精度的提高，电路结构趋于复杂。而且，权电阻阻值分布的范围广，制造精度和稳定性不易保证，对转换精度也有一定的影响。

② 倒 T 形电阻网络 DAC 主要由倒 T 形电阻网络、模拟电子开关和求和运算放大器组成。由于倒 T 形电阻网络中电阻的取值只有两种：R 和 $2R$，所以它克服了权电阻电路的阻值分布范围广带来的缺点，而且各个 $2R$ 支路上流过的电流为固定值。

③ 权电流型 DAC 在倒 T 形电阻网络 DAC 的基础上，用一组恒流源代替了电阻网络，

使各支路权电流的大小均不受开关导通电阻和压降的影响,降低了对开关电路的要求,提高了转换精度。

(2) ADC 的功能是将输入的模拟信号转换成一组多位的二进制数字输出。它一般包括采样、保持、量化及编码四个过程。不同的 A/D 转换方式具有各自的特点。

① 并行比较型 ADC 转换速度快,主要缺点是要使用的比较器和触发器很多,随着分辨率的提高,所需元件数目按几何级数增加。

② 双积分型 ADC 的性能比较稳定,转换精度高,具有很强的抗干扰能力,电路结构简单,其缺点是工作速度较慢,在对转换精度要求较高,而对转换速度要求较低的场合,如在数字万用表等检测仪器中,就得到了广泛的应用。

③ 逐次逼近型 ADC 转换精度高,误差较低,转换速度较快,在一定程度上结合了并行比较型和双积分型两种转换器的优点,因此得到普遍的应用。

习 题 5

5-1 n 位权电阻 DAC 如图 5-17 所示。

(1) 试推导输出电压 u_o 与输入数字量的关系式;

(2) 如 $n=8$,$U_{REF}=-10$ V,当 $R_f=\frac{1}{18}R$ 时,如输入数码为 20 H,试求输出电压值。

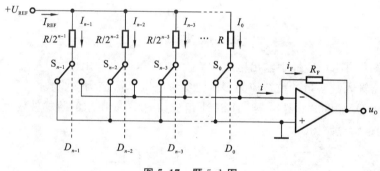

图 5-17 题 5-1 图

5-2 在权电阻 DAC 中,若 $n=6$,最高数位 MSB 的权电阻 $R=10$ kΩ,试求其余各位权电阻的阻值为多少?

5-3 10 位倒 T 形电阻网络 DAC 如图 5-18 所示,当 $R=R_F$ 时:

(1) 求输出电压的取值范围;

(2) 若要求电路输入数字量为 200 H 时输出电压 $u_o=5$ V,试问 U_{REF} 应取何值?

(3) 若 $U_{REF}=5$ V,试计算输入数字量的 $D_9 \sim D_0$ 每一位为 1(其余位为 0)、输入为全 1 和全 0 时在输出端分别产生的电压值。

5-4 对于一个 8 位的 DAC,若最小输出电压的增量为 0.02 V,试问当输入代码为 01001101 时,输出电压 u_o 为多少?

5-5 4 位倒 T 形电阻网络 DAC 如图 5-19 所示。$U_{REF}=10$ V,由参考电压源流入电阻网络的参考电流 $I_{REF}=4$ mA,最小输出电压 $U_{Omin}=0.5$ V,计算各有关电阻的取值。

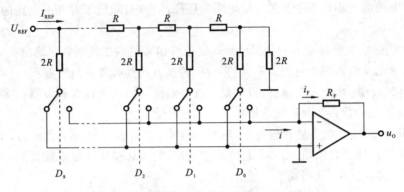

图 5-18 题 5-3 图

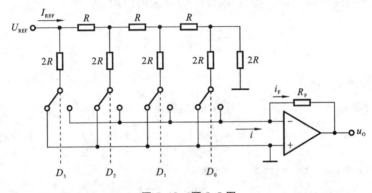

图 5-19 题 5-5 图

5-6 某倒 T 形 DAC 最小输出电压 $U_{Omin}=5$ mV,最大输出电压 $U_{Omax}=10$ V,若 $R=R_f$,试问该电路输入数字量的位数应为多少?参考电压 U_{REF} 应为多少?

5-7 试用 DAC0808 和计数器 74LS161 组成如图 5-20 所示的阶梯波发生器,请画出该波形发生器的逻辑电路图。

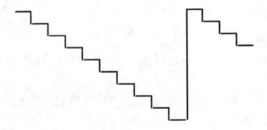

图 5-20 题 5-7 图

5-8 模拟信号最高频率分量 $f=20$ kHz,对该信号采样,最低采样频率应为多少?

5-9 在图 5-21 所示的并行比较型 A/D 转换电路中,$U_{REF}=7$ V,试问电路的最小量化单位 Δ 等于多少?当 $u_i=2.4$ V 时,输出数字量 $D_2D_1D_0$ 等于多少?此时的量化误差 ε 为多少?

5-10 在图 5-22 所示的逐次逼近型 ADC 中,若时钟频率为 1 MHz,输入模拟电压为 2.86 V,试画出在时钟脉冲作用下 ADC 输出 u'_o 波形。

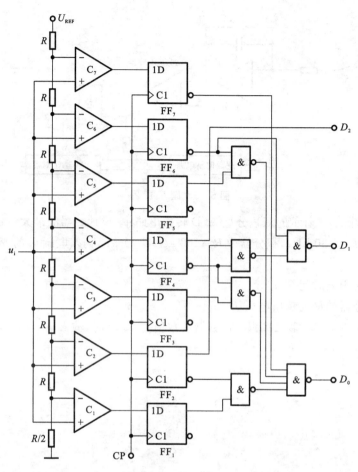

图 5-21 题 5-9 图

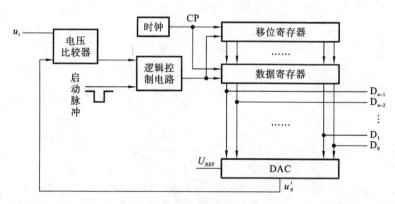

图 5-22 题 5-10 图

5-11 在逐次逼近型 ADC 电路中,若 $n=10$,时钟频率 $f=1$ MHz,则完成一次转换最多需要多少时间?如果要求完成一次转换的时间小于 100 μs,问时钟频率应选多大?

5-12 在图 5-23 所示的双积分型 A/D 转换中,设时钟脉冲频率为 f_{CP},其分辨率为 n 位,写出最低的转换频率表达式。

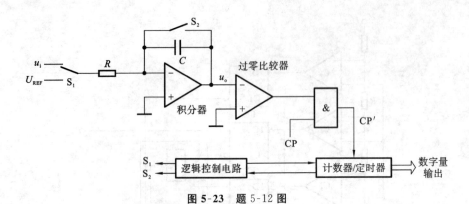

图 5-23 题 5-12 图

5-13 在图 5-23 所示的双积分型 A/D 转换电路中,设计数器的最大计数容量为 3000,计数时钟频率 $f_{CP}=30$ kHz,积分器中 $R=100$ kΩ,$C=1$ μF,输入电压 u_i 的变化范围为 0~5 V,试求:

(1) 第一次积分时间 T_1;

(2) 求积分器的最大输出电压 $|U_{Omax}|$;

(3) 当 $U_{REF}=10$ V,第二次积分计数器计数值为 1500 时,输入电压的平均值为多少?

第6章 脉冲波形的产生与变换

在数字系统中,时钟脉冲信号是必不可少的信号,因此需要考虑时钟脉冲信号的产生与变换问题。通过信号产生与变换电路获得上升沿和下降沿陡峭的矩形脉冲,如时钟脉冲、触发脉冲、控制信号等。

本章首先介绍集成定时器555的结构以及基本工作原理,然后从555定时器构成和门电路构成的角度,分别讨论多谐振荡器、单稳态触发器以及施密特触发器等用于信号产生和变换的单元电路的组成结构、工作原理以及典型应用。

6.1 集成定时器555

555定时器的应用非常广泛,是一种将模拟电路和数字电路集成于一体、应用方便的中规模集成电路,只需外接少量的阻容元件就可以方便地构成单稳态触发器、多谐振荡器和施密特触发器,从而方便地构成脉冲波形的产生与变换电路。555定时器电路的电压变化范围较宽,可在4.5~18 V范围内工作,输出驱动电流大(约为200 mA),并能提供与TTL、CMOS电路兼容的逻辑电平。

555定时器的型号繁多,但一般用双极型工艺制作的称为555,如NE555,用CMOS工艺制作的称为7555,如C7555,它们的功能和外部引脚排列完全相同。

555定时器的电路结构原理如图6-1所示。它由分压器、两个比较器C_1和C_2、基本RS触发器以及输出缓冲级G和开关放电管VT组成。

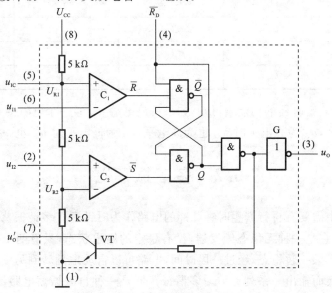

图6-1 555定时器的电路结构原理图

在图 6-1 所示电路中，$\overline{R}_D$ 为复位端，当为低电平时，无论其他输入端状态如何，电路的输出 u_O 立即变为低电平。因此，在电路正常工作时应将其接高电平。电路中三个阻值 5 kΩ 的电阻组成分压器，以形成比较器 C_1 和 C_2 的参考电压 U_{R1} 和 U_{R2}。当控制电压输入端 u_{IC} 悬空时，$U_{R1}=\frac{2}{3}U_{CC}$，$U_{R2}=\frac{1}{3}U_{CC}$；如果 u_{IC} 外接固定电压，则 $U_{R1}=u_{IC}$，$U_{R2}=u_{IC}/2$。当不需要外接控制电压时，一般是在 u_{IC} 端和地之间接一个 0.01 μF 的滤波电容，以提高参考电压的稳定性。u_{I1} 和 u_{I2} 分别是阈值电平输入端和触发信号输入端。在电路正常工作时，电路的状态就取决于这两个输入端的电平。电路中的晶体管 VT 是放电器件，它的集电极与放电端相连，发射极接地。当 VT 导通时，可使放电端外接电容上的电荷通过 VT 放电。

当 $u_{I1}>U_{R1}$，$u_{I2}>U_{R2}$ 时，比较器 C_1 的输出 $\overline{R}=0$，比较器 C_2 的输出 $\overline{S}=1$，基本 RS 触发器被置 0，放电三极管 VT 导通，输出 u_O 为低电平。

当 $u_{I1}<U_{R1}$，$u_{I2}<U_{R2}$ 时，比较器 C_1 的输出 $\overline{R}=1$，比较器 C_2 的输出 $\overline{S}=0$，基本 RS 触发器被置 1，放电三极管 VT 截止，输出 u_O 为高电平。

当 $u_{I1}>U_{R1}$，$u_{I2}<U_{R2}$ 时，比较器 C_1 和比较器 C_2 的输出都为 0，即 $\overline{R}=\overline{S}=0$，基本 RS 触发器的 $Q=\overline{Q}=1$，放电三极管 VT 截止，输出 u_O 为高电平。

当 $u_{I1}<U_{R1}$，$u_{I2}>U_{R2}$ 时，比较器 C_1 和比较器 C_2 的输出都为 1，即 $\overline{R}=\overline{S}=1$，基本 RS 触发器的状态保持不变，放电三极管 VT 的状态和输出也保持不变。

根据以上的分析，我们可以得到 555 定时器的功能表，如表 6-1 所示。

表 6-1　555 定时器的功能表

输入			输出	
$\overline{R}_D$	u_{I1}	u_{I2}	u_O	VT
0	×	×	0	导通
1	$>U_{R1}$	$>U_{R2}$	0	导通
1	$<U_{R1}$	$<U_{R2}$	1	截止
1	$>U_{R1}$	$<U_{R2}$	1	截止
1	$<U_{R1}$	$>U_{R2}$	不变	不变

另外，根据 555 定时器的功能表可知，如果将放电端 u'_O 经一个电阻接到电源上，那么只要这个电阻足够大，u_O 为高电平时 u'_O 也为高电平，u_O 为低电平时 u'_O 也一定为低电平。

6.2　多谐振荡器

在数字系统中需要有自行产生时钟脉冲的电路作为时钟源。多谐振荡器能够自行产生矩形脉冲或方波，它是一种无稳态触发器，没有稳定的输出状态，只有两个暂稳态。当电路接通电源后就处于某一暂稳态，经过一段时间，电路可以自动地翻转到另一暂稳态。两个暂稳态自行相互转换而输出一系列方波。多谐振荡器是一种自激振荡电路，不需要外加触发脉冲就能周期性地自行翻转，产生幅值和频率一定的脉冲信号。

6.2.1 555定时器构成的多谐振荡器

1. 电路结构及工作原理

由555定时器构成的多谐振荡器电路结构及其工作波形如图6-2所示。

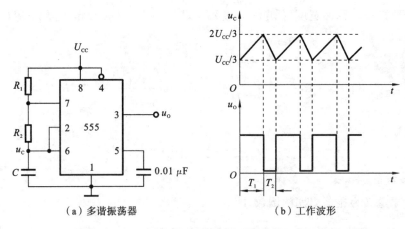

(a) 多谐振荡器　　　　(b) 工作波形

图 6-2　555定时器构成的多谐振荡器及其工作波形

由图6-2(a)所示多谐振荡器的工作原理可知：接通电源，电容C被充电，u_C上升，当上升到$\frac{2}{3}U_{CC}$时，触发器被复位，同时放电三极管VT导通，此时u_o为低电平，电容C通过R_2和VT放电，使u_C下降。当u_C下降到$\frac{1}{3}U_{CC}$时，触发器又被置位，u_o翻转到高电平。当电容C放电结束后，VT截止，U_{CC}通过R_1、R_2向电容器充电，u_C由$\frac{1}{3}U_{CC}$上升到$\frac{2}{3}U_{CC}$，当u_C上升到$\frac{2}{3}U_{CC}$时，触发器又发生翻转，如此周而复始，在输出端得到一个周期性的方波。

2. 参数计算

1) 振荡周期

由上述工作原理可知：第一个暂稳态的脉冲宽度（高电平宽度）T_1即为u_C从$\frac{1}{3}U_{CC}$充电上升到$\frac{2}{3}U_{CC}$所需要的时间。

根据RC电路瞬态过程的分析，可得

$$f(t)=f(\infty)+[f(0_+)-f(\infty)]e^{t/\tau}$$

式中：$f(0_+)$为初始值；$f(\infty)$为正常情况下应达到的最终值；τ为时间常数。

通常$f(t)$还未到达$f(\infty)$时电路状态就已经发生改变，因此，常利用电路状态改变时的$f(t)$反过来求解状态转换所需要的时间，其公式为

$$t=RC\ln\frac{f(\infty)-f(0_+)}{f(\infty)-f(t)}$$

由上式可得

$$T_1 = (R_1+R_2)C\ln\frac{f(\infty)-f(0_+)}{f(\infty)-f(t)} = (R_1+R_2)C\ln\frac{U_{CC}-\frac{1}{3}U_{CC}}{U_{CC}-\frac{2}{3}U_{CC}}$$

$$= 0.7(R_1+R_2)C$$

第二个暂稳态的脉冲宽度(低电平宽度)T_2即为u_C从$\frac{2}{3}U_{CC}$放电下降到$\frac{1}{3}U_{CC}$所需要的时间,即

$$T_2 = R_2 C\ln\frac{f(\infty)-f(0_+)}{f(\infty)-f(t)} = R_2 C\ln\frac{0-\frac{2}{3}U_{CC}}{0-\frac{1}{3}U_{CC}} = 0.7R_2C$$

振荡周期为

$$T = T_1+T_2 = 0.7(R_1+2R_2)C$$

2) 振荡频率

振荡频率定义为振荡周期的倒数,即

$$f = \frac{1}{T}$$

3) 占空比

占空比是指周期电信号中,由电信号输出的时间与整个周期时间之比,即为高电平在一个周期之内所占的时间比率。由占空比的定义可得

$$q = \frac{T_1}{T_1+T_2} = \frac{R_1+R_2}{R_1+2R_2}$$

由上述算式可见,定时元件R_1、R_2、C决定了以上各参数值。调整定时元件,可改变T、f、q的大小。

3. 占空比可调的多谐振荡器

由图6-2可知,该电路产生的周期性信号为一个占空比不可调的方波,即占空比固定不变,图6-3所示的是占空比可调的多谐振荡器的基本电路结构。利用二极管VD_1、VD_2的单向导电特性将电容器C充放电回路分开,再利用电位器调节,便构成占空比可调的多谐振荡器。

由图6-3分析可知,第一个暂稳态的脉冲宽度(高电平宽度)为

$$T_1 = 0.7R_AC$$

第二个暂稳态的脉冲宽度(低电平宽度)为

$$T_2 = 0.7R_BC$$

振荡周期为

$$T = T_1+T_2 = 0.7(R_A+R_B)C$$

占空比为

$$q = \frac{T_1}{T_1+T_2} = \frac{R_A}{R_A+R_B}$$

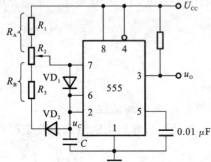

图6-3 555定时器构成的占空比可调的多谐振荡器

例 6-1 由 555 定时器组成占空比可调的多谐振荡器如图 6-3 所示，$C=0.1~\mu\mathrm{F}$。若要求该电路输出波形的振荡频率为 20 kHz，占空比为 25%，R_A 和 R_B 分别为多少？

解 由占空比的定义可得 $q=R_\mathrm{A}/(R_\mathrm{A}+R_\mathrm{B})=1/4$，则
$$R_\mathrm{B}=3R_\mathrm{A}$$

另由 $f=20\times10^3~\mathrm{Hz}$，可得
$$T=50\times10^{-6}~\mathrm{s}$$

根据 $T=0.7(R_\mathrm{A}+R_\mathrm{B})C$，得
$$R_\mathrm{A}=180~\Omega, \quad R_\mathrm{B}=540~\Omega$$

6.2.2 门电路构成的多谐振荡器

1. 电路结构及工作原理

由门电路组成的多谐振荡器具有多种电路形式，这里介绍利用 CMOS 反相器构成的多谐振荡器，如图 6-4 所示。

为了便于分析与讨论，假设门电路的电压传输特性具有理想特性，即开门电平和关门电平相等，称为阈值电压 U_TH。对于 CMOS 门电路，$U_\mathrm{TH}\approx\frac{1}{2}U_\mathrm{DD}$，$U_\mathrm{OH}\approx U_\mathrm{DD}$，$U_\mathrm{OL}\approx0$。在后面的电路分析中，凡涉及 CMOS 门电路均以此为假设。设通电后，电路已处在正常振荡状态。

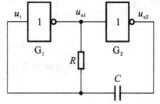

图 6-4 CMOS 反相器构成的多谐振荡器

1) 第一暂稳态及其自动翻转的工作过程

设电路现处于 $u_\mathrm{o1}=1$，$u_\mathrm{o2}=0$ 的状态。此时，电源 U_DD 经 G_1 门的 P 管、R 和 G_2 门的 N 管对电容 C 进行充电，随着充电的进行，G_1 门的栅极电位逐渐上升，即 u_i 在逐渐上升，当 u_i 上升到 G_1 门的阈值电压时，电路发生下述正反馈过程：

$$u_\mathrm{i}\uparrow \longrightarrow u_\mathrm{o1}\downarrow \longrightarrow u_\mathrm{o2}\uparrow$$

正反馈过程使 G_1 门迅速导通，G_2 门迅速截止，电路进入第二暂稳态，此时 $u_\mathrm{o1}=0$，$u_\mathrm{o2}=1$。

2) 第二暂稳态及其自动翻转的工作过程

电路进入第二暂稳态期间，G_2 门输出 u_o2 由 0 上跳至高电平，由于电容两端电压不能突变，则 u_i 上跳至 $U_\mathrm{TH}+U_\mathrm{DD}$，但由于 CMOS 门输入端保护二极管的钳位作用，使 u_i 略高于 U_DD，近似于 U_DD。

此后，电容 C 通过 G_2 门的 P 管、R 和 G_1 门的 N 管进行放电。随着放电的进行，u_i 在逐渐下降，当 u_i 下降到 G_1 门的阈值电压时，电路又发生下述正反馈过程：

$$u_\mathrm{i}\downarrow \longrightarrow u_\mathrm{o1}\uparrow \longrightarrow u_\mathrm{o2}\downarrow$$

正反馈过程使 G_1 门迅速截止，G_2 门迅速导通，电路回到第一暂稳态，此时 $u_\mathrm{o1}=1$，$u_\mathrm{o2}=0$。

在电路返回到第一暂稳态的瞬间，G_2 门的输出 u_o2 由高电平下跳至 0。由于电容两端电

压不能突变,则 u_i 下跳至 $U_{TH}-U_{DD}$,但由于 CMOS 门输入端保护二极管的钳位作用,u_i 近似于 0 V。

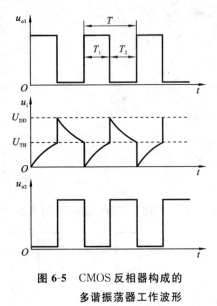

图 6-5 CMOS 反相器构成的多谐振荡器工作波形

如此周而复始地充电、放电,使电路输出在两个暂稳态之间不断转换,形成周期振荡,在输出端获得矩形脉冲。电路的工作波形如图 6-5 所示。

2. 振荡周期计算

由工作原理及工作波形可得第一个暂稳态的脉冲宽度 T_1,即 u_i 从近似于 0 V 充电上升到阈值电压 U_{TH} 所需要的时间,第一个暂稳态的脉冲宽度 T_2 即为 u_i 从近似于 U_{DD} 放电下降到阈值电压 U_{TH} 所需要的时间,由式 $t=RC\ln\dfrac{f(\infty)-f(0_+)}{f(\infty)-f(t)}$ 可得

$$T_1=RC\ln\dfrac{U_{DD}-0}{U_{DD}-U_{TH}}=RC\ln\dfrac{U_{DD}}{U_{DD}-\dfrac{1}{2}U_{DD}}\approx 0.7RC$$

$$T_2=RC\ln\dfrac{0-U_{DD}}{0-U_{TH}}=RC\ln\dfrac{-U_{DD}}{-\dfrac{1}{2}U_{DD}}\approx 0.7RC$$

则振荡周期为

$$T=T_1+T_2=1.4RC$$

需要指出,在上述的分析计算中,忽略了 CMOS 门输入端保护二极管的导通压降和 CMOS 管的沟道电阻的影响,计算具有近似性,因此这种类型的多谐振荡器仅适用于对频率稳定度和准确度要求不太严格的低频振荡电路中。

6.2.3 石英晶体多谐振荡器

在许多应用场合中都对多谐振荡器振荡频率的稳定性有严格的要求。例如,在将多谐振荡器作为数字钟的脉冲源使用时,它的频率稳定性直接影响着计时的准确性。在这种情况下,前面所讲的几种多谐振荡器电路就难以满足要求。

因为在这些多谐振荡器中振荡频率主要取决于门电路输入电压在充、放电过程中达到转换电平所需要的时间,所以频率稳定性不可能很高。

不难看出:第一,这些振荡器中门电路的转换电平 U_{TH} 本身就不够稳定,容易受电源电压和温度变化的影响;第二,这些电路的工作方式容易受干扰,造成电路状态转换时间的提前或滞后;第三,在电路状态临近转换时电容的充、放电已经比较缓慢,在这种情况下转换电平微小的变化或轻微的干扰都会严重影响振荡周期。因此,在对频率稳定性有较高要求时,必须采取稳频措施。

目前普遍采用的一种稳频方法是在多谐振荡器电路中接入石英晶体,组成石英晶体多谐振荡器。石英晶体为各向异性的 SiO_2 结晶体,存在压电效应。在石英晶体片的两极加交流电压时,晶片将产生机械变形振动,同时这一机械振动又产生交变电场。一般情况下,这两者的幅度均很小,但每一块晶片都具有自己的固有机械谐振频率 f_0。当外加交变电压的

频率与之相等时,机械振动的幅值就急剧增加,而机械振动幅值的急剧增加又反过来产生很大的交变电场。这样就可在石英晶片两端得到一个振幅较大的交变电压,并能维持在一定的幅度上。这种现象称为压电谐振。从电的角度上看,可用 RLC 串联电路来模拟石英晶片,其中 R 用来模拟机械振动与摩擦产生的损耗;L、C 分别模拟晶片的惯性和弹性,产生压电谐振时,从电的角度上看就相当于产生了串联谐振,石英晶片相当于一个纯电阻 R_0。此时电路图中的石英晶片就可用一个电阻元件代替。图 6-6(a) 和图 6-6(b) 所示的为石英晶体的符号和电抗频率特性。

图 6-7 所示的电路是在对称式多谐振荡器的耦合电容上串联一个石英晶体而构成的石英晶体振荡器。图中,并联在非门输入、输出端的反馈电阻 R_1 和 R_2 的作用是使非门工作在转折区。电阻的阻值,对于 TTL 门电路一般在 $0.5 \sim 1.9 \text{ k}\Omega$,对于 CMOS 门电路一般在 $10 \sim 100 \text{ M}\Omega$。电容 C_1 和 C_2 用于两个门电路之间的耦合,电容的取值应使其在频率为 f_0 时的容抗可忽略不计。由石英晶体的阻抗频率特性可知,当频率为 f_0 时,石英晶体的阻抗最小,频率为 f_0 的信号最容易通过,并在电路中形成最强的正反馈,而其他频率的信号均会被石英晶体衰减,正反馈大大减弱,不足以形成振荡。所以石英晶体振荡器的振荡频率仅取决于石英晶体固有的谐振频率,而与电路中的其他参数无关。

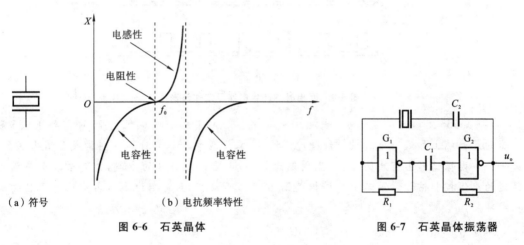

(a) 符号　　　　　　(b) 电抗频率特性

图 6-6　石英晶体　　　　　　图 6-7　石英晶体振荡器

6.2.4　多谐振荡器的应用

利用多谐振荡器在接通电源后,两个暂稳态能够自动相互转换,输出方波,多谐振荡器在数字系统中经常作为信号产生电路使用。

例 6-2　图 6-8(a) 所示的为一个两相时钟产生电路,试画出它的输出波形。

解　输出的时钟信号的波形如图 6-8(b) 所示。

例 6-3　试用 555 定时器设计一个脉冲产生电路。要求该电路每振荡 20 s 停止 10 s,如此循环。该电路的输出脉冲的周期 T 为 1 s,占空比为 50%。电容 C 的容量一律选取为 10 μF。

解　由题意得,要实现每振荡 20 s 停止 10 s,需要通过控制信号去控制 555 定时器的复

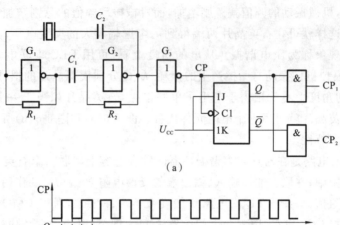

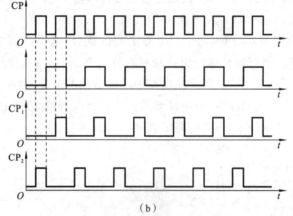

图 6-8 两相时钟产生电路及工作波形图

位端,即在 555 定时器的复位端,每加 20 s 的高电平,接着加 10 s 的低电平,即需要在 555 定时器的复位端上加载一个时钟控制脉冲。因此,需要两个 555 定时器分别构成多谐振荡器。第一个多谐振荡器占空比固定,产生周期为 30 s,占空比为 2/3 的方波,作为第二个多谐振荡器的启停控制信号。第二个多谐振荡器占空比可调,产生周期为 1 s,占空比为 1/2 的输出脉冲。

由分析得

$$q_1 = \frac{R_1 + R_2}{R_1 + 2R_2} = \frac{2}{3} \Rightarrow R_1 = R_2$$

$$q_2 = \frac{R_A}{R_A + R_B} = \frac{1}{2} \Rightarrow R_A = R_B$$

根据

$$T_1 = 0.7(R_1 + 2R_2)C = 0.7 \times 3R_1 \times 10 \times 10^6 = 30 \text{ s}$$

得

$$R_1 = R_2 \approx 143 \text{ k}\Omega$$

再根据

$$T_2 = 0.7(R_A + R_B)C = 0.7 \times 2R_A \times 10 \times 10^6 = 1 \text{ s}$$

得

$$R_A = R_B = 71.4 \text{ k}\Omega$$

由上述各参数值可得图 6-9 所示的电路图。

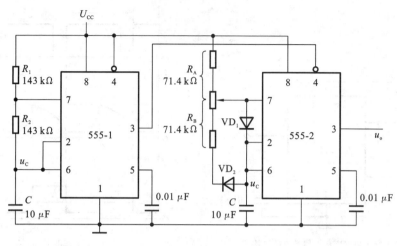

图 6-9　例 6-3 电路图

6.3　单稳态触发器

单稳态触发器在数字电路中一般用于定时(产生一定宽度的矩形波)、整形(把不规则的波形转换成宽度、幅度都相等的波形)以及延时(把输入信号延迟一定时间后输出)等。

单稳态触发器具有下列特点。

(1) 电路有一个稳态和一个暂稳态。

(2) 在外来触发脉冲作用下,电路由稳态翻转到暂稳态。

(3) 暂稳态是一个不能长久保持的状态,经过一段时间后,电路会自动返回到稳态。暂稳态的持续时间与触发脉冲无关,仅取决于电路本身的参数。

6.3.1　555 定时器构成的单稳态触发器

1. 电路结构及工作原理

由 555 定时器构成的单稳态触发器的电路结构及工作波形如图 6-10 所示。

由图 6-10(a)可知,输入控制信号 u_i 由低触发端 2 输入,一般情况下处于高电平,其值大于 $\frac{2}{3}U_{CC}$。如果没有触发信号,u_i 处于高电平,则电路的稳定状态 u_o 处于低电平。当外加触发信号到来时,即 u_i 从大于 $\frac{2}{3}U_{CC}$ 的高电平下降到小于 $\frac{1}{3}U_{CC}$ 的低电平时,则输入满足 $u_{I1}<U_{R1}$、$u_{I2}<U_{R2}$。由 555 的功能表可知,此时输出 u_o 迅速跳变为高电平,晶体管 VT 截止,电源将通过电阻 R 对电容 C 充电,即电路进入了暂稳态。随着充电的进行,当 u_C 上升到略大于 $\frac{2}{3}U_{CC}$ 时,如果此时触发信号已经消失,则 $u_{I1}>U_{R1}$,$u_{I2}>U_{R2}$,输出 u_o 迅速跳回低电平,晶体管 VT 饱和导通,电路又回到稳定状态,同时电容 C 经晶体管 VT 迅速放电至 $u_C\approx 0$,此

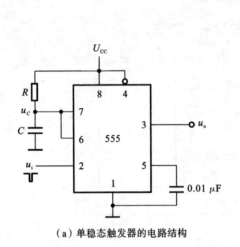
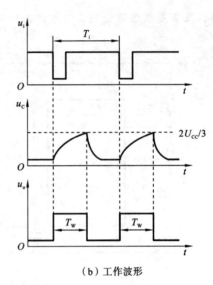

（a）单稳态触发器的电路结构　　　　（b）工作波形

图 6-10　555 定时器构成的单稳态触发器

时满足 $u_{I1}<U_{R1}$、$u_{I2}>U_{R2}$，u_o 输出的低电平和晶体管的导通状态仍然保持不变，电路仍处于稳定状态。

2. 参数计算

1）输出脉冲宽度（暂稳态维持时间）

如略去放电管 VT 的饱和管压降，电容器 C 的电压从零充电到 $\frac{2}{3}U_{cc}$ 所需的时间即为电路暂稳态的维持时间 T_W，即

$$T_W = RC\ln\frac{f(\infty)-f(0_+)}{f(\infty)-f(t)} = RC\ln\frac{U_{cc}-0}{U_{cc}-\frac{2}{3}U_{cc}} = RC\ln 3$$

即

$$T_W \approx 1.1RC$$

2）恢复时间 T_{re}

恢复时间是指电路由暂稳态回到稳定状态，同时电容 C 经晶体管 VT 迅速放电至 $u_C \approx 0$，即回到初始状态所需的时间。

$$T_{re} \approx (3\sim 5)R_{on}C$$

式中：R_{on} 为晶体管 VT 的导通电阻。

3）分辨时间

$$T_{min} \approx T_W + T_R$$

4）输入信号 u_i 的最高工作频率

$$f_{imax} = \frac{1}{T_{min}}$$

为保证单稳态触发器的每一个输入负脉冲都能起到触发作用，触发时 u_i 的电平应小于

$\frac{1}{3}U_{CC}$,且输入触发脉冲的宽度小于暂稳态的维持时间 T_W。重复周期 T_i 必须大于暂稳态的维持时间 T_W 和电容器 C 的电压放电恢复时间之和。由于电容的放电恢复时间很短,故重复周期 T_i 只要略大于暂态维持时间即可。

例 6-4 由 555 定时器组成的单稳态触发器如图 6-11 所示,若 $R=330\ \Omega, C=0.1\ \mu F$,则图 6-11 所示的触发输入信号 u_{i1}、u_{i2} 哪个是合理的?

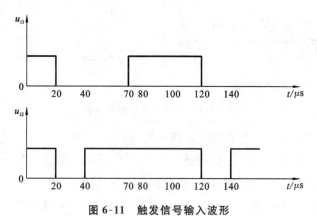

图 6-11 触发信号输入波形

解 由单稳态触发器的输出脉冲宽度的可得
$$T_W = 1.1RC \approx 36\ \mu s$$

由图 6-11 可得,触发脉冲 u_{i1} 的宽度为 50 μs,触发脉冲 u_{i2} 的宽度为 20 μs,则触发输入信号 u_{i2} 是合理的。

6.3.2 门电路构成的单稳态触发器

根据 RC 延时电路的形式(微分电路或积分电路),单稳态触发器可以分为微分型单稳态触发器和积分型单稳态触发器。

1. 微分型单稳态触发器

1) 电路结构及工作原理

图 6-12(a)所示的为由 CMOS 或非门构成的微分型单稳态触发器,图 6-12(b)所示的为其工作波形。

(1) 没有触发信号时电路工作在稳态。

当没有触发信号时,u_i 为低电平。因为门 G_2 的输入端经电阻 R 接至 U_{DD},u_A 为高电平,因此 u_{o2} 为低电平;门 G_1 的两个输入均为 0,其输出 u_{o1} 为高电平,电容 C 两端的电压接近为 0。这是电路的稳态,在触发信号到来之前,电路一直处于这个状态,此时 $u_{o1}=1$,$u_{o2}=0$。

(2) 外加触发信号使电路由稳态翻转到暂稳态。

当正触发脉冲 u_i 到来时(u_i 跳变至高电平),门 G_1 输出 u_{o1} 由 1 变为 0。由于电容电压不能跃变,u_A 也随之跳变到低电平,使门 G_2 的输出 u_{o2} 变为 1。这个高电平反馈到门 G_1 的输入端,此时即使 u_i 的触发信号撤除,仍能维持门 G_1 的低电平输出。但是电路的这种状态是不能长久保持的,所以称为暂稳态。暂稳态下,$u_{o1}=0$,$u_{o2}=1$。

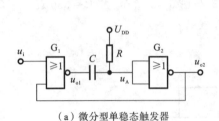
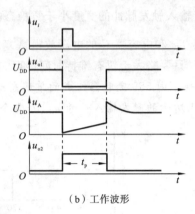

(a) 微分型单稳态触发器　　　　　　(b) 工作波形

图 6-12　微分型单稳态触发器

(3) 电容充电使电路由暂稳态自动返回到稳态。

在暂稳态期间，U_{DD} 经 R 和 G_1 的导通工作管对 C 充电。随着充电的进行，u_A 升高。当 u_A 上升到门 G_2 的阈值电压 U_{TH} 时，G_2 的输出 u_{o2} 由 1 变为 0。由于这时 G_1 输入触发信号已经过去，G_1 的输出状态只由 u_{o2} 决定，所以门 G_1 的输出 u_{o1} 又返回到稳定的高电平输出。由于电容两端电压不能突变，故 u_A 随之向正方向跳变，瞬间上升至 $U_{DD}+U_{TH}$。由于 CMOS 门输入端保护二极管的存在，将 u_A 钳制在 $U_{DD}+\Delta U$，ΔU 为二极管的管压降，为了方便分析，近似于 U_{DD}。u_A 的正跳变加速了 G_2 的输出向低电平变化。最后使电路退出暂稳态而进入稳态，且电容 C 通过电阻 R 进行放电，此时 $u_{o1}=1$，$u_{o2}=0$。

显然，单稳态触发器的暂稳态维持时间 t_p 取决于 G_1 输出 u_{o1} 对 RC 充电的快慢。当 RC 较大时，充电慢，暂态维持时间也长；反之，RC 较小时，充电快，暂稳态维持的时间也短。

2) 参数计算

(1) 输出脉冲宽度（暂稳态维持时间）。

由上述工作原理可知，输出脉冲宽度即为电容充电至阈值电压 U_{TH} 所需要的时间，即

$$t_p = RC\ln\frac{f(\infty)-f(0_+)}{f(\infty)-f(t)} = RC\ln\frac{U_{DD}}{U_{DD}-U_{TH}}$$

对于 CMOS 门电路，$U_{TH}\approx\frac{1}{2}U_{DD}$，代入上式可得

$$t_p \approx 0.7RC$$

(2) 恢复时间 T_{re}。

由工作原理分析可知，从暂稳态返回稳态之后，电容需要一定的放电时间使电路恢复到初始状态，即为恢复时间，通常为 $(3\sim5)\tau$，$\tau=(R//R_D)C$，R_D 为保护二极管正向导通电阻，由于 R_D 远小于 R，因此电路的恢复时间很短。

(3) 输入信号 u_i 的最高工作频率。

为了保证单稳态电路能正常工作，对触发信号 u_i 的时间间隔 T 要加以限制，u_i 的时间间隔 T 应大于（至少等于）暂态维持时间与电容电压恢复时间之和，则可得

$$f_{\max} = \frac{1}{t_p + T_{re}}$$

式中：$t_p + T_{re}$ 称为分辨时间。

2. 积分型单稳态触发器

1) 电路结构及工作原理

图 6-13(a)所示的为由 CMOS 反相器构成的积分型单稳态触发器,图 6-13(b)所示的为其工作波形。

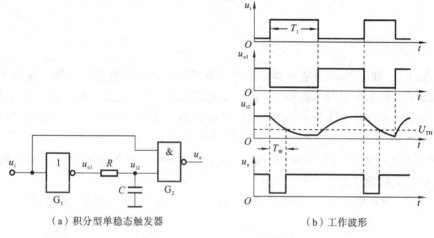

(a) 积分型单稳态触发器　　　　　(b) 工作波形

图 6-13　积分型单稳态触发器

由图 6-13 可知,在没有外来触发脉冲(u_i 为低电平)时电路处于稳定状态：$u_{o1} = u_o = U_{OH}$,电容 C 上充有电压,即 $u_{i2} = U_{OH}$。

当有一个正向脉冲加到电路输入端时,G_1 门的输出 u_{o1} 从高电平下跳到低电平 U_{OL}。由于电容上的电压不能突变,故 u_{i2} 仍为高电平,从而使 u_o 变为低电平,电路进入暂稳态。在暂稳态期间,电容 C 将通过 R 放电,随着放电过程的进行,u_{i2} 的电压逐渐下降,当下降到阈值电平 U_{TH} 时,u_o 跳回到高电平。等到触发脉冲消失后(u_i 变为低电平),u_{o1} 也恢复为高电平,u_o 保持高电平不变,同时 u_{o1} 开始通过电阻 R 对电容 C 充电,一直到 u_{i2} 的电压升高到高电平为止,电路又恢复到初始的稳定状态。

2) 参数计算

(1) 输出脉冲宽度(暂稳态维持时间)。

输出脉冲的宽度 T_W 等于从电容开始放电到 u_{i2} 下降到阈值电平 U_{TH} 所需要的时间,即

$$T_W = RC\ln\frac{0 - U_{CC}}{0 - U_{TH}} = RC\ln 2 \approx 0.7RC$$

(2) 恢复时间 T_{re}。

恢复时间 T_{re} 等于 u_{o1} 跳变到高电平后电容充电使 u_{i2} 上升到高电平 U_{OH} 所需要的时间,一般取电容充电时间常数的 3~5 倍,则恢复时间为

$$T_{re} \approx (3 \sim 5)(R + R_p)C$$

式中:R_p 是 G_1 门输出高电平时 P 沟道 MOS 管的导通电阻。

积分型单稳态触发器的分辨时间和输入信号的最高工作频率的计算方法和微分型单稳态触发器的类似,在这里不再叙述。

与微分型单稳态触发器相比,积分型单稳态触发器的抗干扰能力较强。因为数字电路中的干扰多为尖峰脉冲的形式(幅度较大而宽度极窄),而当触发脉冲的宽度小于输出脉冲宽度时,电路不会产生足够宽度的输出脉冲。从另一个角度来说,为了使积分型单稳态触发器正常工作,必须保证触发脉冲的宽度大于输出脉冲的宽度。另外,由于电路中不存在正反馈过程,因此输出脉冲的上升沿波形较差,为此可以在电路的输出端再加一级非门以改善输出波形。

6.3.3 集成单稳态触发器

目前在 TTL 和 COMS 集成电路产品中都有单片集成的单稳态触发器。这种集成单稳态触发器除了少数用于定时的电阻、电容需要外接以外,其他电路都集成在一个芯片上,而且电路还附加了上升沿与下降沿触发控制功能,有的还带有清零功能,具有温度稳定性好、使用方便等优点,在数字系统中得到了广泛的应用。

根据电路的工作状态,集成单稳态触发器又分为不可重触发器和可重触发器两类。在这里介绍不可重触发的单稳态触发器 74121。

74121 是一种典型的 TTL 集成单稳态触发器,其逻辑功能和引脚排列如图 6-14 所示。

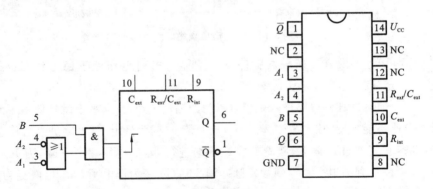

图 6-14 74121 的逻辑功能和引脚排列图

74121 是以微分型单稳态触发电路为核心,再加上输入控制电路和输出缓冲电路构成的。输入控制电路主要用于实现上升沿触发或下降沿触发的控制,输出缓冲电路则是为了提高单稳态触发器的负载能力。它的工作特性主要表现在以下三个方面。

1) 触发方式

由 74121 的逻辑功能图可知,触发信号可以加在 A_1、A_2 或 B 中的任意一端。其中 A_1、A_2 端是下降沿触发,B 端是上升沿触发。触发方式可以概括为以下三种:

(1) 下降沿的触发信号加在 A_1 或 A_2 端,这时要求另外两个输入端必须为高电平;

(2) 下降沿的触发信号同时加在 A_1 和 A_2 端,并且 B 端为高电平;

(3) 上升沿的触发信号加在 B 端,同时 A_1 和 A_2 端中至少有一个是低电平。

集成单稳态触发器 74121 的工作波形如图 6-15 所示。

2) 定时

集成单稳态触发器 74121 的输出脉冲宽度取决于定时电阻和定时电容的大小。定时电容接在 74121 的 10、11 脚之间,如果使用的是电解电容,10 脚 C_{ext} 接电容的正极。对于定时电阻,可以有两种选择:一种是使用芯片内部 2 kΩ 的定时电阻,此时要将 9 脚 R_{int} 接到电源 U_{CC}(14 脚)上,如图 6-14 所示。图 6-16(a)所示的是使用内部电阻,上升沿触发的情况。另一种是使用外部定时电阻,将电阻接在 11 脚 R_{ext}/C_{ext} 和 U_{CC} 之间,这样,就可以获得所需宽度的输出脉冲,图 6-16(b)所示的是使用外接电阻,下降沿触发的情况。

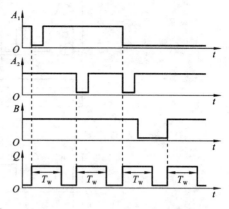

图 6-15　74121 的工作波形图

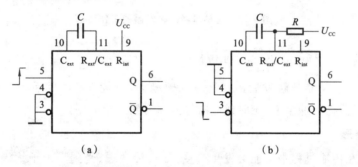

图 6-16　74121 的外部连接图

74121 的输出脉冲宽度可以用下式进行计算:
$$T_w \approx 0.69RC$$
式中:定时电阻 R 的取值范围为 1.4~40 kΩ;定时电容 C 的取值范围为 0~1000 μF。

通过选择适当的电阻和电容值,输出脉冲的宽度可以在 30 ns~28 s 范围内改变。

3) 具有不可重触发性

所谓不可重触发是指单稳态触发器在触发信号作用下进入暂稳态后,不再受新的触发器信号的影响,只有当其返回到稳态后,才会被触发脉冲重新触发。

74121 属于不可重触发单稳态触发器。图 6-17(a)所示的是可重触发单稳态触发器的工作波形,图 6-17(b)所示的是不可重触发单稳态触发器的工作波形。

集成单稳态触发器除 74121 以外,还有其他一些产品。TTL 集成单稳态触发器中还有 74LS221、74LS122、74LS123 等,其中 74LS221 属于不可重触发单稳态触发器,74LS122、74LS123 属于可重触发单稳态触发器,在 74LS221、74LS123 中都有两个单稳态触发器。MC14528 是 CMOS 集成单稳态触发器中的典型产品,属于可重触发单稳态触发器。另外,有些集成单稳态触发器(如 74LS221、74LS122、74LS123、MC14528)上还设有清零端,通过在清零端输入低电平可以立即终止暂稳态过程,恢复稳定状态。

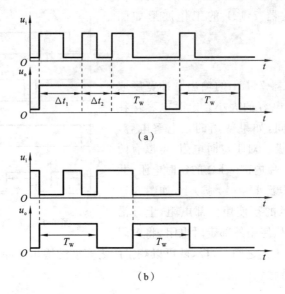

(a)

(b)

图 6-17 两种单稳态触发器的工作波形

6.3.4 单稳态触发器的应用

利用单稳态触发器被触发后由稳态进入暂稳态,持续 T_W 时间后,自动回到稳态的特性,单稳态触发器在脉冲整形、定时或延时等方面得到广泛应用。

1. 脉冲整形

矩形脉冲在传输过程中可能会发生畸变,如边沿变缓、受到噪声干扰等,我们可以采用单稳态触发器对其进行整形。只要将待整形的信号作为触发信号输入单稳态触发器,电路的输出端就可获得干净且边沿陡峭的矩形脉冲。另外,利用单稳态触发器可以将脉冲波形展宽,也可以将脉冲波形变窄。

2. 定时

由于单稳态触发器能够产生一定宽度 T_W 的矩形脉冲,因此在数字系统中常用它来控制其他一些电路在 T_W 这段时间内动作或不动作,从而起到定时的作用。

例 6-5 由 555 定时器构成的电路如图 6-18 所示,分析其工作原理,简要说明该电路的基本功能。

解 由图 6-18 可知,555 定时器接成单稳态触发器。电路的工作原理是:当开关 S 未被按下时,555 定时器的 $2(u_{i2})$ 端为高电平,此时电路处于稳定状态,输出端 u_o(3 端)处于低电平,发光二极管处于熄灭状态;当按下开关 S 后,555 定时器的 $2(u_{i2})$ 端为低电平,此时电路进入暂稳态状态,输出端 u_o(3 端)输出高电平,发光二极管处于点亮状态,同时,电源通过 R_1 向电容 C 充电,当 u_C

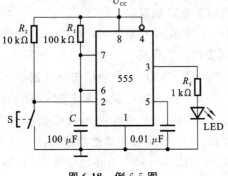

图 6-18 例 6-5 图

达到 $\frac{2}{3}U_{CC}$ 时,555 定时器由暂态返回稳态,输出由高电平调回到低电平,发光二极管熄灭。

由上述分析可知,图 6-18 所示的为一个定时灯开关电路,定时灯点亮时间近似于 $1.1R_1C$,即近似于 10 s。改变 R_1 和 C 的大小,可以改变电容的充电时间,从而改变单稳态触发器暂态的维持时间,即可改变发光二极管的亮灯时间。

3. 延时

在数字系统中,有时要求将某个脉冲宽度为 T_0 的信号延迟一段时间 T_1 后再输出。利用单稳态触发器可以很方便地实现这种脉冲延时。

例 6-6 试画出图 6-19(a)所示电路的工作电压波形。

解 工作电压波形图如图 6-19(b)所示。图中,$T_1 = T_{W1} \approx 0.7R_1C_1$,$T_0 = T_{W2} \approx 0.7R_2C_2$。

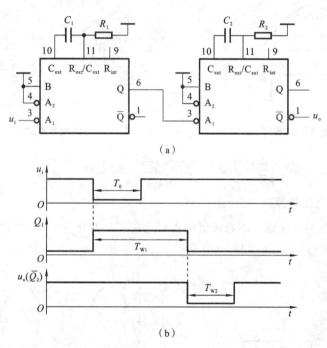

图 6-19 单稳态触发器 74121 用于脉冲延时

6.4 施密特触发器

施密特触发器是脉冲波形变换中经常使用的一种器件,它具有以下特点:
(1) 具有两个稳定状态;
(2) 是一种电平触发器,能够把变化缓慢的输入波形变换成适合数字系统的矩形脉冲;
(3) 对正向和负向增长的输入信号,电路的触发转换电平(也称阈值电平)是不同的,即电路具有回差特性。

图 6-20 所示的是施密特触发器的工作波形。可以看出,在输入信号上升的过程中,当

其电平增大到 U_{T+} 时,输出由低电平跳变到高电平,即电路从一个稳态转换到另一个稳态。这一转换时刻的输入信号电平 U_{T+} 称为正向阈值电压。在输入信号下降的过程中,当其电平减小到 U_{T-} 时,电路又会自动翻转回原来的状态,输出由高电平跳变到低电平,这一时刻的输入信号电压 U_{T-} 称为负向阈值电压。施密特触发器的正向阈值电压和负向阈值电压是不相等的,这两者之差定义为回差电压 ΔU_T,即

$$\Delta U_T = U_{T+} - U_{T-}$$

施密特触发器的逻辑符号和传输特性如图 6-21 所示。由于输入电压和输出电压的高、低电平是同相的,因此也把这种形式的电压传输特性称为同相输出的施密特触发特性。另外,如果输入电压和输出电压的高、低电平是反相的,则这种形式的电压传输特性称为反相输出的施密特触发特性。

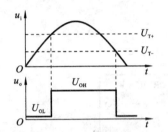

图 6-20 施密特触发器的工作波形

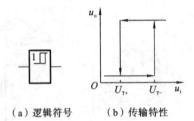

(a) 逻辑符号　　(b) 传输特性

图 6-21 施密特触发器的逻辑符号和传输特性

6.4.1　555 定时器构成的施密特触发器

1. 电路结构及工作原理

将 555 定时器的触发输入端和阈值输入端连在一起并作为外加触发信号 u_i 的输入端,就构成施密特触发器(见图 6-22),其电路和工作波形如图 6-22(b)所示。

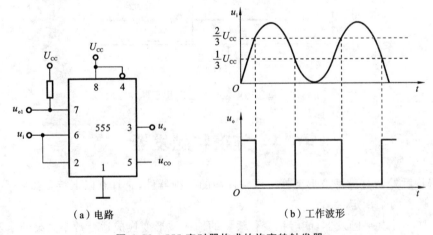

(a) 电路　　(b) 工作波形

图 6-22 555 定时器构成的施密特触发器

由图 6-22 可知:

当 $u_i = 0$ 时,由于比较器输出 $C_1 = 1$、$C_2 = 0$(比较器输出 C_1、C_2 如图 6-1 所示),触发器

置 1，$u_o = 1$。u_i 升高时，在未到达 $\frac{2}{3}U_{CC}$ 以前，$u_o = 1$ 的状态不会改变。

u_i 升高到 $\frac{2}{3}U_{CC}$ 时，由于比较器输出 $C_1 = 0$、$C_2 = 1$（比较器输出 C_1、C_2 如图 6-1 所示），触发器置 0，$u_o = 0$。此后，u_i 上升到 U_{CC}，然后再降低，但在未到达 $\frac{1}{3}U_{CC}$ 以前，$u_o = 0$ 的状态不会改变。

u_i 下降到 $\frac{1}{3}U_{CC}$ 时，比较器输出 $C_1 = 1$，$C_2 = 0$（比较器输出 C_1、C_2 如图 6-1 所示），触发器置 1，$u_o = 1$。此后，u_i 继续下降到 0，但 $u_o = 1$ 的状态不会改变。

通过以上的分析，显然可以得到该施密特触发器的正向阈值电压 $U_{T+} = U_{R1} = \frac{2}{3}U_{CC}$，负向阈值电压 $U_{T-} = U_{R2} = \frac{1}{3}U_{CC}$，则回差电压 $\Delta U_T = U_{R1} - U_{R2} = \frac{1}{3}U_{CC}$。可见这种用 555 定时器构成的施密特触发器的传输特性取决于两个参考电压。

也可以用外接控制电压 U_{CO} 来控制参考电压 U_{R1}、U_{R2}，则不难看出这时 $U_{T+} = U_{R1} = U_{CO}$，$U_{T-} = U_{R2} = \frac{1}{2}U_{CO}$，$\Delta U_T = U_{R1} - U_{R2} = \frac{1}{2}U_{CO}$。这样，通过改变控制电压 U_{CO} 的大小即可对施密特触发器的传输特性进行调整。

6.4.2 门电路构成的施密特触发器

1. 电路结构及工作原理

图 6-23 所示的是由 TTL 门电路组成的施密特触发器电路。图中，VD 为电压偏移二极管，R_1、R_2 为分压电阻，电路的输出通过电阻 R_2 进行正反馈。

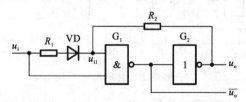

图 6-23　TTL 门电路组成的施密特触发器

假设在接通电源后，电路输入为低电平 $u_i = V_{OL}$，则电路处于如下状态：$\overline{u_o} = U_{OH}$，$u_o = U_{OL}$。如果不考虑 G_1 门的输入电流，u_{i1} 的电压为

$$u_{i1} = \frac{(u_i - U_D - U_{OL})R_2}{R_1 + R_2} + U_{OL} = \frac{(u_i - U_D)R_2}{R_1 + R_2} + \frac{U_{OL}R_1}{R_1 + R_2} \approx \frac{(u_i - U_D)R_2}{R_1 + R_2}$$

式中：U_D 为二极管的导通压降。

当 u_i 上升到门电路的阈值电压 U_{TH} 时，由于 u_{i1} 的电压还低于 U_{TH}，电路仍然保持这个状态不变。随着 u_i 继续升高，当 u_{i1} 也上升到 U_{TH} 时，电路将产生如下正反馈过程：

$$u_i \uparrow \longrightarrow u_{i1} \uparrow \longrightarrow \overline{u_o} \downarrow \longrightarrow u_o \uparrow$$

结果电路的状态迅速翻转为：$\overline{u_o}=U_{OL}$，$u_o=U_{OH}$，这是电路的另一个稳定状态。那么这一时刻的输入电压 u_{i1} 就是电路的正向阈值电压 U_{T+}，将 $u_i=U_{T+}$，$u_{i1}=U_{TH}$ 代入式

$$u_{i1}=\frac{(u_i-U_D)R_2}{R_1+R_2}$$

得

$$U_{T+}=U_D+\left(1+\frac{R_1}{R_2}\right)U_{TH}$$

当 u_i 从 U_{T+} 再升高时，电路的状态不会发生改变。

当 u_i 从高电平下降时，只要下降到 $u_i=U_{TH}$，由于电路中的正反馈作用，电路状态立刻发生翻转，回到初始的稳定状态。可见，电路的负向阈值电压 $U_{T-}=U_{TH}$。所以该电路的回差电压为

$$\Delta U_T=U_{T+}-U_{T-}=U_D+\frac{R_1}{R_2}U_{TH}$$

由上式可知，通过改变电阻 R_1 和 R_2 的比值，可以调整回差电压。

6.4.3 集成施密特触发器

由于性能稳定，因此在数字系统中集成施密特触发器被广泛采用。74LS132 是一种典型的集成施密特触发器，其内部逻辑和引脚排列如图 6-24 所示。

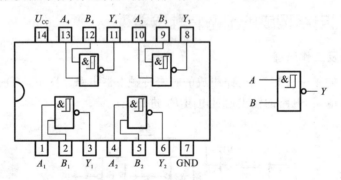

图 6-24 集成施密特触发器 74LS132

由图 6-24 可知，74LS132 内部包括四个相互独立的 2 输入施密特触发器。每一个触发器都是以基本的施密特触发电路为基础，在输入端增加了与的功能，在输出端增加了反相器，所以将其称为施密特触发的与非门。

74LS132 的输出信号 Y 与输入信号 A、B 之间的逻辑关系为 $Y=\overline{AB}$。A、B 中只要有一个低于施密特触发器的负向阈值电平，输出 Y 就是高电平；只有当 A、B 同时高于正向阈值电平时，输出 Y 才为低电平。在使用 +5 V 电源电压的条件下，集成施密特触发器 74LS132 的正向阈值电平 $U_{T+}=1.5\sim2.0$ V，负向阈值电平 $U_{T-}=0.6\sim1.1$ V，回差电压 ΔU_T 的典型值为 0.8 V。

6.4.4 施密特触发器的应用

利用回差特性，施密特触发器在数字电路中主要用于波形变换、脉冲整形、脉冲幅度鉴

别和构成多谐振荡器等。

1. 脉冲整形

在实际的应用系统中,矩形脉冲在传输时由于受到噪声的干扰经常会发生波形畸变,利用施密特触发器可对发生畸变的波形进行整形,只要设置合理的 U_{T+} 和 U_{T-},就能获得理想的矩形脉冲。图 6-25 所示的为利用施密特触发器对发生畸变的波形进行有效的整形。

2. 波形变换

利用施密特触发器可将正弦波、三角波等缓慢变换的波形变换成为边沿陡峭的矩形脉冲波形。在图 6-26(a)所示的施密特触发器中,施密特触发器的输入 u_i 是一个直流分量和正

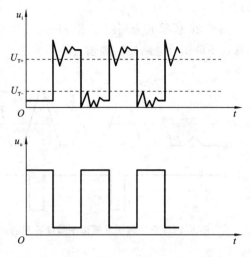

图 6-25 施密特触发器对畸变矩形波形整形

弦分量相叠加的信号,利用施密特触发器的回差特性,将 u_i 变换成边沿陡峭的矩形脉冲 u_o 输出,如图 6-26(b)所示。

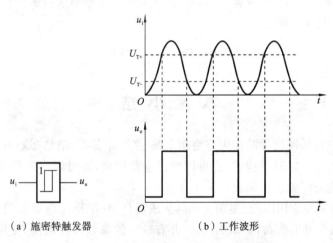

(a)施密特触发器　　　　　　(b)工作波形

图 6-26 利用施密特触发器进行波形变换

3. 脉冲幅度鉴别

脉冲幅度鉴别是从一连串幅度不等的波形中,鉴别出幅度较大的波形来。利用施密特触发器的输出取决于输入幅度的特点,可以将其用作脉冲幅度鉴别电路。如图 6-27 所示,在施密特触发器的输入端输入一系列幅度不等的窄脉冲。根据施密特触发器的特点,对应于那些幅度大于 U_{T+} 的脉冲,电路有脉冲输出;而对于幅度小于 U_{T+} 的脉冲,电路则没有脉冲输出,从而达到幅度鉴别的目的。

4. 构成多谐振荡器

施密特触发器最突出的特点是它的电压传输特性具有回差电压。若能使触发器的输入电压在 U_{T+} 和 U_{T-} 之间反复变化,则在输出端就可以得到周期性的矩形脉冲,即构成多谐振

荡器。

图 6-28 所示的为利用施密特触发器构成的多谐振荡器,它是将施密特触发器的反相输出端经 RC 积分电路接回到输入端构成的。

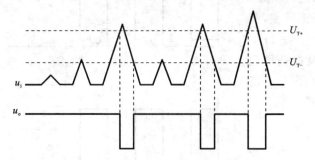

图 6-27 施密特触发器用于幅度鉴别的输出波形

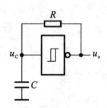

图 6-28 利用施密特触发器构成的多谐振荡器

接通电源瞬间,电容 C 上的电压为 0 V,输出 u_o 为高电平。u_o 通过电阻 R 对电容 C 充电。当 u_C 达到 U_{T+} 时,施密特触发器翻转,输出 u_o 为低电平。此后电容 C 又开始放电,u_C 下降。当 u_C 下降到 U_{T-} 时,触发器又翻转。如此周而复始地形成振荡。它的振荡周期为充电时间与放电时间之和,即

$$T = RC\ln\frac{U_{DD} - U_T}{U_{DD} - U_{T+}} + RC\ln\frac{U_{T+}}{U_T}$$

本 章 小 结

本章介绍了三种脉冲信号的产生与变换电路:多谐振荡器、单稳态触发器和施密特触发器。它们既可以由 555 定时器构成,也可以由门电路构成,还可以由其他结构形式构成,如多谐振荡器可由施密特触发器构成。

555 定时器是一种应用广泛、使用灵活的集成器件,它把模拟电路和数字电路兼容在一起。555 定时器触发灵敏度高,驱动能力强,并有较宽的参数选择范围,使用方便,只要外接少量的阻容元件就可构成各种脉冲波形产生和变换电路。

多谐振荡器是一种自激振荡器件,不需要外加输入信号,就可以自动地产生矩形脉冲。在多谐振荡器中,由一个暂稳态过渡到另一个暂稳态,其触发信号是由电路内部电容充(放)电提供的,因此无须外加触发脉冲。多谐振荡器的振荡周期与电路的阻容元件有关。

单稳态触发器具有一个稳态。在单稳态触发器中,由一个暂稳态过渡到稳态,其触发信号也是由电路内部电容充(放)电提供的,暂稳态的持续时间即脉冲宽度也由电路的阻容元件决定。单稳态触发器不能自动地产生矩形脉冲,但可以把其他形状的信号变换成为矩形波,用途很广。

施密特触发器具有两个稳定状态,它可以构成一种能够把输入波形整形成为适合于数字电路需要的矩形脉冲的电路。它的突出特点是具有回差电压。施密特触发器在脉冲的产生和整形电路中应用很广。

习 题 6

6-1 在图 6-29 所示的环形振荡器电路中,试说明:
(1) 该电路的工作原理。
(2) R、C、R_S 各起什么作用?
(3) 为降低电路的振荡频率可以调节哪些电路参数?是加大还是减小?

6-2 在图 6-30 给出的微分型单稳态触发器电路中,已知 $R=51\text{ k}\Omega$,$C=0.01\ \mu\text{F}$,电源电压 $U_{DD}=10\text{ V}$,试求在触发器信号作用下输出脉冲的宽度和幅度。

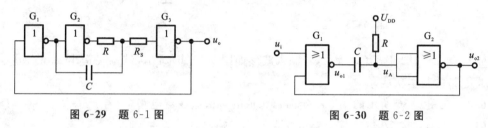

图 6-29 题 6-1 图   图 6-30 题 6-2 图

6-3 积分型单稳态触发器如图 6-31 所示。已知 $R=1\text{ k}\Omega$,$C=0.01\ \mu\text{F}$,若 G_1 和 G_2 为 74LS 系列门电路,试求在触发信号作用下输出负脉冲的宽度。设触发脉冲的宽度大于输出脉冲的宽度。

6-4 由集成单稳态触发器 74121 组成的延时电路及输入波形如图 6-32 所示。R_{ext} 由一个电位器(取值范围 $0\sim20\text{ k}\Omega$)和一个电阻(值为 $5.1\text{ k}\Omega$)串联组成,外接电容为 $1\ \mu\text{F}$。
(1) 计算输出脉宽的变化范围。
(2) 解释为什么使用电位器时要串接一个电阻。

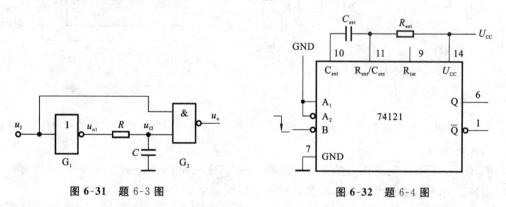

图 6-31 题 6-3 图   图 6-32 题 6-4 图

6-5 在图 6-33 所示的施密特触发器电路中,若 G_1 和 G_2 为 74LS 系列与非门和反相器,它们的阈值电压 $U_{TH}=1.1\text{ V}$,$R_1=1\text{ k}\Omega$,$R_2=2\text{ k}\Omega$,二极管的导通压降 $U_D=0.7\text{ V}$,试计算电路的正向阈值电压 U_{T+}、负向阈值电压 U_{T-} 和回差电压 ΔU_T。

6-6 在图 6-34 中,已知施密特触发器的电源电压 $U_{DD}=15\text{ V}$,$U_{T+}=9\text{ V}$,$U_{T-}=4\text{ V}$,试问:
(1) 为了得到占空比为 50% 的输出脉冲,R_1 与 R_2 的比值应取多少?

(2) 若给定 $R_1=3\text{ k}\Omega, R_2=8.2\text{ k}\Omega, C=0.05\text{ }\mu\text{F}$，电路的振荡频率为多少？输出脉冲的占空比是多少？

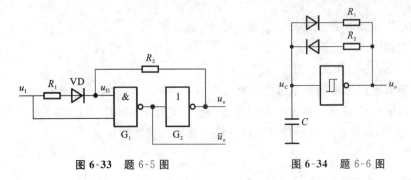

图 6-33 题 6-5 图　　　　图 6-34 题 6-6 图

6-7 电路如图 6-35(a)所示，若输入波形如图 6-35(b)所示，试画出输出 u_o 的波形，并简述此电路的基本功能。

6-8 在图 6-36 所示的用 555 定时器组成的多谐振荡器电路中，若 $R_1=R_2=5.1\text{ k}\Omega, C=0.01\text{ }\mu\text{F}, U_{CC}=12\text{ V}$，试计算电路的振荡频率和输出脉冲的占空比。

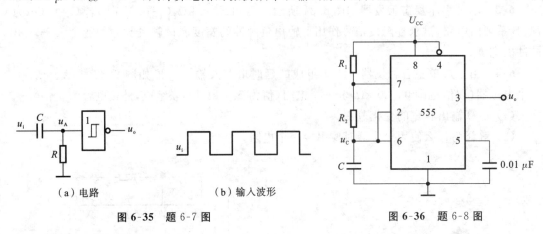

图 6-35 题 6-7 图　　　　图 6-36 题 6-8 图

6-9 若需要产生振荡周期为 5 s，占空比为 75% 的输出脉冲，试用 555 定时器设计满足需要的振荡电路。

6-10 由 555 定时器构成的多谐振荡器如图 6-37 所示，VD 为理想二极管，试回答：

(1) 开关 S 接在右端，u_{o1} 和 u_{o2} 各自的振荡周期是多少？

(2) 开关 S 接在左端，画出 u_{o1} 和 u_{o2} 的输出波形。

6-11 在图 6-38 所示的由 555 定时器组成的单稳态触发器电路中，若 $R=10\text{ k}\Omega, C=300\text{ pF}, U_{CC}=12\text{ V}$，试计算电路的输出脉冲宽度。

6-12 由 555 定时器构成的锯齿波产生电路如图 6-39 所示。三极管和电阻 R_1、R_2、R_e 构成恒流源，给定时电容充电，当触发输入端 u_i 输入负脉冲后，画出电容电压 u_C 及 555 定时器输出端 u_o 的波形，并计算电容 C 充电的时间。

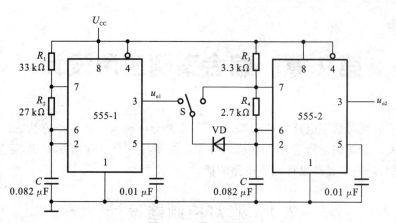

图 6-37 题 6-10 图

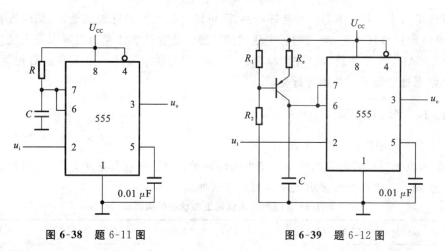

图 6-38 题 6-11 图   图 6-39 题 6-12 图

6-13 某电路 u_i 和 u_o 的关系如图 6-40 所示,试用 555 定时器及适当的元件设计该电路。

6-14 在图 6-41 所示的用 555 定时器接成的施密特触发器电路中,试求:

(1) 当 $U_{CC}=12$ V,而且没有外接控制电压时,U_{T+}、U_{T-} 及 ΔU_T 的值各为多少?

(2) 当 $U_{CC}=9$ V,外接控制电压 $U_{CO}=5$ V 时,U_{T+}、U_{T-} 及 ΔU_T 的值各为多少?

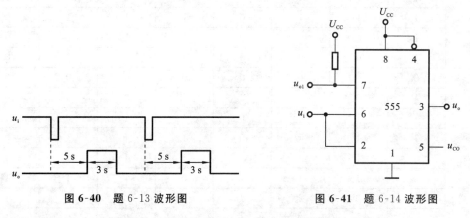

图 6-40 题 6-13 波形图   图 6-41 题 6-14 波形图

6-15 用 555 定时器设计一个回差电压 $\Delta U_T=2$ V 的施密特触发器。

第7章 综合案例应用设计

前面章节分别对数字电路的基础知识、逻辑电路分析与设计的基本方法、脉冲信号产生与变换等相关理论知识进行了较为系统的介绍。本章将结合上述所学知识,通过若干综合性的设计实例,进一步提高设计数字电路的能力。

7.1 彩灯控制器设计

在现代生活中,彩灯作为一种装饰物品,既可以增强人们的感观感受,起到广告宣传的作用,又可以增添节日气氛,为人们的生活增添亮丽。随着科学技术的发展以及人民生活水平的提高,彩灯作为一种景观的应用越来越多。本实例要求设计一个8路彩灯控制器,能够控制8路彩灯按照不同花形进行显示。

7.1.1 设计要求

(1) 具有8路输出,控制8个发光二极管。
(2) 8路发光二极管按照四种不同花形循环显示。当一种花形显示完毕后,自动转换到另一种花形显示。四种花形显示次序如表7-1所列。

表7-1 8路彩灯控制器工作状态的编码表

次序	LED_0	LED_1	LED_2	LED_3	LED_4	LED_5	LED_6	LED_7
1	0	0	0	0	0	0	0	0
	0	0	0	1	0	0	0	1
	0	0	1	1	0	0	1	1
	0	1	1	1	0	1	1	1
	1	1	1	1	1	1	1	1
	1	1	1	0	1	1	1	0
	1	1	0	0	1	1	0	0
	1	0	0	0	1	0	0	0
2	0	0	0	0	0	0	0	0
	1	0	0	0	1	0	0	0
	1	1	0	0	1	1	0	0
	1	1	1	0	1	1	1	0
	1	1	1	1	1	1	1	1
	0	1	1	1	0	1	1	1
	0	0	1	1	0	0	1	1
	0	0	0	1	0	0	0	1

续表

次序	LED$_0$	LED$_1$	LED$_2$	LED$_3$	LED$_4$	LED$_5$	LED$_6$	LED$_7$
3	0	0	0	0	0	0	0	0
	0	0	0	1	1	0	0	0
	0	0	1	1	1	1	0	0
	0	1	1	1	1	1	1	0
	1	1	1	1	1	1	1	1
	1	1	1	0	0	1	1	1
	1	1	0	0	0	0	1	1
	1	0	0	0	0	0	0	1
4	0	0	0	0	0	0	0	0
	0	0	0	0	0	0	0	1
	1	0	0	0	0	0	1	1
	1	1	1	0	0	1	1	1
	1	1	1	1	1	1	1	1
	0	1	1	1	1	1	1	0
	0	0	1	1	1	1	0	0
	0	0	0	1	1	0	0	0

(3) 每种花形按照两种不同频率重复显示两次。当按照一种频率显示完毕后,自动转为另一种频率再重新显示。

7.1.2 基本结构

综合设计要求,8 路彩灯控制器由时基产生电路、节拍控制电路、频率转换控制电路、模式控制电路、输出显示驱动电路组成。其组成框图如图 7-1 所示。

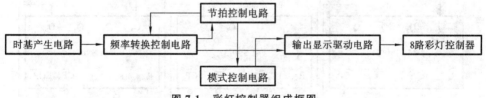

图 7-1 彩灯控制器组成框图

1. 时基产生电路

时基产生电路用于产生两种不同频率的时钟脉冲信号。

2. 节拍控制电路

节拍控制电路用于产生不同花形显示的控制信号,为模式控制电路、输出显示电路提供控制信号。

3. 频率转换控制电路

频率转换控制电路用于完成两种频率的相互切换,为节拍控制电路、输出显示电路提供时钟脉冲信号。

4. 模式控制电路

模式控制电路为输出显示电路提供模式控制信号。

5. 输出显示驱动电路

输出显示驱动电路接收频率转换控制电路，以及模式控制电路的输出信号，以驱动 8 路彩灯按照显示要求进行显示。

7.1.3 设计实现

1. 时基产生电路

时基产生电路由基本时钟脉冲产生电路和分频电路构成。在该课程设计中，时基产生电路将产生 1 kHz 和 1 Hz 两个不同频率的时钟脉冲信号，对应于设计要求中的两种不同频率。

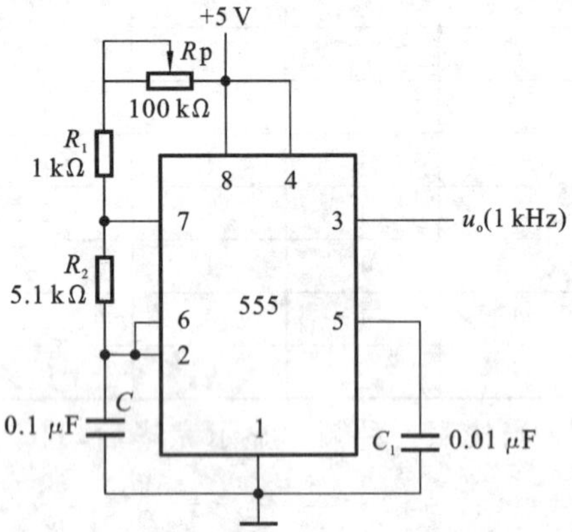

1) 基本时钟脉冲产生电路

基本时钟脉冲产生电路由 555 定时器构成的多谐振荡器构成，其振荡频率 $f \approx 1.43/[(R_1 + 2R_2) \times C_1]$，产生 1 kHz 的时钟脉冲信号。其逻辑图如图 7-2 所示。

2) 分频电路

分频电路由异步计数器 74LS90 级联构成。1 kHz 的时钟信号通过分频电路分别产生 100 Hz、10 Hz、1 Hz 的时钟信号。分频电路的逻辑图如图 7-3 所示。

图 7-2 基本时钟脉冲产生电路逻辑图

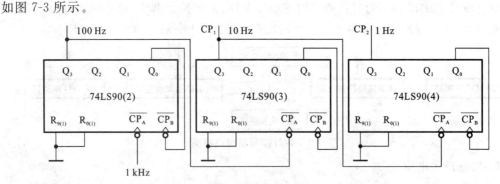

图 7-3 分频电路逻辑图

2. 节拍控制电路

设计要求为每种花形按两种不同的频率各显示一次，每次 8 拍，共 16 拍，因此，用一个十六进制计数器即可实现。该计数器的进位输出作为模式控制电路的控制信号，状态输出作为频率转换电路的控制信号：当有进位输出时，花形转换到另外一个；当计数器的状态输出 Q_D 由 0 变为 1 时，计数频率以及显示频率发生变化。节拍控制电路由同步二进制计数器 74LS161 构成。其电路逻辑图如图 7-4 所示。

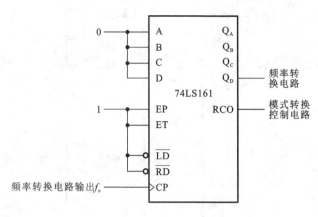

图 7-4　节拍控制电路逻辑图

3. 频率转换控制电路

频率转换控制电路的输入为时基产生电路产生的 2 路频率不同的时钟脉冲信号以及节拍控制电路的状态输出 Q_D，其输出分别作为节拍控制电路以及输出显示电路的时钟脉冲信号。设该电路的输入分别为 CP_1(10 kHz)、CP_2(1 Hz)、Q_D，输出为 f_o，则其对应的真值表如表 7-2 所示。

由表 7-2 可得 f_o 的输出表达式

$$f_o = \overline{Q_D}CP_2 + Q_D CP_1$$

频率转换控制电路的逻辑图如图 7-5 所示。

表 7-2　频率转换电路真值表

Q_D	f_o
0	CP_2
1	CP_1

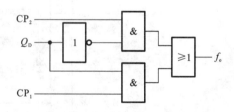

图 7-5　频率转换控制电路逻辑图

4. 模式控制电路

模式控制电路用于产生移位模式控制信号。这里选用 2 个 D 触发器 74LS74 外加逻辑门的方式实现。2 个 D 触发器的互补状态输出产生 4 种移位模式组合，通过或门加载移位寄存器的模式选择端的实现方式是为了防止在一种花形显示向另一种花形显示转换时出现节拍超前或滞后的情况。采用的设计方法是当一种花形显示完毕，输出显示全部灭灯后，再进入另一种花形显示。模式控制电路的逻辑图如图 7-6 所示。

由图 7-6 可知，当一种花形按两种不同频率显示完毕后，RCO＝1，$S_{10}=S_{11}=S_{20}=S_{21}=1$，如果一种花形没有显示完毕，则 RCO＝0，$S_{10}=Q_0$，$S_{11}=\overline{Q_0}$，$S_{20}=Q_1$，$S_{21}=\overline{Q_1}$，从而产生 4 种不同的显示模式。

5. 输出显示驱动电路

输出显示驱动电路由 2 个 4 位移位寄存器 74LS194 和 4 个反相器构成，其电路逻辑图如图 7-7 所示。

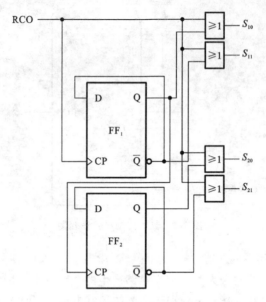

图 7-6 模式控制电路逻辑图

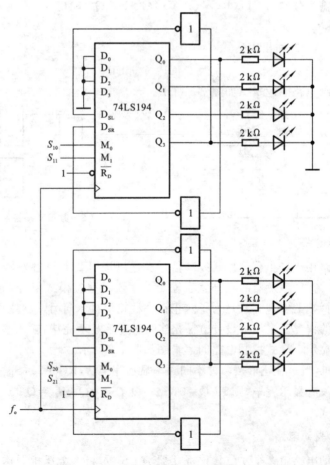

图 7-7 输出显示电路逻辑图

图 7-7 中,2 个移位寄存器的输出分别接发光二极管,移位寄存器的时钟脉冲信号由频率转换电路 f_o 提供,移位寄存器的模式选择信号由模式控制电路输出 S_{10}、S_{11}、S_{20}、S_{21} 提供。当 $S_{10}=S_{11}=S_{20}=S_{21}=1$ 时,2 个移位寄存器同时处于置数状态,8 个发光二极管同时熄灭;当 $S_{10}=0$,$S_{11}=1$,$S_{20}=0$,$S_{21}=1$ 时,2 个移位寄存器同时处于左移工作模式,发光二极管左移显示;当 $S_{10}=1$,$S_{11}=0$,$S_{20}=1$,$S_{21}=0$ 时,2 个移位寄存器同时处于右移工作模式,发光二极管右移显示。依次类推。

7.2 温度监控报警电路设计

温度是一个十分重要的物理量,对它的监控具有十分重要的意义,如农业生产中对大棚温度的监控。本实例设计一个简单的温度监控报警电路,实现对温度变化范围的监控报警。

7.2.1 设计要求

(1)电路能够对处在一定范围内的温度进行监控。
(2)当温度在正常范围内(高于温度范围的下限值,低于温度范围的上限值)时,数码管按"0—1—2—3—4—5"的顺序循环显示。
(3)当温度下降低于下限值时,数码管按"0—1—2—3"的顺序循环显示,同时,绿色发光二极管点亮,扬声器发出低音报警。
(4)当温度上升超过上限值时,数码管按"0—1—2—3—4—5—6—7"的顺序循环显示,同时,红色发光二极管点亮,扬声器发出高音报警。

7.2.2 基本结构

综合设计要求,温度监控报警电路由时基产生电路、计数电路、译码显示电路、温度监控电路以及报警电路组成。其组成结构图如图 7-8 所示。

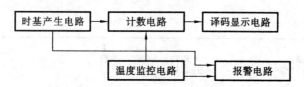

图 7-8 温度监测报警电路组成结构图

图 7-8 中,时基产生电路向计数电路提供计数时钟脉冲信号,同时向报警电路提供两种不同的频率信号。温度监控电路完成对温度的监测,向计数电路提供计数控制信号:当温度在正常范围之内时,计数电路按照要求完成计数,并通过译码显示电路显示计数结果;当温度低于下限值时,温度监控电路给出控制信号,使计数电路按报警状态进行计数,并通过译码显示电路显示相关计数结果;当温度超过上限值时,温度监控电路给出控制信号,使计数电路按报警状态进行计数,并通过译码显示电路显示相关计数结果。报警电路接收来自温度监控电路输出的控制信号以及时基产生电路的频率信号,当温度不在正常范围时,发出报警提示。

7.2.3 设计实现

1. 时基产生电路

时基产生电路为计数电路提供计数脉冲信号,同时为报警电路提供两种不同频率的脉冲信号。时基产生电路由 555 定时器构成的多谐振荡器以及由异步计数器 74LS90 构成的分频器组成。其逻辑图如图 7-9 所示。

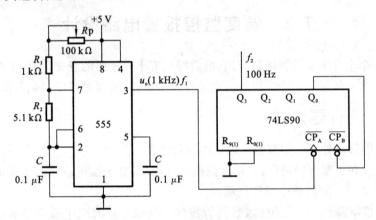

图 7-9 时基产生电路逻辑图

2. 温度监控电路

温度监控电路实现对温度变化的监测,通过温度变化控制输出信号,为计数电路、译码显示电路提供状态变化的控制信号。温度变化采用正温度系数的热敏电阻来感知:温度升高,电阻阻值增大;温度下降,电阻阻值减小。在这里,用 10 kΩ 的电位器来代替热敏电阻。温度监控电路的原理图如图 7-10 所示。

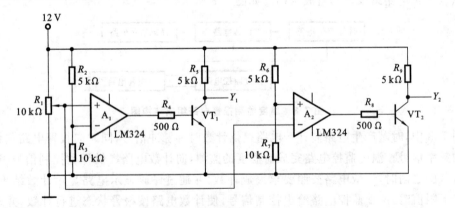

图 7-10 温度监控电路原理图

图 7-10 中,12 V 电源电压经过电阻 R_2 和 R_3 分压产生 8 V 的下限电压,加在电压比较器 A_1 的反相端,同时,12 V 电源电压经过电阻 R_6 和 R_7 分压产生 10 V 的上限电压,加在电压比较器 A_2 的同相端,电位器的分压端分别接在电压比较器 A_1 的同相端和电压比较器 A_2

的反相端。电压比较器的输出端接晶体管的基极,以驱动晶体管的导通和截止。晶体管的集电极输出将作为计数电路、译码显示电路以及报警电路的控制信号,以实现不同状态的转换。

当温度处在正常范围时,即电位器分压端输出大于 8 V、小于 10 V,电压比较器 A_1 和 A_2 均输出高电平,晶体管 VT_1 和 VT_2 均处于导通状态,$Y_1=Y_2=0$;当温度降低且低于下限值时,电压比较器 A_1 输出低电平,晶体管 VT_1 处于截止状态,$Y_1=1$,电压比较器 A_2 输出高电平,晶体管 VT_2 处于导通状态,$Y_2=0$;当温度升高且超过上限值时,电压比较器 A_1 输出高电平,晶体管 VT_1 处于导通状态,$Y_1=0$,电压比较器 A_2 输出低电平,晶体管 VT_2 处于截止状态,$Y_2=1$。$Y_1=Y_2=1$ 这种情况不会出现。

3. 计数电路

根据设计要求,计数电路采用 8421BCD 码同步计数器 74LS160 加组合逻辑电路的方式实现。74LS160 根据要求实现不同的计数,组合逻辑电路为同步计数器提供同步置数控制信号。该计数器电路实际上是 74LS160 在 Y_1 和 Y_2 控制下实现三种不同模值的计数。根据计数要求可列如表 7-3 所示的简化真值表。

表 7-3 计数简化真值表

Y_1	Y_2	Q_D	Q_C	Q_B	Q_A	F
0	0	0	1	0	1	1
0	1	0	1	1	1	1
1	0	0	0	1	1	1

由表 7-3 可得

$$F=\overline{Y_1}\,\overline{Y_2}Q_CQ_A+\overline{Y_1}Y_2Q_CQ_BQ_A+Y_1\overline{Y_2}Q_BQ_A$$

而 74LS160 的置数端需低电平,因此

$$\overline{LD}=\overline{F}$$

计数电路的逻辑图如图 7-11 所示。

图 7-11 中,Y_1、Y_2 由温度监控电路提供(见图 7-10)。当 $Y_1=Y_2=0$ 时,温度在正常范围内,同步计数器 74LS160 按照六进制方式进行计数(0—1—2—3—4—5),即当计数器 74LS160 的输出 $Q_DQ_CQ_BQ_A=0101$ 时,$\overline{LD}=0$;当 $Y_1=0$,$Y_2=1$ 时,温度上升且超过上限值,同步计数器 74LS160 按照八进制方式进行计数(0—1—2—3—4—5—6—7),即当计数器 74LS160 的输出 $Q_DQ_CQ_BQ_A=0111$ 时,$\overline{LD}=0$;当 $Y_1=1$,$Y_2=0$ 时,温度下降且低于下限值,同步计数器 74LS160 按照四进制方式进行计数(0—1—2—3),即当计数器 74LS160 的输出 $Q_DQ_CQ_BQ_A=0011$ 时,$\overline{LD}=0$。由此,完成当温度在正常范围内、超过上限值以及低于下限值时的计数要求。

4. 译码显示电路

译码显示电路完成将计数器的状态输出并送七段显示器显示的功能。这里选用 CC4511 作为显示译码器、共阴极七段数码管作为显示器,通过 CC4511 将计数电路输出的

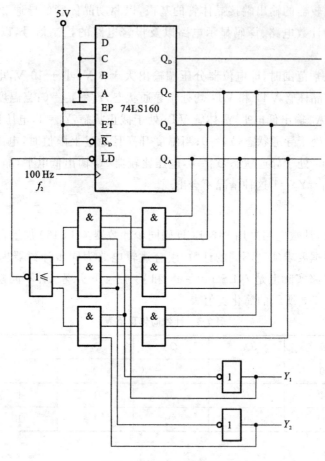

图 7-11 计数电路逻辑图

8421BCD 码翻译成对应的字形码,并在共阴七段数码管上显示出来。译码显示电路的逻辑图如图 7-12 所示。

5. 报警电路

根据设计要求,当温度低于下限值时,发出低音报警提示;当温度高于上限值时,发出高音报警提示;在正常范围时,不报警。也就是说,当温度监测电路的输出 $Y_1=1, Y_2=0$ 时,低音报警;当 $Y_1=0, Y_2=1$ 时,高音报警;当 $Y_1=0, Y_2=0$ 时,不报警。报警控制信号 F 的表达式为

$$F=\overline{Y_1} \cdot Y_2 \cdot f_1 + Y_1 \cdot \overline{Y_2} \cdot f_2$$

用与非门实现上式,即

$$F=\overline{\overline{\overline{Y_1} \cdot Y_2 \cdot f_1} \cdot \overline{Y_1 \cdot \overline{Y_2} \cdot f_2}}$$

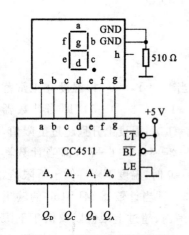

图 7-12 译码显示电路逻辑图

式中: f_1 和 f_2 为时基产生电路产生的两种频率不同的信号,其中 $f_1=1$ kHz, $f_2=100$ Hz。报警电路的逻辑图如图 7-13 所示。

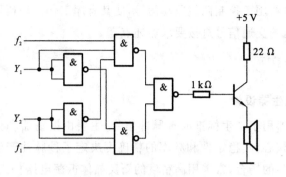

图 7-13　报警电路逻辑图

7.3　交通灯信号控制器设计

交通信号灯处在十字交叉路口,以确保车辆、行人安全有序地通过。本例将介绍交通信号灯控制器的设计过程。

7.3.1　设计要求

(1) 设计一个十字路口的交通信号灯控制器,实现对东西方向车道和南北方向车道上的车辆交替运行进行有序的控制。

(2) 交通信号灯交替按照绿、黄、红的顺序循环点亮。东西方向车道绿(红)灯亮,则南北方向车道红(绿)灯亮。任意时间,在每组绿、黄、红交通灯中,有一个且只有一个灯被点亮,绿、红灯每次点亮时间均设置为 35 s,且点亮时间可根据需要进行调整,黄灯按闪烁方式运行,闪烁频率为 1 Hz,黄灯闪亮后,绿灯转为红灯。

(3) 两个方向车道除有信号指示灯外,还设有指示灯亮倒计时显示。

7.3.2　基本结构

综合上述设计要求,交通灯信号控制器电路主要由秒脉冲信号发生器、倒计时定时计数器、信号灯转换控制器以及译码驱动器等单元组成。其组成结构图如图 7-14 所示。

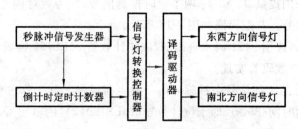

图 7-14　交通灯信号控制器组成结构图

图 7-14 中,秒脉冲信号发生电路为倒计时定时电路和黄灯闪亮控制电路提供标准时钟脉冲信号;倒计时定时电路为信号灯转换控制电路提供黄灯闪烁和红绿灯转换两组驱动信

号;信号灯转换控制电路用于控制两组驱动信号,使其有序工作。译码驱动电路用以驱动东西、南北两个方向车道的交通信号灯按要求循环点亮。

7.3.3 设计实现

1. 秒脉冲信号发生器设计

秒脉冲信号发生器用于产生标准时钟脉冲信号,主要由振荡器和分频器构成。振荡器是秒脉冲产生电路的核心,其稳定性和频率的精确度决定了秒脉冲产生电路产生信号的准确度。在精确度要求高的场合,常采用高精度的石英晶体振荡电路构成秒脉冲信号发生器。在本设计中对时间精度要求不高,因此,采用555定时器构成的多谐振荡器和异步十进制计数器74LS90构成的分频器组成秒脉冲信号发生器。555定时器构成的多谐振荡器产生1 kHz的方波,经分频器产生1 Hz的脉冲信号。其逻辑图如图7-15所示。

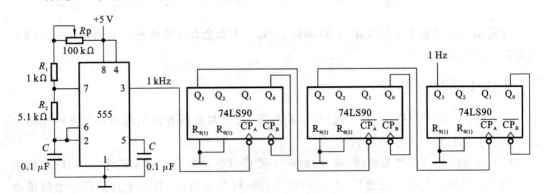

图7-15 秒脉冲信号发生器逻辑图

2. 倒计时定时计数器设计

根据设计要求,不同方向的交通信号灯亮时都要进行倒计时显示,因此,需要设置倒计时定时计数器电路部分。倒计时定时计数器电路的工作方式为:当某方向绿灯亮时,设置倒计时为35 s,然后秒数每秒减1,直至减到最后5 s时,绿、黄、红信号灯作相应变换,一次工作循环结束,进入下一个方向的工作循环。在倒计时定时计数器工作过程中,计数器向交通信号灯转换控制器分别提供 T_1 和 T_2 两个定时控制信号,作为黄灯闪烁以及绿、黄、红信号灯变换的定时控制信号。其逻辑图如图7-16所示。

为实现设计要求,选用8421码十进制加/减法计数器74LS190构成计数器,显示部分采用8421码输入的七段数码管实现。

图7-16中,1 Hz的时钟信号由秒脉冲信号发生器提供。其工作过程为:通过8个理想开关设置倒计时起始时间(35 s),即十位计数器(74LS190(2))的输出 $Q_DQ_CQ_BQ_A=0011$,个位计数器(74LS190(1))的输出 $Q_DQ_CQ_BQ_A=0101$。个位计数器(74LS190(1))开始每秒减1,当减到0时,$\overline{RCO}$输出低电平,启动十位计数器(74LS190(2))每秒减1,当计数器减到"05"时,即十位计数器(74LS190(2))的输出 $Q_DQ_CQ_BQ_A=0001$,个位计数器(74LS190(1))的输出 $Q_DQ_CQ_BQ_A=0101$,T_1输出高电平,T_2输出低电平,当计数器减到"00"时,即十位计

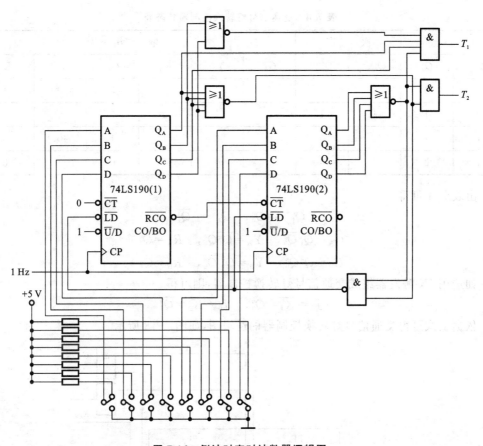

图 7-16 倒计时定时计数器逻辑图

数器(74LS190(2))的输出 $Q_D Q_C Q_B Q_A = 0000$,个位计数器(74LS190(1))的输出端 $Q_D Q_C Q_B Q_A = 0000$,T_1 输出低电平,T_2 输出高电平。T_1 和 T_2 的组合作为时钟信号,使交通信号灯按照预定的不同状态循环点亮。

3. 交通信号灯转换控制器设计

交通信号灯转换控制器电路控制信号灯交替按照绿、黄、红顺序循环点亮。根据设计要求,不同颜色信号灯点亮时间长度应受到统一的时钟信号的控制,因此交通信号灯转换控制器可设计为一个同步时序逻辑电路。

如用 A 表示东西方向,用 B 表示南北方向,用 G、Y、R 分别表示绿、黄、红色交通信号,用逻辑 1 表示灯亮,用逻辑 0 表示灯灭,则可得交通信号灯转换控制器的状态转换图,如图 7-17 所示。

图 7-17 中的状态转换所需的时钟脉冲信号是由倒计时定时计数器电路的输出 T_1 和 T_2 经组合后提供的。

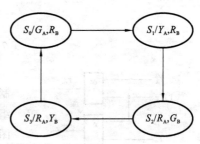

图 7-17 交通灯转换控制器状态转换图

选取 $S_0 = 00$,$S_1 = 01$,$S_2 = 11$,$S_3 = 10$,可得对应的状态表,如表 7-4 所示。

表 7-4　交通信号灯转换控制器状态表

现态		次态		输出					
Q_1^n	Q_0^n	Q_1^{n+1}	Q_0^{n+1}	G_A	Y_A	R_A	G_B	Y_B	R_B
0	0	0	1	1	0	0	0	0	1
0	1	1	1	0	1	0	0	0	1
1	1	1	0	0	0	1	1	0	0
1	0	0	0	0	0	1	0	1	0

由表 7-4 可得

$$Q_1^{n+1}=Q_0^n, \quad Q_0^{n+1}=\overline{Q_1^n}$$
$$G_A=\overline{Q_1^n}\,\overline{Q_0^n}, \quad Y_A=\overline{Q_1^n}Q_0^n, \quad R_A=Q_1^n$$
$$G_B=Q_1^nQ_0^n, \quad Y_B=Q_1^n\overline{Q_0^n}, \quad R_B=\overline{Q_1^n}$$

如选用 JK 触发器组成交通信号灯转换控制器，则可得

$$J_1=\overline{K_1}=Q_0^n, \quad J_0=\overline{K_0}=\overline{Q_1^n}$$

依据上式可得交通信号灯转换控制器的逻辑图，如图 7-18 所示。

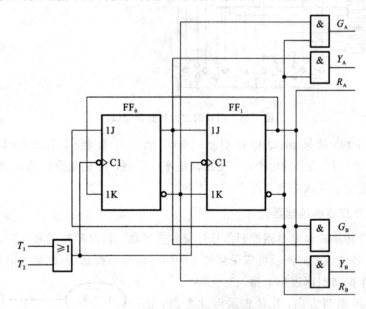

图 7-18　转换控制器逻辑图

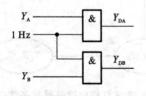

由于设计要求黄灯每秒闪亮一次，因此，黄灯输出控制信号 Y_A 和 Y_B 需和一个频率为 1 Hz 的时钟信号经过组合后作为黄灯闪烁的驱动信号。黄灯闪烁控制的逻辑图如图 7-19 所示。

图 7-19　黄灯闪烁控制逻辑图

本 章 小 结

本章综合应用数字逻辑电路的基础知识、基本器件以及设计方法,结合实际问题,进行了不同类型的实例设计。要求通过本章的学习,加深对所学知识的理解和掌握,进一步提高分析问题的能力和灵活运用所学知识解决实际问题的能力。

习 题 7

7-1 自选逻辑器件,设计一个自动饮料售货机。每次只能从投币口投入一枚五角或一元的硬币。投入一元五角钱硬币后,机器会自动给出一杯饮料;投入两元硬币后,在给出饮料的同时找回一枚五角硬币。要求给出逻辑电路图。

7-2 自选逻辑器件,设计一个简易的转速表。测速范围为 $0 \sim 9999$ r/min,并且能够通过 LED 数码管显示测速值。要求给出逻辑电路图。

7-3 自选逻辑器件,设计一个 8 位串行数字锁。电路具有密码设置、保存和修改功能。密码采用 8421BCD 格式输入。输入密码后,进行正确性检测:如果接收到的数据与原设定的密码相同,则表示得到的是正确的开锁信号,锁打开;如果输入密码与原始设定的密码不一致,则产生报警信号。要求给出逻辑电路图。

7-4 自选逻辑器件,设计一个电容数字测量仪。测量电容范围为 100 pF ~ 1 μF。要求给出逻辑电路图。

第8章 可编程逻辑器件

在数字电路系统的设计和实现中广泛使用可编程逻辑器件(programmable logic device,PLD)。它是在只读存储器基础上发展起来的一种半定制专用集成电路芯片。数字电路系统中的一些常用器件,如各种门电路、触发器、计数器等,它们的功能和引脚排列都是由器件生产厂家在制造时定义好的,用户只能使用而不能改变其内部结构和功能。PLD 器件是允许用户编程(配置)实现所需逻辑功能的电路,一般可利用计算机辅助设计,即用原理图、硬件描述语言等方法来表示设计思想,经过编译,生成相应的目标文件,再下载到目标器件中,这时的 PLD 器件就可作为满足用户要求的电路或电子系统使用了。

本章首先介绍 PLD 器件的基本结构和表示方法,然后分别介绍低密度可编程逻辑器件、复杂可编程逻辑器件、现场可编程门阵列的结构特点以及工作原理。

8.1 概　　述

PLD 是 20 世纪 70 年代开始发展起来的一种新型器件。其内部集成了大量的逻辑门和触发器等基本逻辑单元电路。这些基本单元电路之间并没有固定的连接,设计者可以通过编程改变内部电路的逻辑关系,从而实现某一逻辑功能,得到所需要的设计电路。

早期的 PLD 器件主要指的是能进行编程的只读存储器,包括 PROM、EPROM 和 E^2PROM 三种。这些器件由全译码的与阵列和可编程的或阵列组成,由于阵列规模较大,速度低,主要用作程序存储。

20 世纪 80 年代以来,PLD 及其应用得到了极大的发展,从 20 世纪 70 年代的可编程逻辑阵列(programmable logic array,PLA)、可编程阵列逻辑(programmable array logic,PAL)到 20 世纪 80 年代的通用阵列逻辑(generic array logic,GAL)、可擦除可编程逻辑器件(erasable programmable logic device,EPLD)、现场可编程门阵列(field programmable gate array,FPGA)、复杂可编程逻辑器件(complex programmable logic device,CPLD),其集成度越来越高,结构越来越复杂,设计越来越灵活。

进入 21 世纪以来,以 FPGA 为核心的可编程系统芯片(system on programmable chip,SOPC)有了显著的发展。单片 FPGA 芯片在结构上已经实现了复杂系统所需要的主要功能,并将多种功能集成在一片 FPGA 器件中,并且是可编程系统,具有灵活的设计方式。

PLD 器件的出现改变了传统的数字系统设计方法,极大地提高了电路设计的效率,不仅简化了电路设计,而且降低了开发成本,提高了系统的可靠性。

8.2 基本结构和表示方法

8.2.1 基本结构

根据电路结构,数字电路可以分为组合逻辑电路和时序逻辑电路。任何组合逻辑函数都可以化为唯一的标准与或表达式,用与门-或门二级电路实现,而时序逻辑电路又是由组合逻辑电路加上存储元件(触发器)构成的。因此,从基本原理上说,与或阵列加上寄存器的结构就可以实现任何形式的数字电路。PLD器件的基本结构就是基于这种原理来架构的,以与或阵列为结构的主体,再加上可以灵活配置的互连线,从而可以实现逻辑功能。

PLD主要是由输入缓冲电路、与阵列、或阵列和输出缓冲电路四部分组成,如图8-1所示。

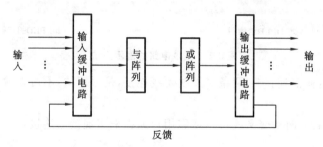

图 8-1　PLD 的基本结构

与阵列和或阵列主要用来实现逻辑函数。其中与阵列用来产生所需的乘积项,或阵列选择所需的与项,实现或逻辑,构成与或逻辑函数。在实际应用中,用户可以通过编程来实现。

输入缓冲电路主要完成对输入变量的预处理,同时增强输入信号的驱动能力,为与阵列提供互补的输入变量(原变量和反变量)。

输出缓冲电路主要是对输出信号进行处理。输出缓冲电路是可以通过编程来改变的。用户可以根据需要进行编程,以实现不同类型的输出结构,既能输出组合逻辑信号,又能输出时序逻辑信号。

对于不同类型的PLD器件,其输出缓冲电路的结构有较大的区别。通常有三态门、寄存器,甚至是将与或阵列与触发器或寄存器单元进行组合构成的宏单元可供选择,用户可以根据需要配置成各种灵活的输出方式。输出缓冲电路还可以把某些输出端,经反馈引回到输入缓冲电路,从而使输出端具有 I/O 功能。

8.2.2　PLD 电路的表示方法

PLD 电路一般由与门和或门阵列两种基本的门阵列组成,如图8-2(a)所示。

1. 门阵列交叉连接方式

图 8-2(b)所示的是 PLD 中阵列交叉点的三种连接方式。

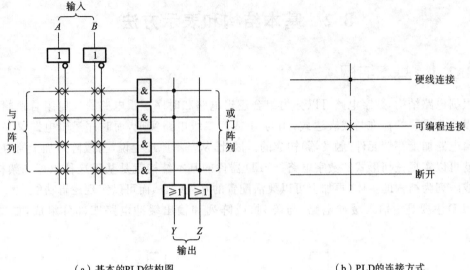

(a) 基本的PLD结构图　　　　　　　　　(b) PLD的连接方式

图 8-2　PLD 电路的表示方法

(1) 硬线连接(固定连接)：两条交叉线硬线连接，是固定的，不可以编程改变，交叉点处用实点"·"表示。

(2) 可编程连接：两条交叉线可以依靠用户编程来实现接通连接，交叉点处用符号"×"表示。

(3) 断开：表示两条交叉线无任何连接，用交叉线表示。

2. PLD 缓冲电路的表示

1) 互补输入缓冲电路

PLD 电路的输入缓冲器采用互补输出结构。由于 PLD 是由 GAL 发展来的，因此其与阵列为可编程的，或阵列为固定的。设计者在设计 PLD 的过程中，可以根据具体的逻辑功能，通过对与阵列进行编程来实现逻辑函数中的若干乘积项。在这些乘积项中，往往会有多个乘积项共用相同的输入变量以及它们的反变量，这就要求输入缓冲电路在具备一定的驱动能力的同时，还要为与阵列提供原变量和反变量，因此必须具备互补功能。

另外，在 PLD 中，输出端为三态缓冲电路。在三态使能信号的控制下，输出端既可以作为输出，又可作为输入，这种既可以作为输入也可以作为输出的引脚端称为 I/O 端。而某些输出端还可以经过反馈引回到与阵列中作为输入使用。当 I/O 端用作反馈输入时，同样需要通过具备互补功能的输入缓冲电路来实现。在 PLD 的逻辑电路中，输入缓冲电路可用图 8-3 所示符号来表示，其真值表如表 8-1 所示。

2) 与或逻辑在 PLD 中的表示方法

PLD 的与阵列是可编程的，它是 PLD 的核心部分，可采用图 8-4 所示的表示方法。

图 8-4 表示了一个 4 输入与门。四条竖线 A、B、C、D 均为输入线，输入与门的横线称为乘积项线。输入线与乘积项线的交叉点为编程点。其中，在编程点处加实点"·"表示输入线与乘积项线为内部固定硬连接；在编程点处加"×"表示输入线与乘积项线为编程器件连

接；编程点处既无"·"又无"×"，表示编程点处的编程器件没有接通。在图 8-4 中，输入线 A、B 与乘积项线为内部固定硬连接；输入线 C 与乘积项线为编程连接；输入线 D 与乘积项线没有接通。可得到 $L=A \cdot B \cdot C$。

图 8-3 输入缓冲器符号

表 8-1 输入缓冲器真值表

输 入	输 出
A	$\overline{A}$
0	1
1	0

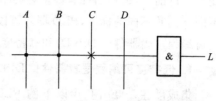

图 8-4 PLD 与门的表示方法

如果一个与门输入端的所有编程点均被编程连接，可用省略符号来表示，如图 8-5(a)和(b)所示。

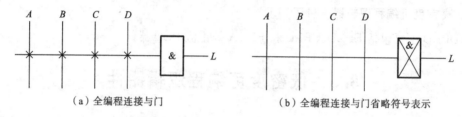

(a) 全编程连接与门　　　　　　(b) 全编程连接与门省略符号表示

图 8-5 全编程连接与门的表示方法

同样，当 PLD 中有可编程的或阵列时，可以用图 8-6 所示的表示方法。

应当指出的是，在一些常用的 PLD 中，如 PAL 和 GAL，与阵列可编程，而或阵列是不能编程的。

3) 简单与或阵列的表示

图 8-7 所示的是一个简单的与或阵列。在这个与或阵列中有三个输入变量 A、B、C，有一个输出变量 F，变量 A、B、C 分别通过互补输入产生原变量和反变量，输入线和乘积项均采用硬件固定连接。图 8-7 所示的输出与输入的逻辑关系为：$F=\overline{A} \cdot \overline{B} \cdot C+A \cdot B \cdot \overline{C}$。

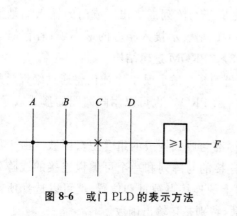

图 8-6 或门 PLD 的表示方法

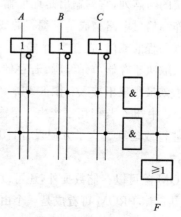

图 8-7 简单与或阵列

· 243 ·

8.2.3 PLD 的分类

PLD 经历了从低密度到高密度的发展过程,其结构、集成度和制造工艺都发生了很大的变化。目前,可编程器件有许多种类型,不同生产厂家生产的 PLD,其结构和特点也各有所不同。按照不同的标准,PLD 器件可以分成许多种类型。通常将 PLD 按照集成度分为低密度可编程逻辑器件(LDPLD)和高密度可编程逻辑器件(HDPLD)两大类。

1. 低密度可编程逻辑器件(LDPLD)

集成度在 1000 门/片以下的 PLD 为 LDPLD,也称简单 PLD 器件,如 PROM、PLA、PAL 和 GAL 等。它们与中小规模集成电路相比,具有集成度高、速度快、设计灵活等优点,但由于规模的局限性,在设计功能比较复杂的系统时,有时候难以满足设计的要求,只能完成较小规模的逻辑电路。

2. 高密度可编程逻辑器件(HDPLD)

HDPLD 主要包括 EPLD、CPLD 和 FPGA 等主流 PLD 器件。

8.3 低密度可编程逻辑器件

LDPLD 包括可编程只读存储器、可编程逻辑阵列、可编程阵列逻辑和通用阵列逻辑四种类型。这些器件的最基本结构是与或阵列。通过改变与阵列和或阵列的内部连接,就可以实现不同的逻辑功能。

8.3.1 可编程只读存储器

可编程只读存储器(PROM)是最早出现的 PLD 器件。它是在只读存储器的基础上发展起来的,除用作存储器外,还可以作为 PLD 器件使用。

从电路组成的角度来看,PROM 可以看成是一种逻辑阵列。它的译码器实际上是一个固定连接的与阵列,它的输出是地址输入变量的全部最小项(变量译码器全译码方式)。而存储矩阵和输出电路构成了可编程的或阵列。对 n 个输入的 PROM 来讲,它的每一个输出是一个可编程的或门,它有 2^n 个输入,一一对应于与阵列的输出。或门的输入端是接入还是不接入取决于存储单元编程:若存储单元写 1,则表示接入相应的最小项;若存储单元写 0,则表示该最小项不接入。图 8-8 所示的为 8×3PROM 逻辑结构。

图 8-8 中,8 个与门用来产生 3 个输入变量的 8 个最小项,3 个或门将通过编程后的相应最小项进行或运算。为了方便设计,图 8-8 所示 PROM 也可以用阵列图的形式表示,如图 8-9 所示。

PROM 除可以存储数据外,还可以实现标准与或式构成的组合逻辑函数。由于从电路组成结构上看,PROM 可看成是一个由固定连接的与阵列和一个可编程连接的或阵列组成的阵列结构,因此,只要通过编程改变或阵列上的连接点数量和位置,就可以选择所需的输入变量的最小项输出,从而实现组合逻辑函数,特别是多输出函数。

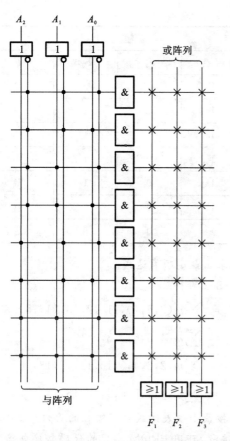

图 8-8 PROM 的逻辑结构图

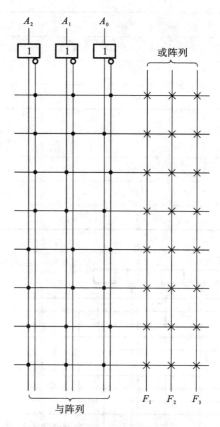

图 8-9 PROM 的阵列结构图

例 8-1 用 PROM 实现一个 4 位二进制码转换为格雷码的代码转换电路。

解 (1) 列出符合题意的真值表,如表 8-2 所示。

表 8-2 例 8-1 的真值表

输入				输出			
A_3	A_2	A_1	A_0	F_3	F_2	F_1	F_0
0	0	0	0	0	0	0	0
0	0	0	1	0	0	0	1
0	0	1	0	0	0	1	1
0	0	1	1	0	0	1	0
0	1	0	0	0	1	1	0
0	1	0	1	0	1	1	1
0	1	1	0	0	1	0	1
0	1	1	1	0	1	0	0
1	0	0	0	1	1	0	0

• 245 •

续表

输入				输出			
A_3	A_2	A_1	A_0	F_3	F_2	F_1	F_0
1	0	0	1	1	1	0	1
1	0	1	0	1	1	1	1
1	0	1	1	1	1	1	0
1	1	0	0	1	0	1	0
1	1	0	1	1	0	1	1
1	1	1	0	1	0	0	1
1	1	1	1	1	0	0	0

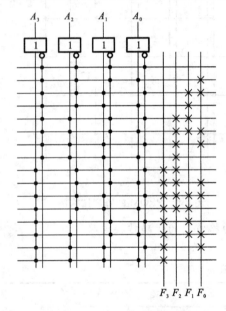

图 8-10 例 8-1 的阵列图

(2) 求出最小项表达式。

由表 8-2 可得

$F_3 = \sum m(8,9,10,11,12,13,14,15)$

$F_2 = \sum m(4,5,6,7,8,9,10,11)$

$F_1 = \sum m(2,3,4,5,10,11,12,13)$

$F_0 = \sum m(1,2,5,6,9,10,13,14)$

(3) 按最小项表达式对可编程的存储阵列(或阵列)进行编程,可用 PROM 实现的代码转换电路的阵列图,如图 8-10 所示。

PROM 的译码器是一个全译码型与阵列,输入项越多,与门阵列越大。而与门阵列越大,则开关时间越长,速度越慢。因此,一般只有小规模的 PROM 才作为可编程逻辑器件使用,大规模 PROM 一般只作为存储器用。

8.3.2 可编程逻辑阵列

可编程逻辑阵列(PLA)也是由与阵列和或阵列构成的,但和 PROM 不同的是,PLA 的与阵列和或阵列均为可编程的。图 8-11 所示的为 PLA 的阵列结构图。

8.3.3 可编程阵列逻辑

可编程阵列逻辑(PAL)是 20 世纪 80 年代后期推出的 PLD 器件。它是由可编程的与阵列和固定的或阵列组成的,一般采用熔丝编程技术实现与阵列的编程,属于一次性编程(OTP)器件。图 8-12 所示的为编程后的 PAL 的阵列结构图。

图 8-12 实现 3 个逻辑函数:$L_0 = B + AB\bar{C}, L_1 = \bar{A}BC + A\bar{B}, L_2 = \bar{B}\bar{C}$。

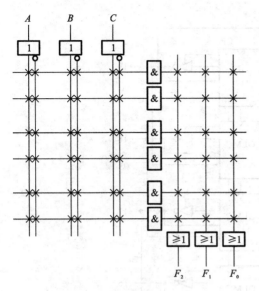

图 8-11 PLA 的阵列结构图

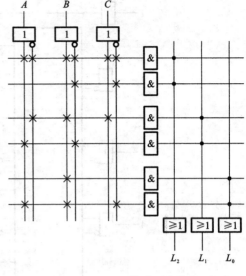

图 8-12 PAL 的阵列结构图

8.3.4 通用阵列逻辑(GAL)

通用阵列逻辑(GAL)是 20 世纪 80 年代中期推出的另一种可编程逻辑器件。它的基本结构除直接继承了 PAL 器件的与或阵列结构外,每个输出都配置有一个可以由用户组态的输出逻辑宏单元(output logic macro cell,OLMC),为逻辑设计提供了极大的灵活性,同时,采用 E^2CMOS 工艺,使 GAL 器件具有可擦除、可重新编程和可重新配置其结构等功能。下面以 GAL 中常用的 GAL16V8 器件为例介绍 GAL 的结构。

GAL16V8 的结构图如图 8-13 所示。它由五个部分组成,包括 8 个输入缓冲器、8 个输出缓冲器、8 个输出逻辑宏单元、可编程与阵列、8 个输出反馈/输入缓冲器。

与前面介绍的 LDPLD 不同的是,GAL 没有独立的或阵列,而是将或运算放在输出逻辑宏单元中完成。输出逻辑宏单元主要由或门、异或门、D 触发器、多路选择器,以及时钟控制、使能控制和编程元件组成。图 8-14 所示的为输出逻辑宏单元的结构图。

输出逻辑宏单元通过设置结构控制字可以配置为专用输入组态、专用组合输出组态、选通组合输出组态、寄存器组态以及寄存器组合 I/O 组态等五种基本组态,具体等效结构在这里不做介绍。结构控制字的结构如图 8-15 所示。

其中 $AC_1(n)$、AC_0 为输出逻辑宏单元的控制信号。其中 AC_0 为 8 个输出逻辑宏单元公用,它与各个输出逻辑宏单元中的 AC_1 配合控制 4 个多路开关;XOR(n)位的值用于控制逻辑操作结果的输出极性;SYN 位为同步位,它的值用来确定输出逻辑宏单元是否能工作在寄存器模式。SYN=0 时,器件具有寄存器输出能力;SYN=1 时,器件具有纯粹组合型的输出能力。PT(乘积项)禁止位用于控制逻辑图中与阵列的 64 个乘积项($PT_0 \sim PT_{63}$),以便屏蔽某些不用的乘积项。它们都是结构控制字中的可编程位。图中 XOR(n) 和 $AC_1(n)$ 字段下面的数字分别表示它们控制该器件中各个输出逻辑宏单元的输出引脚号。GAL 的结构控制字不受任何外部引脚的控制,而是在对 GAL 的编程写入过程中由软件翻译用户源程

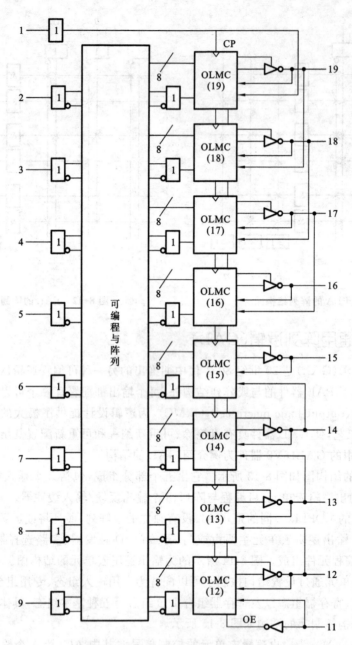

图 8-13 GAL16V8 器件的结构图

序自动设置的。

(1) 当 $SYN=1, AC_0=0, AC_1(n)=1$, $OLMC(n)$ 工作在专用输入组态。

(2) 当 $SYN=1, AC_0=0, AC_1(n)=0$, $OLMC(n)$ 工作在专用组合输出组态。

(3) 当 $SYN=1, AC_0=1, AC_1(n)=1$, $OLMC(n)$ 工作在选通组合型输出组态。

(4) 当 $SYN=0, AC_0=1, AC_1(n)=0$, $OLMC(n)$ 工作在寄存器组态。

(5) 当 $SYN=0, AC_0=1, AC_1(n)=1$, $OLMC(n)$ 工作在寄存器组合 I/O 组态。

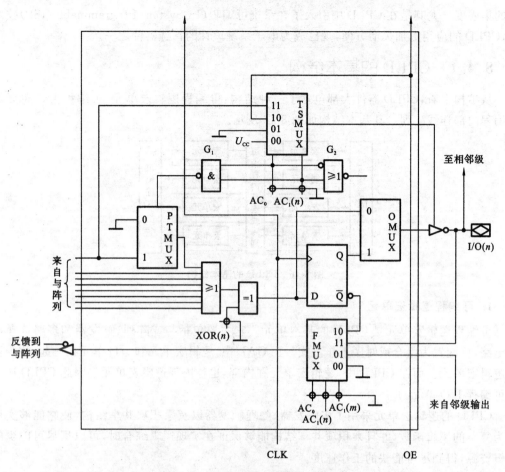

图 8-14 输出逻辑宏单元的结构图

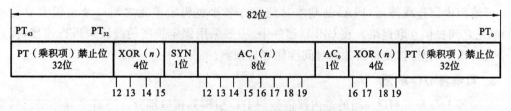

图 8-15 GAL 结构控制字的结构图

GAL 相比于 PAL 以及 PLA,将可编程的概念引入输出结构中,使结构更加合理,应用更加灵活方便。但由于 GAL 的规模偏小,故不适合规模较大的系统设计。

8.4 复杂可编程逻辑器件

复杂可编程逻辑器件(CPLD)是在 PAL、GAL 器件基础上发展起来的基于乘积项的阵列型 PLD 器件。它采用 E^2PROM 工艺,具有高密度、高速度和低功耗的特点。CPLD 器件增加了内部连线,并对逻辑宏单元和 I/O 单元做了改进,从而改善了系统的性能,提高了器件的集成度。尤其是在CPLD中引入了在系统可编程(In System Programmable,ISP)技术后,CPLD的应用更加灵活方便,现已成为电子系统设计的首选器件之一。

8.4.1 CPLD的基本结构

从结构上看,CPLD器件大都包含了三种结构:可编程逻辑宏单元、可编程I/O单元和可编程内部连线阵列。其基本结构如图8-16所示。

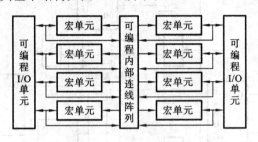

图8-16 CPLD的基本结构

1. 可编程逻辑宏单元

可编程逻辑宏单元是CPLD的基本单元。它主要包括与或阵列、触发器和多路选择器等电路,可配置为组合或时序工作方式。在GAL中,逻辑宏单元和I/O单元在一起,称为输出逻辑宏单元。而在CPLD中,逻辑宏单元在内部,也称内部逻辑宏单元。因此CPLD还具备可编程I/O单元。

CPLD的逻辑宏单元采用了多触发器、隐埋触发器以及乘积项共享结构,使它能够实现更为复杂的逻辑函数,并且乘积项共享结构能够保证在实现逻辑综合时,可以用尽可能少的逻辑资源,得到尽可能快的工作速度。

2. 可编程内部连线阵列

可编程内部连线阵列(PIA)的基本功能是在各个逻辑宏单元之间以及逻辑宏单元和I/O单元之间提供互联网络。在CPLD器件中,一般采用固定长度的线段来进行连接,优点在于具有固定的延时,使得器件的时间性能容易预测。

3. 可编程I/O单元

可编程I/O单元(IOC)指的是内部信号到I/O引脚的接口部分。随着半导体工艺线宽的不断缩小,从器件功耗的要求出发,器件的内核必须采用更低的工作电压,因此,I/O单元必须考虑能够支持多种不同的接口电压。另外,I/O单元还应该考虑可以配置为输入、输出、双向等各种组态,能够提供适当的驱动电流,降低功率消耗,减少电源噪声等一些要求。

8.4.2 典型CPLD器件的结构

经过多年的发展,许多公司都开发出了CPLD器件。目前,生产CPLD器件的公司主要有美国的Altera、Lattice和Xilinx等公司。例如,Altera公司的MAX系列、Lattice公司的ispLSI系列。下面以Altera公司的MAX7000S为例来简要介绍CPLD的结构及工作原理。

MAX7000S是Altera公司的第二代MAX器件,在制造工艺上采用先进的0.8 μm

CMOS E²PROM 制造工艺,是一种高密度、高性能的 CPLD 器件。另外,器件支持在系统可编程(ISP)技术,可在现场进行重配置。其器件结构如图 8-17 所示。

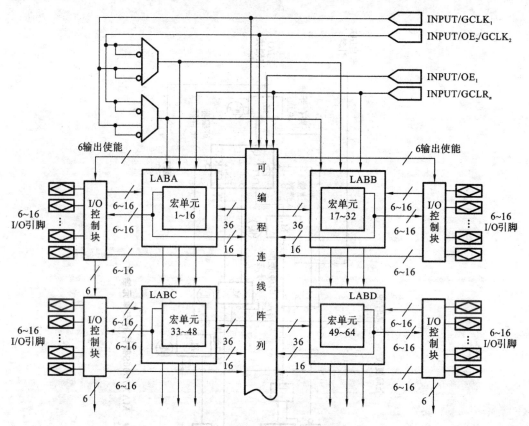

图 8-17 MAX7000S 器件结构

从结构上看,MAX7000S 器件主要包括逻辑阵列块(logic array block,LAB)、可编程连线阵列(programmable interconnect array,PIA)、I/O 控制块(I/O control block)等三个组成部分。

1. LAB

MAX7000S 器件的内部结构主要由 LAB 和它们之间的连线通道组成。由图 8-18 可以看出,每个 LAB 由 16 个宏单元(MC)组成,同时每个 LAB 又和各自对应的 I/O 控制块相连,各 LAB 之间通过 PIA 和全局总线相连。利用 PIA 和全局总线可以实现不同 LAB 之间的连接,从而实现复杂的逻辑功能。

输入 LAB 的信号主要有以下几类:来自 PIA 的 36 个通用逻辑输入信号;用于辅助寄存器功能的全局控制信号;从 I/O 引脚到寄存器的直接输入信号。

宏单元主要用来实现各种具体的逻辑功能。LAB 中的每个宏单元都可以独立地配置为组合逻辑工作方式或者时序逻辑工作方式。从结构组成上看,宏单元由乘积项逻辑阵列、乘积项选择矩阵、扩展乘积项、可编程 D 触发器和多路选择器等功能模块组成,其结构如图 8-18 所示。

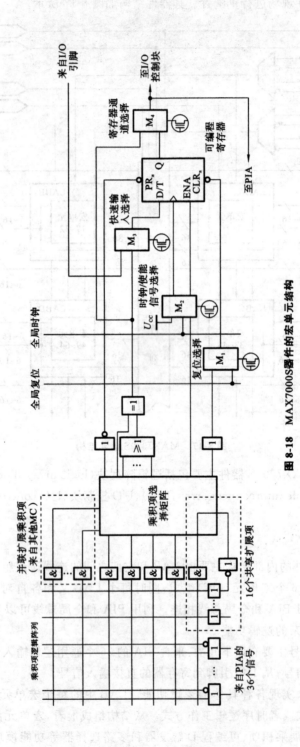

图 8-18 MAX7000S 器件的宏单元结构

(1) 乘积项逻辑阵列和乘积项选择矩阵。

乘积项逻辑阵列和乘积项选择矩阵主要是用来实现组合逻辑函数。其中,乘积项逻辑阵列组成与阵列,可为每个宏单元提供 5 个乘积项。乘积项选择矩阵分配这些乘积项作为或门或者异或门的逻辑输入,来实现 5 个乘积项的组合逻辑函数。也可以将这 5 个乘积项作为可编程寄存器的控制信号来实现清除、预置、时钟输入和时钟使能等控制功能。

(2) 扩展乘积项。

尽管大多数逻辑功能可以利用 16 个宏单元中提供的 5 个乘积项来实现,但对于某些复杂的逻辑函数来说,可能出现乘积项不够用的情况。因此,要实现它们,还需附加乘积项来补充。MAX7000S 器件的宏单元提供了共享和并联两种方式的扩展乘积项。这两种方式的扩展乘积项可以作为补充的附加乘积项直接送到本逻辑阵列块(LAB)中的任意的一个宏单元中。这种附加乘积项的结构可以保证在实现逻辑综合时,用尽可能少的逻辑资源来得到尽可能快的工作速度。

(3) 多路选择器。

宏单元中的多路选择器主要包括复位信号选择器、时钟/使能信号选择器、快速输入选择器、寄存器通道选择器等,主要用来对触发器的复位信号、触发器时钟方式的控制、触发器的数据输入信号以及宏单元输出逻辑的方式进行选择。

2. PIA

可编程连线阵列(PIA)是一个可编程的布线通道。器件中各个 LAB 之间的相互连接是通过 PIA 实现的。只有通过 PIA 才能将 LAB 相互连接起来,从而构成所需要的逻辑。

PIA 能够把器件中任何信号源连到目标端。所有 MAX7000S 器件中的专用输入、I/O 引脚和宏单元的输出均可以馈送到 PIA 中,由 PIA 将这些信号送到器件中的各个地方。需要指出的是,只有当一个 LAB 需要信号时,才真正给它提供从 PIA 到 LAB 的内部连线。CPLD 器件的布线延时是固定的,使得延时性能容易预测。图 8-19 所示的是 PIA 是如何布线到 LAB 的。

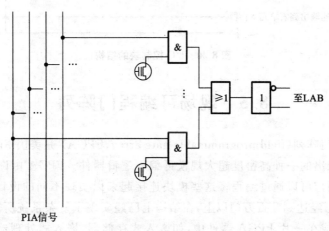

图 8-19 PIA 信号至 LAB

3. I/O 控制块

I/O 控制块是器件外部封装引脚和内部信号之间的接口电路,可控制每个 I/O 引脚单独地配置为输入、输出和双向工作方式。每个 I/O 引脚都有一个三态缓冲器。三态缓冲器的使能端由全局输出使能信号中的一个控制,也可以将使能端直接连接到地或连接到电源上。I/O 控制块的结构如图 8-20 所示。

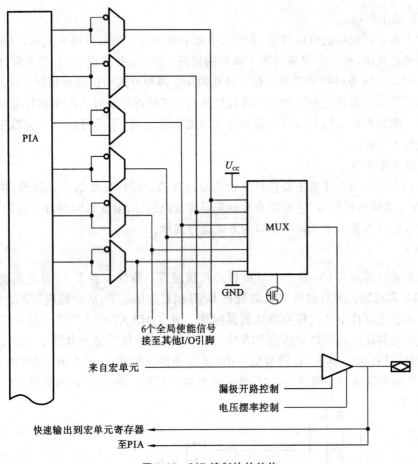

图 8-20　I/O 控制块的结构

8.5　现场可编程门阵列

现场可编程门阵列(field programmable gate array,FPGA)是美国 Xilinx 公司于 20 世纪 80 年代率先推出的一种高密度超大规模可编程逻辑器件。FPGA 由许多独立的可编程逻辑模块组成,用户可以通过编程将这些模块连接起来以实现不同的设计。目前单片 FPGA 的集成规模已经达到几百万门以上,在结构上已经实现了复杂系统所需要的主要功能,并将多种功能集成在一片 FPGA 器件中,如嵌入式存储器、嵌入式处理器等。随着 FPGA 器件性能的不断完善、器件种类的日益丰富,越来越多的电子设计者采用 FPGA 设计数字电路系统。它已经成为设计数字电路、大型数字系统和专用集成电路的首选器件之一,在PLD市场上占据较大份额。

8.5.1 FPGA的基本结构

与基于乘积项结构采用 E^2PROM 工艺制造的CPLD不同的是,大多数FPGA基于查找表结构采用SRAM工艺制造。

1. 查找表的基本原理

查找表(look up table,LUT),它本质上就是一个SRAM(静态存储器)。n 个输入项的逻辑函数可以由一个 2^n 位容量的SRAM来实现。函数值存放在SRAM中,SRAM的地址线起输入线的作用,地址即输入变量,SRAM的输出为逻辑函数值,由连线开关实现与其他功能块的连接。由于目前的FPGA器件多使用4输入的LUT,因此一个LUT也可以看成是一个有4个地址输入的 $16×1$ 的RAM。当设计者使用原理图方式或者是HDL(硬件描述语言)方式描述了一个逻辑电路后,PLD/FPGA开发软件会自动计算该逻辑电路所有可能的结果,并将结果事先写入SRAM中。这样,每输入一个信号进行逻辑运算,实际上就等于输入一个地址进行查表,找出与该地址相对应的内容,然后输出即可。

查找表的功能非常强。n 个输入的查找表可以实现任意一个 n 个输入的组合逻辑函数。从理论上讲,只要能够增加输入信号线和扩大存储器容量,用查找表就可以实现任意多输入变量的逻辑函数。但在实际中,查找表的规模受技术和成本因素的制约。每增加一个输入项,查找表的容量就要扩大1倍。因此,在实际应用中,FPGA器件的查找表的输入项不能超过5个,多于5个输入项的逻辑函数由多个查找表级联实现。

以图8-21所示的4输入或门的电路结构为例:
该逻辑电路的功能表如表8-3所列。
该逻辑电路LUT的实现方式如图8-22所示。
其对应的功能表如表8-4所示。

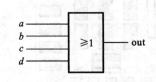

图 8-21 4输入或门的电路结构

表 8-3 4输入或门真值表

输入(a,b,c,d)	输出(out)
0000	0
0001	1
0010	1
⋮	1
1111	1

图 8-22 LUT的实现方式

表 8-4 LUT实现的功能表

地址	SRAM中存储的内容
0000	0
0001	1
0010	1
⋮	1
1111	1

a、b、c、d 由 FPGA 芯片的管脚输入后进入可编程连线,然后作为地址线连到 LUT。LUT 中已经事先写入了所有可能的逻辑结果,通过地址查找到相应的数据然后输出,这样该逻辑电路就实现了。如在 LUT 后加上 D 触发器,并将触发器的输出和 I/O 引脚相连,就可以将结果输出到 I/O 引脚。以上步骤都是由软件自动完成的,无需人工干预。

由于 LUT 主要适合用 SRAM 工艺生产,而采用 SRAM 工艺制造的芯片在掉电后信息就会丢失,因此需要外加一片专用配置芯片。在上电的时候,由这个专用配置芯片把数据加载到 FPGA 中,然后 FPGA 就可以正常工作了。由于配置时间很短,不会影响系统正常工作。也有少数 FPGA 采用反熔丝或 Flash 工艺。对这种 FPGA,就不需要外加专用的配置芯片。

2. FPGA 的基本结构

FPGA 的基本结构包括可编程 I/O 单元、基本可编程逻辑单元、嵌入式块 RAM、布线资源、底层嵌入功能单元和内嵌专用硬核等 6 个组成部分。FPGA 的基本结构如图 8-23 所示。

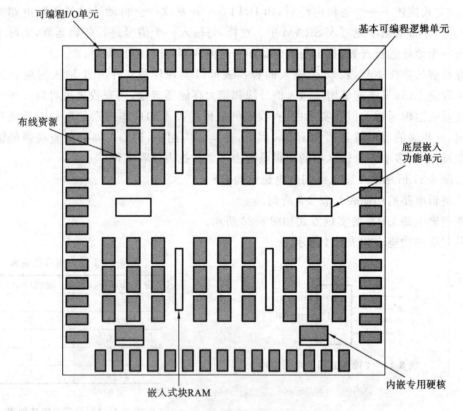

图 8-23 FPGA 的基本结构

1) 可编程 I/O 单元

可编程 I/O 单元内部逻辑阵列和外部芯片引脚之间提供了一个可编程的接口,用以完成不同电气特性下对输入/输出信号的驱动和匹配需求。每个 IOB 控制一个引脚,它们可配置为输入、输出或双向 I/O 方式。

目前大多数 FPGA 的 I/O 单元被设计为可编程模式,即通过软件的灵活配置,可适应不同的电气标准与 I/O 物理特性;可以调整匹配阻抗特性,上下拉电阻;可以调整输出驱动电流的大小等。

2) 基本可编程逻辑单元

可编程逻辑单元(logic elements,LE)是 FPGA 的核心,要用于实现用户指定的逻辑功能。在 FPGA 的可编程逻辑单元中,除了有查找表(LUT)外,一般还含有寄存器、数据选择器等其他电路,寄存器可配置为带同步/异步复位或置位、时钟使能的触发器,也可配置为锁存器。加入寄存器的作用是将 LUT 的值保存起来,用以实现时序逻辑电路。也可以将寄存器旁路掉,以实现组合逻辑电路。

3) 嵌入式块 RAM

目前大多数 FPGA 都有内嵌的块 RAM。嵌入式块 RAM(Block RAM)可配置为单端口 RAM、双端口 RAM、FIFO(first in,first out)等常用存储器。FPGA 中没有专用的 ROM 资源,而是利用对 RAM 赋初值并保持初值的方式来实现 ROM。另外,除了块 RAM,有些 FPGA 也可以将 LUT 配置成 RAM、ROM、FIFO 等存储结构,称为分布式 RAM(Distributed RAM)。

4) 布线资源

FPGA 内部具有丰富的布线资源,用以连接 FPGA 内部的所有单元,连线的长度和工艺决定信号在连线的驱动能力和传输速度。FPGA 的布线资源可分为全局布线资源、长线资源和短线资源这 3 种类型。全局布线资源完成器件内部的全局时钟和全局复位/置位的布线;长线资源完成器件分区减的高速信号和第二全局时钟信号的布线;短线资源完成基本逻辑单元之间的逻辑互连和布线。另外,在基本逻辑单元内部也包括了各种布线资源。

5) 底层嵌入功能单元

底层嵌入功能单元是指通用程度较高的嵌入功能模块,如 DLL(delay locked loop)、PLL(phase locked loop)、DSP(Digital Signal Processing)和 CPU 等。在 FPGA 中嵌入 DLL 和 PLL 硬件电路,可完成时钟的高精度、低抖动的分频、倍频、占空比调整以及移相等功能;在 FPGA 中嵌入 DSP 和 CPU 等软核,使 FPGA 具备了实现片上系统的能力,更易于实现运算密集型应用。

6) 内嵌专用硬核

内嵌专用硬核主要是指通用性相对较弱而针对性较强的专用硬核。例如,一些 FPGA 内集成了高速串并收发单元。并非所有的 FPGA 内部都具有内嵌专用硬核。

8.5.2 典型 FPGA 器件的结构

目前市场上主流的 FPGA 主要有 Xilinx 和 Altera 两大系列,在这里以 Altera 低成本、低功耗、高性价比的 CycloneⅢ为例来介绍 FPGA 器件的结构。

CycloneⅢ在结构上主要由逻辑阵列块(logic array block,LAB)、全局时钟网络和锁相环(PLL)、嵌入式块 RAM、嵌入式硬件乘法器和 I/O 单元等模块组成,在各个模块之间存在着丰富的布线资源和时钟网络。

1. LAB

Cyclone Ⅲ 的 LAB 是 FPGA 的核心，FPGA 的主要可编程资源大多来自于 LAB。每个 LAB 包括 16 个逻辑单元(logic element, LE)、LE 进位链、寄存器进位链、LAB 控制信号（如复位、时钟等）、LAB 局部互连等组成部分。Cyclone Ⅲ 的 LAB 结构如图 8-24 所示。

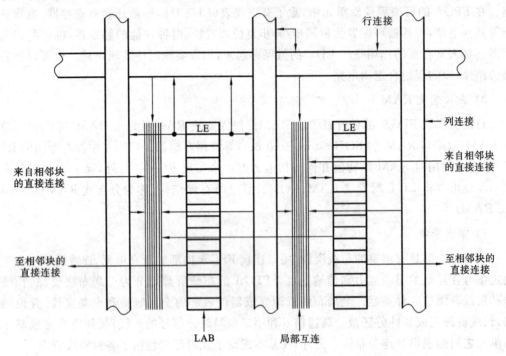

图 8-24 Cyclone Ⅲ 的 LAB 结构

在 Cyclone Ⅲ 器件中存在着大量的 LAB，多个 LAB 构成 LAB 阵列，组成了 Cyclone Ⅲ 丰富的逻辑编程资源。

局部互连在同一个 LAB 的 LE 之间传输信号；进位链用来连接 LE 的进位输出和下一个 LE（同一个 LAB 中）的进位输入；寄存器链用来连接同一个 LAB 中的一个 LE 的寄存器输出和下一个 LE 的寄存器输入。

LAB 中的局部互连信号可以驱动在同一个 LAB 中的 LE，可以连接行、列互连和在同一个 LAB 中的 LE。相邻的 LAB、左侧或者右侧的 PLL 和 M9KRAM 块通过直线连接也可以驱动一个 LAB 的局部互连。每个 LAB 都有专用的逻辑来生成 LE 控制信号，这些控制信号包括时钟信号、时钟使能信号、异步清零、同步清零、异步预置/加载信号等。

LE 是 Cyclone Ⅲ 器件中的最基本的可编程单元，图 8-25 所示的为 LE 的内部结构。

由图 8-25 可以看出，每个 LE 主要由一个 4 输入查找表(LUT)、进位链逻辑、寄存器链逻辑和一个可编程寄存器组成。4 输入查找表可以完成所有的 4 输入 1 输出的组合逻辑功能。每一个 LE 的输出都可以连接到行、列、直接通路、进位链、寄存器链等布线资源。每个可编程寄存器具有数据、时钟、时钟使能、清零输入等信号。LE 的时钟使能、时钟使能选择逻辑，可以灵活配置寄存器的时钟及时钟使能信号。若只需组合逻辑功能，则可以将该可编

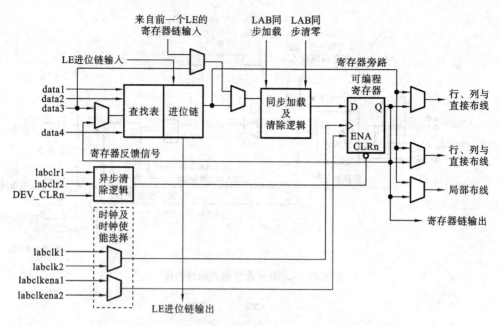

图 8-25 LE 的内部结构

程寄存器旁路，LUT 的输出可作为 LE 的输出。

LE 能够提供三个输出信号驱动内部互连，其中一个驱动局部互连，另外两个驱动行或列的互连资源。除此之外，LUT 和寄存器也可以输出信号，而且可以单独控制。可以实现在一个 LE 中，LUT 输出驱动一个输出，而寄存器驱动另一个输出，这称为寄存器打包技术。因而能够在一个 LE 中，LUT 和寄存器能够完成不相关的功能，以提高 LE 资源利用率。

除上述输入、输出外，LE 中还存在进位链输入和进位链输出以及寄存器链输出，通过进位链可以将同一个 LAB 中的 LE 级联在一起，可以实现输入多余四个的宽输入的逻辑功能。另外，LE 还可以通过寄存器链进行级联，将同一个 LE 中的寄存器级联在一起，构成一个移位寄存器，而其中的 LUT 资源则可以单独实现组合逻辑功能，两者互不相关。

Cyclone Ⅲ 器件中的 LE 具有两种工作模式，即普通模式和算术模式。在不同的 LE 操作模式下，LE 的内部结构和 LE 之间的互连会存在些许差异。两种模式下的 LE 都支持寄存器打包和寄存器反馈。

普通模式下的 LE 适合通用逻辑应用和组合逻辑的实现。在这种模式下，LE 相当于一个 4 输入查找表，来自 LAB 局部互连的 4 输入将作为一个 4 输入、1 输出的 LUT 的输入端口。可以选择进位输入或者把 data3 信号作为 LUT 其中的一个输入信号。每个 LE 都可以通过 LUT 链直接连接同一个 LAB 中的下一个 LE。LE 普通操作模式的结构如图 8-26 所示。

算术模式下 LE 可以更好的实现加法器、计数器、累加器和比较器。在算术模式下，单个 LE 内有两个 3 输入 LUT，可被配置为一位全加器和基本进位链结构。其中一个 3 输入 LUT 用于计算，另一个 3 输入 LUT 用来生成进位输出信号。算术模式下的查找表输出可以是带寄存器的输出，也可以是不带寄存器的输出。LE 算术操作模式的结构如图 8-27 所示。

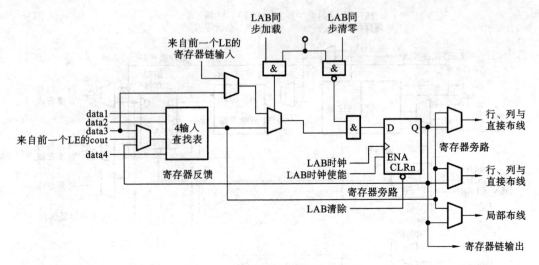

图 8-26 LE 普通操作模式的结构图

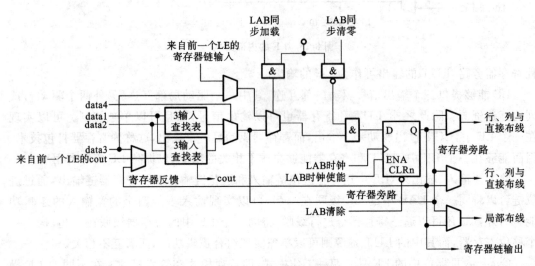

图 8-27 LE 算术操作模式的结构图

2. 全局时钟网络和锁相环(PLL)

Cyclone Ⅲ 器件 FPGA 通过全局时钟网络和锁相环来实现时钟管理。全局时钟网络可以为 FPGA 上的各种资源(如 LE、IOE、嵌入式乘法器、M9K 块等)提供时钟源,也可以作为控制信号(如时钟信号、时钟使能信号等)。每一个全局时钟网络都对应一个时钟控制块,用以动态选择该时钟网络的时钟源以及使用或禁止该时钟网络。Cyclone Ⅲ 器件 FPGA 最多可以有 20 个全局时钟网络。Cyclone Ⅲ 器件 FPGA 的全局时钟结构如图 8-28 所示。

另外,Cyclone Ⅲ 器件 FPGA 中还设置了 2~4 个嵌入式锁相环,可以用来调整信号的波形、频率和相位。锁相环提供了 Cyclone Ⅲ 器件的通用时钟,并且可以对时钟进行分频和倍频,还可以调整时钟的占空比等。此外,多个 PLL 可以级联,从而更灵活地满足了系统的时钟要求。Cyclone Ⅲ 器件 FPGA 的锁相环结构如图 8-29 所示。

第 8 章 可编程逻辑器件

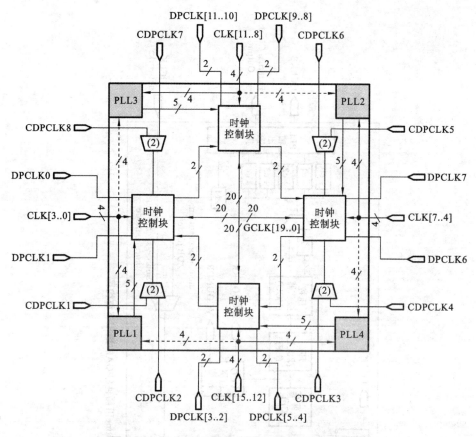

图 8-28　Cyclone Ⅲ 器件 FPGA 的全局时钟结构图

由图 8-29 可以看出，Cyclone Ⅲ 器件 FPGA 的 PLL 是一种反馈控制电路，主要包括频率相位鉴别器(PFD)、电荷泵(CP)、环路滤波器(LF)、压控振荡器(VCO)以及反馈计数器 M 等组成部分，PFD 探测输入时钟和反馈时钟之间的相位差，当相位失配时，向 PLL 发出信号。CP 和 LF 接收来自 PFD 的信号，将控制电压提供给 VCO，以得到所需的输出频率和相位。PLL 包含三类计数器：预缩放计数器 N、后缩放计数器 C 和反馈计数器 M。所有计数器都是用户可编程的，几乎可以合成任意的输入输出时钟频率比。可编程输出 C 计数器支持从一个时钟输入产生不同的频率和相位时钟输出。Cyclone Ⅲ 器件 FPGA 的 PLL 支持普通模式、零延时缓冲模式、无补偿模式、源同步模式等四种不同的时钟补偿模式，利用时钟补偿模式，设计人员可以调整 PLL 输出时钟和输入时钟的相位关系。

3. 嵌入式块 RAM

Cyclone Ⅲ 器件中嵌入了数十个 M9K 存储器块。M9K 存储器块具有很强的可伸缩性，可以实现最大 8192 位的存储器。联合使用多个 M9K 存储器块可以形成更大存储容量的存储器。使用这些嵌入式存储器块可以实现双端口存储器、单端口存储器或者 FIFO 存储器。

4. 嵌入式硬件乘法器

Cyclone Ⅲ 器件的硬件乘法器可以大大提高 FPGA 处理 DSP 任务时的能力。该硬件乘

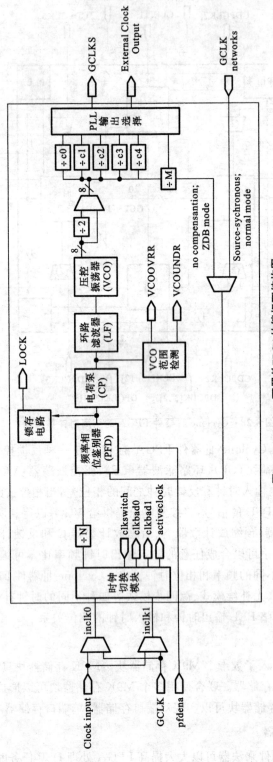

图 8-29 CycloneⅢ器件FPGA的锁相环结构图

法器可以实现 9×9 乘法器或 18×18 乘法器,当数据宽度大于 18 的时候,采用多个乘法器合并实现。乘法器的输入和输出可以选择是寄存的还是非寄存的(即组合输入输出)。可以与 FPGA 中的其他资源灵活地构成适合 DSP 算法的乘加单元。

5. I/O 单元

Cyclone Ⅲ 器件的 I/O 单元有三个触发器,分别为输入触发器、输出触发器和输出使能触发器。其基本结构如图 8-30 所示。

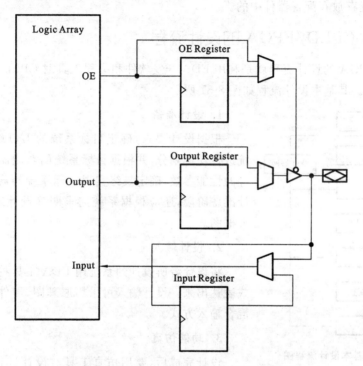

图 8-30 Cyclone Ⅲ 器件的 I/O 单元的基本结构

Cyclone Ⅲ 器件的 I/O 支持多种 I/O 接口,符合多种 I/O 标准。可以支持差分 I/O 标准,如低电压差分串行(LVDS)和去抖动差分信号(RSDS);也可以支持普通的 I/O 标准,如 LVTTL、LVCMOS、PCI、SSTL 等。Cyclone Ⅲ 器件还可以支持多个通道的 LVDS 和 RSDS。Cyclone Ⅲ 器件内的 LVDS 缓冲器可以支持最高达 875 Mbps 的数据传输速度。

Cyclone Ⅲ 器件的电源支持采用内核电压和 I/O 电压分开供电的方式,I/O 电压取决于使用时需要的 I/O 标准,而内核电压采用 1.2 V 供电,PLL 供电采用 2.5 V。

8.6 CPLD/FPGA 的设计流程和编程

在大规模可编程逻辑器件出现以前,设计者在设计数字电路系统时,把器件焊接在印制电路板(PCB)上是整个设计的最后一个步骤。当设计中存在问题并得到解决后,设计者往往不得不重新设计印制电路板,CPLD 和 FPGA 器件的出现改变了这种情况。由于 CPLD 和 FPGA 器件具有在系统下载或重新配置功能,因此在电路设计之前,就可以把其焊接在印制电路板上,并通过电缆与计算机连接。在设计过程中,用下载编程方式来改变 CPLD 和 FPGA 器件的内部逻辑关系,达到设计逻辑电路的目的。

所谓编程或配置是指将适配后生成的下载或配置文件通过编程器或者编程电缆向 CPLD/FPGA 进行下载,以便进行硬件调试和验证的过程。用于配置的文件主要有 SRAM 目标文件 SOF(SRAM object file)文件和编程目标文件 POF(programmer object file)文件。它们是编译后由开发工具自动生成的。在配置时,SOF 文件由下载电缆将其下载到器件中,而 POF 文件是存放在配置器件中的。

8.6.1 CPLD/FPGA 的设计流程

CPLD/FPGA 的设计流程就是利用 EDA 开发软件和编程工具对 CPLD/FPGA 芯片进行开发的过程。其基本设计流程如图 8-31 所示。

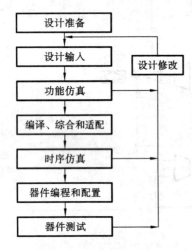

图 8-31 基本设计流程图

1. 设计准备

根据设计要求,确定目标系统的 I/O 端口,对目标系统进行功能划分,并根据目标系统的功能需求查阅相关器件的性能参数,确定最终实现目标系统的器件型号。在设计准备阶段,还应根据系统需求明确设计思路,画出设计方框图。

2. 设计输入

将设计者所设计的系统用 EDA 工具将要求的某种形式表达出来。设计输入可采用原理图、硬件描述语言或者混合输入方式。

3. 功能仿真

设计完成后,要用仿真工具对设计进行功能仿真,验证电路功能是否符合设计要求。当发现错误时,应及时进行设计修改。功能仿真过程不涉及任何具体器件的硬件特性。

4. 编译、综合和适配

编译是对设计文件进行检查和处理,产生用于编程、仿真和时序分析的相关文件;综合是将设计输入转换为由门电路以及触发器等元件组成的逻辑网表,并根据设计约束优化生成的逻辑连接,它是软件设计到硬件电路转换的关键步骤,综合后一般生成网表(netlist)文件;适配则是把综合后的设计用一个或多个器件实现,包括底层器件配置、逻辑分割及优化、布局布线等,以说明设计的具体实现以及器件中资源的使用情况。适配后将生成适配报告文件、时序仿真网表文件、下载文件等。如该过程未能通过,则应根据出现的问题进行设计修改。

5. 时序仿真

在器件编程和配置之前,应进行时序仿真和时序分析。这个阶段的仿真可以较为真实地反映器件的实际运行情况。通过对时序仿真结果进行时序分析,可以检查设计时序是否与实际运行情况相符。

6. 器件编程和配置

该过程是将编程数据写入目标器件中。

7. 器件测试

为了确保所设计的系统能正确投入使用,通常还应对编程后的器件进行相关测试,如通过测试仪上加输入信号,测试对应的输出信号。如果输出信号合格,则完成设计,否则进行设计修改。

8.6.2 CPLD 器件的编程

CPLD 器件是基于 E^2PROM 工艺制造的,掉电后器件中的数据不会丢失,因此,CPLD 编程采用在系统编程(ISP)技术,用户无须从电路板上取下器件,便可以通过编程写入最终用户代码,已经编程的器件也可以用 ISP 方式擦除或再编程。也就是说,对器件或整个电子系统的逻辑功能可随时进行修改或重构。在系统编程技术极大地方便了对 PLD 的编程,而且允许用户先制板、装配,后编程,然后进行系统调试。如果调试过程中发现问题,可以在基本不改变硬件电路的前提下,只需修改 PLD 芯片内的设计,重新对器件进行在线编程,就可以实现修改。在 ISP 下,只需将编程电缆和 PC 机的并口相连,通过编程电缆和电路板上被编程器件的 ISP 接口相连,就可以将配置数据从 PC 机下载到具有 ISP 功能的芯片中,从而实现 PLD 芯片的设计。图 8-32 所示的为 ISP 的编程示意图。

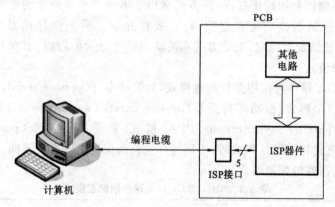

图 8-32 ISP 的编程示意图

CPLD 器件多采用 JTAG 编程方式。JTAG 接口是一个业界标准,使用 IEEE Std 1149.1 联合边界扫描接口进行,主要用于芯片测试等功能,用它同时作为编程接口,可以减少对芯片引脚的占用,由此在 IEEE Std 1149.1 联合边界扫描接口规范的基础上产生了 IEEE 1532 编程标准,以对 JTAG 编程进行标准化。JTAG 方式对 CPLD 和 FPGA 器件都支持。图 8-33 所示的是单个 CPLD 器件的编程连接图。

8.6.3 FPGA 器件的配置

对于基于 SRAM 工艺的 FPGA 器件,由于是易失性器件,没有 ISP 的概念,代之以在线

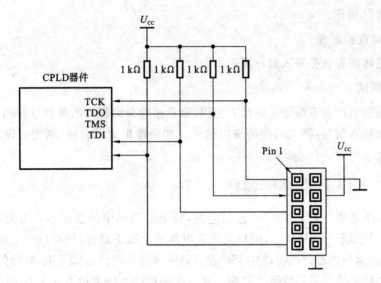

图 8-33 单个 CPLD 器件的编程连接图

可重配置方式(in-circuit reconfigurability,ICR)。由于 FPGA 的特殊结构,每次加电时,配置数据必须重新构造。可重配置是指允许在器件已经配置好的情况下进行重新配置,以改变电路逻辑结构和功能。

FPGA 的配置方式主要由主动方式和被动方式。主动方式由 FPGA 器件引导配置过程,它控制外部存储器和初始化过程,该方式适用于不需要经常升级的场合;被动方式是由外部计算机或微控制器控制配置过程,将存放在外部非易失性存储器中的数据读取到 SRAM 中。根据比特流的位宽,主动方式和被动方式可分为串行模式(单比特流)和并行模式(字节宽度比特流)。

Alter 的 FPGA 器件可使用多种配置模式,如被动串行(passive serial,PS)模式、主动串行(active serial,AS)模式、被动并行同步(passive parallel synchronous,PPS)模式、被动并行异步(passive parallel asynchronous,PPA)模式、被动串行异步(passive serial asynchronous,PSA)模式和 JTAG 模式等,不同器件支持的配置模式有所不同。表 8-5 所示的为 Alter 的 Cyclone 器件的配置模式。

表 8-5 Alter 的 Cyclone 器件的配置模式

方式	说 明
PS(passive serial)	被动串行,采用专用配置器件(如 EPC16 等)或采用配置控制器(如单片机等)配合 Flash 进行配置
AS(active serial)	主动串行,使用串行配置器件(如 EPCS16)进行配置
JTAG	使用下载电缆通过 JTAG 接口进行配置

通常,在电路调试的时候,主要利用 PC 的 USB 接口通过 USB-Blaster 进行 FPGA 的配置。

1. 用专用配置器件配置 FPGA

FPGA 在正常工作时,它的配置数据存储在 SRAM 中,由于 SRAM 的易失性,故加电时配置数据必须重新下载。在数字电路系统调试阶段,比如在实验系统中,通过 PC 机的并行口对 FPGA 进行在系统重新配置非常方便,因此可以使用 PS 模式。但在实用系统中,不可能每次加电后都用 PC 机手动进行重新配置,因此,系统加电后,自动加载配置对于 FPGA 应用来说是必须的,即应由 FPGA 器件主动引导配置操作过程,且从专用配置器件中获得配置数据。在这种情况下,则使用 AS 模式。对于配置器件,Altera 的 FPGA 允许多个配置器件配置单个 FPGA 器件,也允许多个配置器件配置多个 FPGA 器件,甚至允许可以同时配置不同系列的 FPGA 器件。

另外,在实际应用中,常常希望能随时更新其中的内容,但又不希望把配置器件从电路板上取下来进行编程。Altera 的可重复编程配置器件,如 EPCS16、EPCS64 就提供了在系统编程的能力。

对于 Altera 的 Cyclone 系列 FPGA,通常使用 EPCS 系列配置器件进行配置。EPCS 系列配置器件需要使用 AS 模式或 JTAG 间接编程模式来编程。图 8-34 所示的是使用串行配置器件对单个 FPGA 器件进行配置的原理图。

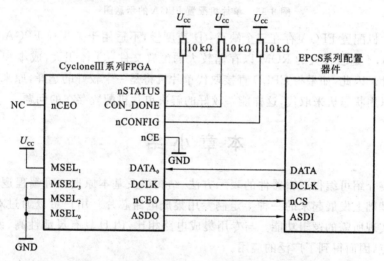

图 8-34　使用串行配置器件对单个 FPGA 器件进行配置的原理图

2. 利用单片机或 CPLD 配置 FPGA

在实际应用中,使用单片机或 CPLD 器件控制、配置 FPGA,对于保密和升级,以及实现多任务电路结构重配置和降低配置成本,都是很好的选择。由单片机和外部存储器组成配置 FPGA 电路,将配置数据写入外部存储器,系统上电时再由单片机控制对 FPGA 进行配置。也可将多个配置文件分区存储到外部存储器中,然后由单片机接收不同的命令,选择读取不同存储区的数据配置到 FPGA 器件,从而实现多任务电路结构重配置,在线配置成多种不同的电路功能。代替了价格昂贵的不可擦写和可擦写配置芯片,降低了成本。对于 Altera 的 FPGA 器件来说,PS 模式、PPS 模式、PSA 模式、PPA 模式和 JTAG 模式都适用于单片机配置。

图 8-35 所示的是使用常见的单片机 89S52 配置 FPGA 的示意图,配置模式选择为 PS 模式。由于单片机本身自带的程序存储器,在配置数据不大的情况下,也可以将配置数据存

放于单片机自身的程序存储器中,系统上电后,控制整个配置过程。

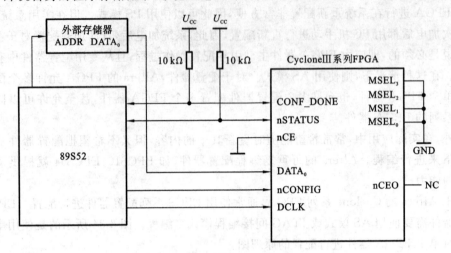

图 8-35　单片机配置 FPGA 的示意图

使用单片机配置 FPGA 存在三个缺点:① 速度慢,不适用于大规模 FPGA 和高可靠应用;② 容量小,不适合接大的 ROM 以存储较大的配置文件;③ 体积大,成本和功耗都不利于相关的设计。因此,如果将 CPLD 直接取代单片机将是一个较好的选择,原来单片机中的控制程序可以用状态机来取代,这样能够较好的解决单片机配置存在的问题。

本 章 小 结

本章主要介绍可编程逻辑器件的表示方法、结构以及基本原理。可编程逻辑器件是在只读存储器基础上发展起来的一种半定制专用集成电路芯片。用户可以通过对 PLD 器件进行编程来实现所需的逻辑功能。与专用集成电路相比,PLD 具有灵活性高、设计周期短、成本低等优点,因而得到了广泛的应用。

可编程逻辑器件按照集成度和结构可分为低密度可编程逻辑器件和高密度可编程逻辑器件。低密度可编程逻辑器件包括可编程只读存储器、可编程逻辑阵列、可编程阵列逻辑和通用阵列逻辑等类型。高密度可编程逻辑器件包括 CPLD 和 FPGA 等类型。

低密度可编程逻辑器件最基本的结构是与或阵列。通过改变与阵列和或阵列的内部连接,就可以实现不同的逻辑功能。

CPLD 是基于乘积项结构采用 E^2PROM 工艺制造的。它是通过修改内部电路的逻辑功能来进行编程操作的。FPGA 是基于查找表结构,采用 SRAM 工艺制造,主要是通过改变内部连线的布线来编程的。CPLD 更适合完成各种算法和组合逻辑,FPGA 更适合于完成时序逻辑。换句话说,FPGA 更适合于触发器丰富的结构,而 CPLD 更适合于触发器有限而乘积项丰富的结构。

CPLD/FPGA 的设计过程一般经过设计准备,设计输入,功能仿真,编译、综合和适配,时序仿真,器件编程和配置,器件测试等几个阶段。

PLD 器件的编程或配置是指将适配后生成的下载或配置文件,通过编程器或者编程电缆向 CPLD/FPGA 进行下载,以便进行硬件调试和验证的过程。

CPLD 编程采用 ISP 技术、JTAG 编程方式,通过下载电缆或主控制器来完成。可对单个 CPLD 器件也可对多个 CPLD 器件进行编程。

FPGA 的配置采用在线可重配置方式,其配置过程与 CPLD 基本相同,也是通过微机并行接口和下载电缆与 FPGA 目标板连接,同样采用 JTAG 接口信号标准。FPGA 的配置可通过专用配置器件以及单片机等方式来完成。

习 题 8

8-1 可编程逻辑器件的基本结构是什么?

8-2 可编程逻辑器件如何进行分类?

8-3 简述 PROM、PLA、PAL、GAL 的结构特点。

8-4 简述通用阵列逻辑中的 OLMC 的基本组成结构。

8-5 用 PROM 实现的组合逻辑函数如图 8-36 所示。

(1) 当 ABC 取何值时,$F_1 = F_2 = 1$?

(2) 当 ABC 取何值时,$F_1 = F_2 = 0$?

8-6 用 PROM 实现下列多输出函数并画出阵列图。

$$F_1 = \overline{B}\overline{C}D + \overline{A}BC + A\overline{B}C + \overline{A}BD + ABD$$
$$F_2 = B\overline{D} + A\overline{B}D + \overline{A}C\overline{D} + \overline{A}B\overline{D} + AB\overline{C}\overline{D}$$
$$F_3 = \overline{A}BCD + \overline{A}CD + AB\overline{C}\overline{D} + \overline{A}BCD + A\overline{B}C$$
$$F_4 = BD + \overline{B}D + ACD$$

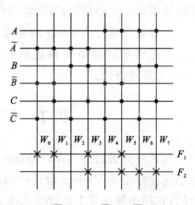

图 8-36 题 8-5 图

8-7 用可编程只读存储器(PROM)和可编程逻辑阵列(PLA)实现组合逻辑电路时,逻辑函数的表示形式有什么不同?

8-8 用可编程逻辑阵列(PLA)实现全加器的功能,并画出阵列图。

8-9 用可编程逻辑阵列(PLA)实现 4 位二进制码转换为格雷码的代码转换电路。

8-10 用可编程逻辑阵列(PLA)和 JK 触发器实现计数模值为 6 的可逆计数器。当外部输入 $X=0$ 时,进行减法计数;当 $X=1$ 时,进行加法计数。

8-11 简述 CPLD 和 FPGA 的结构特点。

8-12 简述 CPLD/FPGA 的一般设计流程。

第 9 章 Verilog HDL 硬件描述语言设计基础

随着数字集成技术和电子设计自动化（electronic design automation，EDA）技术的发展，数字系统的设计方法和设计工具都发生了很大的变化，传统的设计方法已逐步被基于 EDA 技术的设计方法所取代。由于目前大部分数字系统都可以采用可编程逻辑器件来实现，因此，硬件描述语言已成为数字系统设计的重要手段而被广泛采用。

Verilog HDL（以下简称为 Verilog）语言是一种 EDA 设计中广泛流行的标准化硬件描述语言，主要描述数字系统的结构、行为、功能和接口。它可以将逻辑函数表达式、逻辑电路图、真值表、状态图以及复杂的数字系统所完成的功能用文本的形式进行描述，是目前硬件描述语言中应用最为广泛的一种。

本章首先介绍 Verilog 的基本结构、语言要素、数据类型、运算符，然后介绍 Verilog 的行为描述语句以及结构描述语句，最后介绍常用的组合逻辑电路以及时序逻辑电路的 Verilog 描述方法。

9.1 Verilog 程序的基本结构

和其他高级语言一样，Verilog 语言也是模块化的。它以模块集合的形式来描述数字电路系统。模块是 Verilog 设计中的基本单元。每个 Verilog 设计的系统都是由若干模块组成的，它用于描述某个设计功能或结构及其与其他模块通信的外部端口。一个模块可以是一个元件或是一个更低层设计模块的集合。典型地，元件被组合成一个个的模块，从而可以在整个系统设计的许多地方被重复调用。一个模块通过它的端口为更高层的设计模块提供必要的函数性，同时又隐藏了其内部的具体实现。这样设计者在修改其模块的内部结构时不会对整个设计的其余部分产生影响。模块的设计意义是代表硬件电路上的逻辑实体，即实现特定逻辑功能的一组电路，其范围可以从简单的门到一个大的系统。无论多复杂的系统，都能划分成许多小的功能模块。因此，一个复杂系统的设计归根到底就是各个功能模块以及各功能模块之间相互通信的设计。

模块声明总是以关键字 module 开始，以关键字 endmodule 结束，其定义的基本语法结构如下：

module 模块名(端口1,端口2,端口3……);
端口类型说明(input,output,inout);
数据类型定义(wire,reg 等);
参数定义(可选);
实例化低层模块和基本门元件;
连续赋值语句(assign);

过程块(initial 和 always)
    行为描述语句;
endmodule

其中,模块名是模块的唯一标识,圆括号中以逗号分隔列出的端口名是该设计电路模块与外界联系的全部端口,是外界可以看到的部分(不包含电源和接地端),这些端口用来和其他模块进行通信。在测试模块中不需要定义端口。端口类型说明为 input(输入端口)、output(输出端口)、inout(双向端口)三者之一,凡是在模块名后面圆括号中出现的端口名,都必须明确说明其端口类型。数据类型定义用来指定模块内用到的数据对象为寄存器类型还是为线网类型,如果没有声明,则默认为线网类型(wire),且输入端口和输入输出双向端口不能声明为寄存器类型。参数定义是将常量用符号代替,以增加程序的可读性和可修改性,为可选部分。

在完成端口的类型说明和数据类型定义后,要对该模块需完成的逻辑功能进行描述,也称为建模方式。通常使用三种不同的风格的描述方式:一是使用实例化低层模块的方法,即调用已经定义好的低层模块对电路的结构进行描述,或直接调用 Verilog 内部基本门元件对电路的结构进行描述,称为结构描述方式(结构级建模);二是使用连续赋值语句对电路的逻辑功能进行描述,称为数据流描述方式,也称为寄存器传输级(RTL级)描述方式。该描述方式主要用于对组合逻辑电路进行描述;三是使用过程块语句对电路的逻辑功能进行描述,称为行为描述方式(行为级建模)。行为描述方式主要实现对电路基本功能的描述,它的目标不是对电路的具体硬件结构进行说明,而主要是完成对电路功能的描述,它是为综合及仿真的目的进行的。上述三种逻辑功能描述方式,设计人员可以选择其中任意一种使用,也可以混合使用;除此之外,在结构描述方式中,还存在开关级描述方式,也称为晶体管级描述方式,专门用于描述由 MOS 管构成的逻辑电路,是 Verilog 最低抽象级别的描述方式。

图 9-1 所示为一个简单的数字逻辑电路,其 Verilog 描述如下。

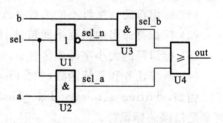

图 9-1 简单门电路逻辑图

```
module mux2_1(out,a,b,sel);
input a,b,sel;              //定义输入信号
output out;                 //定义输出信号
wire sel_n,sel_a,sel_b;     //定义内部结点数据类型
//下面使用门级描述方式对电路逻辑功能进行描述
not U1(sel_n,sel);
and U2(sel_a,a,sel);
and U3(sel_b,sel_n,b);
or U4(out,sel_a,sel_b);
endmodule
```

9.2 Verilog 语言要素

1. 注释

Verilog 语言同一般高级语言一样,允许在程序中插入注释,注释是 Verilog 程序中非常重要的组成部分。一个好的 Verilog 程序中应该有详细的、清楚的注释,这样可以有效地增强程序的可读性。

Verilog 语言支持两种形式的注释符://和/*……*/。其中,//为单行注释,从//开始到本行的结束都被认为是注释;/*……*/为多行注释,在/*和*/之间的所有内容都被认为是注释。

2. 空白符

Verilog 语言的源程序是由一些单词构成的,单词与单词之间需要加以分割,通常情况下分割单词的工作就由空白符来完成。空白符包括字符空格、制表符(\t)、换行符(\n)和换页符,空白符没有特殊意义。Verilog 语言中的空白符在编译时被忽略。空白符使程序代码错落有致,便于阅读。Verilog 程序可以写在一行之内,也可以插入空白符跨多行编写,每条语句以分号结束。

3. 标识符

标识符其实就是一个名字标识。标识符是模块、端口、变量、线网、实例、块结构等对象的名称。Verilog 语言中的标识符可以是一串字母、数字、美元符号或下划线。在标识符命名时应该注意以下四点:

(1) 标识符的首字母不能为数字或 \$,但可以是字母或下划线;

(2) 标识符命名的长度不能超过 1024 bit,否则会出错;

(3) 标识符的大小字母要区分;

(4) 系统任务和系统函数(如 \$ display)必须在标识符前加上 \$。

例如,shiftreg_a、busa_index、_bus3、n \$ 657 等都是正确的标识符,而 45merge、\$ cat4 则都是错误的标识符。

4. 关键字

关键字是 Verilog 语言预留的定义语言结构的特殊标识,全部由小写字母定义,如 module、input、output、wire 等都是关键字,而 Module 则不是关键字。关键字是 Verilog 语言的保留字,有其特定的和专有的语法作用,用户不能再对这些关键字做新的定义。附录 A 列出了 Verilog 语言中的所有关键字。

5. 运算符

Verilog 提供了丰富的运算符,在后面进行介绍。

9.3 Verilog 常量

在程序运行中,其值不能被改变的量称为常量。在 Verilog 语言中,有整数、实数、字符串三种类型的常量。其中,整数是可以综合的,而实数型和字符串型是不可综合的。另外,也可将程序中经常使用的数值预先定义一个名字,然后用该名字来表示该常量,这种常量称为符号常量。

9.3.1 整数

整型常量即整数,在 Verilog 语言中,整数的书写有十进制数或者基数两种格式。

1. 十进制数格式

采用这种格式时,数据表示为开头处带有一个可选的"+"或"-"操作符的数字序列。例如,25 表示为十进制数 25,而-15 表示为十进制数-15,整数表示有符号数,其中负数通常用补码形式表示。

2. 基数格式

这种形式的格式如下:

+/- [size]'base value

size 为对应常量的宽度,这是可选项;base 为基数,规定这个数据的进制。可以是 o 或 O(表示八进制)、b 或 B(表示二进制)、d 或 D(表示十进制)、h 或 H(表示十六进制)。value 是基于进制的数字序列。在这个数字序列中出现的值 x 和 z 以及十六进制中的 a~f 不区分大小写。

例 9-1 基数格式表示的举例。

```
8'b11000101          //8 位的二进制数 11000101
4'd2                 //4 位的十进制数 2
5'o27                //5 位的八进制数
4'b1x_01             //4 位的二进制数 1x01
7'hx                 //7 位 x(x 的扩展),即 xxxxxxx
```

下面是一些书写不合法的例子。

```
3'□b001              //非法,"'"和基数之间不允许出现空格,"□"代表空格
4'd-4                //非法,数值不能为负,有负号应放在最左边
(3+2)'b10            //非法,位宽不能为表达式
```

在书写和使用数字时需注意以下一些问题。

(1) 对于较长的数,可用下划线将其分开,如 16'b1010_1101_0010_1001。下划线可以随意用在整数和实数中,其本身没有意义,只是用来提高可读性。但数字的第 1 个字符不能为下划线,下划线也不可以用在位宽和进制处,只能用在具体的数字之间。

(2) 当数字不说明位宽时,默认值为 32 位。

(3) 如果定义的长度大于数字序列的长度,通常在数字序列的高位(左侧)补 0。但如果这个数字序列最左边一位为 x 或 z,就用 x 或 z 在左边补位,例如:

```
10'b10               //左边补 0,0000000010
```

```
10'bx0x1              //左边补 x,xxxxxxx0x1
```

如果定义的长度小于数字序列的实际长度,则这个数字序列最左边超出的位将被截断,例如:

```
3'b1001_0011          //与 3'b011 相等
5'H0FFF               //与 5'H1F 相等
```

(4) 如果没有定义位宽,则其宽度为相应值中定义的位数,例如:

```
'o721                 //9 位
```

(5) x(或 z)在二进制中代表 1 位 x(或 z),在八进制中代表 3 位 x(或 z),在十六进制中代表 4 位 x(或 z),其代表的宽度取决于所用的进制,例如:

```
8'b1001xxxx           //等价于 8'h9x
```

(6) "?"是高阻态 z 的另一种表示符号。在数字的表示中,字符"?"和 Z(或 z)完全是等价,可互相替代,例如:

```
2'h1?                 //2 位十六进制数,与 2'h1z 相同
```

(7) 当默认位宽与进制时采用十进制数。

(8) 在位宽和'之间以及进制和数值之间允许出现空格,但'和进制之间以及数值之间不允许出现空格,例如:

```
8 'h 2A               //合法
```

9.3.2 实数

在 Verilog 中,实数型常量有下面两种表示方法。

(1) 十进制格式,由数字和小数点组成(必须有小数点),例如:

```
2.5
2.                    //非法,小数点两侧必须有数字
```

(2) 科学计数法,由数字和字符 e(E)组成,e(E)的前面必须要有数字,而且后面必须为整数,例如:

```
23_5.1e2              //其值为 23510.0,忽略下划线
5E-4                  //其值为 0.0005(5×10$^{-4}$)
```

Verilog 语言定义了实数如何隐式地转换为整数。实数通过四舍五入转换为最相近的整数。例如:

```
24.445                //若转换为整数则为 24
```

9.3.3 字符串

字符串是用""括起来的字符序列。出现在双引号内的任何字符(包括空格和下划线)都

将被作为字符串的一部分。一个字符串必须在一行内写完,不可以分为多行。例如:"Hello World!"是一个合法的字符串。

实际上,字符都将被转换为二进制数,而且这种二进制数是按特定规则编码的。现在普遍采用 ASCII 码。所以字符串实际上就是若干个 8 位 ASCII 码的序列。

如果字符串被用作 Verilog 语言的表达式或赋值语句的操作数,则字符串被看作无符号整数序列。

字符串变量是寄存器类型的变量,该字符串变量的位数要大于等于字符串的最大长度。例如存储一个 12 字符的字符串"hello□□world",则需用一个 8×12 位的寄存器变量。声明如下:

```
reg [8*12:1] stringvar;   //声明一个 96 位的寄存器变量,用于存储字符串变量
initial
begin
stringvar= "hello□□world";
end
```

可以使用 Verilog 的操作符对字符串进行处理,被操作符处理的数据是 8 位 ASCII 码的序列。在操作过程中,如果声明的字符串变量位数大于字符串实际长度,则在赋值操作后,字符串变量的左端补 0。如果声明的字符串变量位数小于字符串实际长度,则字符串的左端被截断,即高位字符丢失。

同 C 语言一样,有些特殊字符在字符串中不能直接使用,必须跟在转义字符"/"之后使用。表 9-1 列出需要使用转义字符的情况。

表 9-1　特殊字符及功能

特 殊 字 符	功　　能
\n	换行符
\t	制表符,等价于输入一个 tab
\"	双引号,等价于"
\\	等价于符号\
\%	等价于符号%
\ddd	代表一个用八进制数字表示的 ASCII 码

9.3.4　符号常量

为了增加程序的可读性和可维护性,Verilog 允许用户使用参数定义语句定义一个标识符来代表一个常量,称为符号常量。定义格式如下:

parameter　参数 1= 常量 1,…,参数 N= 常量 N;

例如,parameter sel=8;//定义参数 sel 代表常量 8。

注意:参数定义是局部的,只在当前模块中有效。另外,使用参数定义语句定义的常量

可以使用 defparam 语句修改，或者在模块调用语句中被修改。方式是在引用模块前添加 #(参数1,参数2,……)，括号中按顺序列出模块中参数型数据所需的值。

9.4 数据类型

在 Verilog 语言中，数据类型用来表示数字硬件电路中的物理连线以及数据存储和传输单元等物理量。在 Verilog 中，根据赋值以及对值的保持方式不同，可以将数据类型分为两大类：线网(net)类型和寄存器类型。这两类数据代表了不同的硬件结构。

9.4.1 线网(net)类型

线网类型是硬件电路中元件之间实际连线的抽象，体现了结构实体(如门元件)之间的物理连接关系。其特点是输出值紧跟输入值的变化而变化。除了 trireg 型线网外，其他的线网类型都不能保存值，即不具备电荷保持作用。线网类型的值是由它的驱动元件的值来决定的。当线网型变量被定义后，没有被驱动元件驱动时，线网的值默认为高阻(z)。只有 trireg 型线网例外，它将保持先前的驱动值。

对线网有两种驱动方式：一种是在结构描述中将其连接到一个门元件或模块的输出端；另一种方式是用连续赋值语句 assign 对其进行赋值。

线网中最常用的数据类型为 wire 和 tri。在 Verilog 中，模块中输入输出信号如果没有明确指定数据类型，且没有指定位宽，则默认为 1 位 wire 型数据。wire 型数据的定义格式如下：

wire [n-1:0] 变量名1,变量名2,…,变量名n;

其中，[n-1:0] 定义线网宽度的最高位和最低位，也可采用形式[n:1]。下面是 wire 型变量定义的例子。

wire Reset;   //定义1个wire型变量Reset,位宽为1位
wire[19:0] addrbus;   //定义了1个wire型变量addrbus,位宽为20位
wire[1:0] Cla,Pla,Sla;   //定义3个wire型变量Cla,Pla,Sla,位宽为2位

tri 型和 wire 型的语法和语义一致。对于 Verilog 综合器来说，对 tri 型数据和 wire 型数据的处理方式完全相同。将信号定义为 tri 型，只是更清楚的表示该信号综合后的电路连接具有三态功能。

线网类型除了 wire 型和 tri 型外，还存在其他的类型，如表 9-2 所示。

表 9-2 常用的线网型变量

类 型	功 能	可综合性
wire,tri	标准内部连接线	可综合
wor,trior	具有线或特性的多重驱动连线	不可
wand,triand	具有线与特性的多重驱动连线	不可

续表

类 型	功 能	可综合性
tri1,tri0	上拉电阻和下拉电阻	不可
supply1,supply0	电源(逻辑 1)和地(逻辑 0)	可综合
trireg	具有电荷保持作用的连线,可用于电容的建模	不可

9.4.2 寄存器类型

寄存器类型对应的是具有状态保持作用的电路元件,它具有记忆特性,是一种存储元件,如触发器、寄存器等。对于变量类型来说,从一次赋值到下一次赋值之前,变量应保持一个值不变。程序中的赋值语句将触发存储在数据元件中的值改变。需要注意的是,寄存器型变量并不意味着一定对应着硬件上的一个触发器或寄存器等元件,在综合器进行综合时,寄存器型变量将根据其被赋值的具体情况来确定是映射成连线还是映射为存储元件。另外,还需注意的是,寄存器型变量必须在过程语句(如 initial 语句块、always 语句块)中,通过过程赋值语句进行赋值。在未赋值前,寄存器型变量的缺省值为"x"。

寄存器型变量包括四种类型,如表 9-3 所示。

表 9-3 常用的寄存器型变量

类 型	功 能	可综合性
reg	常用的寄存器型变量	可综合
integer	32 位符号数整形变量	可综合
real	64 位符号数实数型变量	不可
time	64 位无符号时间变量	不可

1. reg 型变量

reg 是最常用的寄存器型变量,reg 型变量对应的是具有状态保持作用的硬件电路,往往代表触发器,但不一定是触发器。在综合时,reg 型变量将根据其被赋值的具体情况来确定是映射成连线还是映射为存储元件。reg 型变量和 wire 型变量的区别主要在于:reg 型变量保持最后一次的赋值,wire 型变量数据需要有连续的驱动。reg 型变量的值通常被认为是无符号数,如果给 reg 中存入一个负数,通常会被视为正数。如果没有明确说明寄存器型变量的位宽,则默认为 1 位的寄存器型变量。reg 型变量的定义格式如下:

reg[n-1:0] 变量名 1,变量名 2,…,变量名 n;

例 9-2 reg 型变量定义举例。

reg[4:1] b;   //定义了 1 个 reg 型变量,位宽为 4 位
⋮
b= 5;   //给 b 赋值为 5(0101)

```
b= -2;                    /*给b赋值为-2,以补码形式存放,-2的补码表示为
                           1110,因此b的值被认为是无符号数14(1110) */
```

定义 reg 型变量只是 always 过程语句的需要和语法规则,至于最终综合出的是组合逻辑电路还是时序逻辑电路,还要取决于过程语句中的描述方式。另外需注意的是,输入端口信号不能定义为寄存器型信号类型。

2. integer 型变量

integer 型变量通常用于对整型常量进行存储和运算,在算术运算中 integer 型数据被视为有符号的数,用二进制代码的形式存储。它与 32 位的 reg 型变量在实际意义上是相同的,只是它可以用来存储带符号数。integer 型变量定义和 reg 型变量定义格式类似。

例 9-3 integer 型变量定义举例。

```
integer mybit;            //定义1个整数型变量mybit,位宽为1位
integer[31:0] mybyte;     //定义了1个mybyte,位宽为32位
```

integer 型变量虽然有位宽的声明,但是不能作为位向量进行访问。例如,对于上例的 integer 型 mybyte[5] 和 mybyte[10:20] 是非法的。在综合时,integer 型变量的初始值为 x。

3. real 型变量

real 型变量通常用于对实数型常量进行存储运算,real 型变量是纯数学的抽象描述,不对应任何具体的硬件电路,一般用于在测试模块中存储仿真时间。

real 型变量可以用在与 integer 型或 time 型变量同样的地方,只是以下几点限制需要注意。

(1) 并不是所有的 Verilog 操作符都可以用于 real 型变量。
(2) real 型变量在定义时不能指定范围。
(3) real 型变量的缺省值为 0,当将值 x 和 z 赋予 real 型变量时,这些值被当作 0。
(4) 当实数值被赋给一个 integer 型变量时,只保留整数部分的值,小数点后面的值被截掉。

例 9-4 real 型变量定义举例。

```
real delta;               //定义一个 real 型变量 delta
initial
begin
delta= 4e10;              //给 delta 赋值
delta= 2.13;
end
integer i;                //定义一个 integer 型变量 i
initial
i= delta;                 //i 得到的值是 2(只取 2.13 的整数部分)
```

4. time 型变量

time 型变量用来存储和处理仿真时间值,time 型变量通常和系统函数 $time 联合使

用。和 real 型变量类似,time 型变量也是纯数学的抽象描述,不对应任何硬件电路。

例 9-5 time 型变量定义举例。

```
  ⋮
time current_time;
initial
current_time= $ time;//保存当前的仿真时间到变量中
  ⋮
```

9.4.3 向量

1. 向量的定义

在一个 net 型或 reg 型变量声明中,如果没有指定范围,则默认为 1 位宽度,也就是说,该变量是通常意义上的标量。通过指定范围来声明多位 net 型或 reg 型变量,则该变量为向量,即为通常所说的数组。数组的类型就是数组元素的类型。数组可以是一维向量,也可以是多维向量。

例 9-6 向量定义举例。

```
reg[7:0] mem[0:15];         /*定义了一个向量,该向量中有 16 个元素,每个元
                              素都为 reg 型,且位宽为 8 位*/
wire w_array[7:0][5:0];     /*定义了一个 wire 型的向量 w_array(8×6),其
                              中每个数据的位宽为 1 位*/
```

2. 向量的可访问性

scalared(标量)和 vectored(向量)是类型声明中的可选项。如果使用这些关键字,那么向量的某些操作就会受约束。如果使用关键字 vectored,那么向量的位选择或部分选择将被禁止,必须进行整体赋值。如果使用关键字 scalared,那么向量的位或部分选择就被允许。凡没有注明 vectored 关键字的向量,默认位或部分选择就被允许。例如:

```
reg scalared[31:0] rega;    /* reg 型变量 rega 为 32 位标量类向量,可进行位
                              或部分选择*/
```

3. 存储器

在系统设计中,经常用到存储器。存储器可看作一个由多个相同宽度的寄存器向量构成的阵列。存储器只用于 ROM、RAM 和寄存器组建模。

用 Verilog 定义存储器时,需定义存储器的字数和字长,字数表示存储器存储单元的个数,字长则表示每个存储单元的数据宽度。例如:

```
reg[7:0] mymem[1023:0];     /*定义了一个 1024 字节(字数),每个字节 8 位(字
                              长)的存储器*/
```

也可以用 parameter 参数定义存储器的尺寸。例如:

```
parameter wordwidth= 8,memsize= 1024;
reg[wordwidth-1:0] mymem[memsize-1:0];   /*定义了一个宽度为 8 位,具有
                                            1024 个存储单元的存储器*/
```

在 Verilog 中对存储器的赋值通过两种方式来完成。

(1) 通过对组成存储器的寄存器的赋值来完成。

注意:可以用一条赋值语句完成对某一个存储单元的赋值,但是不能只用一条赋值语句完成对整个存储器的赋值。

下面对存储器的赋值方法是错误的:

```
reg Bog[1:5];              //Bog 为 5 个 1 位寄存器组成的存储器
  ⋮
Bog= 5'11011;              //不能在一条语句中对存储器赋值
```

正确的赋值方法是:

```
parameter wordwidth= 8,memsize= 1024;
reg[wordwidth-1:0] mymem[memsize-1:0];
  ⋮
mymem[8]= 1;               //存储器 mymem 第 8 个单元被赋值 1
mymem[25]= 65;             //存储器 mymem 第 25 个单元被赋值 65
```

(2) 使用系统任务 $readmemb 从指定的文本文件中读取数据并加载到存储器中,该文本必须包含相应的二进制数或者十六进制数。该方式仅限于在电路仿真中使用。例如:

```
reg [1:4] mymem[7:1];
$ readmemb("ram.patt",mymem)
```

mymem 为存储器名,ram.patt 为包含数据的文本文件,ram.patt 必须包含二进制数值,也可以包含空白和注释。

如果只想给存储器的一部分赋值,可以这样写:

```
$ readmemb("ram.patt", mymem,5,3)
```

该语句中 5 和 3 指定了要被赋值的存储器范围的开始值和结束值,这样只有 mymem[5]、mymem[4]、mymem[3]这 3 个寄存器被赋值。

如果只定义了开始值,那么从这个值开始连续读取数据直至到达存储器右端的索引边界。例如:

```
$ readmemb("ram.patt", mymem,5)
```

该语句表示从寄存器 mymem[5]开始赋值,并且持续到 mymem[1]。

另外,数据文件中还可以包含地址,用于表示该数据的赋值目标。形式如下:

```
@ hex_address value
```

其中,value 是二进制数据,hex_address 表示这个数据的赋值目标地址。例如:

```
@ 5    11001
@ 2    11010
```

上例中,值被读入存储器中指定的地址,即 mymem[5]被赋值为 11001,mymem[2]被赋值为 11010。

9.5 Verilog 的运算符

Verilog 语言提供了丰富的运算符,体现了其作为高级语言所拥有的强大建模能力。Verilog 的运算符按功能可分为算术运算符、逻辑运算符、位运算符、关系运算符、等式运算符、缩位运算符、移位运算符、条件运算符、拼接和复制运算符。按照运算符所带操作数的个数来区分,运算符可分为单目运算符(unary operators)、双目运算符(binary operators)、三目运算符(ternary operators)。

1. 算术运算符

常用的算术运算符有以下几种:＋,加法运算符;－,减法运算符;＊,乘法运算符;/,除法运算符;％,模运算符或称为求余运算符。

需要注意以下几点:

(1) 整数除法将截断所有小数部分,如 7/4 的结果为 1;

(2) 模运算符将求出与第一个操作数符号相同的余数,如 7％4 结果为 3;

(3) 如果算术运算符的操作数中出现 x 或 z,整个算术运算的运算结果为 x。如 'b10x1＋'b01111 的结果为不确定数 'bxxxxx。

1) 算术运算结果的长度

进行算术运算时,表达式中操作数的长度可能不一致,这时运算结果的长度由最长的操作数决定。在赋值语句中,算术结果的长度由运算符左端的赋值目标长度决定。

例 9-7 算术操作长度的确定。

```
⋮
reg[0:3] arc,bar,crt;
reg[0:5] frx;
⋮
arc= bar+ crt;      //长度为 4 位
frx= bar+ crt;      //长度为 6 位
⋮
```

2) 无符号数和有符号数

在执行算术运算和操作时,要注意哪些操作数是有符号数,哪些操作数是无符号数。无符号数存储在用线网、一般寄存器和基数格式表示的整数中。有符号数存储在 integer 型变量中。reg 型数据如果没有显式声明为有符号数,则应当被看作为无符号数。而 integer 型变量则被看作有符号数。有符号数的值在机器中以二进制补码形式表示。有符号数和无符号数在二进制表示形式上相同,只是在机器编译后才有所改变。

例 9-8 无符号数和有符号数的算术运算。

```
integer intA;
reg[15:0] regA;
reg signed[15:0] regS;
intA= -4'd12;
regA= intA/3;      //表达式的结果为-4,intA 为 integer 型数据,其中
                     regA 为 65532
regA= -4'd12;      //regA 为 65524
intA= regA/3;      //表达式的结果为 21841,其中 regA 为 reg 型数据
intA= -4'd12/3;    /*表达式的结果为 1431655761,其中-4'd12 是一
                     个 32 位的 reg 型数据*/
regA= -12/3;       //表达式的结果为-4,regA 为 65532
regS= -12/3;       //表达式的结果为-4,其中,regS 是一个有符号的
                     reg 型数据
```

2. 逻辑运算符

常用的关系运算符有以下几种:&&,逻辑与;||,逻辑或;!,逻辑非。

逻辑运算的真值表如表 9-4 所示。

表 9-4 逻辑运算的真值表

a	b	a&&b	a||b	! a	! b
0	0	0	0	1	1
0	1	0	1	1	0
1	0	0	1	0	1
1	1	1	1	0	0

逻辑运算符的操作数只能是 0 或 1。若操作数不是 1 位的话,则应将操作数作为一个整体来对待,即如果操作数全是 0,则相当于逻辑 0,但只要有一位是 1,则操作数就应该整体看作逻辑 1。

例 9-9 逻辑运算举例。

若 A= 4'b0000;B= 4'b0101;C= 4'b0011;D= 4'b0000 则有

! A= 1,! B= 1,A&&B= 0,B&&C= 1,A&&C= 0,A&&D= 0

A||B= 1,B||C= 1,A||C= 1,A||D= 0

3. 位运算符

位运算符是将一个操作数中的一位与另一个操作数中的对应位进行计算,从而得到结果的一位。这样逐位处理,直到完成操作数所有位的计算。如果两个操作数的位宽不等,则较短的操作数应当在高位补 0。常用位运算符有以下几种:~,按位取反;&,按位与;|,按位

第9章 Verilog HDL硬件描述语言设计基础

或；^，按位异或；^~、~^，按位同或。

按位与、按位或、按位异或的真值表如表9-5所示。

表 9-5 按位与、按位或、按位异或的真值表

&	0 1 x	|	0 1 x	^	0 1 x
0	0 1 0	0	0 1 x	0	0 1 x
1	0 1 x	1	1 1 x	1	1 0 x
x	0 x x		x x x		x x x

例 9-10 位运算举例。

若 A=5'b11001;B=5'b10101,则有

~A= 5'b00110,~B= 5'b01010,A&B= 5'b10001,A|B= 5'b11101,A^B= 5'01100

4. 关系运算符

关系运算是对两个操作数进行比较。如果比较结果为真,则结果为1,如果比较结果为假,则结果为0。关系运算符多用于条件判断。常用的关系运算符有如下几种：<,小于;<=,小于等于;>,大于;>=,大于等于。

使用关系运算符的表达式结果为标量值。如果指定的关系为"假",则结果为0;反之,指定的关系为"真",则结果为1。如果关系运算符两端的任意一个操作数包含一个未知(x)或高阻(z)值,则表达式的结果为1位的未知(x)值。

如果两个操作数有不同的位宽,其中一个或两个操作数为无符号数,那么应当在位宽较小的操作数的高位补0,将其位宽扩展到较大位宽的操作数位宽。

5. 等式运算符

与关系运算符相类似,等式运算符也是对两个操作数进行比较,但优先级比关系运算符的低。常用的等式运算符有以下几种：==,等于;!=,不等于;===,全等;!==,非全等。

等式运算得到的结果是1位逻辑值。如果结果为1,说明声明的关系为真;如果结果为0,说明声明的关系为假。

==(等于)和===(全等)的区别:参与比较的两个操作数必须逐位相等,其等于比较的结果才为1。如果某些位是任意值(x)或高阻(z)值,则其等于(==)比较得到的结果是不定值。而全等(===)比较则是对这些任意值或高阻值也进行比较,两个操作数必须完全一致,其结果才是1,否则结果为0。等于运算符(==)和全等运算符(===)的真值表如表 9-6 所示。

表 9-6 等于运算符(==)和全等运算符(===)的真值表

==	0 1 x z	===	0 1 x z
0	1 0 x x	0	1 0 0 0
1	0 0 x x	1	0 1 0 0
x	x x x x	x	0 0 1 0
z	x x x x	z	0 0 0 1

6. 缩位运算符

缩位运算符是单目运算符。它是在一个单独的操作数上按位进行运算,并最终得到一个1位的结果值。常用缩位运算符有以下几种:&,与;~&,与非;|,或;~|,或非;^,异或;^~或~^,同或。

缩位运算符和位运算符的逻辑运算法则一样,它将一个向量缩位运算成为一个标量。对于缩位与、缩位或、缩位异或,首先将操作数的第一位与第二位进行相应的位运算。再将上一步的1位结果值与操作数的下一位进行相应的位运算,直到计算完操作数所有的位并得到最终的结果值。

例 9-11 缩位运算举例。

```
reg[3:0] a;
b= &a;                    //等效于 b= a[0]&a[1]&a[2]&a[3]
```

7. 移位运算符

移位操作是将操作数向左或向右移动若干位。常用的移位运算符有以下几种:<<,左移;>>,右移。

移位运算符的用法如下:

A>>n 或 A<<n

移位运算符右侧的 n 为移位次数,表示将操作数 A 向左或向右移动 n 位。

例 9-12 移位运算举例。

若 A=5'b11001,则 A<<2 的值为 5'b00100(将 A 左移2位)。

8. 条件运算符

条件运算符是根据条件表达式的值来选择执行表达式。这是一个三目运算符,对三个操作数进行运算。格式如下:

cond_expr? expr1:expr2

其中:cond_expr 是条件表达式;expr1 和 expr2 是待选的执行表达式。如果 cond_expr 为真,则选择 expr1;如果 cond_expr 为假,则选择 expr2。如果 cond_expr 为 x 或为 z,那么两个待选的表达式都要计算,然后把两个计算结果根据表 9-7 按位进行运算,从而得到最终的条件表达式值。

表 9-7 条件不明确情况下条件表达式的结果

?:	0	1	x	z
0	0	x	x	x
1	x	1	x	x
x	x	x	x	x
z	x	x	x	x

例 9-13 条件运算举例。

```
out= sel? in1:in0;    //如果 sel= 1,则 out= in1;如果 sel= 0,则 out= in0
```

9. 拼接和复制运算符

连接运算符是将两个操作数或更多表达式连接起来合并成一个表达式的运算符,用大括号将被连接的表达式括起来,括号中表达式用逗号","分隔开。除了非定长常量,任何表达式都可以进行连接运算,这是因为连接操作中每一个操作数都需要计算完整的连接位宽。连接运算的格式如下:

{expr1,expr2,…,exprN}

例 9-14 连接运算的 Verilog 描述。

```
wire[7:0] Dbus;
wrie[11:0] Abus;
assign Dbus[7:4]= {Dbus[0],Dbus[1],Dbus[2],Dbus[3]};
                         /* 以反转的顺序将低端 4 位赋给高端 4 位 */
assign Dbus= {Dbus[3:0],Dbus[7:4]};    //高 4 位与低 4 位交换
```

复制是通过指定重复次数来执行操作。复制运算的格式如下:

{repetition_number{expr1,expr2,…,exprN}}

其中:repetition_number 为指定的复制次数,后面大括号中的内容是连接操作。

例 9-15 复制操作的 Verilog 描述。

```
Abus= {3{4'b1011}};      //结果为 1011_1011_1011
{3{1'b1}};               //结果为 111
```

9.6 Verilog 的行为级建模

行为描述方式(行为级建模)就是从整体结构和算法层次上对硬件电路进行抽象和描述,也称为算法级建模。行为描述方式常常用于数字电路系统的顶层设计。同时,行为描述方式还可以用来生成仿真激励信号,对已设计的模块进行仿真验证。在行为描述方式中,常常用到过程语句、赋值语句、条件控制语句、循环控制语句等相关语句结构。

9.6.1 过程语句

Verilog 中的多数过程模块都使用 always 语句和 initial 语句实现。在一个行为描述模块中可以出现多个过程语句。这些过程语句之间并行执行,即执行顺序与其在模块内的位置无关。每个过程语句的执行都代表一个独立的控制流,所有的 always 语句和 initial 语句在 0 时刻开始并行执行。

1. always 过程语句

always 过程语句是不断重复执行的,always 语句是可综合的,在可综合的电路设计中

广泛使用。always 过程语句定义格式如下：

always @ (敏感信号列表)
<块定义语句 1> :<块名>
<块内局部变量说明>
时间控制 1 行为语句 1；
⋮
时间控制 n 行为语句 n；
<块定义语句 n>
⋮

@(敏感信号列表)是可选项，带有敏感信号列表的语句块称为由事件控制的语句块，它的执行是受到敏感信号的控制。敏感信号列表是由一个或多个事件表达式构成的。当存在多个表达式时，用 or 将它们组合起来。在新的 Verilog 2001 标准中，","和"or"都可以用来分隔敏感事件，也可以用"*"代表所有输入信号，这样可以防止遗漏。它的含义是只要敏感信号列表中所列出的信号发生变化，就将启动后面语句块的执行。敏感信号列表实际上代表了一个事件控制类型的时间控制。

敏感信号列表可以同时包括多个电平敏感事件，也可以包括多个边沿敏感事件，但不能同时包括电平敏感事件和边沿敏感事件。另外，在敏感信号列表中，同时包括同一个信号的上升沿敏感事件和下降沿敏感事件，也是不允许的，这两个事件可以合并为一个电平敏感事件。

<块定义语句 1>，…，<块定义语句 n>可以是 begin-end 语句或者是 fork-join 语句。这两条块定义语句将它们之间的多条语句组合在一起，使之成为一个语句块；<块名>为可选项，它可以为该语句块创建一个局部作用域。在有名块内可以定义局部变量，有名块内部语句的执行可以被 disable 语句中断。

<块内局部变量说明>也为可选项，只有在有名块内才可以定义局部变量，并且该块内局部变量只能为寄存器数据类型。

时间控制主要用来对过程块语句的执行进行时间控制。过程块的时间控制主要有两种类型：时延控制和事件控制。initial 过程块中主要是时延控制类型的时间控制，而 always 过程块中这两种类型都有。

行为语句可分为过程赋值语句、条件分支语句(if 语句和 case 语句)、循环控制语句(while、repeat、for)、任务调用语句等语句。

例 9-16 用 always 过程语句实现 4 选 1 数据选择器。

```
module mux4_1(sel,a,b,c,d,outmux)
input[1:0] sel;
input a,b,c,d;
output outmux;
reg outmux;
always @ (sel,a,b,c,d)         //所有输入信号都必须出现在敏感信号列表中
```

```
      begin
        case(sel)
          2'b00:outmux= a;
          2'b01:outmux= b;
          2'b10:outmux= c;
          2'b11:outmux= d;
        endcase
      end
endmodule
```

例 9-19 中,所有输入信号都出现在敏感信号列表中,称为完整事件说明。敏感信号列表中未包含所有输入信号的情况称为不完整事件说明。

对于组合逻辑电路来说,由于输出是输入的函数,输入信号的变化都应该引起输出信号的变化,因此,组合逻辑电路的所有输入信号都应该包含在敏感事件列表中,否则就会引入综合和仿真之间的差异。例如,一个两输入的与门可以写成:

```
always @ (a,b);
y= a&b;
```

如果未包含 b,则变成:

```
always @ (a);
y= a&b;
```

虽然后者在语法上仍然是正确的,但它的行为却与前者完全不同。当 a 改变时,always 块被激活,y 得到 a&b 的值;当 b 改变时,由于 b 不在敏感事件列表中,always 块被挂起,y 保持它原来的值。没有物理电路有这样的行为,大部分综合软件会发布一个警告信息,导出与门电路。然而,仿真软件仍然按这个预期行为建模,因此就会引入综合和仿真之间的差异。

2. always 过程块实现时序逻辑功能

当 always 过程块实现时序逻辑功能时,事件表达式中带有关键字 posedge(上升沿)或 negedge(下降沿),而且不要求所有的输入信号都出现在敏感信号列表中。因为时序逻辑电路状态的改变只发生在某个或某几个时钟输入信号的变化边沿,而在其他输入信号发生变化时,电路逻辑状态保持不变。因此事件控制只需对这几个时钟输入信号进行检测就可以了。

例 9-17 用 always 过程语句实现一个负边沿触发的 D 触发器功能。

```
module d_ff(q,clk,d);
    input clk,d;
    output q;
    reg q;
    always @ (negedge clk)
```

```
begin
    q= d;
end
endmodule
```

例 9-18 用 always 过程语句实现同步置数、异步清零的计数器功能。

```
module count(out,data,load,clr,clk);
input load,clk,clr;
input[7:0] data;
output[7:0] out;
reg[7:0] out;
always @ (posedge clk or negedge clr)
begin
    if(! clr)       out< = 8'h00;           //异步清零,低电平有效
    else if(load)   out< = data;            //同步置数
    else            out< = out+ 1;
    end
endmodule
```

3. initial 过程语句

initial 过程语句是不带触发器条件的,initial 过程块中的语句只执行一次,它主要用于仿真模块中对激励变量进行描述,而在对硬件功能模块的行为描述中,initial 过程块常常用于对只执行一次的进程进行描述,例如,用于为寄存器变量赋初值。initial 过程语句是面向模拟仿真的过程语句,通常不被综合工具所接受,即不具备可综合性。

initial 过程语句的定义格式如下:

```
initial
<块定义语句 1> :< 块名>
    <块内局部变量说明>
    时间控制 1   行为语句 1;
    ⋮
    时间控制 n   行为语句 n;
<块定义语句 2>
⋮
```

例 9-19 initial 过程语句用于在电路仿真中生成信号波形。

```
`timescale 1ns/1ns      //设置时间单位为 1ns,精度为 1ns
module test;
reg a,b,c;
initial
```

```
begin
    A= 0;B= 1;C= 0;        //0 时刻执行
    # 10 A= 1;B= 0;        //延迟 10 个时间单位(10ns)后,A= 1,B= 0
    # 20 A= 0;C= 1;        //延迟 20 个时间单位(20ns)后,A= 0,C= 1
    # 30 B= 1;             //延迟 30 个时间单位(30ns)后,B= 1
    # 10 B= 0;C= 0;        //延迟 10 个时间单位(10ns)后,B= 0,C= 0
    # 10 $ finish;         //延迟 10 个时间单位(10ns)后,结束
end
endmodule
```

上例相当于描述如图 9-2 所示的波形。

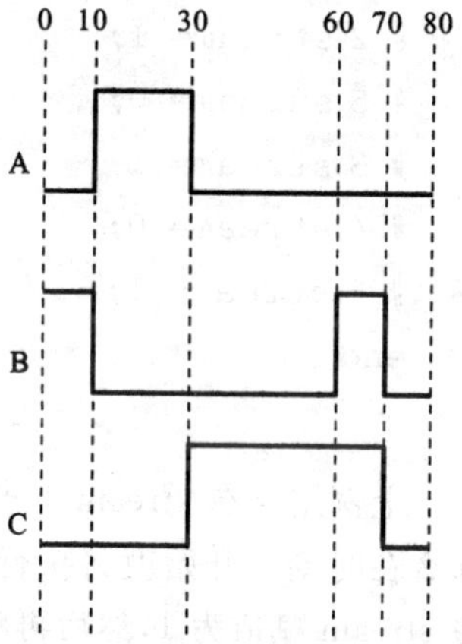

例 9-20 initial 程序块对变量和存储器进行初始化。

```
⋮
parameter SIZE= 1024;
reg[7:0] RAM[0:SIZE-1];
reg RibReg;
initial
begin:se_blk
// se_blk 为该 initial 块的块名
integer Index;
//块局部变量
RibReg= 0;
for(Index= 0; Index< SIZE; Index= Index+ 1)
RAM[SIZE]= 0;          //将所有存储单元赋初值为 0
end
⋮
```

图 9-2 例 9-22 定义的波形

在一个模块内也可同时包含 initial 过程语句和 always 过程语句,而且可以包含多个,所有的 initial 过程语句和 always 过程语句都是在 0 时刻开始并行执行。具体用法在这里不做介绍。

9.6.2 语句块

在 Verilog 语言中,所有的过程语句都必须封装成语句块(只有一条语句时除外)。所谓语句块是指位于过程语句(initial 语句或者 always 语句)后面,由块定义语句 begin-end 或 fork-join 所界定的一组行为语句。

如果在定义语句块的同时还引入一个块名,则该语句块可由这个块名唯一标识。在有名块中可以定义内部寄存器变量,并且可以用 disable 中断语句来中断有名块内语句的执行。

1. 顺序语句块(begin-end)

顺序语句块内的各条语句按它们在块内的次序逐条顺序执行。块内每条语句的延时控制都是相对于前一条语句仿真结束时刻的延时控制。仿真时，如果遇到顺序块，则块内第一条语句随即开始执行，当顺序块中最后一条语句执行完毕时，则程序流程控制跳出顺序块，顺序块结束执行。

例 9-21 带有延时控制的顺序语句块，用于产生时序波形。

```
⋮
initial
begin
  # 2 stream= 1;
  # 5 stream= 0;
  # 3 stream= 1;
  # 4 stream= 0;
  # 5 stream= 1;
end
⋮
```

上例用于在 stream 上产生波形。假设仿真程序执行到该顺序语句块的时间是时刻 5，那么在时刻 5 开始就将执行 begin 和 end 之间的语句。首先延时 2 个时间单位(时刻 7)后将 stream 赋值为 1，然后再顺序执行下一条语句，延时 5 个时间单位后将 stream 赋值为 0，以此类推，即可得到如图 9-3 所示的波形。

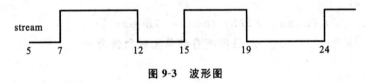

图 9-3 波形图

2. 并行语句块(fork-join)

并行语句块内的各条语句彼此之间都是并行执行的，即当程序控制进入并行块后，块内各条语句都各自独立且同时开始执行；并行语句块块内各条语句的延时控制都是相对于程序控制进入并行语句块的时刻的延时；当并行语句块内所有语句都执行完毕后，即当执行时间最长的那一条语句结束执行后，程序流程控制跳出并行块。

例 9-22 用并行语句块产生时序波形。

```
⋮
initial
fork
  # 2 stream= 1;
  # 7 stream= 0;
  # 10 stream= 1;
```

```
# 14 stream= 0;
# 19 stream= 1;
join
  ⋮
```

假设仿真程序执行到该并行语句块的时间是时刻5,则执行完毕后,将产生如图9-3所示波形。

9.6.3 赋值语句

在 Verilog 的行为描述方式结构中有两类赋值语句:一类是连续赋值语句;另外一类是处于过程块中的过程赋值语句。

1. 连续赋值语句

在 Verilog 语言中,数据流描述方式(数据流级建模)使用的基本语句结构是连续赋值语句。连续赋值语句主要用来对组合逻辑电路的行为进行描述。连续赋值语句主要用来对线网型变量进行赋值(驱动)。连续赋值语句的语句格式为

assign # (延时量) 线网类型数据名= 赋值表达式

例 9-23 用连续赋值语句实现2选1数据选择器。

```
module MUX2_1(out,a,b,sel);
input a,b,sel;
output out;
assign out= (sel= = 0)? a:b;
endmodule
```

如上例所述,连续赋值语句只能对线网类型数据进行赋值,而由于线网类型数据(trireg型除外)没有数据保持能力,因此它只有在被连续驱动(赋值)后才能取得确定的值,若一个线网类型数据没有得到任何连续驱动,则它的取值为不定态"x"。一个线网类型数据一旦被连续赋值语句赋值后,赋值语句右端表达式的值将始终对被赋值线网类型数据产生驱动。在仿真执行时,只要右端赋值表达式的任一操作数发生变换,就会立即触发对线网类型数据的更新操作,重新计算赋值表达式的取值,然后将计算结果赋值给被赋值的线网类型数据。即赋值表达式内各个信号的变化将随时被反映到赋值表达式和被赋值线网类型数据的取值上。

如果一个模块内同时包含多条连续赋值语句,或在一个模块内同时包含了连续赋值语句、过程块、模块实例或基本元件实例,则各条连续赋值语句和其他过程块、模块实例和基本元件实例之间以并行方式执行,它们都同时从零仿真时刻开始执行。

2. 过程赋值语句

过程赋值语句多用于对 reg 型变量进行赋值。过程赋值语句根据赋值操作时的不同时序特点分为阻塞型赋值语句和非阻塞型赋值语句。

(1) 阻塞型赋值语句。

以赋值操作符"="来标识的赋值操作称为阻塞型赋值语句。在一个块语句中,如果存

在多条阻塞型赋值语句,那么在前面的赋值语句没有执行完毕前,后面的赋值语句不能被执行。

例 9-24 带有延时控制的阻塞型赋值语句。

```
module blocking_assignment_test;
    reg a;
    initial
    begin
      a= 0;
      a= # 5 1;
      a= # 10 0;
      a= # 15 1;
end
endmodule
```

第一条语句在 0 时刻开始执行,a 赋值为 0;接着执行第二条语句,在延时 5 个时间单位后,将 a 重新赋值为 1;然后再执行第三条语句,以此类推。

(2) 非阻塞型赋值语句。

以赋值操作符"<="来标识的赋值操作称为非阻塞型赋值语句。在非阻塞赋值语句中,赋值操作符"<="左边的赋值变量必须是 reg 型变量,其是在整个块语句结束时才完成赋值操作。如果在一个语句块中有多个连续的非阻塞型赋值语句,那么它们会在某个时刻同时开始计算右端赋值表达式的值,并在该时刻结束后将结果赋值给左端的被赋值变量。

阻塞型赋值和非阻塞型赋值是 Verilog 中最容易引起误解的结构之一,问题主要是对 always 模块内的 reg 型变量的赋值不易把握。下面再通过两个例子来进一步讲解非阻塞型赋值和阻塞型赋值的区别。

例 9-25 非阻塞型赋值。

```
module non_block(c,b,a,clk);
input clk,a;
output c,b;
reg c,b;
always @ (posedge clk)
    begin
       b< = a;
       c< = b;
    end
endmodule
```

例 9-26 阻塞型赋值。

```
module block(c,b,a,clk);
```

```
input clk,a;
output c,b;
reg c,b;
always @ (posedge clk)
   begin
    b= a;
    c= b;
   end
endmodule
```

例 9-25 和例 9-26 的功能仿真波形图如图 9-4 和图 9-5 所示。

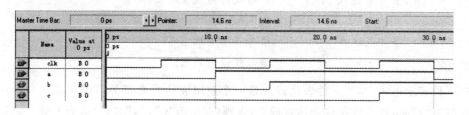

图 9-4　例 9-25 非阻塞型赋值的功能仿真波形图

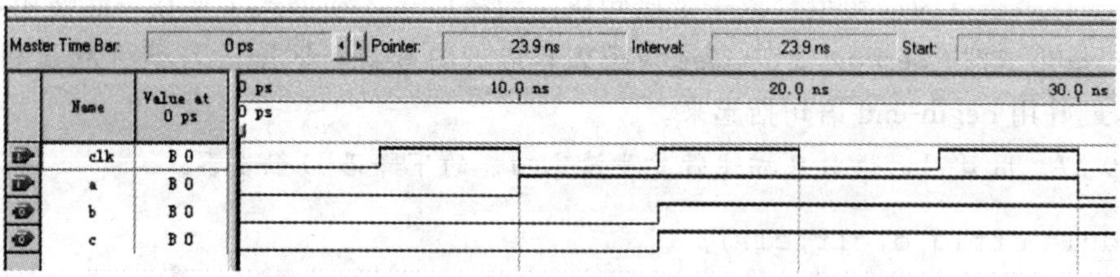

图 9-5　例 9-26 阻塞型赋值的功能仿真波形图

从图 9-4 和图 9-5 中可以看出两者的区别。对于非阻塞型赋值，c 的值落后 b 的值一个时钟周期，这是因为 always 过程块中两条语句是并发执行的，因此每次执行完后，b 的值得到更新，而 c 的值仍然是上一个时钟周期 b 的值。对于阻塞型赋值，c 的值和 b 的值一样，这是因为 b 的值是立即更新，更新后又赋给 c。也可以这样理解这两种语句，阻塞型赋值语句没有时序的概念，而非阻塞型赋值语句则带有时序的概念。

9.6.4　程序控制语句

Verilog 语言中的程序控制语句是从 C 语言中引入的，主要有两类程序控制语句，分别为分支控制语句和循环控制语句。程序控制语句主要是为了对硬件电路进行行为描述，它只能出现在过程块内。

1. 分支控制语句

在 Verilog 中有两种分支控制语句：if 分支控制语句和 case 分支控制语句。
Verilog 中的 if 分支控制语句和 C 语言中的 if 语句十分类似，是十分常用的条件判断结构。它可以采用以下三种形式。

（1）形式1。

```
if(<条件表达式>)    语句或语句块1；
else               语句或语句块2；
```

（2）形式2。

```
if(<条件表达式>)    语句或语句块；
```

（3）形式3。

```
if(<条件表达式1>)           语句或语句块1；
else if(<条件表达式2>)      语句或语句块2；
    ⋮
else if(<条件表达式n-1>)    语句或语句块n-1；
else                       语句或语句块n；
```

这三种表示形式中，<条件表达式>是一个逻辑表达式或者关系表达式。当条件表达式的取值为"1"时，认为该条件表达式成立；否则（取值为"0"、"x"、"z"）认为不成立。处于分支项内的语句可以是一条行为语句或多条行为语句。在有多条行为语句的情况下，应用 begin-end 将多条行为语句组合成一个语句块。当将形式2和形式1连在一起使用，即当出现 if-if-else 形式时，Verilog 规定，else 与距离它最近的 if 进行匹配。若不清楚 if 和 else 如何匹配，最好用 begin-end 语句括起来。

例9-27 用 if-else 语句来描述带异步清零功能的下降沿 D 触发器。

```verilog
module dff(q,d,clr,clk);
    input d,clr,clk;
    output q;
    reg q;
    always @ (clr)
        if(! clr) q= 0;
    always @ (negedge clk)        //clk 的下降沿触发
        begin
            if(! clr)
             q= 0;
            else
             q= d;
        end
endmodule
```

case 分支控制语句是另一种实现多路分支选择控制的分支语句。与前面介绍的 if-else 条件分支控制语句相比：if-else 条件分支控制语句实现的是二路分支控制，而 case 分支控制语句是多路条件分支结构,用来实现多路选择控制。它类似于 C 语言中的 switch 语句。case 分支控制语句具有 case、casex、casez 三种形式。

(1) case 语句。

case 语句的语法格式如下：

case(<条件表达式>)
<分支项表达式 1>:语句或语句块 1；
<分支项表达式 2>：语句或语句块 2；
⋮
<分支项表达式 n>：语句或语句块 n；
default:　语句或语句块 n+1；
endcase

case 语句首先对条件表达式求值,然后依次对各个分支项表达式进行计算,并将这两个值进行比较,第一个与条件表达式的值相匹配的分支中的语句或语句块将被执行,执行完这个分支后,跳出 case 语句结构,终止 case 语句的执行。关键字 default 引导的是缺省分支项,一旦遇到所有之前分支项目都没有定义的值,就会执行 default 后的语句或语句块。如果在分支项表达式中已经列出了条件表达式的所有可能的取值,则 default 可以省略。

例 9-28 用 case 语句实现 ALU。

```
module ALU(a,b,op_code,out);
    input[3:0] a,b;
    input[1:0] op_code;
    output[7:0] out;
    reg[7:0] out;
    always @ (a or b or op_code)
    begin
      case(op_code)
        2'b10:out= a+ b;
        2'b11:out= a-b;
        2'b01:out= a * b;
        2'b00:out= a/b;
      endcase
    end
endmodule
```

(2) casex 和 casez 语句。

在 case 语句中,条件表达式和分支项表达式之间进行的是逐位进行的全等比较操作,从而决定程序的流向。而在 casex 和 casez 语句中,则是由条件表达式和分支项表达式的一部分数位的比较结果来决定程序的流向。

在 casex 语句中,将出现在条件表达式和分支项表达式中的"x"和"z"视为无关位,在比较过程中,条件表达式和分支项表达式中出现"x"和"z"的那些位在比较过程中将被忽略,而 casez 语句则将出现在条件表达式和分支项表达式中的"z"视为无关位,比较过程中将忽略处于"z"的那个位的比较,即条件表达式和分支项表达式在这一位的取值将不会对程序的流向产生任何影响。在实际使用中,字符"?"可用来代替"z"。

例 9-29 用 casex 语句实现 ALU。

```verilog
module ALU(a,b,op_code,out);
    input[7:0] a,b;
    input[3:0] op_code;
    output[7:0] out;
    reg[7:0] out;
    always @ (a or b or op_code)
    begin
      casex(op_code)
        4'b1zzx: out= a+ b;
        4'b01xx: out= a-b;
        4'b001?: out= a * b;
        4'b0001: out= a/b;
      endcase
    end
endmodule
```

在例 9-29 中,如果 op_code 的最高位为 1,则执行分支项"out=a+b";如果 op_code 最高 2 位为 01,则执行分支项"out=a-b";如果 op_code 最高 3 位为 001,则执行分支项"out=a*b";只有当 op_code 取值为 0001 时,才执行分支项"out=a/b"。

2. 循环控制语句

在 Verilog 中,提供了以下几种循环控制语句。它们分别是 for 循环控制语句、repeat 循环控制语句、while 循环控制语句和 forever 循环控制语句。

(1) for 循环控制语句。

for 循环控制语句的语句格式如下:

for(<语句 1> ;<条件控制表达式> ;<语句 2>) 语句或语句块;

<语句 1>和<语句 2>是两条过程赋值语句,其中<语句 1>用于实现对循环次数变量赋初值,而<语句 2>用于实现对循环次数变量的修改,通常为对循环次数变量进行增加或减少修改。<条件控制表达式>代表了循环体重复执行必须满足的条件。

例 9-30 用 for 循环语句实现 2 个 8 位数相乘。

```verilog
module mult_for(outcome,a,b);
parameter size= 8;
```

```verilog
input[size:1] a,b;
output[2*size:1] outcome;
reg[2*size:1] outcome;
integer i;
always @ (a or b)
  begin
    outcome= 0;
    for(i= 1;i< = size;i= i+ 1)
    if(b[i]) outcome= outcome+ (a< < (i-1));
  end
endmodule
```

(2) repeat 循环控制语句。

repeat 循环控制语句实现的是一种循环次数预先设定的循环控制。在这种循环控制语句中,循环体中的语句或语句块将按照设定的循环次数循环执行。repeat 循环控制语句的语句格式如下:

repeat (<循环次数表达式>) 语句或语句块;

<循环次数表达式>用于设定循环次数,它可以为常量,也可以是变量或数值表达式。如果为变量或数值表达式,则取值只在第一次进入循环得到计算。如果为不定值(x 或 z),则循环次数按 0 处理。下面举例说明 repeat 循环控制语句的用法。

例 9-31 用 repeat 循环控制语句实现循环移位。

```verilog
module shikft(data_out,data_in,num,ctrl);
    input[15:0] data_in;
    input[3:0] num;
    input ctrl;
    output[15:0] data_out;
    reg tmp;
    reg [15:0] data_out;
    always @ (ctrl)
    begin
      data_out= data_in;
      if(ctrl= = 1)
      repeat(num)
        begin
          tmp= data_out[15];
          data_out= data_out< < 1;
          data[0]= tmp;
        end
```

        end
endmodule

(3) while 循环控制语句。

while 循环控制语句实现的是一种有条件的循环控制,只有条件满足了才能够执行其后的循环体,否则将不执行。while 循环控制语句的语句格式如下:

while(<条件控制表达式>) 语句或语句块;

<条件控制表达式>代表了循环体重复执行必须满足的条件。在每次执行语句或语句块之前,都要对条件控制表达式是否成立进行判断。如果条件为真,就执行其后的语句或语句块,否则将跳出 while 循环控制语句。

例 9-32 while 循环控制语句的用法。

```
initial
begin
  count= 0;
  while(count< 10)
  begin
    $ display("count= % d",count);
    # 5 count= count+ 1;
  end
end
```

在例 9-32 的描述中,while 循环控制语句执行时首先判断条件控制表达式"count<10"是否成立,如果成立则执行 begin-end 语句块,否则跳出 while 循环控制语句。

(4) forever 循环控制语句。

forever 循环控制语句实现的是一种无限的循环,该循环语句内指定的循环体部分将不断重复地执行。forever 循环控制语句的语句格式如下:

forever 语句或语句块;

forever 循环控制语句是不可综合的,常用于产生周期性的波形,作为仿真测试信号。forever 循环控制语句一般用在 initial 过程语句中。

注意:在 forever 的语句或语句块中必须带有某种形式的时延控制,否则 forever 会在 0 时延后无限循环执行其后的语句或语句块,这样是得不到有效波形的。

如果需要在某个时刻跳出 forever 循环控制语句所指定的无限循环,则可以通过在循环体语句块中使用终止语句(disable 语句)来实现这一目的。

例 9-33 一个从 t=5 时刻开始的周期为 20,总周期个数为 5 的时钟产生器。

```
module c_gen(clk);
    output clk;
    reg clk;
```

第 9 章　Verilog HDL硬件描述语言设计基础

```
        integer counter;        //定义一个integer型变量,用于记录周期个数
        initial
        begin
          counter= 0;
          clk= 0;
          # 5;
          begin:forever_part
forever
begin
counter= counter+ 1;
if(counter> 5)   disable forever_part
        # 10 clk= ~clk;     //每隔10个时间单位clk翻转一次
            end
          end
        end
endmodule
```

在上例中,当 forever 循环控制语句的循环次数执行到 6 时,if 条件语句中的条件表达式"counter＞5"成立,则执行 disable forever_part,有名块 forever_part 的执行将被终止,从而跳出 forever 循环语句。

9.6.5　Verilog 的编译指示语句

和 C 语言的编译预处理指令相似,Verilog 语言中也提供了大量编译指示语句。Verilog 语言允许在程序中使用特殊的编译指示语句,在编译时,通常先对这些语句进行预处理,然后再将预处理的结果和源程序一起进行编译。Verilog 提供了九种编译指示语句。本书中只介绍最常用的几种。

1. 宏编译指令

宏编译指令包括两条指令：'define 和 'undef。

(1) 宏替换 'define 指令。

'define 用于将一个简单的名字或标识符(或称为宏名)来代替一个复杂的名字或字符串。使用格式为：

'define 宏名(标志符) 字符串

例如：

'define wordsize 8

在上面的语句中,用宏名 wordsize 来替代 8。

如在后面的程序中需引用已定义的宏名时,使用"'宏名"的方式即可。例如：

reg [1:'wordsize] data;   //等同于 reg [1:8] data

再例如:

`define my_square(x) ((x) * (x))
n= `my_square(a+ b);   //等同于 n= ((a+ b) * (a+ b))

(2) `undef 指令(取消宏定义指令)。

该指令用来取消先前定义的宏。其语法格式如下:

`undef 宏名

例 9-34 取消宏定义指令举例。

```
`define WORD 16
  ⋮
wire [`WORD:1] Bus;
  ⋮
`undef WORD                //在`undef 编译指令执行后,WORD 不再代表 16
```

2. 条件编译指令

在一般情况下,Verilog 的源程序中所有的行都将参加编译,但有时希望对其中一部分只在某些条件满足的情况下参与编译,也就是对一部分内容指定编译的条件,这就是条件编译。有时希望条件满足时对其中一部分进行编译,而当条件不满足时对另外一部分进行编译。条件编译指令可以出现在源程序的任何地方。

条件编译指令的基本语法格式如下。

```
`ifdef 宏名
    语句块
`endif
```

这种形式的基本含义:如果宏名在程序中被定义过(`define 语句定义),则后面的语句块参与源文件的编译,否则不参与。

```
`ifdef 宏名
      语句块 1
`else 语句块 2
`endif
```

这种形式的基本含义:如果宏名在程序中被定义过,则语句块 1 参与源文件的编译,否则语句块 2 参与源文件的编译。

例 9-35 条件编译指令举例。

```
module compile(out,A,B);
input A,B;
output out;
`ifdef add
```

```
        assign out= A+ B;
    `else
        assign out= A-B;
    `endif
endmodule
```

上面的程序可以这样理解:如果定义了宏名 add,则执行"assign out=A+B",否则执行"assign out=A-B"。

3. 文件包含指令 `include

Verilog 语言中的文件包含指令和 C 语言中的预编译指令#include 类似。在编译时,将其他文件中的源程序的完整内容插入当前的源文件,相当于将其他文件中的源程序内容复制到当前文件中出现指令`include 的地方。`include 编译指令可以将一些全局通用的定义或任务包含进文件中,而不用为每一文件都编写一段重复的代码。`include 指令可以出现在 Verilog 源程序的任何地方。其格式如下:

`include"文件名"

例 9-36 文件包含指令举例。

```
//文件 fileA.v 的内容
`define WORDSIZE 8
function [WORDSIZE-1:0] mul1(input1,input2);
    ⋮
endfunction
//文件 fileB.V 的内容
`include "fileA.v"
module fileB(in1,in2,out);
wire[2 * WORDSIZE-1] temp;
assign tem= mul1(in1,in2);
    ⋮
endmodule
```

4. 复位编译指令 `resetall

在编译过程中一旦遇到`resetall 复位编译指令,所有的编译指令都被设置为默认值。这在编译一个特定的源文件,只要求激活某些指令时非常有用。一般应将`resetall 指令放在没有源文件的开始,在其后跟上需要的编译指令。

5. 时间标度指令 `timescale

时间标度指令`timescale用于指定其后模块的时间单位和时间精度。时间标度指令`timescale 对跟随其后的所有模块都生效,直到有另一条`timescale 出现为止。如果没有使用`timescale 或者已经被`resetall 指令复位,则时间单位和精度由仿真器指定。格式如下:

`timescale time_unit/time_precision

时间单位参数 time_unit 是用来定义模块中仿真时间和延迟时间的基准单位的。

时间精度参数 time_precision 是用来声明模块中仿真时间的精确程度的。由于该参数被用来对延迟时间值进行取整操作(仿真前)，因此该参数又可以称为取整精度。如果在同一个程序设计中存在多个 `timescale 指令，则用最小的时间精度值来决定仿真的时间单位。另外，时间精度至少要同时间单位一样精确，时间精度值不能大于时间单位值。

在 `timescale 指令中，用于说明时间单位参数(time_unit)和时间精度参数(time_precision)的数字必须是整数，其有效值为 1、10、100，单位为秒(s)、毫秒(ms)、微秒($\mu$s)、纳秒(ns)、皮秒(ps)、飞秒(fs)。`timescale 指令编译指令在模块外部定义，并且影响后面所有的延迟值。

例 9-37 时间标度指令举例。

```
`timescale 10ns/1ns
module test;
reg set;
parameter d= 1.55;
initial
begin
# d set= 0;          //# 为延迟符号
# d set= 1;
end
endmodule
```

在这个例子中，`timescale 指令定义了时间单位为 10 ns，即所有的时间值表示为 10 ns 的整数倍，时间精度为 1 ns。这样经过取整操作，存储在参数 d 中的延迟时间实际是 16 ns (1.6 ns×10)。这意味着：在仿真时刻为 16 ns 时，寄存器 set 被赋值为 0；在仿真时刻为 32 ns时，寄存器 set 被赋值为 1。

9.6.6 任务和函数

如果程序中有一段程序需要多次执行，则重复性的语句就会很多，任务和函数具备将重复性语句聚合起来的能力。利用任务和函数可以把一个大的程序模块分解成许多小的任务和函数，以方便调试，并且使程序结构更加清晰、易懂。此外，任务和函数都是可以综合的，不过综合出来的都是组合电路。

1. 任务

任务是一段封装在 task-endtask 之内的一段程序。任务是通过调用来执行的，而且只有在调用时才执行。如果定义了任务而没有调用它，那么这个任务是不会执行的。任务可以彼此进行调用，在任务内部还可以调用函数。

任务的定义格式如下：

```
task <任务名>;//无端口列表
    端口类型与说明;
    内部变量说明;
    begin
        <行为语句 1>;
        <行为语句 2>;
           ⋮
        <行为语句 n>;
    end
endtask;
```

任务的调用格式如下:

<任务名>(端口 1,端口 2,…,端口 n);   //任务调用的端口变量和定义时的端口变量必须是一一对应的

例 9-38 利用任务调用来实现 ALU。

```
module alu(a,b,sum,difference);
input [1:0] a,b;
output [2:0] sum;
output[1:0] difference;
wire [1:0] a,b;
reg [2:0] sum;
reg [1:0] difference;
always @ (a or b)
begin
cal(a,b,sum,difference);     //任务调用
end

task cal;
input [1:0] a;
input [1:0] b;
output [2:0] sum;
output [1:0] difference;
begin
sum= a+ b;
difference= a-b;
end
endtask
endmodule
```

使用任务时应注意以下几点。

（1）任务的定义和调用必须在同一个 module 模块内。

（2）在任务定义中,没有端口名列表,但需要进行输入/输出端口和数据类型的说明。

（3）一个任务可以没有输入、输出或双向端口,也可以有一个或多个输入、输出或双向端口。

（4）一个任务可以没有返回值,也可以通过输出或双向端口返回一个或多个返回值。

（5）在任务定义结构中,不允许出现过程块,且任务定义不能够出现在任何一个过程块的内部。

（6）在一个任务中可以调用其他的任务或函数,也可以调用该任务本身。

（7）任务调用语句中,端口名列表内各个端口名出现的顺序和类型必须与任务定义中的端口声明部分的端口顺序和类型相同。

（8）由于任务调用语句是过程性语句,因此它只能出现在过程块内,而且任务调用中接收返回数据的变量必须是寄存器类型的变量。

（9）在一个任务中,可以引用任务声明所在模块内定义的任何变量,即可以直接访问上一级调用模块的任何变量。

2. 函数

和任务一样,函数也是一段可以完成特定操作的程序,这段程序处于关键词 function 与 endfunction 之间。函数的目的是返回一个值,以用于表达式的计算。和任务调用一样,函数也是在调用时才被执行的。函数定义格式如下:

```
function <返回值类型或返回值宽度> <函数名>;
<输入端口说明>;
<函数体内部变量说明>;
begin
    <行为语句 1>;
    <行为语句 2>;
         ⋮
    <行为语句 n>;
end
endfunction
```

在上述定义格式中,<函数名>代表被定义函数的名字。在函数定义时,函数内部实际上已经隐性地定义了一个寄存器变量。寄存器变量和函数名同名,并且取值范围也相同。调用函数是通过函数名进行的,而且调用后的返回值也是通过函数名传递给调用语句的。

<返回值类型或返回值宽度>是可选项,它用来对函数调用返回的数据的类型或宽度进行说明,它可以有如下三种形式:

（1）[msb:lsb]:函数返回的数据是一个多位的寄存器变量,宽度由[msb:lsb]界定;

（2）integer:函数返回的数据是一个整型变量;

（3）real:函数返回的数据是一个实数型变量。

如果选用默认的＜返回值类型或返回值宽度＞,则函数返回的数据是一个位宽为1位的寄存器型变量。

函数调用的格式如下:

＜函数名＞ (＜输入表达式1＞,＜输入表达式2＞,…,＜输入表达式n＞);

＜输入表达式1＞,＜输入表达式2＞,…,＜输入表达式n＞ 代表传递给函数的输入参数列表,它们与函数定义结构中的各个输入端口一一对应。

例9-39 利用函数实现编码器。

```
module code8_3(din,dout);
input[7:0] din;
output[2:0] dout;
function[2:0] code;//函数定义
input[7:0] din;
    casex(din)
      8'b1xxx_xxxx:code= 3'h7;
      8'b01xx_xxxx:code= 3'h6;
      8'b001x_xxxx:code= 3'h5;
      8'b0001_xxxx:code= 3'h4;
      8'b0000_1xxx:code= 3'h3;
      8'b0000_01xx:code= 3'h2;
      8'b0000_001x:code= 3'h1;
      8'b0000_000x:code= 3'h0;
      Default:code= 3'hx;
    endcase
endfunction
assign dout= code(din);
endmodule
```

虽然函数和任务有相似的地方,但函数和任务之间的区别还是非常明显的。函数和任务的区别主要有以下几点。

(1) 在函数中,可以嵌套调用函数,但不可以调用任务。而在任务中,既可以调用函数,也可以调用任务。

(2) 函数中不允许出现延时和事件控制语句,即函数一经调用则马上执行,而任务内部可以有时序控制。

(3) 函数只允许有输入变量且至少有一个输入变量,而任务可以没有输入变量。

(4) 定义函数时,没有端口名列表,但调用函数时,需列出端口名列表,端口名列表的排序和类型必须与定义时的严格一致。

(5) 函数只能有一个返回值。返回值被赋给和函数名同名的变量。任务既可以没有返回值,也可以有一个或多个返回值。

(6) 任务的执行是通过一条语句完成的,函数调用不能单独作为一条语句出现,只有当它被引用在一个表达式中时,才能够被有效地执行,如函数出现在连续赋值语句 assign 的右端表达式中。

9.7 Verilog 的结构级建模

行为描述方式(行为级建模)主要考虑一个电路(模块)的抽象功能描述,而不考虑其具体的实现,而结构描述方式(结构级建模)则是对一个电路结构的具体描述。在这种描述方式下,组成硬件电路的各个子模块之间的相互层次关系及相互连接关系都需要得到说明。

模块的结构描述方式可以分为如下几类。

(1) 调用 Verilog 内置基本门级元件(门级建模)。

(2) 调用开关级元件(晶体管级结构描述)。由于调用开关级元件对于普通用户很少使用,因此本书不做介绍。

(3) 用户自定义元件 UDP(也属于门级)。

(4) 模块级建模。

9.7.1 门级建模

1. Verilog 内置基本门级元件

Verilog 提供了 14 个内置基本门级元件,如表 9-8 所示。

表 9-8 Verilog 内置基本门级元件

类 型		元 件
基本门	多输入门	and(与)、nand(与非)、or(或)、nor(或非)、xor(异或)、xnor(异或非)
	多输出门	buf(缓冲器)、not(非)
三态门	允许定义驱动强度	bufif0(低电平使能三态缓冲器)、bufif1(高电平使能三态缓冲器)、notif0(低电平使能三态非门)、notif1(高电平使能三态非门)
上拉电阻、下拉电阻	允许定义驱动强度	pullup(上拉)、pulldown(下拉)

在 14 个内置基本门元件中,上拉电阻和下拉电阻是只有一个输出端口而没有输入端口的门级元件,其作用是改变输出端的值。上拉电阻将输出置为 1,下拉电阻将输出置为 0。

表 9-9、表 9-10、表 9-11、表 9-12、表 9-13、表 9-14 分别为基本门的逻辑真值表。

表 9-9 and 和 or 的真值表

and	0	1	x	z	or	0	1	x	z
0	0	0	0	0	0	0	1	x	x
1	0	1	x	x	1	1	1	1	1
x	0	x	x	x	x	x	1	x	x
z	0	x	x	x	z	x	1	x	x

第9章 Verilog HDL硬件描述语言设计基础

表9-10 nand 和 nor 的真值表

nand	0	1	x	z	nor	0	1	x	z
0	1	1	1	1	0	1	0	x	x
1	1	0	x	x	1	0	0	0	0
x	1	x	x	x	x	x	0	x	x
z	1	x	x	x	z	x	0	x	x

表9-11 xor 和 xnor 的真值表

xor	0	1	x	z	xnor	0	1	x	z
0	0	1	x	x	0	1	0	x	x
1	1	0	x	x	1	0	1	x	x
x	x	x	x	x	x	x	x	x	x
z	x	x	x	x	z	x	x	x	x

表9-12 buf 和 not 的真值表

buf		not	
0	0	0	1
1	1	1	0
x	x	x	x
z	x	z	x

表9-13 bufif0 和 bufif1 的真值表

bufif0		使能端				bufif1		使能端			
		0	1	x	z			0	1	x	z
输入	0	0	z	L	L	输出	0	z	0	L	L
	1	1	z	H	H		1	z	1	H	H
	x	x	z	x	x		x	z	x	x	x
	z	x	z	x	x		z	z	x	x	x

表9-14 notif0 和 notif1 的真值表

notif0		使能端				notif1		使能端			
		0	1	x	z			0	1	x	z
输入	0	1	z	H	H	输出	0	z	1	H	H
	1	0	z	L	L		1	z	0	L	L
	x	x	z	x	x		x	z	x	x	x
	z	x	z	x	x		z	z	x	x	x

2. 基本门元件的调用

门元件的调用是通过门级元件实例语句实现的。该实例语句的基本语法格式如下：

<门级元件名> <实例名> (端口列表);

(1) 多输入门。

and、nand、or、nor、xor、xnor 等是具有多个输入、一个输出的逻辑门,其端口列表书写格式如下：

(输出,输入 1,输入 2,…,输入 n);

例如：and a1(out,in1,in2);   //两输入与门 a1,输出为 out,输入为 in1 和 in2

(2) 三态门。

bufif0、bufif1、notif0、notif1 等三态门具有一个输入、一个输出以及一个使能控制,如果使能控制端无效,则三态门的输出为高阻态,其端口列表按以下方式列出：

(输出,输入,使能控制端);

例如：bufif1 mytri1(out,in,enable);   //高电平使能的三态门

(3) 多输出门。

buf 和 not 具有多个输出,单个输入,端口列表按下面以下方式列出：

(输出 1,输出 2,…,输入)

例如：not N1(out1,out2,in);   //1 个输入 in,两个输出 out1,out2

如果需要对同一个门元件进行多次调用,则可以采用如下所示的语句格式。

<门级元件名> <实例名 1> (端口列表 1),
    <实例名 2> (端口列表 2),

上面介绍了组合逻辑电路门级建模的基本方法,下面举例说明。

例 9-40　图 9-6 所示为一个 2 线-4 线译码器的逻辑电路图,利用门级元件调用方法来实现这个译码器的 Verilog 描述如下。

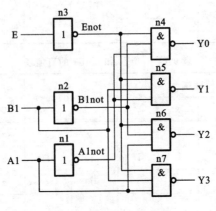

图 9-6　2 线-4 线译码器

```
module 2to4decoder(A1,B1,E,Y);
input A1,B1,E;            //定义输入信号
output [3:0] Y;           //定义输出信号
wire A1not,B1not,Enot;    //定义内部节点信号
not n1(A1not,A1);
    n2(B1not,B1);
    n3(Enot,E);
nand n4(Y[0],A1not,B1not,Enot);
     n5(Y[1],A1not,B1,Enot);
     n6(Y[2],A1,B1not,Enot);
     n7(Y[3],A1,B1,Enot);
endmodule
```

9.7.2 用户自定义元件

在 Verilog 中，允许设计者自己定义元件，即用户自定义元件(UDP)。UDP 的功能可以比较复杂，可以把组合逻辑电路或者时序逻辑电路封装在一个 UDP 内。UDP 一旦定义完成，就可以像调用 Verilog 的内置基本元件一样来对它进行调用了。UDP 元件不能用于可综合的设计描述中，而只能用于仿真程序中。UDP 定义模块不能出现在其他模块内，它的定义必须独立于其他模块结构。UDP 可以分为组合逻辑 UDP 元件和时序逻辑 UDP 元件。

UDP 定义的语法格式如下：

primitive <UDP 元件名称> (<输出端口名>,<输入端口 1>,<输入端口 2>,…,<输入端口 n>);
  输出端口类型说明(output);
  输入端口类型说明(input);
  输出端寄存器变量说明(reg);
  元件初始状态说明;
  table
      <table 表项 1>;
      <table 表项 2>;
          ⋮
      <table 表项 n>;
  endtable
endprimitive

从上述 UDP 元件定义格式中可以看出，使用 UDP 定义的基本元件，只能有一个输出端口，且输出端口必须出现在端口列表的第一项。可以有一个或多个输入端口。一般对时序逻辑 UDP 最多可以允许有 9 个输入端口，对组合逻辑 UDP 最多允许有 10 个输入端口。另外要注意是，在定义 UDP 元件时，所有输入端口和输出端口都只能是 1 位的标量，由关键词

"table"和"endtable"封装的多个 table 表项构成了 UDP 元件定义模块内的一个输入/输出真值表。它体现了定义的 UDP 元件的逻辑功能。在这里要注意的是：Verilog 规定，在 table 表项中，输入中如果出现值 z 就将其当作 x 处理，输出不允许出现逻辑值 z，只能出现"0""1""x"。

1. 组合逻辑 UDP 元件

对组合逻辑 UDP 元件的描述相当于直接把电路的逻辑真值表放到 table 表中，就是规定了不同的输入值和对应的输出值。table 表项相当于构成了 UDP 元件输入/输出的一个真值表。在进行仿真时，当发现 UDP 的某个输入发生变化时，将会自动进入 table 表查找相匹配的 table 表项，再把相对应的输出逻辑值赋给输入端口。如果在 table 表中找不到与当前输入相匹配的 table 表项，则输出将取不定态"x"。因此，在进行 UDP 元件定义时，应当尽可能将多的输入状态设置到 table 表项中。

对于 table 表项的格式还应注意以下几点。

(1) table 表项中的输入值和输出值只能为 0、1、x 或 ? 中的一个，不能为 z。

(2) table 表项中的输入逻辑值之间用空格符分开，而且各输入值的排列顺序必须与它们在 primitive 定义语句中端口列表内的排列顺序严格保持一致。

例 9-41 将 4 选 1 数据选择器定义成 UDP 元件。

表 9-15 所示的是 4 选 1 数据选择器的逻辑真值表。

表 9-15 4 选 1 数据选择器的逻辑真值表

in1	in2	in3	in4	sel1	sel2	out
0	×	×	×	0	0	0
1	×	×	×	0	0	1
×	0	×	×	0	1	0
×	1	×	×	0	1	1
×	×	0	×	1	0	0
×	×	1	×	1	0	1
×	×	×	0	1	1	0
×	×	×	1	1	1	1

4 选 1 数据选择器的 UDP 描述。

```
primitive mux4_1(out,in1,in2,in3,in4,sel1,sel2);
output out;
    input in1,in2,in3,in4,sel1,sel2;
    table
        0 ? ? ? 0 0 :0;        //真值表的第一行
        1 ? ? ? 0 0 :1;
        ? 0 ? ? 0 1 :0;
```

```
        ? 1 ? ? 0 1 : 1;
        ? ? 0 ? 1 0 : 0;
        ? ? 1 ? 1 0 : 1;
        ? ? ? 0 1 1 : 0;
        ? ? ? 1 1 1 : 1;       //真值表的最后一行
    endtable
endprimitive
```

2. 时序逻辑 UDP 元件

时序逻辑 UDP 元件的输出除了与当前的输入状态有关,还与时序逻辑 UDP 元件本身的内部状态有关。其内部状态必须用寄存器变量进行描述,该寄存器的值就是时序逻辑电路的当前状态,它的下一个状态是由 table 表项中的状态序列决定的,而且寄存器的下一个状态就是时序逻辑 UDP 元件的输出值。

对时序逻辑 UDP 元件进行定义时的 table 表项格式如下:

<输入逻辑值 1> <输入逻辑值 2> ……<输入逻辑值 n>:<内部状态>:<输出逻辑值>;

(1) 初始化寄存器。

由于时序逻辑 UDP 元件有自己的内部状态,因此必须有一个寄存器变量来保存其内部状态。在时序逻辑 UDP 元件的定义模块中必须将输出端口定义为寄存器类型,它是依靠时序逻辑 UDP 元件定义模块中的输出端寄存器变量说明来完成的。

在某些情况下需对元件的初始状态值(0 时刻)加以指定。元件初始状态值的设定是通过 initial 过程块以及过程赋值语句实现的。如果元件是初始状态说明采用默认值,则元件的初始状态被默认为不定状态"x"。例如语句:

```
initial reg_name= 0,1,or x;
```

(2) 电平触发时序电路 UDP。

电平触发时序电路 UDP 的特点是其内部状态的改变是由某一个输入信号电平触发的。

例 9-42 某锁存器的真值表如表 9-16 所示,用 UDP 实现该锁存器。

表 9-16 电平触发锁存器的真值表

d_in	clk	current_state	next_state
0	0	0、1 或 x	0
1	0	0、1 或 x	1
0、1 或 x	1	1	1
0、1 或 x	1	0	0

```
primitive latch(q,clk,d_in);
    output q;
    input clk,d_in;
    reg q;
    initial q= 1'b0;
    table
        0 0 : ? : 0;
        0 1 : ? : 1;
        1 ? : 0 : 0;
        1 ? : 1 : 1;
    endtable
endprimitive
```

上述 UDP 描述的最后两行表示的就是当 clk 为逻辑 1 时,锁存器处于锁存状态,UDP 的内部状态和输出保持不变。对于状态不变的情况,还可以引入标记"-"来表示,即上述描述也可以按下列格式进行书写。

```
 ⋮
table
    0 0 : ? : 0;
    0 1 : ? : 1;
    1 ? : ? : -;
endtable
 ⋮
```

(3) 边沿触发时序电路 UDP。

边沿触发时序电路 UDP 的特点是其内部状态的改变是由时钟的有效边沿(上升沿或下降沿)触发的,而与时钟信号稳定时的输入状况无关。所以对边沿触发时序逻辑元件的描述就需要考虑输入信号的变化和变化方式。在 table 表项的输入逻辑值部分需要列出输入信号的跳变情况。在 Verilog 中,用一对括号括起来的两个数字的形式(vw)表示从一个状态到另一个状态的变化,其中 v、w 可以是 0、1、x、? 中的任意一个。比如(01)代表由 0 向 1 的上升沿跳变;(10)代表由 1 向 0 的下降沿跳变;(??)代表在 0、1、x 三个状态之间的任意跳变;(1x)代表由 1 向不定状态跳变。在这里请注意:Verilog 规定,在每一个 table 表项中最多只允许一个输入信号处于跳变状态。如下语句是不合法的:

```
(01)   (10) : 0 : 0;
```

在这条表项中,有两个输入信号处于跳变状态。

例 9-43 上升沿触发的 D 触发器 UDP 元件。

```
primitive D_Edge_ff(q,clk,data);
    output q;
```

```
input clk,data;
reg q;
initial q= 0;
table
  //clk   data   q(state) q(next_state)
  (01) 0 : ? : 0;
  (01) 1 : ? : 1;
  (0x) 1 : 1 : 1;
  (0x) 0 : 0 : 0;
  (? 0) ? : ? : -;
  ? (??) : ? : -;
endtable
endprimitive
```

为了简化 UDP 元件定义模块中 table 表项的描述和增强可读性，Verilog 允许使用一些特定的符号来表示某些值或值的变化，称为缩记符号，如表 9-17 所示。

表 9-17　UDP 定义的缩记符号

缩记符	定义	说明
0	逻辑 0	可以描述输入、输出信号
1	逻辑 1	可以描述输入、输出信号
x	不定状态	可以描述输入、输出信号
?	任意态(0 或 1 或 x)	不能用于描述输出信号
-	状态保持不变	只能用于描述时序逻辑 UDP 元件的输出信号
b	0 或 1 中的任意一个	只能用于描述输入信号
(vw)	输入从逻辑值 v 变化到逻辑值 w	不能用于描述输出信号
*	与(??)相同，表示任意变化	只能用于描述输入信号
r	与(01)相同，表示输入的上升沿	只能用于对输入信号的描述
f	与(10)相同，表示输入的下降沿	只能用于对输入信号的描述
p	(01)、(0x)、(x1)中任意一个	只能用于对输入信号的描述
n	(10)、(1x)、(x0)中任意一个	只能用于对输入信号的描述

例 9-44　带有异步清零和异步置 1 的边沿 JK 型触发器 UDP 元件。

```
primitive jk_edge_ff(q,clock,j,k,preset,clr);
  output q;
  input clock,j,k,preset,clr;
  ret q;
  table
  //clock j k peset clr
  //prest 逻辑              ——第 1 部分
```

```
        ? ? ? 0 1 : ? : 1;
        ? ? ? * 1 : 1 : 1;
        //clr 逻辑                    ——第 2 部分
        ? ? ? 1 0 : ? : 0;
        ? ? ? 1 * : 0 : 0;
        //正常情况                    ——第 3 部分
        r 0 0 1 1 : ? : -;
        r 0 1 1 1 : ? : 0;
        r 1 0 1 1 : ? : 1;
        r 1 1 1 1 : 0 : 1;
        r 1 1 1 1 : 1 : 0;
        f ? ? ? ? : ? : -;
        //j 和 k 变化的情况            ——第 4 部分
        b * ? ? ? : ? : -;
        b ? * ? ? : ? : -;
        //减少输出不定状态             ——第 5 部分
        p 0 0 1 1 : ? : -;
        p 0 ? 1 ? : 0 : -;
        p ? 0 ? 1 : 1 : -;
        (x0) ? ? ? ? : ? : -;
        (1x) 0 0 1 1 : ? : -;
        (1x) 0 ? 1 ? : 0 : -;
        (1x) ? 0 ? 1 : 1 : -;
        x * 0 ? 1 : 1 : -;
        x 0 * 1 ? : 0 : -;
    endtable
endprimitive
```

9.7.3 模块级建模

模块级建模,也称为模块实例化。是指调用由用户设计生成的低级子模块来对硬件电路进行描述。这种情况下,模块由低级模块的实例组成。前面介绍的基本门级元件调用、用户自定义元件(UDP)调用等都可以看成是特殊类型的模块调用。通过模块调用,一个复杂电路将被描述为由一个个不同级别的模块组成的电路。高层模块可以引用或者调用低层模块,这样层层引用或者调用的机制就给整个设计建立了描述的层次。在 Verilog 中,低层模块被调用后,就在调用它的上一级模块(调用模块)中生成了一个低层模块(被调用模块)的电路的拷贝,即生成了一个低层模块的实例。从这一点上讲,虽然 Verilog 中的模块调用和 C 语言中的函数调用在说法和形式上有些相似,但是它们是有本质区别的。

1. 模块实例化语句

模块实例化语句的基本格式如下：

<模块名> <参数值列表> <实例名> (<端口连接表>) ;

(1) <模块名>指的是被调用模块的模块名。

(2) <参数值列表>为可选项,该列表中的参数将被传递给被调用模块实例内对应的参数。

(3) <实例名>则为模块调用后所生成的模块实例的名称,它可以用来唯一标识所生成的模块实例。在同一个模块内,不能出现两个相同的实例名,如果在一个模块内出现了多次模块调用,则每次模块调用所指定的实例名必须不相同。在同一个上级模块内,可以对多个下级模块进行调用,也可以对同一个下级模块进行多次调用。这样在同一个电路中就会生成多个电路结构单元,这些电路结构单元就是每次调用所生成的模块实例。为了区分这些电路结构单元,要求每次模块调用所生成的实例名不相同。在这里,大家要注意区分实例名和模块名。实例名标识不同的模块实例,它主要用来区分电路中不同的硬件单元,而模块名则标识不同的模块,它主要用来区分电路单元的不同种类。

(4) <端口连接表>是由外部信号端子组成的一张有序列表,这些外部信号端子代表着与模块实例某个端口相连的外部信号。因此,实际上<端口连接表>代表着模块实例端口和外部电路的连接情况。

如果需要在一个模块内对同一个被调用模块进行多次调用,可以采用以下的模块实例语句来实现：

<模块名> <参数值列表 1> <实例名 1> (<端口连接表 1>),
<参数值列表 2> <实例名 2> (<端口连接表 2>),
⋮
<参数值列表 n> <实例名 n> (<端口连接表 n>) ;

2. 模块调用时端口的关联方式

在进行模块调用时,模块实例端口和外部信号端子之间的连接关系是依靠模块实例语句中的<端口连接表>来指明的。这种连接关系主要依靠"端口位置关联"和"端口名称关联"两种方式来实现。

(1) 端口位置关联方式。

在这种关联方式下,端口连接表的格式如下：

(<信号端子 1>,<信号端子 2>,…,<信号端子 n>)

其中,信号端子需要在高层模块(调用模块)中被定义,它们分别与模块实例中相应的端口相连接。

在端口位置关联方式下,不需要给出被调用模块定义时给出的端口名称。各个信号端子只需要按照相应的顺序出现在端口连接表中,就可以实现信号端子与被调用模块定义时给出的端口列表中出现的各个模块端口相连接。这里要注意的是,若进行模块调用时采用端口位置关联方式,则端口连接表中端口的排列顺序要和被调用模块定义时给出的端口顺序相同。

例 9-45 模块调用时采用端口位置关联方式实现用两个半加器构成一个全加器。

```
module HA(A,B,S,C);        //半加器的描述
   input A,B;
   output S,C;
   assign S= A^B;
   assign C= A&B;
endmodule
```

在全加器的描述中,使用模块实例语句,利用端口位置关联方式两次调用模块 HA,生成两个半加器的实例,最后产生出全加器。

```
module FA(P,Q,Cin,Sum,Cout);     //全加器的描述
   input P,Q,Cin;
   output Sum,Cout;
   wire S1,C1,C2;
   HA h1(P,Q,S1,C1),
      h2(Cin,S1,Sum,C2);         //模块实例化,生成两个半加器
   or o1(Cout,C1,C2);            //门级元件调用,产生或门的实例
endmodule
```

1 位全加器的逻辑图如图 9-7 所示。

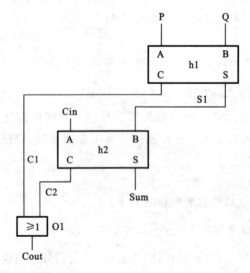

图 9-7　1 位全加器的逻辑图

(2) 端口名称关联方式。

在这种关联方式下,端口连接表的格式如下:

(.<端口名1>(<信号端子1>),.<端口名2>(<信号端子2>),…,<端口名n>(<信号端子n>))

其中,信号端子也需要在高层模块(调用模块)中被定义。

在端口名称关联方式下,模块实例语句的端口连接表显式地指明了与每个外部信号端子相连的模块端口名。因此,在端口名称关联方式下,模块实例语句中的端口连接表中各项的排列顺序是不重要的,它对连接关系是不产生任何影响的。

按照端口名称关联方式,例9-45中的模块实例语句也可以修改成如下形式：

```
    ⋮
HA h1(.A(P),.B(Q),.C(C1),.S(S1)),
   h2(.A(Cin),.S(Sum),.B(S1),.C(C2));
    ⋮
```

在端口名称关联方式下,如果端口连接表内某一项的信号端子采用默认的形式,即.端口名()的形式,则这一项的端口名所代表的端口将处于悬空状态。

对于端口关联方式还应该注意：
(1) 不能在同一个端口连接表中混合使用端口位置关联方式和端口名称关联方式；
(2) 如果被调用模块的某个端口不具备端口名,即模块定义时,端口列表中的端口表达式采用的不是变量标识符的形式。在这种情况下,对该模块进行调用,不能采用端口名称关联方式,而只能采用端口位置关联方式。

3. 模块调用时的阵列调用方式

当需要对同一个模块进行多次重复性的调用时,可以采用阵列调用方式来实现。

阵列调用方式的格式如下：

<被调用模块名><实例阵列名>[阵列左边界:阵列右边界](<端口连接表>);

例9-46 使用阵列调用方式的模块实例语句实现多次重复调用。

```
//对与非门进行行为建模
module nand(ina,inb,nand_out);
    input ina,inb;
    output nand_out;
    assign nand_out= ~(ina&inb);
endmodule
//利用阵列调用方式调用模块 nand
module data_change(out,ina,inb);
    input[3:0] ina,inb;
    output[3:0] out;
    wire[3:0] out,ina,inb;
    nand nand_arrey[3:0] (ina,inb,out);
endmodule
```

上述模块的阵列调用方式实例语句"nand nand_arrey[3:0] (ina,inb,out);"等价于如下几条语句：

```
nand nand_arrey[3] (ina[3],inb[3],out[3]);
nand nand_arrey[2] (ina[2],inb[2],out[2]);
nand nand_arrey[1] (ina[1],inb[1],out[1]);
nand nand_arrey[0] (ina[0],inb[0],out[0]);
```

4. 端口宽度的匹配

在进行端口关联时，如果出现关联端口长度不一致的情况，则处理方式是通过无符号数的右对齐并截断的方式进行匹配。如下例所示。

例 9-47 模块调用的端口宽度匹配。

```
//被调用模块描述
module CH(Pba,Ppy);
    input [5:0] Pba;
    output [2:0] Ppy;
  ⋮
endmodule
//调用模块描述
module Top(Bdl,Mpr);
    input [1:2] Bdl;
    output [2:6] Mpr;
    wire [1:2] Bdl;
    wire [2:6] Mpr;
    CH C1(Bdl,Mpr);
  ⋮
endmodule
```

在上例中，模块实例语句"CH C1(Bdl,Mpr);"的端口连接表中的信号端子 Bdl 的宽度是 2 位，而与它相连的模块端口 Pba 的宽度为 6 位。在这种情况下，采用右对齐方式，即 Bdl[2]和 Pba[0]相连，Bdl[1]和 Pba[1]相连，余下的端口 Pba[5]～Pba[2]被截断，处于悬空状态。同理，对于信号端子 Mpr，则是 Mpr[6]和 Ppy[0]相连，Mpr[5]和 Ppy[1]相连，Mpr[4]和 Ppy[2]相连，其余的端口 Mpr[2]～Mpr[3]将被截断，处于悬空状态。

5. 模块的参数值

当某个模块被另外一个模块调用后，如果被调用模块内部定义了参数，则调用模块可以对被调用模块内的参数值进行修改，由此可以对被调用模块实现的功能进行控制。在模块调用时对参数值的修改可以通过使用带有参数值的模块实例语句和使用参数重定义语句（defparam 语句）两种方式来实现。

(1) 使用带有参数值的模块实例语句。

在这种方式下,模块实例语句中就带有新的参数值,这些新的参数值是在参数值列表中指定的。参数值列表在模块实例语句中是可选项,其格式如下:

(<参数值 1>,<参数值 2>,…,<参数值 n>)

参数值列表中指定的参数值将被分别传递给被调用模块内的各个参数,如果只包含一个参数,则采用"♯<参数值>"的形式。如下例所示。

例 9-48 利用带有参数值的模块实例语句来实现参数的传递。

```
module ram(input1,input2,…,output1,output2,…);
    parameter ADDWIDTH= 10;
    parameter DATAWIDTH= 8;
    ⋮
endmodule
//模块 TOP 在调用模块 ram 时通过更改参数来产生不同的 RAM 模块
module TOP;
    ⋮
//ADDWIDTH 修改为 12, DATAWIDTH 仍保持为 8
ram # 12 ram1(input1,input2,…,output1,output2,…);
// ADDWIDTH 修改为 20, DATAWIDTH 修改为 4
ram # (20,4) ram2(input1,input2,…,output1,output2,…);
endmodule
```

注意:在使用带有参数值的模块实例语句来实现参数传递时,参数值列表中各个参数值的排列顺序必须与被调用模块中各个参数的次序保持一致,而且参数值和参数的个数也必须相同。

(2) 使用参数重定义语句(defparam 语句)。

参数重定义语句的格式如下:

```
defparam <参数名 1> = <参数值 1>,
         <参数名 2> = <参数值 2>,
           ⋮
         <参数名 n> = <参数值 n>;
```

在上述格式中,defparam 是参数重定义语句的标识;<参数名>用于指明被修改的是哪一个参数,该参数名必须采用分级路径名的形式,特别是在模块层次结构中,只有这样才能唯一标识某个模块实例中的某个参数。

例 9-49 使用参数重定义语句来实现模块参数值的更改。

```
//一个 4×4 位的乘法器,操作数的位数由参数 WIDTH1、WIDTH2 来确定
module multibits_multiplier(data1,data2,out);
    parameter WIDTH1= 4;
    parameter WIDTH2= 4;
```

```
        input [WIDTH1-1:0] data1;
        input [WIDTH2-1:0] data2;
        output [WIDTH1+ WIDTH2-1:0] out;
        assign out= data1 * data2;
    endmodule
    //通过调用模块 multibits_multiplier 并在调用时修改参数来实现 8×8 乘法器
    module eight_bits_multiplier(a,b,result);
        input [7:0] a,b;
        output [15:0] result;
        defparam U1.WIDTH1= 8,
                U1.WIDTH2= 8;
        multibits_multiplier U1(a,b,result);
    endmodule
```

在上例中使用了参数重定义语句(defparam 语句)对两个参数进行修改,指定的参数名"U1. WIDTH1"是一个分级路径名形式,表明需要修改的参数是当前模块 eight_bits_multiplier 中包含的模块实例 U1 内的参数 WIDTH1。

(3) 两种参数值更改方式的区别。

上述两种参数值的修改虽然都可以对模块的参数值进行修改,但是它们在具体的用法上还是存在着区别。

在使用带有参数值的模块实例语句修改参数值的情况下,由于需要在模块实例语句中列出新的参数值,模块实例语句只能对当前模块的下一级模块进行调用,而不能进行跨级调用,因此这种方式只能对本模块(当前模块)直接调用的下一级模块内的参数值进行修改,而对非当前模块直接调用的模块或者更低层次的模块内的参数值则不能进行修改。

在采用参数重定义语句修改参数值的情况下,由于重定义语句 defparam 独立于模块实例语句,并且参数重定义语句内的参数名采用的是分级路径名形式,因此这种方式不仅可以实现对本模块直接调用的下一级模块内的参数值的修改,还可以实现对非当前模块直接调用的模块或者更低层次的模块内的参数值进行修改,从而实现更为灵活的参数值修改操作。

6. 模块实例化举例

通过模块间的层层调用,可以很方便地实现电路的层次关系,就像是在搭积木一样,最终完成整个系统的设计。

例 9-50 某异步十进制计数器的逻辑图如图 9-8 所示。试用模块实例化方法实现异步十进制加法计数器。

从图 9-8 可以看出,该异步十进制加法计数器由 4 个 JK 型触发器和 1 个与逻辑门组成,因此,需首先创建低层模块分别实现 JK 触发器和与逻辑。

低层模块描述如下:

```
//JK 触发器
module JK_FF(J,K,CK,Q,NQ);
```

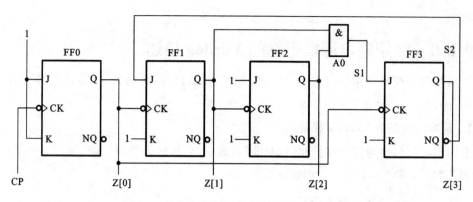

图 9-8 异步十进制加法计数器的逻辑电路图

```
    input J,K,CK;
    output Q,NQ;
     ⋮
endmodule
//与逻辑门
module AND1(A,B,OUT);
    input A,B;
    output OUT;
    assign OUT= A&B;
endmodule
```

高层模块描述如下:

```
module Decade_Ctr(CP,Z);
    input CP;
    output [0:3] Z;
    wire S1,S2;
    AND1 A0(Z[1],Z[2],S1);
    JK_FF FF0(.J(1'b1),.K(1'b1),.CK(CP),.Q(Z[0]),.NQ()),
          FF1(.J(S2),.K(1'b1),.CK(Z[0]),.Q(Z[1]),.NQ()),
          FF2(.J(1'b1),.K(1'b1),.CK(Z[1]),.Q(Z[2]),.NQ()),
          FF3(.J(S1),.K(1'b1),.CK(Z[0]),.Q(Z[3]),.NQ(S2));
endmodule
```

9.8 数字电路的 Verilog 描述实例

通过前面的学习,已经了解了 Verilog 的基本结构、语言要素和语法规则。本节主要给出一些常用的数字电路的 Verilog 描述,包括对常用的组合逻辑电路、时序逻辑电路和状态机的描述。

9.8.1 常用组合逻辑电路的 Verilog 描述

常用的组合逻辑电路包括基本门电路、加法器、编码器、译码器、数值比较器、多路选择器等。

1. 基本门电路的 Verilog 描述

常用门电路包括与门、或门、非门、与非门、或非门、异或门等。

例 9-51 2 输入与门的 Verilog 描述。

```
//用 assign 描述 2 输入与门
module and2(a,b,y);
input a, b;
output y;
wire   a, b;
wire   y;
assign y= a&b;
endmodule


//用 always 描述 2 输入与门
module and2(a,b,y);
input a, b;
output y;
wire  a, b;
reg   y;
always @ (a or b)
begin
y= a&b;
end
endmodule


//用门元件实例化描述 2 输入与门
module and2(a,b,y);
input a, b;
output y;
wire  a, b;
wire  y;
and and1(y, a, b);
endmodule
```

2. 加法器的 Verilog 描述

例 9-52 图 9-9 所示的为由 4 个 1 位全加器构成的 4 位加法器,试用 Verilog 描述该加法器。

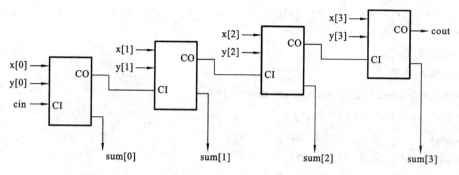

图 9-9 由 1 位全加器级联构成 4 位加法器

```verilog
module adder4(x,y,cin,sum,cout);
    input    [3:0]   x, y;
    input            cin;
    output   [3:0]   sum;
    output           cout;
    wire     [3:0]   x, y;
    wire             cin;
    reg      [3:0]   sum;
    reg              cout;
    always @ (x or y or cin)
    begin
        {cout, sum}= x+ y+ cin;
    end
endmodule
```

也可以采用先实现 1 位加法器,然后利用模块实例化方法实现 4 位加法器。实现方法如下:

```verilog
//1 位全加器
module full_adder(x,y,cin,sum,cout);
    input        x,y;
    input        cin;
    output       sum;
    output       cout;
    wire         x, y;
    wire         cin;
    reg          sum;
```

```verilog
    reg         cout;
    always      @ (x or y or cin)
    begin
        {cout, sum}= x+ y+ cin
    end
endmodule
//4位加法器
module adder4(x,y,cin,sum,cout);
    input       [3:0]   x, y;
    input               cin;
    output      [3:0]   sum;
    output              cout;
    wire        [3:0]   x, y;
    wire                cin;
    wire        [3:0]   sum;
    wire                cout;
    wire                out1;
    wire                out2;
    wire                out3;
    full_adder adder1(.x(x[0]), .y(y[0]), .cin(cin), .sum(sum[0]), .cout(cout1));
    full_adder adder2(.x(x[1]), .y(y[1]), .cin(cout1), .sum(sum[1]), .cout(cout2));
    full_adder adder3(.x(x[2]), .y(y[2]), .cin(cout2), .sum(sum[2]), .cout(cout3));
    full_adder adder4(.x(x[3]), .y(y[3]), .cin(cout3), .sum(sum[3]), .cout(cout));
endmodule
```

3. 数值比较器的 Verilog 描述

例 9-53　8 位数值比较器的 Verilog 描述。

```verilog
module compare8(a,b,agb,asb,aeb);
    input       [7:0]   a, b;       //参与比较的两个8位数
    output              agb;        // a 大于 b
    output              asb;        // a 小于 b
    output              aeb;        // a 等于 b
    wire        [7:0]   a, b;
    reg                 agb;
```

```
reg                    asb;
reg                    aeb;
always              @ (a or b)
begin
  if(a= b)
    begin
    agb= 0;
    asb= 0;
    aeb= 1;
    end
  else if(a> b)
    begin
    agb= 1;
    asb= 0;
    aeb= 0;
    end
  else if(a< b)
    begin
    agb= 0;
    asb= 1;
    aeb= 0;
    end
  else
    begin
    agb= 'bx;
    asb= 'bx;
    aeb= 'bx;
    end
end
endmodule
```

4. 编码器和译码器的 Verilog 描述

(1) 编码器。

在数字系统中,根据实际需要将输入码流按一定规则转换为二进制码,实现这一操作的电路称为编码器。

例 9-54 8线-3线优先编码器的真值表如表 9-18 所示,试用 Verilog 描述该优先编码器电路。

表 9-18 8 线-3 线优先编码器的真值表

输入								输出		
I_7	I_6	I_5	I_4	I_3	I_2	I_1	I_0	Y_2	Y_1	Y_0
1	×	×	×	×	×	×	×	1	1	1
0	1	×	×	×	×	×	×	1	1	0
0	0	1	×	×	×	×	×	1	0	1
0	0	0	1	×	×	×	×	1	0	0
0	0	0	0	1	×	×	×	0	1	1
0	0	0	0	0	1	×	×	0	1	0
0	0	0	0	0	0	1	×	0	0	1
0	0	0	0	0	0	0	1	0	0	0

```verilog
module encoder(I,Y);
input  [7:0]  I;
output [2:0]  Y;
wire   [7:0]  I;
reg    [2:0]  Y;
always @ (I)
begin
if(I[7]= = 1)
Y= 3'b111;
else if(I[6]= = 1)
Y= 3'b110;
else if(I[5]= = 1)
Y= 3'b101;
else if(I[4]= = 1)
Y= 3'b100;
else if(I[3]= = 1)
Y= 3'b011;
else if(I[2]= = 1)
Y= 3'b010;
else if(I[1]= = 1)
Y= 3'b001;
else if(I[0]= = 1)
Y= 3'b000;
else
```

```
Y= 3'bx;
end
endmodule
```

(2) 译码器。

译码是编码的逆过程。实现译码操作的电路称为译码器。

例 9-55 3 线-8 线译码器的真值表如表 9-19 所示,试用 Verilog 描述该译码器电路。

表 9-19 3 线-8 线译码器的真值表

输入			输出							
A_2	A_1	A_0	Y_7	Y_6	Y_5	Y_4	Y_3	Y_2	Y_1	Y_0
0	0	0	0	0	0	0	0	0	0	1
0	0	1	0	0	0	0	0	0	1	0
0	1	0	0	0	0	0	0	1	0	0
0	1	1	0	0	0	0	1	0	0	0
1	0	0	0	0	0	1	0	0	0	0
1	0	1	0	0	1	0	0	0	0	0
1	1	0	0	1	0	0	0	0	0	0
1	1	1	1	0	0	0	0	0	0	0

```
module decoder(A,Y);
input  [2:0] A;
output [7:0] Y;
wire   [2:0] A;
reg    [7:0] Y;
always  @ (din)
begin
case(A)
3'b000: Y= 8'h01;
3'b001: Y= 8'h02;
3'b010: Y= 8'h04;
3'b011: Y= 8'h08;
3'b100: Y= 8'h10;
3'b101: Y= 8'h20;
3'b110: Y= 8'h40;
3'b111: Y= 8'h80;
default: Y= 8'h00;
endcase
```

        end
    endmodule

5. 数据选择器的 Verilog 描述

数据选择是指经过选择,把多个通道的数据传送到唯一的公共数据通道上。实现数据选择功能的逻辑电路称为数据选择器。

例 9-56 图 9-10 所示的为 4 选 1 数据选择器的功能示意图,试用 Verilog 描述该数据选择器。

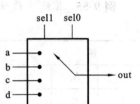

图 9-10 4 选 1 数据选择器的功能示意图

```
module mux4(sel,a,b,c,d,out);
input      [1:0]  sel;
input             a, b, c, d;
output            out;
wire       [1:0]  sel;
wire              a, b, c, d;
reg               out;
always @ *              //@ *表示所有的输入信号
begin
case(sel)
2'b00: out= a;
2'b01: out= b;
2'b10: out= c;
2'b11: out= d;
default: out= 0;
endcase
end
endmodule
```

9.8.2 常用时序逻辑电路的 Verilog 描述

常用的时序逻辑电路包括触发器、寄存器、移位寄存器、计数器、存储器等。

1. 触发器的 Verilog 描述

(1) D 触发器。

D 触发器是一种最简单也是最常用的触发器。它包括一个数据输入信号 data、一个时钟输入信号 clk 和一个数据输出信号 q。当 clk 的上升沿(或下降沿)到来时,输出状态 q 的值变为输入信号 data 的值。

例 9-57 D 触发器的 Verilog 描述。

```
module flipflop_d(data,clk,q);
input       data;
```

```
input      clk;
output     q;
wire       data;
wire       clk;
reg        q;
always     @(posedge clk)     //clk的上升沿
    q<=data;
endmodule
```

例 9-58 带有异步置位和复位的 D 触发器的 Verilog 描述。

```
module flipflop_d(data,clk,resetb,preset,q);
input      data;
input      clk;
input      resetb;
input      preset;
output     q;
wire       data;
wire       clk;
wire       resetb;
wire       preset;
reg        q;
always     @(posedge clk or negedge resetb or posedge preset)
begin
if(preset==1)
q<=1;
else if(reset==0)
q<=0;
else
q<=data;
end
endmodule
```

(2) JK 触发器。

JK 触发器也是一种常用的边沿触发器，它包括两个输入控制信号 J、K，一个时钟信号 clk 和输出信号 q。只有当时钟信号的有效边沿到来时，输出状态才会发生改变。

例 9-59 JK 触发器的 Verilog 描述。

```
module flipflop_jk(j,k,clk,q);
input      j,k;
```

```
input       clk;
output      q;
wire        j, k;
wire        clk;
reg         q;
always      @ (negedge clk)//clk 的下降沿
begin
case({j, k})
2'b00:      q< = q;
2'b01:      q< = 0;
2'b10:      q< = 1;
2'b11:      q< = ~q;
endcase
end
endmodule
```

2. 寄存器和移位寄存器的 Verilog 描述

(1) 寄存器。

在数字电路中,用于存储一组二进制数的存储单元称为寄存器。因为一个触发器可以存储 1 位二进制数,所以构成一个 n 位的寄存器就需要 n 个触发器。

例 9-60 带有输出使能控制段的 8 位寄存器的 Verilog 描述。

```
module register8(data,clk,oe,q);
input       [7:0]   data;
input               clk;
input               oe;
output      [7:0]   q;
wire        [7:0]   data;
wire                clk;
wire                oe;
reg         [7:0]   q;
always      @ (posedge clk)
    begin
if(oe= = 1)
q< = 8'bz;
else
q< = data;
    end
endmodule
```

(2) 移位寄存器。

移位寄存器具有存储和移位双重功能，在数字系统中也具有较为广泛的应用。

例 9-61 8 位循环移位寄存器的 Verilog 描述。

```verilog
module shift_register8(clk,load,dir,data,q);
input       clk;
input       load;
input       dir;//左右移控制信号
input       [7:0] data;
output      q;
wire        clk;
wire        load;
wire        dir;
wire        [7:0] data
wire        q;
reg         [7:0] shift_register;   //8位内部寄存器，当 load=1 时载入 data
always      @ (posedge clk)
begin
if(load= = 1)
shift_register< = data;
else if(dir= = 1)                   //右移
begin
shift_register[7]< = shift_register[0];
shift_register[6:0]< = shift_register[7:1];
end
else                                //左移
begin
shift_register[0]< = shift_register[7];
shift_register[7:1]< = shift_register[6:0];
end
end
assign q= shift_register[7];
endmodule
```

3. 计数器的 Verilog 描述

记忆输入脉冲个数的操作称为计数，实现计数操作的电路称为计数器。计数是一种极为重要的基本操作，因此计数器的用途十分广泛。它是现代数字电路系统中不可缺少的组成部分。

例 9-62 同步十进制加法计数器的 Verilog 描述。

```verilog
module sync_counter10(clk,cout);
input     clk;
output    cout;
wire      clk;
reg       cout;
//内部计数
reg  [3:0] counter;
always   @ (posedge clk)
begin
if(counter= = 9)
begin
counter< = 0;
cout< = 1;
end
else if(counter< 9)
begin
counter< = counter+ 1;
cout< = 0;
end
else
begin
counter< = 0;
cout< = 0;
end
end
endmodule
```

例 9-63 8位异步复位可预置可逆计数器的 Verilog 描述。

```verilog
module load8(clk,reset,ce,load,dir,din,count);
input clk;
input reset;
input ce;
input load;
input dir;   //加减控制信号
input [7:0] din;
output [7:0] count;
reg [7:0] count;
always @ (posedge clk or posedge reset)
```

```
    if(reset)
      count<＝0;
    else if(load)
        count<＝din;
    else if(ce)
      begin
       if(dir)
         begin
         if(count＝＝255)
           count<＝0;
         else
           count<＝count+1;
         end
          else
         if(count＝＝0)
           count<＝255;
         else
           count<＝count-1;
      end
endmodule
```

4. 存储器的 Verilog 描述

存储器的种类很多，但从功能上区分主要有只读存储器(ROM)和随机存储器(RAM)两大类。

(1) 只读存储器。

只读存储器在正常工作时从中读取数据，不能快速地修改或重新写入数据，适用于存储固定数据的场合。

例 9-64 32×8 位 ROM 的 Verilog 描述。

```
module rom(en,clk,adr,dout);
input en;
input clk;
input [4:0] adr;
output [7:0] dout;
reg [7:0] dout;
reg [7:0] data;
always @ (posedge clk)
case(adr)
5'b00000: data<＝2'h00;
```

```verilog
       5'b00001: data< = 2'h11;
       5'b00010: data< = 2'h22;
       5'b00011: data< = 2'h33;
       5'b00100: data< = 2'h44;
       5'b00101: data< = 2'h55;
       5'b00110: data< = 2'h66;
       5'b00111: data< = 2'h77;
       5'b01000: data< = 2'h88;
       5'b01001: data< = 2'h99;
       5'b01010: data< = 2'h30;
       5'b01011: data< = 2'h31;
       5'b01100: data< = 2'h32;
       5'b01101: data< = 2'h33;
       5'b01110: data< = 2'h34;
       5'b01111: data< = 2'h35;
       5'b10000: data< = 2'h36;
       5'b10001: data< = 2'h37;
       5'b10010: data< = 2'h38;
       5'b10011: data< = 2'h39;
       5'b10100: data< = 2'h40;
       5'b10101: data< = 2'h41;
       5'b10110: data< = 2'h42;
       5'b10111: data< = 2'h43;
       5'b11000: data< = 2'h44;
       5'b11001: data< = 2'h45;
       5'b11010: data< = 2'h46;
       5'b11011: data< = 2'h47;
       5'b11100: data< = 2'h48;
       5'b11101: data< = 2'h49;
       5'b11110: data< = 2'h50;
       5'b11111: data< = 2'h51;
   endcase
   always @ (en or data)
   if(en)
       dout< = data;
   else
       dout< = 2'hzz;
endmodule
```

(2) 随机存储器。

随机存储器和只读存储器的主要区别在于：随机存储器可实现读和写两种操作，而且在读写上对时间有较为严格的要求。

例 9-65　8×8 位随机存储器的 Verilog 描述。

```
module ram8(clk,we,datain,dataout,address);
input clk;
input we;
input [7:0] datain;
input [2:0] address;
output [7:0] dataout;
reg [7:0] dataout;
reg [7:0] mem[7:0];
always @ (posedge clk)
if(we)
  mem[address]< = datain;
else
  dataout< = mem[address];
endmodule
```

9.8.3　有限状态机的 Verilog 描述

有限状态机(FSM,可以理解为数字电路中的状态转换图)是一类很重要的时序电路，是时序电路设计中经常采用的一种方式，是很多数字电路系统的核心部件，尤其适合用于设计数字电路系统的控制模块。有限状态机(FSM)相当于一个控制器，它将一项功能的实现分为若干步，每一步对应于一种状态，通过预先设计的顺序在各个状态之间进行转换，状态转换的过程即是逻辑功能的实现过程。

状态机一般包括两个部分：组合逻辑部分和寄存器部分。组合逻辑部分用于状态译码器和输出译码器。状态译码器确定状态机的下一个状态，即确定状态机的激励方程；输出译码器确定状态机的输出。寄存器部分用于存储状态机的内部状态。实用的状态机一般都设计成同步时序方式，它在时钟信号的触发下，完成各个状态之间的转换，并产生相应的输出。

根据输出信号的产生方法，状态机可以分为米里(Mealy)型状态机和摩尔(Moore)型状态机。

1. 米里型状态机的 Verilog 描述

米里型状态机的输出不仅与当前状态有关，还与当前输入有关。

例 9-66　某时序电路的状态转换图如图 9-11 所示，试用 Verilog 描述。

```
module mi(clk,input1,reset,output1);
input clk;
```

```verilog
input input1,reset;
output [3:0] output1;
reg [3:0] output1;
reg [1:0] det_st;
//内部状态变量,状态机的当前状态
reg [1:0] det_st_nxt;    //状态机的下一个状态
parameter s0= 2'b00,s1= 2'b01,s2= 2'b10,
s3= 2'b11;    //状态编码
always @ (posedge clk or posedge reset)
//该进程用于定义起始状态
if(reset)
  det_st<= s0;
else
  det_st<= det_st_nxt;
always @ (det_st or input1)
                //该进程用于实现状态转换,次态由输入和当前状态决定
case (det_st)
s0: begin
    if(input1)
    det_st_nxt<= s1;
    else
    det_st_nxt<= s0;
    end
s1: begin
    if(input1)
      det_st_nxt<= s2;
    else
      det_st_nxt<= s1;
    end
s2: begin
    if(input1)
    det_st_nxt<= s3;
    else
    det_st_nxt<= s2;
    end
s3: begin
    if(input1)
    det_st_nxt<= s0;
```

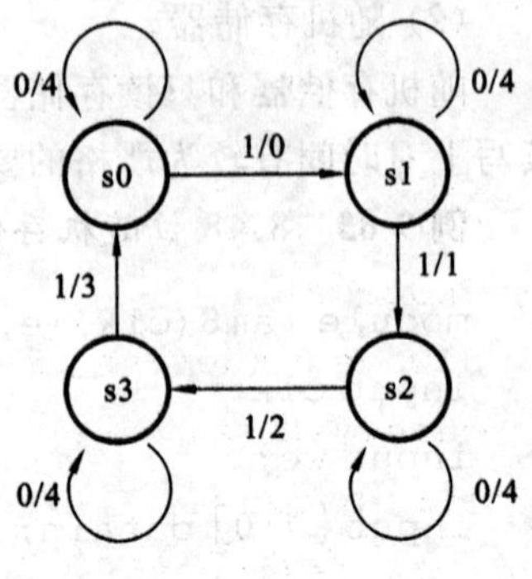

图 9-11 例 9-66 的状态转换图

```verilog
            else
                det_st_nxt< = s3;
            end
    default: det_st_nxt< = s0;
    endcase
always @ (det_st or input1)        //该进程用于定义组合逻辑(状态机的输出)
case(det_st)
s0:   begin
        if(input1)
            output1= 0;
        else
            output1= 4;
      end
s1:   begin
        if(input1)
            output1= 1;
        else
            output1= 4;
      end
s2:   begin
        if(input1)
            output1= 2;
        else
            output1= 4;
      end
s3:   begin
        if(input1)
            output1= 3;
        else
            output1= 4;
      end
endcase
endmodule
```

2. 摩尔型状态机的 Verilog 描述

摩尔型状态机和米里型状态机的区别在于：摩尔型状态机的输出信号只与当前状态有关。

例 9-67 序列检测器的状态转换图如图 9-12 所示，试用 Verilog 描述该序列检测器。

数字电路与逻辑设计

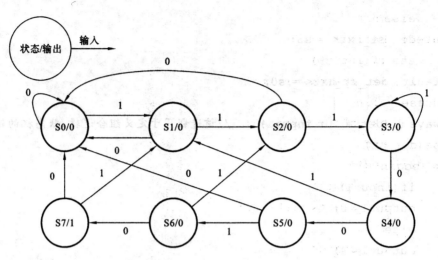

图 9-12 序列检测器的状态转换图

```verilog
module serial_detect(clk,rst,input1,out);
input clk;
input rst;
input input1;
output out;
reg out;
reg [2:0] pre_state;
reg [2:0] nxt_state;
parameter state0= 3'b000,state1= 3'b001,state2= 3'b010,   //状态编码
          state3= 3'b011,state4= 3'b100,state5= 3'b101,
          state6= 3'b110,state7= 3'b111;
always @ (posedge clk or posedge rst)     //该进程用于设置初始状态
begin
if(rst)
  pre_state<= state0;
else
  pre_state<= nxt_state;
end
always @ (input1 or pre_state)            //该进程用于实现状态转换
case(pre_state)
state0:  begin
         if(input1)
         nxt_state<= state1;
         else
         nxt_state<= state0;
```

```verilog
            end
    state1: begin
                if(input1)
                nxt_state< = state2;
                else
                nxt_stat< = state0;
            end
    state2: begin
                if(input1)
                nxt_state< = state3;
                else
                nxt_state< = state0;
            end
    state3: begin
                if(input1)
                nxt_state< = state3;
                else
                nxt_state< = state4;
            end
    state4: begin
                if(input1)
                nxt_state< = state1;
                else
                nxt_state< = state5;
            end
    state5: begin
                if(input1)
                nxt_state< = state6;
                else
                nxt_state< = state0;
            end
    state6: begin
                if(input1)
                nxt_state< = state2;
                else
                nxt_state< = state7;
            end
    state7: begin
```

```
                if(input1)
                    nxt_state<= state1;
                else
                    nxt_state<= state0;
            end
    endcase
    always @ (pre_state)                        //该进程用于实现状态机的输出
    case(pre_state)
    state0:   out<= 0;
    state1:   out<= 0;
    state2:   out<= 0;
    state3:   out<= 0;
    state4:   out<= 0;
    state5:   out<= 0;
    state6:   out<= 0;
    state7:   out<= 1;
    endcase
endmodule
```

本 章 小 结

随着 EDA 技术和可编程逻辑器件的发展,硬件描述语言已成为电子系统设计不可或缺的重要工具。

一个完整的 Verilog 语言程序由模块声明、模块端口定义、信号类型以及逻辑功能描述等几个组成部分。

(1) 模块声明包括模块名字,模块输入、输出端口列表。

(2) 模块端口定义主要是定义端口的类型。端口的类型主要有输入、输出、输入/输出双向三种类型。

(3) 常用的信号类型有 wire 型和 reg 型。如果没有声明类型,则默认为 wire 型。

(4) 逻辑功能描述是模块的核心部分,主要有连续赋值语句、过程语句、模块实例化语句,还可以调用函数和任务来描述逻辑功能。

本章介绍了硬件描述语言 Verilog 的基本结构、语言要素、运算符、数据类型、行为描述语句以及结构描述语句等相关内容,并给出了门电路、加法器、数值比较器、编码器、数据选择器等常用组合逻辑电路,以及触发器、寄存器、移位寄存器、计数器和存储器等常用时序逻辑电路的 Verilog 描述。状态机是数字电路系统中的重要组成部分,本章给出了其基本的 Verilog 描述方法。

习 题 9

9-1 Verilog 模块由几个部分组成？

9-2 简述 Verilog 的行为描述与结构描述的区别。

9-3 下列数字的表示是否正确？
(1) 6'd18；(2) 'Bx0；(3) 5'b0x110；(4) 10'd2；(5) 'hzF；(6) (3+2)'b10。

9-4 根据要求完成如下变量和常量的定义：
(1) 定义一个名为 count 的整数；
(2) 定义一个名为 BUS 的 8 位 wire 型总线；
(3) 定义一个名为 address 的 16 位 reg 型变量；
(4) 定义一个名为 D1AY 的时间变量；
(5) 定义一个参数 width，参数值为 10；
(6) 定义一个容量为 128，字长为 32 位的存储器 MYMEM。

9-5 用连续赋值语句描述一个 4 选 1 数据选择器。

9-6 用结构描述语句设计一个 8 位加法器。

9-7 利用 Verilog 设计一个 8 位的单向总线缓冲器。

9-8 设计一个 8421BCD 码的检码电路，要求当输入量 DCBA≤7 时，电路输出为 1，否则输出为 0。试编写实现该电路的 Verilog 程序。

9-9 试编写求补码的 Verilog 程序，输入的是带符号的 8 位二进制数。

9-10 设计一个表决器电路。5 人对一项决议进行表决，同意为 1，不同意则为 0，同意者超过半数则决议通过。试编写该电路的 Verilog 程序。

9-11 设计一个 4 位移位寄存器。

9-12 分析下面两段 Verilog 程序，要求简述程序所实现的基本功能，并比较输出的区别。
(1) 程序 1。

```
module tem_1(reset,clkin,clkout,qout);
input reset,clkin;
output clkout,qout;
reg clkout;
reg[4:0] qout;
always @ (posedge clkin)
    begin if(! reset) qout<= 0;
    else if(qout< 10) qout<= qout+ 1;
    else qout<= 0;
    end
always @ (posedge clkin)
    begin if(! reset) clkout<= 0;
```

```
        else if(qout= = 1) clkout< = 1;
        else clkout< = 0;
        end
endmodule
```

(2) 程序2。

```
module tem_2(reset,clkin,clkout,qout);
input reset,clkin;
output clkout,qout;
reg clkout;
reg[4:0] qout;
always @ (posedge clkin)
    begin if(! reset) qout< = 0;
    else if(qout< 11) qout< = qout+ 1;
    else qout< = 0;
    end
assign clkout= (qout= = 1)? 1:0;
endmodule
```

9-13 用 Verilog 设计一个与 74LS161 功能类似的电路。

9-14 设计 4 位加/减可控计数器。令该计数器的输出信号 q0~q3 表示当前计数值，q3 为最高位；输出信号 Cout 是进位或借位输出；CLK 为输入时钟信号；CLR 为清零信号，低电平清零；DIR 为控制信号，高电平为加法计数器，低电平为减法计数器；ENA 为使能信号，低电平时输出允许。

9-15 设计 5 位可变模计数器。设计要求：令输入信号 M1 和 M0 控制计数模，即令 (M1,M0)=(0,0)时为模 19 加法计数器；(M1,M0)=(0,1)时为模 4 加法计数器；(M1,M0)=(1,0)时为模 10 加法计数器；(M1,M0)=(1,1)时为模 6 加法计数器。

9-16 利用状态机的 Verilog 描述方法设计一个序列信号检测器，要求连续输入三个 1 或三个以上的 1 时，输出为 1，否则输出为 0。

9-17 设计一个有限状态机，输入和输出信号分别为 A、B 和 OUTPUT，时钟信号为 CLK，有八个状态：s0、s1、s2、s3、s4、s5、s6 和 s7。状态机的工作方式为：当[B,A]=0 时，随 CLK 向下一个状态转换，输出为 1；当[B,A]=1 时，随 CLK 逆向转换，输出为 1；当[B,A]=1 时，保持原状态，输出为 0；当[B,A]=3 时，返回到初始状态 s0，输出为 1。要求：

(1) 画出状态转换图；

(2) 完成此状态机的 Verilog 设计；

(3) 为此状态机设置异步清零信号输入，修改原 Verilog 程序。

附录 A Verilog HDL(IEEE Std 1364—2001)支持的关键字

表 A-1 Verilog HDL(IEEE Std 1364—2001)支持的关键字

always	endgenerate	join	pullup	task
and	endmodule	large	pulsestyle_onevent	time
assign	endprimitive	liblist	pulsestyle_ondetect	tran
automatic	endspecify	library	rcmos	tranif0
begin	endtable	localparam	real	tranif1
buf	endtask	macromodule	realtime	tri
bufif0	event	medium	reg	tri0
bufif1	for	module	release	tri1
case	force	nand	repeat	triand
casex	forever	negedge	rnmos	trior
casez	fork	nmos	rpmos	trireg
cell	function	nor	rtran	unsigned
cmos	generate	noshowcancelled	rtranif0	use
config	genvar	not	rtranif1	vectored
deassign	highz0	notif0	scalared	wait
default	highz1	notif1	showcancelled	wand
defparam	if	or	signed	weak0
disable	ifnone	output	small	weak1
edge	incdir	parameter	specify	while
else	include	pmos	specparam	wire
end	initial	posedge	strong0	wor
endcase	inout	primitive	strong1	xnor
endconfig	input	pull0	supply0	xor
endfunction	instance	pull1	supply1	
endgenerate	integer	pulldown	table	

参 考 文 献

[1] 王树堃,徐惠民.数字电路与逻辑设计(修订本)[M].北京:人民邮电出版社,2003.

[2] 康华光.电子技术基础 数字部分[M].6版.北京:高等教育出版社,2014.

[3] 唐志宏,韩振振.数字电路与系统[M].北京:北京邮电大学出版社,2008.

[4] 王兢,戚金清.数字电路与系统[M].2版.北京:电子工业出版社,2011.

[5] 林捷,杨绪业,郭小娟.模拟电路与数字电路[M].2版.北京:人民邮电出版社,2011.

[6] 何宾.EDA原理及Verilog实现[M].北京:清华大学出版社,2011.

[7] 王金明.数字系统设计与Verilog HDL[M].4版.北京:电子工业出版社,2011.

[8] Thomas L. Floyd.数字电子技术基础 系统方法[M].娄淑琴,盛新志,申艳,等,译.北京:机械工业出版社,2014.

[9] 杨永健.数字电路与逻辑设计[M].北京:人民邮电出版社,2015.

[10] 潘松,黄继业,潘明.EDA技术实用教程 Verilog HDL版[M].5版.北京:科学出版社,2013.

[11] 朱定华.数字电路与逻辑设计[M].北京:清华大学出版社,2011.